電気通信主任技術者試験

これなら受かる

伝送交換設備及び設備管理

オーム社［編］

改訂3版

まえがき

現在，通信ネットワークの利用は，日常生活，企業活動の双方において，欠かせないものとなっています．この通信ネットワークを支えている企業は電気通信事業者と呼ばれており，利用者がいつでも情報通信を活用できるようにインフラ整備や設備管理を行っています．

電気通信事業者は，事業用電気通信設備を，総務省令で定める技術基準に適合するように維持していくために，電気通信設備の工事や維持及び運用の監督にあたることが義務付けられています．これらの監督業務を行うのが電気通信主任技術者で，その資格証として，伝送交換設備とそれに附随する設備の工事，維持及び運用に関する監督を行う「伝送交換主任技術者資格者証」と，線路設備とそれに附随する設備の工事や維持及び運用に関する監督を行う「線路主任技術者資格者証」があります．

資格試験では，次の 3 科目が試験科目になっています（ただし，受験者が既に有している資格，合格している科目の有無，学歴と実務経験によって受験が免除される科目があります）．

- 電気通信システム
- 伝送交換設備及び設備管理，または線路設備及び設備管理
- 法規

本書は，上記の試験科目のうち，「伝送交換設備及び設備管理」で実際に出題された問題の解答と解法の例について述べるものです．試験は毎年 7 月と 1 月の 2 回実施されますが，本書では，平成 29 年度第 2 回から令和 4 年度までの 5.5 年間，10 回（令和 2 年度第 1 回は中止）の試験に出題された問題について分類・整理し解説しています．

本書の特徴は，技術分野ごとに過去問の解説を行っていることです．これによって，読者が試験問題の出題傾向を把握し重点的な対策がとれるようにしています．また，問題解説では，解答に至るまでの思考に沿った詳しい説明と関連の技術情報が記載され，試験対策に必要十分な解説がコンパクトにまとめられています．

これによって，これから試験対策の学習を始める読者にとっては，出題対象の技術分野や学習の進め方がわかりやすくなり，また，既に学習を進めてきた読者

にとっては，自己の苦手分野を把握し，それらを含めたスキルの向上に役立つものと考えています．

さらに，巻末に直前の試験（令和４年度第２回）の問題解説を，試験の順序のまま掲載しています．本試験の形式で問題を解くことで，本番の対策となることを期待しています．

試験対策には本書のほかに，必要に応じて関連の書籍も合わせて学習することが必要と思いますが，本書では，解答に必要な技術知識も記載しているため，学習対象の技術分野の把握と関連するほかの書籍の選択にも有効と考えています．

本書を読み通すことで，読者の皆様が電気通信主任技術者の資格を取得できることを心より願っています．そして，その力をもって，今後も発展が続く通信ネットワークを支える技術者としてのさらなる力を身につけていただきたく思います．

令和５年３月

オーム社

1 試験の概要

試験概要

「電気通信主任技術者試験」は，一般財団法人日本データ通信協会（JADAC）に属する電気通信国家試験センターが実施しています．ここでは，電気通信主任技術者試験の他に「電気通信工事担任者試験」の国家資格試験が扱われています．

以下では，電気通信国家試験センターのWebサイトに記載されている内容を一部抜粋して概要を示します．詳しくは，同サイトの電気通信主任技術者試験のページ（https://www.dekyo.or.jp/shiken/chief/）を参照してください．

電気通信主任技術者について

電気通信主任技術者は，電気通信事業を営む電気通信事業者において，電気通信ネットワークの工事，維持及び運用を行うための監督責任者です．

電気通信事業者は，管理する事業用電気通信設備を総務省令で定める技術基準に適合するよう，自主的に維持する必要があります．そのために，電気通信事業者は，電気通信主任技術者を選任し，電気通信設備の工事，維持及び運用の監督にあたらなければなりません．

資格者証の種類

電気通信主任技術者資格者証の種類は，ネットワークを構成する設備に着目して，「伝送交換主任技術者資格者証」と「線路主任技術者資格者証」の２区分に分かれています．また，各資格により監督する範囲が次のように決められています．

資格者証の種類	監督の範囲
伝送交換主任技術者資格者証	電気通信事業の用に供する伝送交換設備及びこれに附属する設備の工事，維持及び運用
線路主任技術者資格者証	電気通信事業の用に供する線路設備及びこれらに附属する設備の工事，維持及び運用

受験資格

特に制限はありません．誰でも受験することができます．

試験の種類

試験の種類は，次の二つがあります．

1. 伝送交換主任技術者試験
2. 線路主任技術者試験

試験の科目

「伝送交換主任技術者試験」および「線路主任技術者試験」で出題される科目は，次の３科目となります．

- 法規
- 伝送交換設備及び設備管理（又は線路設備及び設備管理）
- 電気通信システム

※専門的能力は令和３年度試験から廃止．一部が設備及び設備管理に取り込

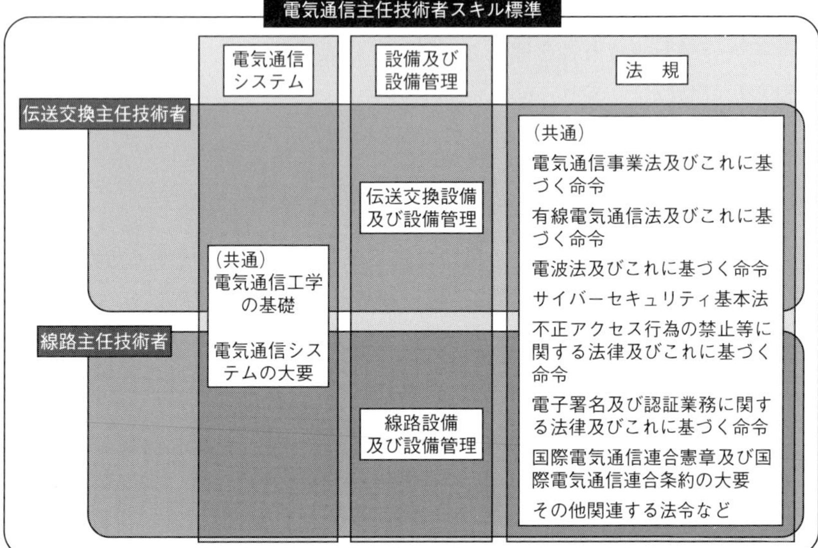

まれました．

なお，一定の資格又は実務経験を有する場合には，申請による試験科目の免除制度があります．

試験時間

試験時間は，次のようになっています．

科目	試験時間
法規	80 分
伝送交換設備及び設備管理 （又は線路設備及び設備管理）	150 分
電気通信システム	80 分

試験実施日と試験実施地

試験は，例年 2 回実施されます．

第 1 回：7 月の日曜日

第 2 回：翌年の 1 月の日曜日

試験実施地は以下の地区です．実施地は変更になる場合があります．

札幌，仙台，さいたま，東京，横浜，新潟，金沢，長野，名古屋，大阪，広島，高松，福岡，熊本及び那覇

受験申込み

電気通信国家試験センター Web サイトの電気通信主任技術者試験のページから申請

夏：4 月 1 日～4 月中旬　　冬：10 月 1 日～10 月中旬

試験手数料

全科目受験　18 700 円　　2 科目受験　18 000 円

1 科目受験　17 300 円　　全科目免除　9 500 円

合格基準

「法規」「電気通信システム」は100点満点で，合格点は60点以上です．

「伝送交換設備（または線路設備）および設備管理」は150点満点で，合格点は90点以上です．

試験科目の試験免除について

資格，科目合格，実務経歴，認定学校修了によって，試験科目の免除を受けることができます．詳細は，電気通信国家試験センターWebサイトの「電気通信主任技術者試験 / 試験免除」のページ（https://www.dekyo.or.jp/shiken/chief/guide/294）を参照するか，（一財）日本データ通信協会にお問い合わせください．

試験についてのお問合せ先

一般財団法人　日本データ通信協会　電気通信国家試験センター

〒170-8585　東京都豊島区巣鴨2-11-1　ホウライ巣鴨ビル6F

shiken@dekyo.or.jp

TEL：03-5907-6556

II 試験の出題範囲と出題傾向

出題範囲（伝送交換設備及び設備管理）

「伝送交換設備及び設備管理」における出題範囲は，次のようになっています．

大項目		中項目		小項目	
1	伝送交換設備設備の概要	1	伝送設備	1	有線伝送技術
				2	伝送ネットワーク技術
				3	有線伝送設備
				4	伝送路設計
		2	交換設備	1	移動通信網設備
				2	IP 電話設備
				3	デジタル交換設備
				4	交換網設計
		3	無線設備	1	無線伝送技術
				2	無線設備
				3	移動通信設備
		4	通信電力設備	1	通信電力技術
				2	通信電源設備
		5	サーバ設備	1	ハードウェア技術
				2	ソフトウェア技術
				3	仮想化技術
				4	データセンタ
				5	通信システム設計
				6	IP ネットワークの基本技術
				7	TCP/IP プロトコル技術
2	伝送交換設備の設備管理	1	伝送交換設備の設備管理一般	1	設備管理の概要
				2	通信品質
		2	伝送交換設備の施工管理	1	施工計画
				2	工程管理
				3	品質管理
				4	安全管理

大項目		中項目		小項目	
2	伝送交換設備の設備管理	3	伝送交換設備の維持・運用管理	1	維持・運用
				2	保全
				3	安全・信頼性対策
				4	災害対策
3	セキュリティ管理・対策	1	セキュリティ管理	1	サイバー攻撃
				2	サイバーセキュリティ管理
				3	サイバーセキュリティ技術
		2	セキュリティ対策	1	物理的な対策
				2	サイバーセキュリティ対策
				3	その他
4	ソフトウェア管理	1	ソフトウェア開発概要	1	開発プロセス・手法
		2	ソフトウェアの導入	1	ソフトウェア導入の基礎
		3	維持運用	1	安定的な運用確保のための方策

出題傾向

本書では，過去5.5年間計10回に出題された問題を八つの技術分野に分け，さらにそれらをいくつかの科目に分類し，科目ごとに，最近の試験問題（令和4年第1回）から新しい順に解説を記載しています．

電気通信主任技術者の試験問題では，全く同じ問題，または計算問題でパラメータの数値が一部異なりますが，解法が同じ問題が別の時期の試験で出題されることがあります．本書ではこのような問題については解説の記述を省略し，問題の冒頭に出題年を併記しました．

科目ごとの問題出題状況の一覧を表に示します（表内の表記は，「問番号（小問番号)」を表します）．なお，令和2年度第1回の試験は中止されました．

「伝送交換設備及び設備管理」の問題出題状況

技術分野	科目	出題状況									
		令和4年度		令和3年度		令和2年度	令和元年度/平成31年度		平成30年度		平成29年度
		第2回	第1回	第2回	第1回	第2回	第2回	第1回	第2回	第1回	第2回
1章　伝送技術											
	1-1 伝送方式	問1(3)	問1(2)	問1(4)	問1(4)						
	1-2 情報源符号化					問1(2)(i) 問1(2)(ii)				問1(2)(i) 問1(2)(ii)	
	1-3 光ファイバ伝送	問1(1) 問1(2)	問1(1) 問1(3) 問1(4)	問1(2) 問1(3)	問1(1) 問1(3)		問1(1)	問1(2)(i) 問1(2)(ii)	問1(2)(i) 問1(2)(ii)		問1(2)(i) 問1(2)(ii)
	1-4 イーサネット				問6(1)		問2(1)				問1(1)
	1-5 アクセス回線	問1(4)		問1(1)	問1(2)			問1(3)(ii)			
2章　通信プロトコル（データ通信）											
	2-1 IPネットワークの方式	問6(2) 問6(4)	問6(1) 問6(3)	問6(1) 問6(2) 問6(4)	問6(2) 問6(3)		問1(3)(i) 問1(3)(ii)	問1(1)			
	2-2 IPネットワークのプロトコル	問6(1) 問6(3)	問6(4)	問6(3)	問6(4)	問1(3)(i) 問1(3)(ii) 問2(3)(i) 問2(3)(ii)				問1(3)(i) 問1(3)(ii)	
	2-3 IP電話	問2(2) 問2(3)	問2(1) 問2(2) 問2(3)	問2(1) 問2(2)	問2(2)	問1(1)	問1(2)(i) 問1(2)(ii)		問1(1)		問1(3)(i) 問1(3)(ii)
	2-4 IPマルチメディア			問2(3)	問2(1)				問5(5)		
3章　ネットワーク技術											
	3-1 電話網	問2(1)		問7(2)		問3(3)(ii)		問1(3)(i) 問2(1)	問1(3)(i) 問1(3)(ii)	問1(1)	
	3-2 ネットワーク管理・サービス	問5(4)	問5(3) 問6(2)	問5(4)	問5(4)						問2(2)(i)

技術分野	科目	出題状況									
		令和 4 年度		令和 3 年度		令和 2 年度	令和元年度/平成 31 年度		平成 30 年度		平成 29 年度
		第 2 回	第 1 回	第 2 回	第 1 回	第 2 回	第 2 回	第 1 回	第 2 回	第 1 回	第 2 回
4 章 無線通信技術											
4-1	無線 LAN				問 9(5)			問 5(5)		問 5(5)	問 2(1) 問 5(5)
4-2	移動通信	問 3(2) 問 3(3) 問 3(4)	問 3(1) 問 3(2) 問 3(4)	問 3(2) 問 3(3)	問 3(2) 問 3(3)	問 2(1)		問 2(2)(i) 問 2(2)(ii)	問 2(2)(i) 問 2(3)(ii)		
4-3	地上マイクロ波通信(電磁波とアンテナ)	問 3(1)	問 3(3)	問 3(1)	問 3(1)		問 2(2)(i) 問 2(2)(ii)			問 2(2)(i) 問 2(2)(ii)	
4-4	衛星通信			問 3(4)	問 3(4)						
5 章 セキュリティ											
5-1	情報セキュリティ	問 9(2)	問 7(4) 問 9(1)	問 9(2) 問 9(4)	問 9(1) 問 9(2)	問 5(2)	問 5(2) 問 5(4)	問 5(2)	問 5(2)	問 5(1) 問 5(3)	問 4(1) 問 5(2) 問 5(3)
5-2	セキュリティ・プロトコル	問 9(5)		問 9(1)		問 5(4)		問 5(4)	問 5(4)		
5-3	暗号方式	問 9(4)	問 9(4)	問 9(5)		問 5(3)					問 5(4)
5-4	認証方式		問 9(5)		問 9(4)	問 5(5)			問 5(3)		
5-5	セキュリティ設備	問 9(1)					問 5(1)				
5-6	セキュリティ対策		問 9(2)			問 5(1)	問 5(5)			問 5(4)	
5-7	セキュリティ上の脅威	問 9(3)	問 9(3)	問 9(3)	問 9(3)		問 5(3)	問 5(1) 問 5(3)	問 5(1)	問 5(5)	問 5(1)
6 章 電源設備											
6-1	発電装置		問 4(3) 問 4(4)	問 4(1) 問 4(4)	問 4(4)					問 2(3)(i) 問 2(3)(ii)	
6-2	電力変換装置	問 4(1)		問 4(2)	問 4(1) 問 4(2)	問 2(2)(i) 問 2(2)(ii)	問 2(3)(ii)	問 2(3)(i) 問 2(3)(ii)			
6-3	受電装置	問 4(2) 問 4(3)	問 4(2) 問 4(4)	問 4(3)			問 2(3)(i) 問 2(3)(ii)		問 2(1)		問 2(3)(i) 問 2(3)(ii)
6-4	UPS	問 4(4)	問 4(1)		問 4(3)						
7 章 サーバ設備											
7-1	ハードウェア技術	問 5(1) 問 5(2)	問 5(1) 問 5(4)	問 5(2) 問 5(4)	問 5(2)	問 5(2)			問 2(3)		
7-2	基本ソフトウェア	問 5(3)	問 5(2)	問 5(1)	問 5(1)					問 2(1)	
7-3	ソフトウェア開発・管理	問 8(1) 問 8(2) 問 8(3)		問 8(1) 問 8(2)	問 8(2) 問 8(3)						
7-4	サーバの運用		問 5(1)	問 5(3) 問 8(3)	問 5(3)					問 5(2)	問 2(2)(ii)
8 章 設備管理											
8-1	品質管理	問 2(4) 問 7(1) 問 7(3) 問 7(5)	問 2(4) 問 7(5) 問 8(2)	問 2(4) 問 7(4)	問 2(3) 問 2(4) 問 7(4) 問 7(5)	問 3(2)(i) 問 3(2)(ii)	問 3(1)		問 3(2)(i) 問 3(2)(ii)		問 3(2)(i) 問 3(2)(ii) 問 3(3)(i) 問 3(3)(ii)
8-2	安全管理	問 7(2)	問 7(2)	問 7(1)		問 3(3)(ii)	問 3(3)(i) 問 3(3)(ii)		問 3(3)(i) 問 3(3)(ii) 問 4(1)	問 3(1)	

技術分野	科目		出題状況									
			令和4年度		令和3年度		令和2年度	令和元年度/平成31年度		平成30年度		平成29年度
			第2回	第1回	第2回	第1回	第2回	第2回	第1回	第2回	第1回	第2回
	8-3	工事管理	問7(4)	問7(1)		問7(1)	問3(1) 問3(2)(ii)	問3(2)(i) 問3(2)(ii)	問3(1) 問3(2)	問3(1)	問3(2)(i) 問3(2)(ii)	問3(1)
	8-4	保全		問7(3)	問7(3)	問7(3)	問4(1)	問4(2)(ii)	問3(3)(i) 問3(3)(ii)		問3(3) 問3(4)	
	8-5	信頼性					問4(2)(i) 問4(2)(ii)	問4(2)(i)	問4(2)(i) 問4(2)(ii)	問4(2)(ii)	問4(2)(i) 問4(2)(ii)	問4(2)(i) 問4(2)(ii)
	8-6	信頼性設計		問8(3)						問4(2)(i)	問4(1)	
	8-7	信頼性評価	問7(6) 問7(7)	問7(6) 問7(7)	問7(5) 問7(6)	問7(6)(i) 問7(6)(ii)	問4(3)	問4(3)	問4(3)(i) 問4(3)(ii)	問4(3)(i) 問4(3)(ii)	問4(3)(i) 問4(3)(ii)	問4(3)
	8-8	情報通信ネットワークの安全性・信頼性基準		問8(1)		問7(2) 問8(1)	問3(3)(i)		問4(1)			
	8-9	アウトソーシング						問4(1)				

（注）網掛け部分は，他に同様の問題があるため，本書内では記載を省いた．

III 本書の使い方

紙面構成

本書では，穴埋めや選択の問題については答えに関係する箇所に下線を付しています．また，試験問題の解答や学習に役立てていただくために，各問題の解説と一緒に次の事項を記載しています．

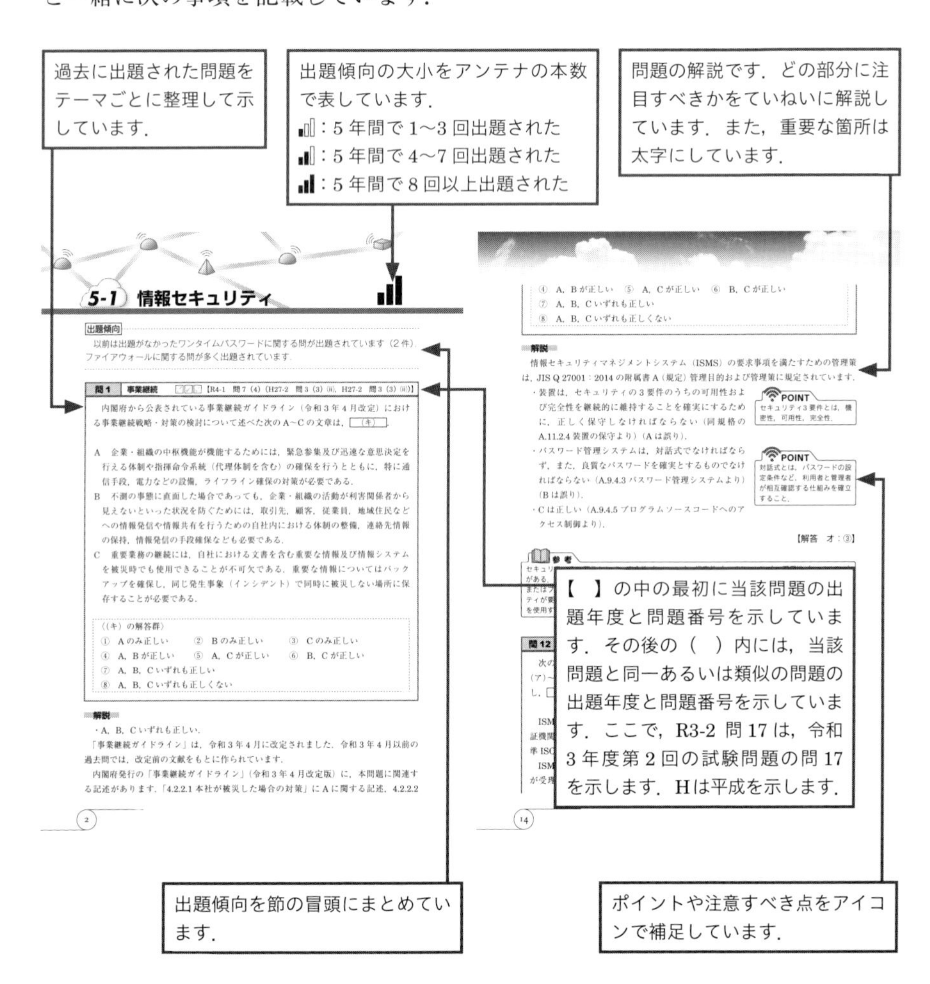

過去に出題された問題をテーマごとに整理して示しています．

出題傾向の大小をアンテナの本数で表しています．
- ▂▯▯：5 年間で 1～3 回出題された
- ▂▄▯：5 年間で 4～7 回出題された
- ▂▄▆：5 年間で 8 回以上出題された

問題の解説です．どの部分に注目すべきかをていねいに解説しています．また，重要な箇所は太字にしています．

5-1 情報セキュリティ

出題傾向

以前は出題がなかったワンタイムパスワードに関する問が出題されています（2 件）．ファイアウォールに関する問が多く出題されています．

問 1 **事業継続** 【R4-1 問 7（4）（H27-2 問 3（3）(ii)，H27-2 問 3（3）(iii)）】

内閣府から公表されている事業継続ガイドライン（令和 3 年 4 月改定）における事業継続戦略・対策の検討について述べた次の A～C の文章は，［（キ）］．

A 企業・組織の中枢機能が機能するためには，緊急参集及び迅速な意思決定を行える体制や指揮命令系統（代理体制を含む）の確保を行うとともに，特に通信手段，電力などの設備，ライフライン確保の対策が必要である．

B 不測の事態に直面した場合であっても，企業・組織の活動が利害関係者から見えないといった状況を防ぐためには，取引先，顧客，従業員，地域住民などへの情報発信や情報共有を行うための自社内における体制の整備，連絡先情報の保持，情報発信の手段確保なども必要である．

C 重要業務の継続には，自社における文書を含む重要な情報及び情報システムを被災時でも使用できることが不可欠である．重要な情報についてはバックアップを確保し，同じ発生事象（インシデント）で同時に被災しない場所に保存することが必要である．

〈（キ）の解答群〉
① A のみ正しい　② B のみ正しい　③ C のみ正しい
④ A，B が正しい　⑤ A，C が正しい　⑥ B，C が正しい
⑦ A，B，C いずれも正しい
⑧ A，B，C いずれも正しくない

解説

・A，B，C いずれも正しい．

「事業継続ガイドライン」は，令和 3 年 4 月に改定されました．令和 3 年 4 月以前の過去問では，改定前の文献をもとに作られています．

内閣府発行の「事業継続ガイドライン」（令和 3 年 4 月改定版）に，本問題に関連する記述があります．「4.2.2.1 本社が被災した場合の対策」に A に関する記述，4.2.2.2

2

④ A，B が正しい　⑤ A，C が正しい　⑥ B，C が正しい
⑦ A，B，C いずれも正しい
⑧ A，B，C いずれも正しくない

解説

情報セキュリティマネジメントシステム（ISMS）の要求事項を満たすための管理策は，JIS Q 27001：2014 の附属書 A（規定）管理目的および管理策に規定されています．

・装置は，セキュリティの 3 要件のうちの可用性および完全性を継続的に維持することを確実にするために，正しく保守しなければならない（同規格の A.11.2.4 装置の保守より）（A は誤り）．

・パスワード管理システムは，対話式でなければならず，また，良質なパスワードを確実とするものでなければならない（A.9.4.3 パスワード管理システムより）（B は誤り）．

・C は正しい（A.9.4.5 プログラムソースコードへのアクセス制御より）．

POINT セキュリティ 3 要件とは，機密性，可用性，完全性．

POINT 対話式とは，パスワードの設定条件など，利用者と管理者が相互確認する仕組みを確立すること．

【解答 オ：③】

参考

セキュリ…
がある．
または…
ティが…
を使用す…

問 12

次の…
（ア）～…
し，…

ISM…
証機関…
準 ISO…
ISM…
が受理…

14

【 】の中の最初に当該問題の出題年度と問題番号を示しています．その後の（ ）内には，当該問題と同一あるいは類似の問題の出題年度と問題番号を示しています．ここで，R3-2 問 17 は，令和 3 年度第 2 回の試験問題の問 17 を示します．H は平成を示します．

出題傾向を節の冒頭にまとめています．

ポイントや注意すべき点をアイコンで補足しています．

本書で使用しているアイコン

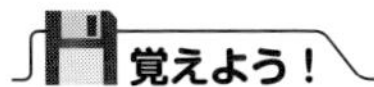

学習のポイント部分です．

問題を解く上で注意すべき部分を示します．

問題に関連する技術知識を補足しています．

問題の解答で考慮すべきポイント，ヒントなどを示します．

注意しよう！

本書では，平成 26 年度の試験問題から一部の図記号が新 JIS 記号に改められたことを受け，抵抗器などの図記号を新 JIS 記号に統一しています．

目　次

1章　伝送技術

2章　通信プロトコル（データ通信）

3章　ネットワーク技術

4章 無線通信技術

5章 セキュリティ

6章 電源設備

7章　サーバ設備

8章　設 備 管 理

1章 伝送技術

本章の出題項目

1-1　伝送方式
1-2　情報源符号化
1-3　光ファイバ伝送
1-4　イーサネット
1-5　アクセス回線

1-1 伝送方式

出題傾向

出題数は減少傾向にあります.

問 1	**伝送路符号** 【R4-1 問 1（2）(H29-1 問 1（2）(i), H26-1 問 1（2）(i))】

デジタル伝送で用いられる符号の種類と特徴について述べた次の文章のうち, 誤っているものは, ［（エ）］である.

〈(エ) の解答群〉

① AMI 符号は, 2 進符号の 1 に対してその出力極性を交互に反転する形式の符号である. AMI 符号は 3 値符号を使用しているにもかかわらず, 情報量は 2 値符号を使用する場合と同じである.

② BnZS 符号は, バイポーラ符号列中の 0 が n 個連続するブロックを特殊なビットパターンに置換する形式の符号である. n を小さくするとゼロ符号連続の長さは短くなるが, 置換するビットパターンの出現頻度が高くなる.

③ CMI 符号は, 0 の入力に対しては 01 を, 1 の入力に対しては 00 と 11 を交互に送出する形式の符号である. クロック周波数が情報伝送速度の 1/2 となり, 高い周波数成分が減少するため, 中継距離を長くすることができる.

④ スクランブル符号は, シフトレジスタと排他的論理和回路によって生成され, 生成された符号列のマーク率は, 原信号のマーク率とは関係なくマーク率がほぼ 1/2 となり, 多数の 0 が連続する確率を小さくできる.

解説

- ①は正しい. **AMI**（Alternate Mark Inversion）**符号**は, 0 に対してゼロ電位を対応させることにより, 2 進符号列の直流成分を低減します.
- ②は正しい. **BnZS**（Binary n-Zero Substitution）**符号**は, 連続する n 個のビット 0 を特殊なコードに置き換えて送信する方法です. BnZS 符号は 0 が一定数以上連続すると, 電位 0 の状態が長くなり, 受信側でタイミングをとりにくくなるため, これを防止するために使用されます.
- **CMI**（Code Mark Inversion）**符号**は, 0 の入力に対しては 01 を, 1 の入力に対しては 00 と 11 を交互に送出する形式の符号です. クロック周波数が情報伝送速度の 2 倍となり, タイミング情報が失われにくくなるため, 中継距離を長くすることができます（③は誤り）.

・④は正しい．連続する同一符号の発生を防ぐために行われる符号化をスクランブリングといい，スクランブリングが行われたパルス信号はスクランブル符号と呼ばれます．ある時間内の信号内に含まれる1（マーク）の割合のことをマーク率といいます．

上記以外の符号化の方式として，両極NRZ（Non Return to Zero）符号と両極RZ（Return to Zero）符号があります．両極NRZ符号は，1の場合は正値，0の場合は負値にする符号です．1や0が連続すると，レベルの変化がなくなるため，タイミング抽出が難しくなり，同期が外れるリスクが高くなります．両極RZ符号は，一つのビットのスロットの中で，電圧の極性をいったん電位0に戻す方式です．電圧の変化は多くなりますが，ビットごとに電位が0に戻るため，同期がとりやすいという特徴があります．

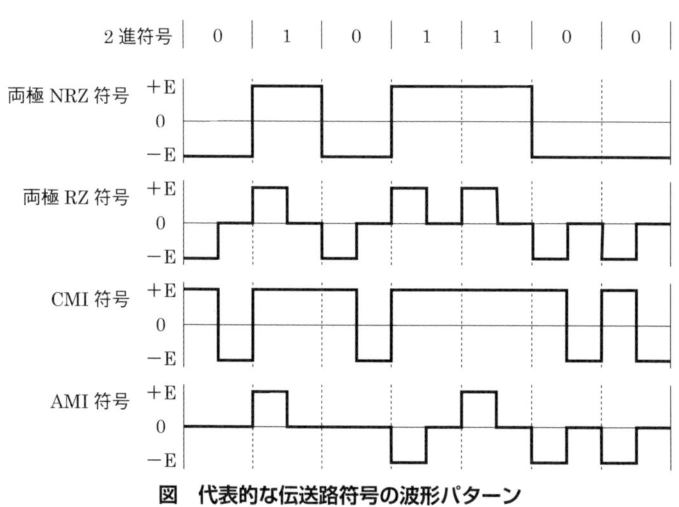

図　代表的な伝送路符号の波形パターン

【解答　エ：③】

問2	伝送品質の劣化要因	【R3-2 問1（4）】

デジタル伝送システムにおける雑音又は符号誤りについて述べた次の文章のうち，正しいものは，［（カ）］である．

〈（カ）の解答群〉

① アイパターンは，デジタル伝送路などにおける信号の劣化の度合いを示したものである．アイの劣化は振幅方向と時間軸方向に分けられ，振幅方向の劣化の主な原因にはジッタ，ワンダなどがあり，時間軸方向の劣化の主な原因には符号間干渉，エコーなどがある．

② PCM方式では，標本化された信号は量子化の際に離散的な値に変換されるため，実際の信号との誤差による雑音が生ずる．標本化された信号の振幅が量子化のステップ幅内に一様に分布しているとすると，その量子化ステップの幅を1/2に細かくすれば，量子化雑音電力は4倍に増加する．

③ BER（Bit Error Rate）は，測定時間内に伝送された全信号の総ビット数に対する，その間に誤って伝送されたビット数の割合を表した評価尺度であり，SN比の劣化とともに増加する．

④ 長時間でのBERの値が同じ回線であっても，符号誤りがバースト的に発生する回線は，符号誤りがランダムに発生する回線と比較して，% ESの値が大きい．

解説

・アイパターンは，デジタル伝送路において連続して続いている信号波形を1ビットずつ区切り，重ね合わせて表示したもので，信号の劣化の度合いを示します．パターンを組み合わせた表示が目（eye）のように見えることからアイパターンと呼ばれます．波形が同じ位置に重なっていれば品質が良いと判断され，ずれていると品質が悪いと判断されます．アイの劣化は振幅方向と時間軸方向に分けられ，時間軸方向の劣化の主な原因にはジッタ，ワンダなどがあり，振幅方向の劣化の主な原因には符号間干渉，エコーなどがあります（①は誤り）．

・PCM方式では，標本化された信号は量子化の際に離散的な値に変換されるため，実際の信号との誤差による雑音が生じます．標本化された信号の振幅が量子化のステップ幅内に一様に分布しているとすると，その量子化ステップの幅を1/2に細かくすれば，量子化雑音電力は1/4になります（②は誤り）．

・③は正しい．

・長時間でのBERの値が同じ回線であっても，符号誤りがバースト的に発生する回線は，符号誤りがランダムに発生する回線と比較して，% SESの値が大きくなります（④は誤り）.

表　デジタル伝送路における品質の評価尺度

伝送品質指標		説明
BER	Bit Error Rate	受信したエラービット数/送信した全ビット数
%SES	Severely Errored Seconds	1秒間の符号誤り率が10^{-3}を超える符号誤り時間率
%ES	Errored Seconds	1秒間に1個以上の符号誤りが存在する秒の割合
%EFS	Errored Free Seconds	100－%ES

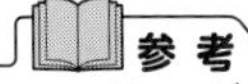
参考

% ES は，1ビットの符号誤りさえも許容されないミッションクリティカルなサービスに使われる評価尺度．% SES は，バースト誤りなどの符号誤りが集中して発生するようなシステムでの評価尺度として使われる．
ランダム誤りは，1ビットの符号誤りが散発的に発生するもので，熱雑音などが発生原因となる．バースト誤りは，複数ビットの符号誤りがまとまって発生するもので，例として無線回線のフェージングなどで発生するものがある．

【解答　カ：③】

問3　伝送品質の劣化要因
【R3-1 問1（4）（H29-1 問3（2）(i)，H24-2 問3（3）(i)）】

伝送品質の劣化要因などについて述べた次の文章のうち，誤っているものは，［（カ）］である．

〈（カ）の解答群〉

① デジタル伝送サービスにおける伝送品質に影響を与える符号誤りには，時間的な発生状況の違いによってランダム誤り，バースト誤りなどがある．

② パルス列の位相が短時間に揺らぐ現象であって，揺らぎの周波数が10〔Hz〕以上である場合はワンダといわれ，ワンダは，一般に，再生中継を行う際にタイミングパルスを抽出する回路などで発生する．

③ パルス列の一部が消失又は重複伝送される現象はスリップといわれ，スリップは，一般に，受信した信号の位相変動を位相同期用バッファメモリによって吸収できない場合などに発生する．

④ 通信状態にある回線が一時的に信号を伝送できなくなる現象は瞬断といわれ，瞬断は，システムや伝送ルートの切替え動作などにより発生することがある．

解説

・①は正しい．符号誤りは，バースト誤りとランダム誤りに分類されます．バースト誤りは部分的に集中して発生する誤りで，原因として，システムや伝送ルートの切替え動作，無線回線のフェージングなどがあります．ランダム誤りは，送信した個々のビットに独立して発生する誤りで，原因として受信機の熱雑音などがあります．

・パルス列の位相が短時間に揺らぐ現象であって，揺らぎの周波数が10〔Hz〕以上である場合はジッタといわれ，ジッタは，一般に，再生中継を行う際にタイミングパルスを抽出する回路などで発生します（②は誤り）．

POINT
タイミング信号の位相変動の周波数が10〔Hz〕以上である短期的位相変動がジッタ，10〔Hz〕未満である長期的位相変動がワンダ．

・③，④は正しい．

【解答　カ：②】

1-2 情報源符号化

出題傾向

音声データや画像データをデジタル信号に変換する符号化に関する問題が出されています．

問 1	**PCM 符号化** 【R2-2 問 1（2）(i)（H30-1 問 1（2）(i)，H25-1 問 1（2）(i)）】

音声などのアナログ信号の PCM 符号化方式について述べた次の文章のうち，誤っているものは，［（オ）］である．

〈（オ）の解答群〉

① 時間的に連続なアナログ信号からデジタル信号への変換は，一般に，標本化，量子化及び符号化の三段階で行われる．

② PCM 符号化では，一般に，おおむね 4〔kHz〕帯域の音声信号を標本化周波数 8〔kHz〕で標本化し，それぞれの標本値を 8〔bit〕で符号化していることから，音声 1 チャネルは 64〔kbit/s〕に符号化される．

③ 1 標本当たりの符号化ディジット数を 1〔bit〕増やすことにより，直線量子化においては，信号対量子化雑音比が 3〔dB〕改善される．

④ アナログ信号からデジタル信号への変換過程では，ある振幅の範囲内の標本値は同一の符号列で表現され，受信側では同一の符号列は全て同じ振幅として復号される．

解説

・①は正しい．**PCM**（Pulse Code Modulation）符号化は，アナログ信号を一般に，標本化，量子化および符号化の三段階でデジタル信号に変換します．**標本化**（サンプリング）では，一定の間隔（サンプリング周期）でアナログ信号の値（標本値）を採取します．**量子化**では，アナログ値である標本値を，一定のビット数で表現できる範囲の数値（デジタル値）に変換します．この過程で，ある範囲内にある標本値は同一値になるため，情報が失われます（量子化雑音）．**符号化**では，量子化によって区切られた値を，1 と 0 のパルス値に変換します．

・②は正しい．標本化周波数は，8〔kHz〕であり（1 秒間に 8 000 回のサンプリングを行う），それぞれの標本値を 8〔bit〕に符号化しているので 8〔kHz〕×8＝64〔kbit/s〕となります．

・符号化ディジット数を1〔bit〕増加すると，量子化のステップ幅が1/2になるため，量子化の歪みも1/2になります．この場合，軽減される信号対量子化雑音比は

$$20\log_{10}\frac{1}{2} = -6 \text{〔dB〕}$$

信号対量子化雑音比の改善は6〔dB〕であり，3〔dB〕とした③は誤りです．

・④は正しい．送信側で量子化の際に失われた情報は，受信側で復元できず，ある範囲内にある標本値は全て同一値として復号されます．

【解答　オ：③】

覚えよう！

符号化ディジット数を1〔bit〕増加した場合，改善される信号対量子化雑音比は「6〔dB〕」である．

問2　映像信号の圧縮符号化

【R2-2 問1（2）(ii)（H30-1 問1（2）(i)，H25-1 問1（2）(i)）】

映像信号の圧縮符号化の国際標準規格などについて述べた次の文章のうち，<u>誤っているもの</u>は，［（カ）］である．

〈（カ）の解答群〉

① ITU-T勧告H.261は，テレビ会議，テレビ電話などの通信を対象とした規格であり，走査線やフレーム数が異なるテレビジョンの信号形式（NTSC，PALなど）に依存しないよう，いったん共通の形式に変換した後に符号化する手順を採用している．

② MPEG-1は，コンパクトディスクなどの蓄積メディアを対象とした1.5〔Mbit/s〕程度の伝送速度の動画像符号化方式であり，プログレッシブ信号及びインタレース信号に対応している．

③ MPEG-2は，地上デジタルテレビ放送，DVDなどで利用されており，HDTV相当の解像度の映像信号などの圧縮符号化に対応している．

④ MPEG-4 AVC/H.264は，ワンセグ放送，スマートフォンなどで利用されており，圧縮符号化効率は，一般に，MPEG-2の2倍以上とされている．

解説

・①は正しい．

・**MPEG-1**は，MPEGによって1993年に制定されたもので，CDなどの蓄積メディアを対象とした1.5〔Mbit/s〕程度の伝送速度の動画像符号化方式です．プログレッシブ信号に対応していますが，インタレース信号には対応していません（②

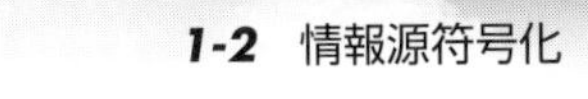

は誤り）．プログレッシブ方式は，すべての走査線を1本ずつ順番に伝送する方式で，インタレース方式は，走査線を1本おきに伝送し，1枚の画像を2回に分けて表示させる方式です．

・③は正しい．**MPEG-2** はMPEGによって1995年に制定されたもので，必要な画質に合わせてレベルが設けられており，再生時に映像と音声を合わせて4～15〔Mbit/s〕のデータ転送速度が必要です．

・④は正しい．**MPEG-4 AVC/H.264** はITU-TおよびMPEGによって2003年に制定されたものです．

【解答　カ：②】

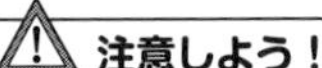

注意しよう！

本問題のように，全体の説明は正しいように見えて，一部の語句（ここではインタレース信号）だけで誤りとなる問題があります．

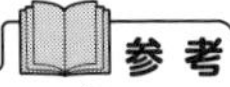

参考

ITU（International Telecommunication Union，国際電気通信連合）は情報通信に関する国際標準の策定などを行う国際機関で，ITU-T（ITU Telecommunication Standardization Sector，電気通信標準化部門）は，その中で電気通信を標準化することを目的として勧告を作成する機関．
MPEG（Moving Picture Experts Group）は，動画・音声データの圧縮方式の標準規格を検討するため，ISO（International Organization for Standardization，国際標準化機構）とIEC（International Electrotechnical Commission，国際電気標準会議）が合同で設置した専門家委員会，あるいは同委員会の勧告した規格群の総称．

問3　**音声符号化と映像符号化**
【H30-1 問1（2）(ii)（H25-1 問1（2）(ii)）】

音声符号化技術及び画像符号化技術について述べた次の文章のうち，正しいものは，[　（カ）　]である．

〈（カ）の解答群〉

① 適応予測と適応量子化を使用する差分PCM方式は，CELP方式といわれ，64〔kbit/s〕で伝送するPCM方式の帯域を2回線として使用することができる．

② 送信側で音声を分析し，有声/無声判定，ピッチなどの情報を伝送し，受信側でそれらの情報を用いて音声を合成する分析合成系の音声符号化方式は，一般に，ADPCM方式といわれる．

③ 画像符号化の技術には予測符号化，変換符号化などがあり，画像符号化の手法の一つには同一フレーム内の画像信号の空間的相関を利用するフレーム

内符号化がある．

④　MPEG-1 は，1.5〔Mbit/s〕以下のビットレートで，CD-ROM などの蓄積メディアに音声及び静止画像を保存するための符号化方式である．

解説

・PCM は量子化した音声信号を 8〔bit〕の 2 進数で表して伝送します（信号速度は 64〔kbit/s〕）．**CELP**（Code-Excited Linear Prediction，符号励振線形予測）は，コードブックを使用して PCM 信号をさらに 4〔kbit/s〕～16〔kbit/s〕に圧縮符号化するもので，CELP と PCM は同じものではありません（①は誤り）．

・音声符号化のアルゴリズムは，**波形符号化**，**分析合成符号化**，**ハイブリッド符号化**の三つに分類されます．波形符号化は音声固有のモデル化を行わず，音声波形などを忠実に符号化する方式で，**ADPCM**（Adaptive Differential Pulse Code Modulation，適応的差分パルス符号変調）はこれに属します．分析合成符号化とハイブリッド符号化では，声帯に相当する音源と声道の特性を表す合成フィルタにより音声をモデル化して符号化を行う方式です．ハイブリッド符号化の例として CELP があります（②は誤り）．

・画像符号化の技術には，**予測符号化**と**変換符号化**があり，画像符号化の手法には，同一フレーム内の画像信号の空間的相関を利用する**フレーム内符号化**と，フレーム間の時間的相関を利用した**フレーム間符号化**があります（③は正しい）．

・MPEG-1 は，静止画像ではなく，動画像を対象にした符号化方式です（④は誤り）．

【解答　カ：③】

1-3 光ファイバ伝送

出題傾向

本分野に関して毎回，出題があります．光ファイバの種類と構造，光変調方式と光変調器，波長分割多重（WDM），デジタル伝送方式，光ネットワークに関する問題が出されています．特にWDMに関する問題がよく出されています．

問1　WDM伝送システム　☑☑☑【R4-1 問1 (1)】

次の文章は，WDM伝送システムの概要について述べたものである．［　　］内の（ア）～（ウ）に最も適したものを，下記の解答群から選び，その番号を記せ．ただし，［　　］内の同じ記号は，同じ解答を示す．

WDM伝送方式では，波長分割多重技術を用いて，1本の光ファイバに波長の異なる複数の光信号を多重化することにより，高速・大容量のデータ伝送が可能である．

WDM伝送システムでは，SDH/SONET伝送装置などから受信した光信号は，一般に，送信側のWDM端局装置の［（ア）］において，電気信号に変換されるとともに，雑音が除去され，波形が整えられ，波長制御された光信号に変換された後，多重化部に送られる．多重化部で合波された光信号は伝送路へ出力される．

光ファイバケーブル伝送路には，光ファイバによる光信号の減衰を補うため，光信号をそのまま増幅する光ファイバ増幅器が用いられる．光ファイバ増幅器には，光ファイバのコア部分に希土類イオンを添加したシングルモード光ファイバを用いる［（イ）］があり，複数波長の光信号を一括増幅する機能を有している．

伝送された光信号は，受信側のWDM端局装置において，光信号を分波する分離部及び［（ア）］を経てSDH/SONET伝送装置などに出力される．多重化部及び分離部ではPLC（石英系プレーナ光波回路）で構成される［（ウ）］が用いられる．

〈(ア)～(ウ) の解答群〉

① クロスコネクト	② DSU	③ EDFA	④ MEMS
⑤ DPPLL	⑥ FBG	⑦ リング共振器	
⑧ ラマン増幅器	⑨ トランスポンダ	⑩ AWG	
⑪ DSP	⑫ 半導体増幅器		

解説

WDM（Wavelength Division Multiplexing，波長分割多重）は，1心の光ファイバに複数の波長を多重・分離することにより複数の光信号や上りと下りの光信号を同時に送受信可能とする光通信方式です．使用する光の波長の密度によって，**CWDM**（Coarse WDM）と **DWDM**（Dense WDM）の2種類があります．CWDMの多重数が波長の間隔で決められるのに対して，DWDMの多重数は周波数間隔で決められ，チャネル間の周波数間隔は100〔GHz〕以下となっています．

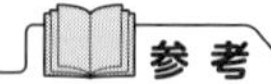

参考

DWDMでは，周波数間隔として100〔GHz〕のほかに12.5〔GHz〕，25.0〔GHz〕，50.0〔GHz〕が規定されている．CWDMでは波長間隔は20〔nm〕以上である．

SDH/SONET（Synchronous Digital Hierarchy/Synchronous Optical NETwork）は，基幹ネットワークでTDM方式（時分割多重方式）を使って高速通信を行うための規格です．SDHは，国際標準化組織のITU-Tにより規定されたもの，SONETは米国で標準化されたもので，ほとんど同じものを表すため，SDH/SONETという表現が使われます．

・SDH/SONET装置などのクライアント信号とWDM装置に入出力される各波長の光信号を相互変換する装置が(ア)トランスポンダです．トランスポンダで変換された各波長の光信号は，光合波器で多重化して伝送路に送出されます．

・希土類元素（レアアース）を光ファイバに添加し，その誘導放出により光利得を得る増幅器を，**希土類添加光ファイバ増幅器**といい，増幅したい波長帯によって添加する希土類を使い分けます．WDMシステムでは，使用される1.5〔μm〕帯を増幅するエルビウム添加光ファイバ増幅器（(イ)EDFA）がよく使われます．

・伝送された光信号は，受信側のWDM端局装置において，光信号を分波する分離部およびトランスポンダを経てSDH/SONET伝送装置などに出力されます．多重化部および分離部ではPLC（石英系プレーナ光波回路）で構成される(ウ)**アレイ導波路回折格子（AWG）**が用いられます．AWGは，長さの異なる複数の光導波路から構成された**光合分波器**で，広帯域・高密度の光合波・分波が一つの導波路で実現できます．光合分波器は，送信側では波長の異なる複数の光信号を合波し，受信側では合波された波長の異なる複数の光信号を波長ごとに分波する装置です．

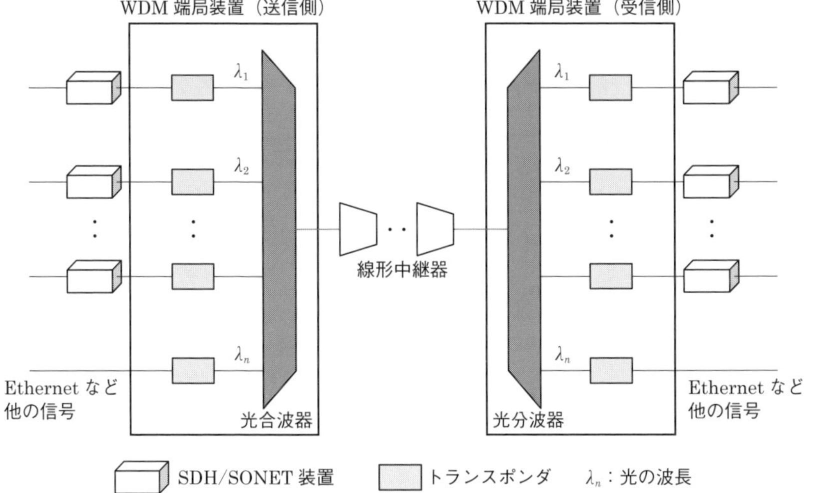

図　WDM システムの構成

【解答　ア：⑨，イ：③，ウ：⑩】

問 2	**光変調方式及び光分岐・結合器**	☑☑☑【R4-1 問 1（3）（H27-2 問 1（2））】

光変調方式及び光分岐・結合器について述べた次の文章のうち，正しいものは，［（オ）］である．

〈（オ）の解答群〉

① 光変調方式には，大別すると直接変調方式と外部変調方式があり，高速長距離伝送システムには，一般に，直接変調方式が用いられている．

② 光源として用いられる半導体レーザからの出力光を変化させる外部変調器には，ポッケルス効果を利用した LN 変調器，半導体の電界吸収効果を利用した EA 変調器などがある．

③ 石英系平面光波回路基板上に Y 分岐光導波路を多段構成した光分岐・結合器は，集積化は可能であるが，分岐比が不均一になりやすいことから多分岐には適していない．

④ 溶融処理により 2 本の光ファイバのコアを近接させて分岐比を 1：1 にしたものは 6 dB カプラといわれ，入力端に 1〔mW〕の光信号を入力すると，損失のない理想的な場合には，二つの出力端にそれぞれ 0.5〔mW〕の光信号が出力される．

解説

・光変調方式には，大別すると**直接変調方式**と**外部変調方式**があり，高速長距離伝送システムには，一般に外部変調方式が用いられます（①は誤り）.

・②は正しい.

・石英系平面光波回路基板上にY分岐光導波路を多段構成した光分岐・結合器は，集積化は可能ですが，分岐比を均一にでき，多分岐に適しています（③は誤り）.

・溶融処理により2本の光ファイバのコアを近接させて分岐比を1：1にしたものは**3 dB カプラ**といわれ，入力端に1〔mW〕の光信号を入力すると，損失のない理想的な場合には，二つの出力端にそれぞれ0.5〔mW〕の光信号が出力されます（④は誤り）.

POINT

一般的に光が2分岐されると，光パワーが半分になり3〔dB〕減少する.

【解答　オ：②】

覚えよう！

直接変調は，半導体レーザ（LD）に対して信号（印加電流）を直接入力して強度変調する方式で，数〔GHz〕以上の高速で変調を行うとチャーピングと呼ばれる光波長（光周波数）が変動する現象により信号が劣化する．外部変調は，半導体レーザが出力する光に対して，電気光学効果や電界吸収効果で外部から変調を加える方式で，数十〔GHz〕以上の高速変調が可能.

問3　伝送路　【R4-1 問1（4）】

光ファイバ通信システムにおける伝送路に関する事項などについて述べた次の文章のうち，誤っているものは，［（カ）］である.

〈（カ）の解答群〉

① 光ファイバ通信システムにおいて，送信器の出力光パワーをP_s〔dBm〕，受信器の最小受光パワーをP_r〔dBm〕，波形劣化による受信感度の低下量をP_d〔dB〕，伝送路における平均損失をα〔dB/km〕とすると，送信器と受信器間の最大伝送距離L〔km〕は，次式で求められる.

$$L=\frac{P_s-P_r-P_d}{\alpha}$$

② 光ファイバ通信システムにおいて，光源の発光スペクトル幅が広いほど符号間干渉が大きくなり，符号誤りが生じやすくなるため，長距離光通信システムの光源には，一般に，LEDと比較して発光スペクトル幅が狭いLDを用いる.

③ 線形中継器を用いた光中継システムの中継分割設計では，システムに要求される伝送速度，伝送距離，符号誤り率などに応じて，中継器に用いられる光増幅器の出力光パワー，中継間隔，最大中継数などを決める．

④ 線形中継器を用いた光中継システムでは，光増幅器で発生する光雑音と光増幅器で増幅される光信号の相互作用，及び光雑音間の相互作用によって生ずるショット雑音が，受信側端局装置におけるSN比を劣化させる主な要因となっている．

解説

・①は正しい．

・②は正しい．**LED**（Light Emitting Diode）も**LD**（Laser Diode）もN型半導体とP型半導体のPN接合によって作られた類似した構造をもちます．LEDでは，PN接合部から発する光をそのまま放出しますが，LDは，活性層と呼ばれる両側を反射面に挟まれた層に何度も光を反射させ位相を揃えてから放出します．これにより，LEDは発光スペクトル幅が広いコヒーレント光が，LDでは発光スペクトル幅が狭いコヒーレント光が放出されます．

・③は正しい．

・線形中継器を用いた光中継システムでは，光増幅器で発生する光雑音と光増幅器で増幅される光信号の相互作用および光雑音間の相互作用によって生じるビート雑音が，受信側端局装置におけるSN比を劣化させる主な要因となっています（④は誤り）．ショット雑音は，電子回路や光学装置において，電子や光子のようなエネルギーを持った粒子の数が極めて小さい場合，粒子数の統計的変動に起因する雑音です．

【解答　カ：④】

問4　WDMシステム　☑☑☑【R3-2 問1（2）（H29-2 問1（2）（i））】

WDMシステムの特徴について述べた次の文章のうち，正しいものは，［（エ）］である．

〈（エ）の解答群〉

① SDH装置などからの光信号は，SDH装置とWDM装置とのインタフェースであるトランスポンダで光のままWDM用の波長の光信号に変換される．

② 局間インタフェース部及び伝送路に置かれる中間中継装置では，光ファイ

バ増幅器が用いられており，WDM信号は個々の波長ごとに分離された後，増幅される．

③ DWDMで使用できる光周波数のグループには，チャネル間隔を100〔GHz〕としたものがある．

④ DWDM伝送は，高密度に信号波長を配置するため，隣接信号とのポッケルス効果により伝送品質の劣化が生じやすい．

解説

WDM，SDHについては本節 問1を参照してください．

・SDH装置などからの光信号は，SDH装置とWDM装置とのインタフェースであるトランスポンダで電気信号に変換され，等化増幅，リタイミング，識別再生の3R機能により符号の再生を行った後，WDM用の波長の光信号に変換されます（①は誤り）．

・局間インタフェース部および伝送路に置かれる中間中継装置では，光ファイバ増幅器が用いられており，WDM信号は複数の波長の光信号が一括増幅されます（②は誤り）．

・③は正しい．

・DWDM伝送は，高密度に信号波長を配置するため，伝送品質の劣化が生じやすくなるのは隣接信号との光カー効果によるものです（④は誤り）．ポッケルス効果は，物質に対して外部から電圧を加えると，屈折率が変化する現象で，屈折率は加わる電圧に比例します．**光カー効果**は，信号光パワーが大きくなると現れ，光の強度に応じてファイバの屈折率が変化し，通信品質の劣化を招く現象です．

【解答　エ：③】

問5	WDMシステム	☑☑☑【R3-2 問1（3）（H28-2 問20（2）(ii)）】

ROADMの特徴について述べた次の文章のうち，誤っているものは，［（オ）］である．

〈（オ）の解答群〉

① ROADMシステムは，一般に，多数のROADMノードがメッシュ状に光ファイバケーブルで接続されており，これらのROADMノードを運用支援システムにより監視制御する構成を有している．

② ROADMシステムでは，光信号の経路設定を遠隔から行うことができるため，OADMシステムと比較して，一般に，光パスの開通や廃止に伴う現

地作業時間を短縮することが可能である．

③ ROADMノードには光合分波器と光スイッチを組み合わせた構成のものがあり，ROADMノードに入力されたWDM信号は光分波器で波長別の光信号に分離される．

④ ROADMノードのドロップ側の光スイッチ部では，光信号をそれぞれの波長ごとに，そのROADMノードでドロップするか，次のROADMノードに転送するかを制御している．

解説

・**ROADM**（Reconfigurable Optical Add/drop Multiplexer）システムは，多数のROADMノードがリング状に光ファイバケーブルで接続されており，これらのROADMノードを**OSS**（Operation Support System）といわれる運用支援システムにより監視制御する構成を有しています（①は誤り）．

・②，③，④は正しい．

POINT

OADMを発展させたものがROADM．OADMでは分岐を行う波長が固定であるが，ROADMでは分岐させる波長を再設定可能．

覚えよう！

ROADMは，一つのリング状の伝送路に複数の波長の信号を多重化するシステム．リングに接続されたROADMノードごとに波長の異なる光信号の分岐・挿入を行う．

【解答　オ：①】

問6　デジタル伝送方式　☑☑☑【R3-1 問1（1）（R1-2 問1（1），H27-2 問1（1））】

次の文章は，デジタル伝送方式における伝送技術の概要について述べたものである．［　　］内の（ア）～（ウ）に最も適したものを，下記の解答群から選び，その番号を記せ．

デジタル伝送方式において，光ファイバを効率的に利用するために1心双方向伝送技術や多重伝送技術が用いられている．

1心双方向伝送技術には，デジタル信号の送信パルス列を時間圧縮後，元の信号速度の2倍以上の伝送速度にしたバースト状のパルス列で送信し，この時間圧縮で空いた時間に反対方向からのバースト状のパルス列を受信する［（ア）］方式があり，これはピンポン伝送方式ともいわれる．

多重伝送技術のうち，複数のデジタル信号を時間的に少しずつずらして規則正しく配列するものは［ (イ) ］方式といわれる．複数の異なる波長を用いた多重伝送技術のうち，波長間隔が 20〔nm〕と粗く，多重する波長が数波長から 10 数波長程度に限定されているものは［ (ウ) ］方式といわれる．

〈(ア)～(ウ) の解答群〉

① スタッフ同期	② PCM	③ TCM	④ PSK
⑤ TDM	⑥ DWDM	⑦ SDH	⑧ パケット
⑨ ROADM	⑩ OFDM	⑪ QAM	⑫ CWDM

解説

POINT
DDM 方式では光ファイバの両端に光方向性結合器を設けて，上り信号と下り信号を分離する．

・1 心の光ファイバを使用した 1 心双方向伝送技術としては，送信信号の時間圧縮により空いた時間に反対方向からのバースト状のパルス列を受信する (ア) **TCM**（Time Compression Multiplexing，時間圧縮多重）方式があり，ピンポン方式ともいわれます．また，上りと下りに同じ波長の光を用い，光方向性結合器を利用して，光ファイバ内を伝搬する上りと下りの光信号を分類・識別する **DDM**（Directional Division Multiplexing，方向分割多重）方式などがあります．

・多重伝送技術のうち，複数のデジタル信号を時間的に少しずつずらして規則的に配列し多重化する方式は (イ) **TDM**（Time Division Multiplexing，時分割多重化），1 心の光ファイバに複数の波長を多重・分離することにより複数の光信号や上りと下りの光信号を同時に送受信可能とする方式が WDM（Wavelength Division Multiplexing，波長分割多重）です．

・多重可能な波長数を 10 数波程度と限定した WDM 方式としては，光アクセスシステムに適用される (ウ) CWDM があります．

WDM，CWDM については本節 問 1 の解説も参照してください．

POINT
光の多重数が 16 波以下と少ないのが CWDM で，多重数がそれ以上に多いのが DWDM．

【解答　ア：③，イ：⑤，ウ：⑫】

問7 **OTN** ☑☑☑【R3-1 問1（3）（H29-2 問1（2）(ii)，H26-2 問1（2）(ii)）】

基幹系光ネットワークにおけるOTNの特徴について述べた次の文章のうち，正しいものは，［（オ）］である．

〈（オ）の解答群〉

① OTNでは，光の波長単位で通信路が設定され，通信路の終端を行うOXC，光のままクロスコネクトを行いメッシュ状ネットワークに適用するOADMなどの装置が用いられる．

② OXCやOADMでは光スイッチを用いて通信路設定が行われる．この光スイッチには，一般に，MEMS光スイッチ，平面光導波路型の光スイッチなどが用いられる．

③ OTNでは，OChといわれる論理的な通信路が設定される．OChは，光多重セクションとして定義されており，波長多重信号が合分波されるごとに終端される．

④ OChのフレームは，OChのオーバヘッド，各種のクライアント信号を収容する可変長のペイロード，誤り訂正符号としてSOHを挿入するフィールドから構成されている．

解説

OTN（Optical Transport Network，光伝達網）は，バックボーンネットワーク（コアネットワーク，基幹ネットワーク）においてWDM技術を使って長距離・大容量の光通信を行うための通信規格です．従来ポイントツーポイントの構成だったWDMを，多地点での通信（網）での利用に対応させる技術や，IPやイーサネットなどの複数のクライアント信号を統一的に扱えるようにしています．

・OTNでは，光の波長単位で通信路が設定され，通信路の終端を行う**OADM**（Optical Add-Drop Multiplexer，光分岐挿入装置），光のままクロスコネクトを行いメッシュ状ネットワークに適用する**OXC**（Optical Cross-Connect，光クロスコネクト）などの装置が用いられます（①は誤り）．

POINT

OADMは，ユーザ側装置をリング状のネットワークに接続し，ユーザ側装置とネットワークの間で光信号の分岐・挿入を行う．

・②は正しい．

・OTNでは，OCh（Optical Channel）といわれる論理的な通信路が設定されます．OMS（Optical Multiplex Section）は光多重セクションとして定義されており，波長多重信号が合分岐されるごとに終端されます（③は誤り）．

・OCh のフレームは，OCh のオーバヘッド（OH，OverHead），可変長のペイロード，誤り訂正符号として FEC（Forward Error Correction，前方誤り訂正）を挿入するフィールドから構成されます（④は誤り）．

OTN は，図のように，OCh（光チャネル），OMS（光多重セクション），OTS（光中継セクション）の三つの階層からなります．

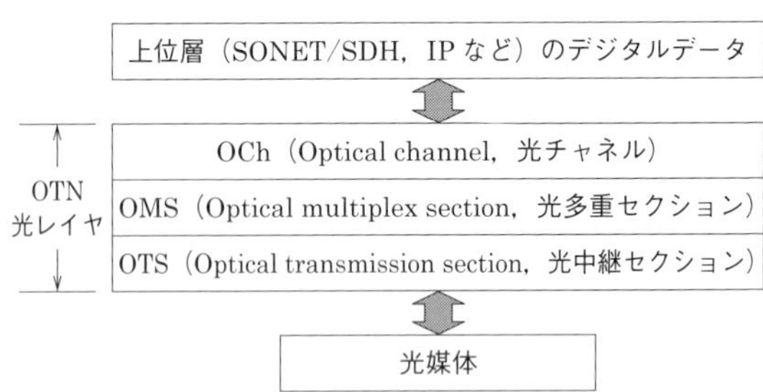

OCh：エンド・ツー・エンドの論理的な通信路（光チャネル）を提供
OMS：波長多重した光信号の伝送機能を提供
OTS：さまざまな光媒体上での光信号の伝送機能を提供

図　OTN のレイヤ構造

【解答　オ：②】

問 8	**デジタル伝送方式**	☑☑☑【R1-2 問 1（1）（H27-2 問 1（1））】

次の文章は，デジタル伝送方式における伝送技術の概要について述べたものである．［　　　］内の（ア）～（エ）に最も適したものを，下記の解答群から選び，その番号を記せ．

デジタル伝送方式において，1 心の光ファイバを用いた伝送技術には，1 心双方向伝送技術，多重伝送技術などがある．

1 心双方向伝送技術としては，デジタル信号の送信パルス列を時間圧縮後，2 倍以上の速度にしたバースト状のパルス列で送信し，この時間圧縮により空いた時間に反対方向からのバースト状のパルス列を受信する［（ア）］方式があり，これはピンポン伝送方式ともいわれる．

多重伝送技術としては，複数のデジタル信号を時間的に少しずつずらして規則正しく配列する［（イ）］方式，また，［（ウ）］を用いて複数の波長を多重・分離す

ることにより複数の光信号を同時に伝送するWDM方式などがある．WDMは，多重する光の波長数を増やすことで伝送容量を大きくする光通信技術であり，波長間隔が比較的粗く，多重する波長数を10数波程度に限定したWDM方式として，光アクセスシステムに適用される［（エ）］がある．

〈(ア)～(ウ) の解答群〉

① QAM	② 光減衰器	③ TCM	④ 光合分波器
⑤ CWDM	⑥ OFDM	⑦ SDM	⑧ 光方向性結合器
⑨ 光変復調期	⑩ TDM	⑪ FDD	⑫ ROADM
⑬ DWDM	⑭ PCM	⑮ FDM	⑯ エコーキャンセラ

解説

・(ア) TCM，(イ) TDM，(エ) CWDMについては，本節 問6の解説を参照してください．
・(ウ) 光合分波器については，本節 問1の解説を参照してください．

【解答　ア：③，イ：⑩，ウ：④，エ：⑤】

問9 光変調方式

【H31-1 問1 (2) (i) (R4-1 問1 (3)，H27-2 問1 (2) (i))】

光の変調方式などについて述べた次の文章のうち，誤っているものは，［（オ）］である．

〈(オ) の解答群〉

① 直接変調方式では，一般に，LDの駆動電流を変化させることにより，強度変調されたLD出力光が得られる．

② 直接変調方式では，変調周波数が数〔GHz〕以上になると，LDの発振波長が変動する現象である波長チャーピングが発生する．

③ 外部変調方式には，光の振幅や位相をそれぞれ変調する方式があるが，数〔Gbit/s〕程度の光伝送システムにおいては，一般に，位相変調方式が用いられる．

④ 外部変調器には，ニオブ酸リチウム（$LiNbO_3$）を材料とし，電圧の印加によって屈折率が変化する電気光学効果であるポッケルス効果を用いたものがある．

解説

・①は正しい．光変調方式は，レーザ素子を使って電気信号の変化を光信号の強度変化に変換する**直接変調方式**と，光に対し変調を行う**外部変調方式**に大別されます．直接変調方式では半導体レーザのもつ**チャーピング**により伝送速度が制限されるため，超高速長距離伝送システムには，一般に外部変調方式が用いられています．

・②は正しい．チャーピングは，半導体レーザで高速変調したときに，瞬時的なキャリアの変動で活性層の屈折率が変化し，波長の変動（波長揺らぎ）が起こる現象です．

・外部変調方式には，光の振幅や位相をそれぞれ変調する方式がありますが，数〔Gbit/s〕程度の光伝送システムにおいては，一般に，**強度変調方式**が用いられます（③は誤り）．

・④は正しい．この変調器はLN変調器と呼ばれます．

【解答　オ：③】

問 10　光変調器　☑☑☑【H31-1 問 1（2）(ii)（H27-2 問 1（2）(ii)）】

光変調器の特徴などについて述べた次の文章のうち，誤っているものは，［（カ）］である．

〈（カ）の解答群〉

① 電気光学効果を利用した光変調器は，電界吸収効果を利用した光変調器と比較して，一般に，駆動電圧は高いが，小型にできるという特徴がある．

② 電気光学効果による屈折率の変化を用いる光変調器には，光の位相の変化を光の強度の変化に変えて光強度変調するために，マッハツェンダ干渉計を用いたものがある．

③ マッハツェンダ干渉計を用いた光変調器を利用した光変調は，直接変調方式による光変調と比較して，波長チャーピングを低く抑えることができる．

④ 電界吸収効果を利用した光変調器は，半導体素子などで構成されているため，通信用の光源として用いられる半導体レーザと同一の半導体基板上での集積化に適している．

解説

・電気光学効果を利用した変調器として**LN変調器**が，電界吸収効果を利用した変調器として**EA変調器**があります．LN変調器は，EA変調器に比べ駆動電圧が高い，小型化しにくいという欠点があります（①は誤り）．

EA変調器は半導体を使用しているため，集積化により小型化が可能．

・②，③，④は正しい．**マッハツェンダ型干渉計**は光の干渉計の一種で，光を二つに分離して異なる光路を通した後に再度合波し，二つの光の位相のずれに応じた干渉を起こさせ，この干渉の大きさにより光の強度変調を行います．

【解答　カ：①】

覚えよう！

外部変調器には，LN 変調器と EA 変調器があること，またそれぞれの特徴．

問 11　光ファイバの種類と構造　【H30-2 問 1（2）(i)（H27-2 問 1（2）(ii)）】

光ファイバの種類と構造について述べた次の文章のうち，誤っているものは，（オ）である．

〈（オ）の解答群〉

① 光ファイバは，光をコアに閉じ込めて伝搬する導波原理で分類すると，全反射によるものとブラッグ反射によるものに大別され，ブラッグ反射を用いた光ファイバには，フォトニックバンドギャップ光ファイバがある．

② 全反射型の光ファイバは，一般に，光が伝搬するコアと，その周辺を覆う同心円状のクラッドの屈折率差を利用して光をコアに閉じ込めており，この屈折率差を実現する代表的な手段には，添加剤（ドーパント）による屈折率制御がある．

③ 光ファイバを屈折率分布形状で分類すると，コアとクラッドの間で屈折率が階段状に変化する GI 型光ファイバと，コアの屈折率分布が緩やかに変化する SI 型光ファイバがある．

④ 全反射型の光ファイバの一種である空孔アシスト光ファイバは，クラッドの内部に空孔を設けて伝搬光のクラッドへの広がりを制限することにより，汎用の光ファイバと比較して，小さな曲げ半径でも光が漏れにくいという特徴を有している．

解説

・①，②，④は正しい．

参 考

ドーパントには，コアの屈折率を上げるためにコアに添加される Ge（ゲルマニウム）や P（リン），クラッドの屈折率を下げるためにクラッドに添加される B（ホウ素）や F（フッ素）がある．

・光ファイバを屈折率分布形状で分類すると，コアとクラッドの間で屈折率が階段状に変化する **SI 型光ファイバ**と，コアの屈折率分布が緩やかに変化する **GI 型光**

ファイバがあります（③は誤り）.

【解答　オ：③】

覚えよう！

光ファイバの内部を伝搬する光の経路(モード)によって,光ファイバにはシングルモードとマルチモードの２タイプがある.シングルモード光ファイバでは,光が光ファイバの中心部のみを通り,マルチモード光ファイバでは，複数の経路で光が進む．マルチモード光ファイバには，SI（Step-Index）型ファイバとGI（Graded-Index）型ファイバの２種類がある.

問 12　シングルモード光ファイバ

【H30-2 問１（2）(ii)（H27-1 問１（2）(ii)）】

シングルモード（SM）光ファイバの特徴について述べた次の文章のうち，正しいものは，［（カ）］である.

〈（カ）の解答群〉

① SM光ファイバは，マルチモード（MM）光ファイバと比較して，コア径が大きい，コアとクラッドの比屈折率差が大きい，伝送損失が小さいなどの特徴を有している.

② SM光ファイバは，MM光ファイバと比較して，光ファイバ相互の接続に高い寸法精度を必要とするが，光ファイバケーブル自体の取扱いが容易であることから，一般に，構内やオフィス内のLANなどで用いられている.

③ SM光ファイバのクラッドの屈折率は，コアの屈折率より小さい．SM光ファイバには，汎用のSM光ファイバのほかに，分散シフトSM光ファイバ（DSF），ノンゼロ分散シフトSM光ファイバ（NZDSF）などがある.

④ SM光ファイバには，構造分散と材料分散を合わせたモード分散が存在する．このうち材料分散はコアの屈折率が波長により異なるために生ずる分散である.

解説

・**シングルモード光ファイバ**は，**マルチモード光ファイバ**と比較して，コア径が小さい，コアとクラッドの比屈折率差が小さい，伝送損失が小さいなどの特徴を有しています．シングルモード光ファイバは，コア径およびコアとクラッドの比屈折率差を小さくして，一つのモードの光だけを通すようにしています．また，単一モードであるために，モード分散がなく，マルチモード光ファイバに比べ，伝送損失を小さくできて長距離伝送が可能です（①は誤り）.

・②は誤り．正しくは，「シングルモード光ファイバは，マルチモード光ファイバと比較して，光ファイバ相互の接続に高い寸法精度を必要とし，光ファイバケーブル

自体の取扱いが難しいが，伝送損失が小さく長距離伝送が可能であるため，一般に，電気通信事業者のネットワークなどで用いられている」．または，「マルチモード光ファイバは，シングルモード光ファイバと比較して，光ファイバ相互の接続に高い寸法精度を必要とせず，光ファイバケーブル自体の取扱いが容易であることから，一般に，構内やオフィス内のLANなどで用いられている」．

・③は正しい．**分散シフト光ファイバ**は，従来のシングルモード光ファイバよりも伝送損失を小さくした光ファイバです．**ノンゼロ分散シフト光ファイバ**は，さらにWDMで伝送する場合の伝送品質を高くした光ファイバです．

・シングルモード光ファイバには，構造分散と材料分散を合わせた**波長分散**が存在します．このうち，材料分散は光ファイバの屈折率が波長により異なるために生じる分散です（④は誤り）．

POINT
モード分散は，複数の伝搬モードを持つマルチモード光ファイバでのみ発生する分散．

分散は，**図**のように分類されます．

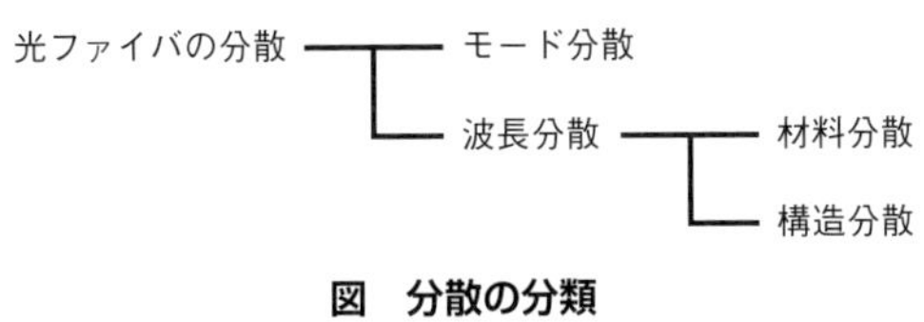

図　分散の分類

構造分散は，コアからクラッドへの光のしみ出しが，波長ごとに異なるために生じる分散です．分散の大きさは，モード分散が他の分散に比べてかなり大きく，その次に，材料分散，構造分散の順になっています．

【解答　カ：③】

問 13	WDM（波長分割多重）	【H29-2 問 1（2）(i)（H26-2 問 1（2）(i)）】

基幹系光ネットワークにおける波長分割多重技術などについて述べた次の文章のうち，誤っているものは，［（オ）］である．

〈（オ）の解答群〉

① 基幹系の WDM 伝送システムでは，光信号の波長として 1.55 μm 帯などが利用されており，CWDM 方式と比較して，波長間隔を密にした DWDM 方式が用いられている．

② 線形中継器を用いた多中継の WDM 伝送システムにおいて伝送距離を制限する要因には光の信号対雑音比の劣化と波形劣化があり，信号対雑音比の劣化は，主に線形中継器の非線形光学効果に起因して発生する．

③ 基幹系の WDM 伝送システムにおける伝送容量の拡大を図る方法には，多重する波長数を増加する方法，WDM のチャネル当たりの伝送速度を高速化する方法などがある．

④ 基幹系光ネットワークにおいて，中継器が線形中継器のみで構成された中継伝送系では，光信号をそのまま直接増幅しているため，中継数の増加に伴って自然放出光雑音が累積される．

解説

・①は正しい．基幹系の WDM 伝送システムでは，**1.55 μm 帯**の光信号を用いる**分散シフト光ファイバ**や**ノンゼロ分散シフト光ファイバ**が導入されています．

・線形中継器を用いた多中継の WDM 伝送システムにおいて伝送距離を制限する要因には光の信号対雑音比の劣化と波形劣化があり，信号対雑音比の劣化は，定常的に放出される自然放出光が雑音源となることに起因して発生します．線形中継器の非線形光学効果は波形劣化の要因となります（②は誤り）．

POINT

線形中継器は電気信号に変換することなく光信号のまま増幅する中継器で，光ファイバ増幅器ともいう．

・③，④は正しい．

【解答　オ：②】

1-4 イーサネット

出題傾向

イーサネットの概要と光トランシーバに関する問題が出されています.

問1　イーサネットの概要　☑☑☑【R3-1 問6（1）（R1-2 問2（1））】

次の文章は，イーサネットの概要について述べたものである．[　　]内の（ア）～（ウ）に最も適したものを，下記の解答群から選び，その番号を示せ．

イーサネットのフレームフォーマットは，一般に，有効フレームの先頭の宛先MACアドレスに続く送信元MACアドレス，タイプ/フレーム長フィールド，データフィールド，及び有効フレームのデータに誤りがないかどうかを検査するための[（ア）]で構成される．宛先と送信元のアドレスとして使われるMACアドレスは6〔Byte〕の長さを持ち，上位の3〔Byte〕は，[（イ）]といわれ，これによりネットワークインタフェースカードの製造メーカなどを識別することができる．

イーサネットには，使用される伝送媒体や伝送速度が異なる仕様がある．例えば，10GBASE-LRでは伝送媒体として[（ウ）]が使用され，伝送速度は最大10〔Gbit/s〕，伝送距離は最大10〔km〕となっている．

〈（ア）～（ウ）の解答群〉

①　NRZ　②　ツイストペア　③　FCS　④　ESP
⑤　OUI　⑥　プリアンブル　⑦　SYN　⑧　PAD
⑨　マルチモード光ファイバ　⑩　パディング
⑪　シングルモード光ファイバ　⑫　プラスチック光ファイバ

解説

イーサネットのフレームフォーマットを**図1**に示します．

Byte数：	7	1	6	6	2	46～1 500	4
フレームフォーマット：	"10101010"×7	SFD	宛先MACアドレス	送信元MACアドレス	タイプ	データ	FCS
	プリアンブル 8〔Byte〕		最大1 518〔Byte〕				

図1　イーサネットのフレームフォーマット

イーサネット・フレーム全体の長さは64～1 518バイトと決められており，これをフレーム長といいます．フレームの中には，以下に示すような制御情報も含むため，一つのイーサネット・フレームで実際に運べるデータのサイズは46～1 500〔Byte〕となり，1 500〔Byte〕が**MTU**のサイズとなります．MTUは1回のデータ転送で送信可能なIPデータグラムの最大値です．

各フィールドについて説明します．プリアンブルは，フレーム通信の開始を認識させ，同期のタイミングをとる信号です．“10101010”が7回続き，末尾が“11”のフィールドSFD（Start Frame Delimiter）で終わります．SFDの“10101011”は，プリアンブルの終わりを表し，次から送信アドレスが続くことを表します．(ア)FCS（Frame Check Sequence）は，フレームエラーを検出するためのフィールドです．

宛先と送信元のアドレスは，MAC（Media Access Control）アドレスが使われます．MACアドレスとは，通信ネットワーク上で各通信主体を一意に識別するために物理的に割り当てられた6〔Byte〕の識別番号で，物理アドレス（physical address）などと呼ばれることもあります．MACアドレスの前半3〔Byte〕が(イ)ベンダ識別子（OUI），後半3〔Byte〕がベンダ管理アドレスとなっています．OUI（Organizationally Unique Identifier）は，ベンダ（ネットワーク機器メーカ）ごとに決められているコードで，IEEEが管理しています．ベンダは，IEEEに申請してOUIを取得します．

光ファイバを使用した**10ギガビットイーサネット**は，IEEE 802.11aeで標準化された規格で，**図2**にその種類を，**表**に各規格を示します．**WAN PHY**は，WAN（広域網）で広く導入されているSONET/SDHの仕様に準拠させた規格です．

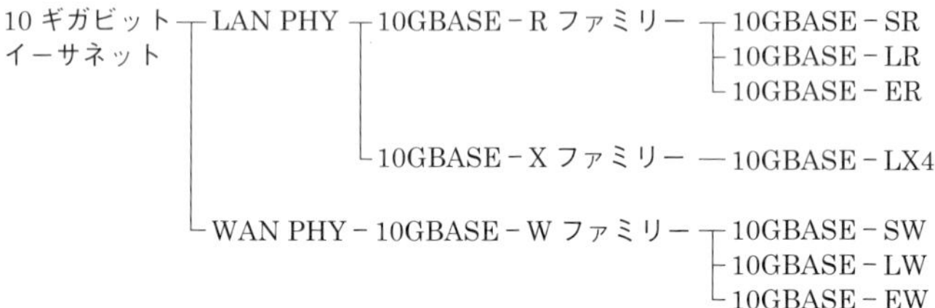

図2　10ギガビットイーサネットの分類

IEEE 802.11aeの最後の「ae」は，規格の作成を行ったグループを意味する．
WAN-PHYの「WAN」（Wide Area Network）は広域網を意味する．

表 10ギガビットイーサネットの規格

規格名	伝送速度	伝送媒体	光の波長	最大伝送距離	伝送符号
10GBASE-SR	10.3124〔Gbit/s〕*1	MMF*3	850〔nm〕	300〔m〕	64B/66B
10GBASE-LR	10.3124〔Gbit/s〕*1	(ウ) SMF	1 310〔nm〕	10〔km〕	64B/66B
10GBASE-ER	10.3124〔Gbit/s〕*1	SMF	1 550〔nm〕	40〔km〕	64B/66B
10GBASE-LX4	3.125〔Gbit/s〕×4*1（波長多重）	MMF	1 310〔nm〕	300〔m〕	8B/10B
		SMF	1 310〔nm〕	10〔km〕	8B/10B
10GBASE-SW	9.95328〔Gbit/s〕*2	MMF	850〔nm〕	300〔m〕	64B/66B
10GBASE-LW	9.95328〔Gbit/s〕*2	SMF	1 310〔nm〕	10〔km〕	64B/66B
10GBASE-EW	9.95328〔Gbit/s〕*2	SMF	1 550〔nm〕	40〔km〕	64B/66B

＊1 符号化した後のデータの伝送速度で正味のデータの速度（実効レート）は10〔Gbit/s〕

＊2 符号化した後のデータの伝送速度で実効レートは9.2942〔Gbit/s〕（SONET/SDHとの接続のため，実効レートは10GBASE-Rファミリーより7〔%〕程度低くなっている）.

＊3 MMF：マルチモード光ファイバケーブル

＊4 SMF：シングルモード光ファイバケーブル

【解答 ア：③，イ：⑤，ウ：⑪】

問2 イーサネットの概要 【R1-2 問2 (1)】

次の文章は，イーサネットの概要について述べたものである．[ ]内の(ア)～(エ) に最も適したものを，下記の解答群から選び，その番号を示せ．

イーサネットは，通信規格の一つであり，OSI参照モデルにおける物理層とデータリンク層をサポートしている．

イーサネットがサポートする物理層の規格には，利用される伝送媒体や伝送速度が異なる仕様がある．例えば，1000BASE-Tでは，伝送媒体として最大長100〔m〕の[(ア)]ケーブルが利用され，伝送速度は最大1〔Gbit/s〕とされている．

データリンク層で扱われるイーサネットフレームにおいて，ノードの識別などに用いられるMACアドレスは，[(イ)]〔Byte〕の長さを持ち，前半部はベンダ識別子であり，[(ウ)]ともいわれる．

イーサネットフレームには，先頭からプリアンブル，宛先MACアドレス，送信元MACアドレス，通信内容であるデータ部，受信したフレームに誤りがないかどうかをチェックするためのFCSなどが格納される．IPヘッダ及びTCPヘッダを含めたデータ部の最大データサイズは[(エ)]といわれ，デフォルト値は1,500〔Byte〕である．

〈(ア)～(エ) の解答群〉

① 6	② 同軸	③ プリアンブル	④ MM 光ファイバ
⑤ 8	⑥ OUI	⑦ MTU	⑧ ツイストペア
⑨ 16	⑩ MSS	⑪ パディング	⑫ SM 光ファイバ
⑬ 32	⑭ LLC	⑮ CRC	⑯ CSMA/CD

解説

イーサネットのフレームフォーマットについては，本節 問 1 の解説を参照してください．

データ伝送速度が 1〔Gbit/s〕のギガビットイーサネットの規格の一覧を**表**に示します．

表　ギガビットイーサネット（1〔Gbit/s〕）の規格

規格名	作成元	伝送媒体	最大伝送距離	伝送符号
1000BASE-SX	IEEE 802.3z	MMF（850〔nm〕）*1	550〔m〕	8B/10B 符号
1000BASE-LX		MMF（1 310〔nm〕）	550〔m〕	
		SMF（1 310〔nm〕）*2	5〔km〕	
1000BASE-CX		STP*3	25〔m〕	
1000BASE-T	IEEE 802.3ab	(ア) UTP（CAT5）*4	100〔m〕	8B1Q4 符号

*1　MMF：マルチモード光ファイバケーブル，カッコ内は光の波長
*2　SMF：シングルモード光ファイバケーブル，カッコ内は光の波長
*3　STP：2 心平衡型のシールド付き同軸ケーブル
*4　UTP（CAT5）：カテゴリ 5 以上の非シールドツイストペアケーブル

【解答　ア：⑧，イ：①，ウ：⑥，エ：⑦】

問 3　光トランシーバ　【H29-2 問 1 (1)】

次の文章は，光伝送システムに用いられるルータなどに装着される光トランシーバについて述べたものである．［　　］内の（ア)～(エ）に最も適したものを，下記の解答群から選び，その番号を記せ．ただし，［　　］内の同じ記号は，同じ解答を示す．

ギガビットイーサネットや 10 ギガビットイーサネットの利用が可能なルータやスイッチには，データ送受信用ポートのインタフェースとして光トランシーバ装着口が用意されたものがあり，光トランシーバを光トランシーバ装着口に指し込んで

使用する．

イーサネットの規格には，シングルモード光ファイバとマルチモード光ファイバの両方を利用できる 1000BASE- （ア） などがあり，この規格に対応した光トランシーバを選択することで，ルータやスイッチは，接続するイーサネットのインタフェースを変更することができる．

光トランシーバの種類には，着脱可能なものとして GBIC 型，SFP 型， （イ） 型，SFP＋型などがあり， （イ） 型及び SFP＋型は 10 ギガビットイーサネット用として用いられている．

光トランシーバは，一般に，光送信モジュールと光受信モジュールとが一体化されている．光トランシーバの光送信モジュールには，発光素子として半導体レーザ（LD）などが用いられ，光受信モジュールには，受光素子としてなだれ増倍作用により信号出力を増倍する機能を備えた （ウ） などが用いられる．また，光伝送の広帯域化や多重化を実現するためには，光源の安定化が必要であることから，光送信モジュールには，光回路部品や光コネクタなどからの反射によって光源となる LD に戻る反射光を抑制するための （エ） が組み込まれているものもある．

〈(ア)～(エ) の解答群〉

① CX	② LED	③ 光減衰器	
④ アバランシホトダイオード		⑤ T	⑥ XFP
⑦ SFF	⑧ PIN ホトダイオード	⑨ LX	⑩ 1×9
⑪ 光スイッチ	⑫ 光アイソレータ	⑬ SX	
⑭ DFB	⑮ 光分岐結合器	⑯ ツェナーダイオード	

解説

光トランシーバとは，通信装置を光ファイバ伝送路に接続するときに用いるデバイスで，光ファイバ伝送路との接続部で通信装置のデジタル信号と光ファイバ伝送路の光信号の変換を行います．

ギガビットイーサネットの規格でシングルモードとマルチモードの両方を利用できる規格は(ア) 1000BASE-LX です．この規格に対応した光トランシーバを選択することで，通信装置は，光ファイバ伝送路と接続するためのインタフェースを変更することができます．

1000BASE-LX で使用できる伝送媒体などの規格は本節問 2 参照.

光トランシーバの種類には，電気を入れた状態で着脱可能（活線抜挿）のものとして GBIC（GigaBit Interface Converter）型，SFP（Small Form-factor Pluggable）型，(イ) XFP（10Gigabit small Form-factor Pluggable）型，SFP＋型があります．

GBIC型は，1ギガビットイーサネットの初期に使用された規格で，SFP型は体積をGBICの1/3に小型化した規格です．10ギガビットイーサネット用に使用されているのは**XFP型**と**SFP+型**で，XFP型は2002年に，SFP+型は2006年に規格が策定されています．SFP+型は，1ギガビットイーサネットで使用されていたSFPを拡張して10ギガビットイーサネットで使用できるようにしたものです．

POINT
「X」はローマ字で10を意味する．

光トランシーバの送信モジュールには，発光素子として半導体レーザ（Laser Diode，LD）が用いられます．光受信モジュールには，受光素子としてなだれ増倍作用により信号出力を増倍する機能を備えた(ウ) **アバランシホトダイオード**（Avalanche Photo Diode，APD）などが用いられています．ホトダイオード（Photo Diode，PD）は，印加電圧の大きさによりアバランシ型と非アバランシ型に分類され，アバランシ型は，非アバランシ型よりも印加電圧が大きく，半導体中の電子と正孔のアバランシ効果による電流増倍作用を利用して大きな電流を得ます．

POINT
avalanche（アバランシ）とは「雪崩（なだれ）」という意味．

送信モジュールには，光源の安定化のため（送信した光信号が戻ってきて受信光信号に重ならないように），光回路部品や光コネクタなどからの反射によって光源となるLDに戻る反射光を抑制するために(エ) **光アイソレータ**が組み込まれています．

POINT
アイソレータは，ファラデー効果を利用し，電磁波を一方向だけに伝え，途中で反射して戻ってくる逆方向の電磁波を阻止する役割をもつ．

【解答　ア：⑨，イ：⑥，ウ：④，エ：⑫】

⚠ 注意しよう！
近年の問題では，「ホトダイオード」の表記に「フォトダイオード」が用いられています．

1-5 アクセス回線

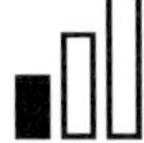

出題傾向

光アクセスシステム（PON など），CATV に関する問題が出されています．

問 1　CATV におけるアクセス技術　【R3-2 問 1（1）】

次の文章は，CATV におけるアクセス技術などについて述べたものである．［　　］内の（ア）～（ウ）に最も適したものを，下記の解答群から選び，その番号を記せ．ただし，［　　］内の同じ記号は，同じ解答を示す．

CATV 網構成の一つとして，CATV センタのヘッドエンド装置からアクセスネットワークの途中に設置した光ノードまでの区間に光ファイバケーブルを用い，光ノードから各ユーザ宅までの区間に同軸ケーブルを用いる［（ア）］方式がある．

［（ア）］方式では，全区間で同軸ケーブルを用いる方式と比較して，1 幹線に接続されるユーザ数を少なくすることができるため，上りの［（イ）］が減少して通信品質の向上が期待できる．また，幹線区間を光ファイバ化することにより，同軸ケーブルに必要であった中継増幅器が不要となるため，同軸コネクタの緩みの発生，給電装置の故障，停電による通信への影響などを低減できる．

CATV 網を利用したケーブルインターネットのための規格として，［（ウ）］といわれる技術仕様が標準化されており，CATV の番組配信と共存したインターネット通信に適用されている．

〈(ア)～(ウ) の解答群〉

① FTTH	② VDSL	③ DOCSIS
④ PDS	⑤ 波長分散	⑥ ITU-T V.90
⑦ 流合雑音	⑧ ASE 雑音	⑨ Annex A
⑩ HFC	⑪ ショット雑音	⑫ IEEE 802.11

解説

(ア) **HFC**（Hybrid Fiber Coax）は，**CATV 網**のネットワーク構成方法の一つです．センタ側の幹線系では既設の光ファイバが，ユーザ宅に近い分配系には同軸ケーブルが使われます．既存の同軸ケーブル網を利用できるため，光ファイバ通信の展開を経済的に行えます．

従来の CATV 網では基幹部分にも同軸ケーブルを使用していたため，双方向の高速インターネットサービスの提供には中継増幅器の設置や，上り方向における流合雑音を低減するケーブルモデムの使用などが必要でした．HFC ではそのような設備は必要ありません．

CATV 回線網で，基幹回線にノイズが集中する現象を(イ)流合雑音あるいはストリームノイズ（streamed noise）といいます．家庭から CATV 会社に向かう「上り」方向の通信において発生する現象です．

(ウ)**DOCSIS**（Data Over Cable Service Interface Specifications）は，CATV 網/同軸ケーブルにおいて，高速なデータ通信を行うための規格です．

【解答　ア：⑩，イ：⑦，ウ：③】

問 2	**PON**	【R3-1 問 1（2）（H24-1 問 1（2））】

PON システムの種類，特徴などについて述べた次の文章のうち，誤っているものは，［（エ）］である．

〈（エ）の解答群〉

① PON システムには，光ファイバを用いた 1 心双方向伝送技術の国際標準規格として，B-PON，G-PON，GE-PON などがある．

② PON システムにおいて，OLT から ONU への下り方向のデータ通信用の光信号に加えて映像配信用の光信号を伝送する場合，映像配信用の光信号の波長にはデータ通信用の光信号の波長と異なる波長を割り当てることができる．

③ GE-PON は，Ethernet フレームの伝送を目的とした PON システムであり，下り信号の最大伝送速度が G-PON の約 2 倍に高速化されている．

④ G-PON では，上り方向と下り方向の伝送速度が同一のシステムだけでなく，上り方向と下り方向の伝送速度が非対称のシステムの構成も可能である．

解説

受動素子とは「電源を使用しない素子」，能動素子とは「電源を使用して動作する素子」という意味．

PON（Passive Optical Network）は，光ファイバを用いた公衆網において，受動素子により光信号を分岐・合流させ，1 本の光ファイバ回線を複数の加入者で共有する方式です．上り下りの通信用の波長帯のほかに，映像伝送用の波長帯も用意されています．

図 1 に PON の構成と，下り方向と上り方向の光信号の伝送方法を示します．

PON システムは，通信事業者の **OLT**（Optical Line Terminal，光加入者線終端装置）と，光スプリッタ，ユーザ宅の**ONU**（Optical Network Unit，光加入者線ネットワーク装置）およびこれらを接続する光ファイバで構成されます．

OLTからONU方向の下り信号の伝送には，複数のユーザの信号を多重化するため**TDM**（Time Division Multiplexing，時分割多重化）方式を採用しています．

ONUからOLT方向の上り信号の伝送には，OLTを共有するほかのONUから送出される信号と衝突しないように，それぞれの信号送出のタイミングをずらして送信する**TDMA**（Time Division Multiple Access，時分割多元接続）方式が用いられています．

なお，**IEEE 802.3ah**で標準化された**GE-PON**では，OLTからONU方向の下り信号の最大伝送速度が，1.25〔Gbit/s〕と規定されています．

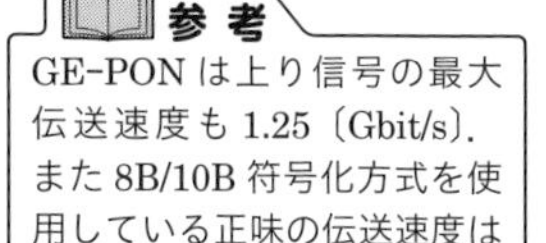

> **参考**
> GE-PONは上り信号の最大伝送速度も1.25〔Gbit/s〕．また8B/10B符号化方式を使用している正味の伝送速度は両方向とも1〔Gbit/s〕．

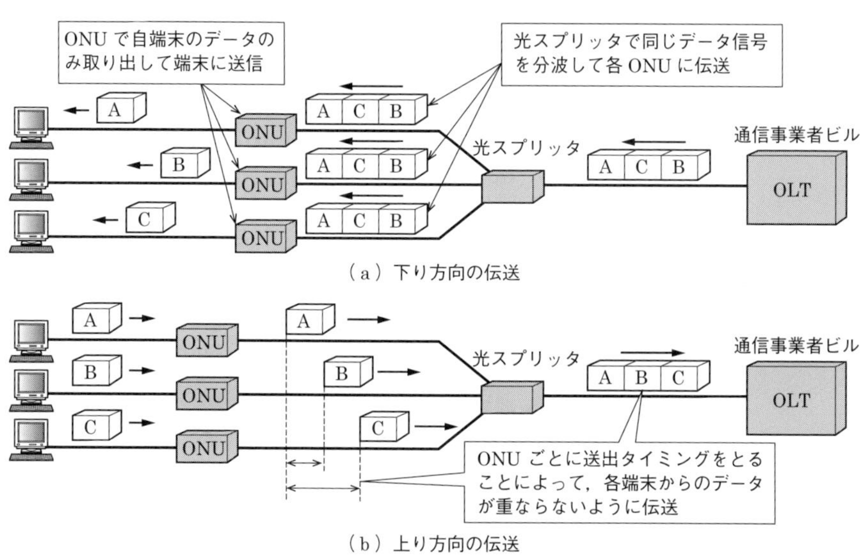

図1　PONにおける光信号の伝送

PON区間のフレーム構成を次頁の**図2**に示します．

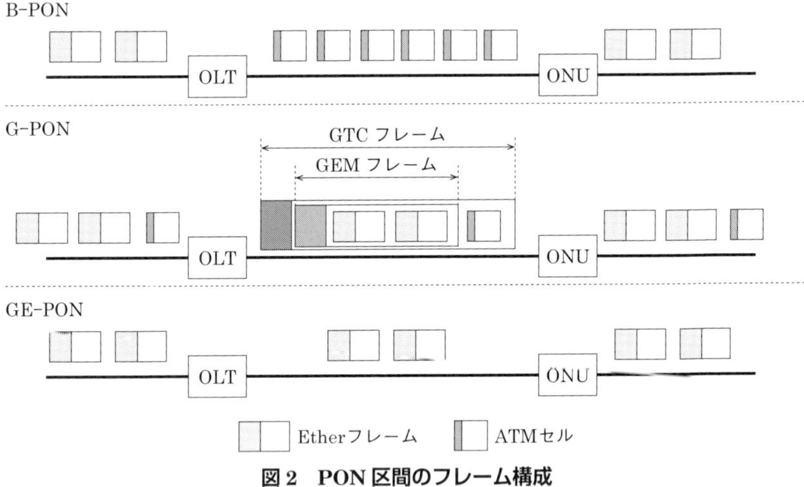

図 2　PON 区間のフレーム構成

・①は正しい．**B-PON**（Broadband-PON）は，Ether フレームなどの可変長フレームを固定長の ATM セル（53〔Byte〕）に乗せ換えて PON 区間を伝送する方式です．Ether フレームを ATM セルに乗せ換えるため収容効率が悪くなります．**G-PON**（Gigabit PON）では，GTC フレーム（GPON Transmission Convergence frame）と呼ばれる固定長の独自形式の伝送単位を用い，イーサネットなどのフレームは GEM（GPON Encapsulation Method）と呼ばれる方式でカプセル化されて，このフレームに収納して伝送する方式です．上り/下り速度は，最大 2.48〔Gbit/s〕まで対応しています．**GE-PON**（Gigabit Ethernet-PON）は，可変長の Ether フレームをそのまま PON 区間で伝送する方式で，上り/下り速度は，1.25〔Gbit/s〕に固定されています．

・②は正しい．PON（B-PON/G-PON/GE-PON）システムでは，上り下りの通信用の波長帯のほかに，映像伝送用の波長帯も用意されています．

・前述のように，GE-PON の下り信号の最大伝送速度が G-PON の約 1/2 です（③は誤り）．

・④は正しい．G-PON では，上り方向と下り方向の伝送速度が同一のシステムだけでなく，上り方向と下り方向の伝送速度が非対称のシステムの構成も可能です．

【解答　エ：③】

問3	GE-PON	【H31-1 問1 (3) (ii) (H28-1 問1 (2) (ii))】

GE-PONの特徴について述べた次の文章のうち，誤っているものは， (ク) である．

〈(ク) の解答群〉

① OLTが複数のONUから受信する信号は，光信号強度が異なるバースト状の信号となることから，OLTは，バースト信号を受信処理するための信号レベル検出回路，利得切替回路などを有している．

② OLTからONUへの下り信号は，TDM技術を用いて，各ONU宛の信号が時間的に重ならないように多重化されている．

③ OLTは，各ONUに対して送信許可を通知することにより，各ONUからOLTへの上り信号を時間的に分離し，衝突しないように制御している．

④ OLTが，OLTからONUへの下り信号の帯域を各ONUのトラヒック量に応じて動的に割り当てる機能は，一般に，DBAといわれる．

解説

・①は正しい．

・②は正しい．OLTからONUへの下り信号は，多重化技術として**TDM**を使用することにより，各ONU宛の信号が時間的に重ならないように多重化されています．**TDMA**は，ONUからOLTへの上り方向の伝送で，ONUからの光信号を光スプリッタで1本の光ファイバに合波して伝送するための技術です．

・③は正しい．TDMA方式では，OLTは**DBA**（Dynamic Bandwidth Allocation，動的帯域割当て）というアルゴリズムを使用して，ONUから送信される光信号が衝突しないように，各ONUに対し上り信号の帯域を動的に割り当て，さらに信号送出のタイミングをずらして送信させています．

・DBAが割り当てるのは下り信号ではなく，上り信号です（④は誤り）．

覚えよう！

GE-PONで，上り方向の伝送に使用される技術がTDMAで，下り方向の伝送で使用される技術がTDMである．

【解答　ク：④】

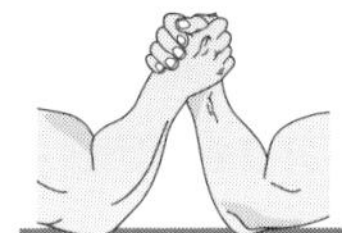

腕試し問題にチャレンジ！

問1　（ア）は（イ）よりも位相変動（揺らぎ）が大きく，（ウ）の揺らぎをいう．

①　スリップ　　②　ジッタ　　③　ワンダ　　④　5〔Hz〕未満
⑤　5〔Hz〕以上　　⑥　10〔Hz〕未満　　⑦　10〔Hz〕以上

問2　伝送品質の評価尺度のうち，伝送されたビット数のうち誤ったビットの割合を示し，ランダム誤りに適しているのが（ア）で，符号誤りが集中するバースト誤りの評価に適しているのが（イ）である．

①　% ES　　②　BER　　③　% DM　　④　% SES　　⑤　% EFS

問3　PCM方式で音声信号を伝送するとき，一般に，入力する音声信号の大小にかかわらず，伝送後の信号電力と量子化雑音電力との比をほぼ一定にするために，音声信号に対して圧縮，伸張の処理が行われる．この場合，圧縮器には，（ア）で表される入出力特性を持たせ，伸張器にはその逆の特性を持たせる．

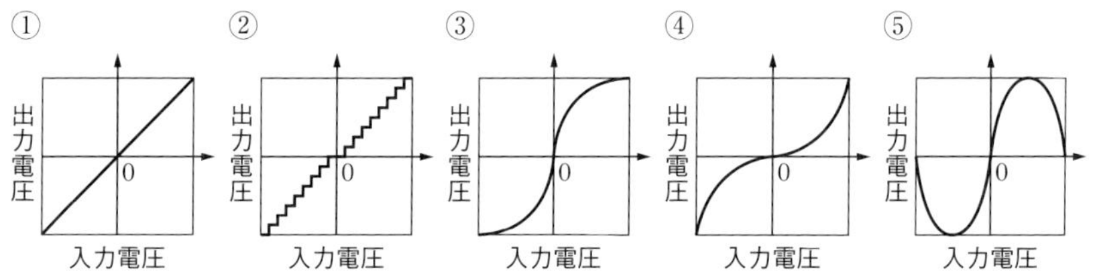

問4　光ファイバを使用した中継伝送路では，大容量の情報を伝送するため，波長多重として（ア）が使用される．また，光信号の増幅方法として，波長多重された光信号を電気信号に変換せずに一括して増幅する（イ）が使用される．

①　CWDM　　②　DWDM　　③　再生中継器　　④　光ファイバ増幅器

問5　電気信号を光信号に変換する変調方式には，変調信号の変化を半導体レーザを用いて光の強度変化に変換する（ア）と，半導体レーザからの出力光に対し，外部から変調を加える（イ）に分類される．（ア）では半導体レーザのもつ（ウ）により伝送速度が制限されるため，超高速長距離伝送システムには，一般に，（イ）が用いられている．

①　直接変調方式　　②　外部変調方式　　③　四光波混合
④　誘導散乱　　⑤　チャーピング

問6 入射してきた電磁波に対する物質の応答が電磁波の電界強度に比例しないことにより発生する非線形光学効果について述べた次の二つの記述は，［（ア）］.

A 四光波混合とは，四つの異なった波長の光を光ファイバに入射した際に，それらのどの波長とも一致しない新たな波長の光が発生する現象である.

B 光が光ファイバを伝搬するとき，自分自身の強度に起因する非線形屈折率変化により，位相がシフトする現象を相互位相変調という.

① Aのみ正しい　② Bのみ正しい
③ AとBが正しい　④ AもBも正しくない

問7 光ファイバの分散について述べた次の二つの記述は，［（ア）］.

A マルチモード光ファイバがシングルモード光ファイバに比較して伝送距離が短いのはモード分散により伝送距離が制限されるためである.

B 光ファイバの波長分散のうち，光ファイバの材料であるガラスの屈折率が波長によって異なるために生じる波形の広がりによって生じる分散は構造分散である.

① Aのみ正しい　② Bのみ正しい
③ AとBが正しい　④ AもBも正しくない

問8 1000BASE-SXは，伝送媒体として［（ア）］を使用し，伝送符号として［（イ）］を使用している．伝送媒体として光ファイバを使用している10ギガビットイーサネットで，伝送符号として［（イ）］を使用しているのは［（ウ）］だけで，それ以外の規格では伝送符号として［（エ）］を使用している.

① SMF　② MMF　③ UTP　④ 8B/10B
⑤ 64B/66B　⑥ 8B1Q4　⑦ 10GBASE-LR
⑧ 10GBASE-LW　⑨ 10GBASE-LX4

問9 10ギガビットイーサネットについて述べた次の二つは［（ア）］.

A 10ギガビットイーサネットでは，850〔nm〕，1 310〔nm〕，1 550〔nm〕の三つの波長帯の光が使用されている.

B 10ギガビットイーサネットの規格はLAN PHYとWAN PHYに分類され，WAN-PHYでは，SONET/SDH上でイーサネットのフレームを伝送するため，10GBASE-Wファミリーの実行ビットレートは，10GBASE-Rファミリーよりも7%程度低くなっている.

① Aのみ正しい　② Bのみ正しい　③ AとBが正しい
④ AもBも正しくない

問 10　PON では，OLT から ONU への下り信号の多重化方式として［（ア）］が使用され，上り信号の多重化方式として［（イ）］が使用される．

①　FDM　　②　TDM　　③　TDMA　　④　CDMA　　⑤　DBA

腕試し問題解答・解説

【問 1】 位相変動（揺らぎ）を表す用語として，ジッタ（Jitter）とワンダ（Wander）があります．揺らぎの周期が短いものを(ア)ジッタ，揺らぎの周期が長くゆっくり揺らぐものを(イ)ワンダと呼んでいます．ITU-T 勧告 G.810 では，(ウ)10〔Hz〕以上の位相変動をジッタ，10〔Hz〕未満の位相変動をワンダと定義しています．

解答 ア：②，イ：③，ウ：⑦

【問 2】 伝送されたビット数のうち誤ったビットの割合を示し，ランダム誤りに適しているのは(ア)BER（Bit Error Rate，符号誤り率）で，符号誤りが集中するバースト誤りの評価に適しているのは(イ)%SES（Severely Errored Second）です．%SES は，1 秒間の符号誤り率が 10^{-3} を超える秒数の割合を示します．［参考：そのほかの伝送品質の評価尺度の説明は 1-1 節問 2］

解答 ア：②，イ：④

【問 3】 量子化雑音とは，アナログ入力信号を離散的な数値にデジタル化する場合に生じる誤差のことです．たとえば，量子化を 10 段階で行う場合，アナログ入力信号値 5.2 を「5」にデジタル化した場合，量子化の誤差は 0.2 になります．

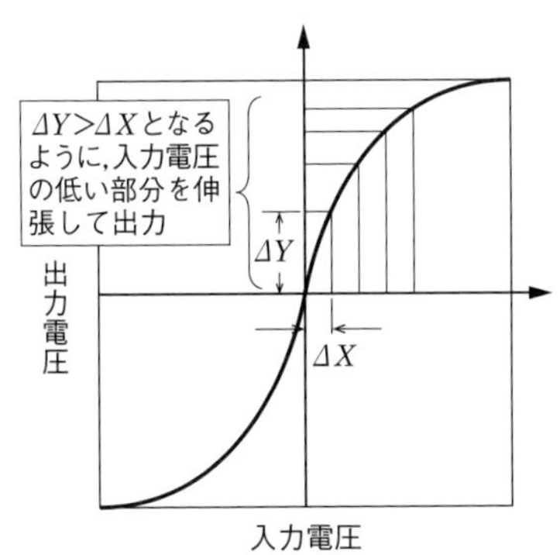

図　圧縮器の入出力特性

入力する音声信号の大小にかかわらず，伝送後の信号電力と量子化雑音の比をほぼ一定にするためには，図のように，入力電圧値の低い部分を高い部分より伸張して量子化することが必要です．この場合，入力電圧の低い部分では，入力電圧の幅（ΔX）よりも，出力電圧が広く伸張（ΔY）されます．

解答 ア：③

【問 4】 光ファイバを使用した中継伝送路では，大容量の情報を伝送するため，波長多重数の多い(ア)DWDM が使用されます．光信号の増幅方法のうち，波長多重された光信号を電気信号に変換せずに一括して増幅するのは(イ)光ファイバ増幅器です．光ファイバ増幅器は波長や

伝送速度への依存が少ないため，波長多重された光信号を一括して増幅できます．［参考：1-3 節　問 1］

解答　ア：②，イ：④

【問 5】　光変調方式は，レーザ素子を使って変調された電気信号を光信号に変換する(ア)直接変調方式と，光に対し変調を行う(イ)外部変調方式に大別されます．直接変調方式では半導体レーザの持つ(ウ)チャーピングにより伝送速度が制限されるため，超高速長距離伝送システムでは，一般に，外部変調方式が用いられています．［参考：1-3 節　問 2］

解答　ア：①，イ：②，ウ：⑤

【問 6】　四光波混合とは，三つの異なった波長の光を光ファイバに入射した際にそれらのどの波長とも一致しない新たな波長の光が発生する現象です（新たに発生する波長を含め四つになる）（A は誤り）．光が光ファイバを伝搬するとき，自分自身の強度に起因する非線形屈折率変化により位相がシフトする現象は自己位相変調といいます（B は誤り）．　**解答**　ア：④

【問 7】　A は正しい．光ファイバの波長分散のうち，光ファイバの材料であるガラスの屈折率が波長によって異なるために生じる波形の広がりによって生じる分散は材料分散です（B は誤り）．

解答　①

【問 8】　1000BASE-SX は，伝送媒体として(ア)MMF（マルチモード光ファイバ）を使用し，伝送符号として(イ)8B/10B を使用しています．伝送媒体として光ファイバを使用している 10 ギガビットイーサネットで，伝送符号として 8B/10B を使用しているのは(ウ)10GBASE-LX4 だけで，それ以外の規格では伝送符号として(エ)64B/66B を使用しています．

解答　ア：②，イ：④，ウ：⑨，エ：⑤

【問 9】　A は正しい．10GBASE-W ファミリーでは，SONET/SDH との接続のため，実効ビットレートは 10GBASE-R ファミリーより 7%程度低くなっています．B は正しい．正味のデータの速度（実効レート）は，10GBASE-R ファミリーで 10〔Gbit/s〕，10GBASE-W ファミリーで 9.2942〔Gbit/s〕です．　**解答**　ア：③

【問 10】　PON では，OLT から ONU への下り信号の多重化方式として(ア)TDM が使用され，上り方向の伝送方式として，(イ)TDMA が使用されます．TDMA 方式では，OLT は DBA というアルゴリズムを使用して，ONU から送信される光信号が衝突しないように，各 ONU に対し上り信号の帯域を動的に割り当て，さらに信号送出のタイミングをずらして送信させています．［参考：1-5 節　問 2，問 3］

解答　ア：②，イ：③

2章 通信プロトコル(データ通信)

本章の出題項目

2-1　IP ネットワークの方式
2-2　IP ネットワークのプロトコル
2-3　IP 電話
2-4　IP マルチメディア

2-1 IP ネットワークの方式

出題傾向

本分野の問題は，ほぼ毎回出されています．特に IPv6 について，その特徴や関連するプロトコルについての問題が多くなっています．ルーティング方式，帯域制御，コネクションによる通信，DNS についての出題もあります．

問 1　TCP の制御機能　【R4-1 問 6 (1)】

次の文章は，TCP の制御機能などについて述べたものである．［　　　］内の (ア)～(ウ) に最も適したものを，下記の解答群から選び，その記号を記せ．

TCP では，ネットワークの帯域を効率的に使用するためフロー制御を行う．フロー制御は大きく分けて，受信側のホストのバッファあふれに対するものとネットワークのあふれに対するものがある．

送信側が受信側の都合に関係なくデータパケットを送ると，受信側ではホストのバッファあふれにより受信しきれなくなるおそれがある．これを回避するため，受信側から［（ア）］サイズといわれる受信可能なデータサイズを送信側に通知すると，送信側ではこのデータサイズを超えないようにデータを送信する．

ネットワークのあふれが発生すると，パケットロスなどにより送信側ではタイムアウトを検出する，受信側では期待しているものと異なるシーケンス番号を持つセグメントを受信するといった事象が生ずる．

送信側において，受信側からの確認応答を受け取れずタイムアウトになった場合は，［（イ）］及び輻輳(ふくそう)回避といわれる二つのアルゴリズムを組み合わせて，ネットワークに大きな負荷を与えることなしに復旧させる．

即時再転送といわれるアルゴリズムでは，受信側で受信したセグメントのシーケンス番号が期待しているものと異なっていた場合には，受信できなかったセグメントのシーケンス番号を設定した確認応答を送信側へ直ちに返送する．送信側では，その確認応答と同じ確認応答を［（ウ）］回連続して受信したときには，要求されているセグメントを直ちに再送する．

〈(ア)～(ウ) の解答群〉

① 2	② 5	③ リクエスト	④ スロースタート
⑤ 3	⑥ メモリ	⑦ ウインドウ	⑧ ホットスタート
⑨ 4	⑩ フレーム	⑪ 高速スタート	⑫ コールドスタート

解説

TCP（Transmission Control Protocol）のようなコネクション型通信では，送信データをセグメント（segment）と呼ばれる小さな単位に分割し，一つひとつのセグメントごとに転送要求，送信，受信，確認応答という手順を繰り返します．この方式ではセグメントが正しく受信される確実性は高いですが，送信側で前のセグメントの確認応答を受信するまで次のセグメントを送信できないため通信効率がよくありません．このため，受信側に**ウインドウ**（window）と呼ばれるバッファ領域を確保して，複数のセグメントからなる大きな単位でデータを転送することで通信効率を高めます．この方式をウインドウ制御といいます．ウインドウの容量(ア)ウインドウサイズに収められるだけのセグメントをまとめて転送します．

なお，ウインドウに保管可能なデータサイズであるウインドウサイズを送信側に伝達しながら，最適な通信レートで通信を行うフロー制御を**スライディングウインドウ**（sliding window）といいます．この方法では，受信側は連続して受信可能なウインドウ容量をあらかじめ送信側に伝達します．送信側では受信可能な容量のデータを，確認応答を待たずに次々データを送出します．受信側は受信したデータについて確認応答を返信しますが，送信側では確認応答があったセグメントは送信完了とし，次の送信セグメントにウインドウをスライドさせて，送信を行います．

通常のウインドウ制御ではウインドウ全体を送り出してから受信確認を待って隣の領域にウインドウを移動させますが，スライディングウインドウは信頼性を損なわずに伝送効率を高めることができます．

TCPの通信開始時に，最初から送信可能な最大量のデータを送らずに，受信確認が取れることを確認しながら，少しずつ送信データ量を増やしていく方式を(イ)**スロースタート**と呼びます．これにより，ネットワークに過大な負荷をかけることを防止する（輻輳制御）ことができます．

TCPではセグメントごとに番号がふられ，それが**シーケンス番号**と確認応答番号（ACK番号）と呼ばれています．シーケンス番号はTCPの接続時に生成が行われます．確認応答番号は，送信時に「シーケンス番号+1」となっていた番号が，相手方へ受信した場合，「シーケンス番号+受信データバイト数」として応答するため，送信元が正しく相手方が受信したかを確認することができます．

受信できなかったセグメントがあった場合，送信側には確認応答が返ってこないため，タイムアウトを待って再送処理を実施します．即時再転送（高速再転送ともいう）では，確認応答番号が同じ確認応答を(ウ)3回連続して受信した段階で該当するセグメントの再送を行います．

【解答　ア：⑦，イ：④，ウ：⑤】

問2 ルーティングテーブル

【R4-1 問6 (3) (H29-1 問1 (3) (ii), H28-1 問1 (3) (i))】

ルータで使われているルーティングテーブルについて述べた次の文章のうち，正しいものは，[(オ)]である．

〈(オ) の解答群〉

① スタティックルーティングでは，ネットワークトポロジに変化があった場合には，ルータ相互間で交換したルーティング情報をもとにして自動的にルーティングテーブルが更新される．

② ルータでは，一般に，スタティックルーティングとダイナミックルーティングを組み合わせて利用することが可能であり，経路選択には，ルーティングプロトコルの優先度が考慮されたルーティングテーブルを用いる方法がある．

③ ルータは，受信したパケットの宛先 IP アドレスとルーティングテーブルを照合して一致するエントリがない場合，ルータにループバックアドレスの設定がされているときは，パケットを破棄せずに他のネットワークへ転送する．

④ ルーティングテーブルは，一般に，宛先ネットワークアドレス，宛先 MAC アドレス，メトリックなどで構成される．

解説

スタティックルーティングでは管理者が常に手動でルーティング情報の設定を行う．

・**スタティックルーティング**では，一般に，ルーティングテーブルは一度設定されると，いかなる場合でも，たとえば宛先のネットワークへの到達性が失われたときでも，自動的にルーティングテーブルは更新されません（①は誤り）．

・②は正しい．

・ルータは，パケットの宛先 IP アドレスとルーティングテーブルを照合して一致するエントリがないとき，一般に，パケットを廃棄しますが，ルータにデフォルトゲートウェイの設定がなされている場合には，パケットを廃棄せずにほかのネットワークに転送（デフォルトゲートウェイで指定される IP アドレスのルータに転送）します（③は誤り）．ループバックアドレスとは，パケットを送信しようとするコンピュータ自身の IP アドレスで，宛先アドレスとしてループバックアドレスが指定されていると，パケットをネットワークに送信せずに，自身のコンピュータ内で折り返します．

・ネットワークは，一般に複数のルータを介して接続されるため，ルーティングテーブルは，宛先ネットワークアドレス，転送先のルータの IP アドレスを示すネクストホップアドレス，メトリックなどで構成されます．宛先 MAC アドレスは管理していません（④は誤り）．メトリックは宛先までに複数の経路がある場合に，最適な経路の選択に用いられる情報で，ルーティングプロトコルである RIP（Routing Information Protocol）の場合はホップ数を，OSPF（Open Shortest Path First）の場合はコストをメトリックとして用います．

【解答　オ：②】

問 3　IPv6　【R3-2 問 6（1）（H25-2 問 2（1））】

次の文章は，IPv6 について述べたものである．[　　]内の（ア）～（ウ）に最も適したものを，下記の解答群から選び，その記号を記せ．

IPv6 のアドレスは 128〔bit〕で表現され，128〔bit〕を[（ア）]個のブロックに分け，各ブロックをコロンで区切り，それぞれを 16 進数で表示する方法が採られている．また，IPv4 と IPv6 のヘッダを比較すると，IPv4 ヘッダの長さは可変だが，IPv6 の基本ヘッダの長さは[（イ）]〔Byte〕で固定であり，必要に応じて機能ごとに拡張ヘッダを付加する構成が採られている．

インターネットにおいて，IPv6 と IPv4 の共存を可能とするための方法の一つとして，IPv6 パケットを IPv4 パケットのペイロードとしてカプセル化して転送する[（ウ）]技術がある．

〈（ア）～（ウ）の解答群〉

①　4　②　8　③　16　④　20
⑤　24　⑥　32　⑦　40　⑧　64
⑨　アドレッシング　⑩　ルーティング
⑪　トンネリング　⑫　フィルタリング

解説

IPv4 では，IP アドレスの枯渇，セキュリティおよびモビリティの機能拡張が困難などの問題点がありましたが，これを解決するため，次の特徴をもつ IPv6 が制定されました．

・IP アドレスが長い（IPv4 では 32〔bit〕だが，IPv6 では 128〔bit〕）．
・**IPsec**（IP security protocol）という暗号・認証プロトコルを標準実装している（IPv4 ではオプション）．

・モバイル IP を使用した移動端末の通信が IPv4 より柔軟に行える．
・個々の端末にユニークなアドレス（グローバルアドレス）を付与でき，IPv4 のように LAN 内のプライベート IP アドレスとグローバル IP アドレスの変換が必要ない．

IPv6 アドレスの表記では，128〔bit〕を 16〔bit〕ずつ(ア) 8 ブロックに分け，各ブロックを 16 進数で表示し，その間をコロン「：」で区切ります．なお，IPv6 では，連続する「0」は省略可能で，「：：」は 16〔bit〕の 0 が複数連続していることを示します．

IPv6 の表記例：19BD:3021:2538:B9D1:22C3:7719:8BD2:6836

16 進数では，0～9 に加え，10 進数の 10～15 と同じ値を意味する A～F の文字が使用される．

IPv6 の基本ヘッダの長さは(イ) 40〔Byte〕で，次の情報が設定されています（**図 1**）．
・トラフィッククラス：パケット送信時の優先度を表す（IPv4 の TOS に）．
・フローラベル：通信経路の品質確保のために使用．
・ペイロード長：IP ヘッダ以外の IP のユーザデータの長さ．
・ネクストヘッダ：IP ヘッダの上位の情報を示す（IPv4 のプロトコル番号に相当）．
・ホップ・リミット：ルータを一つ通過するたびに 1 ずつ減算（IPv4 の TTL に相当）．

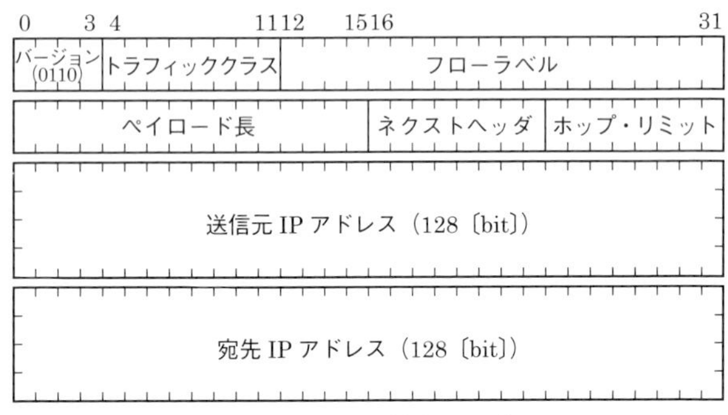

図 1　IPv6 の基本ヘッダ

IPv6 のヘッダは IPv4 に比べ次の特徴があります．
・ヘッダを**基本ヘッダ**と**拡張ヘッダ**に分け，基本ヘッダ長を 40 オクテット固定にし，拡張ヘッダは必要に応じて付加することとし，暗号・認証やパケットのフラグメント（分割）に関する情報などが設定される．

・ヘッダ・チェックサムを廃止し，ルータの処理負荷を軽減している．

IPv4 通信環境と IPv6 通信環境の混在を可能とするための方法である，「IPv6 パケットを IPv4 パケットにカプセル化する」とは，IPv4 ネットワークの上で IPv6 パケットを転送するという意味であるため，「**IPv6 over IPv4**」といわれます．

「カプセル化する」とは「～の中に詰め込む」という意味.

・**図 2** に示すように，通信ネットワーク上の 2 点間を結ぶ閉じられた仮想的な直結回線を確立することを(ウ) **トンネリング**といいます．また，そのような仮想回線を**トンネル**といいます．ネットワーク上に外部から遮断された見えない通り道を作ることからこのように呼ばれます．

IPv6 over IPv4

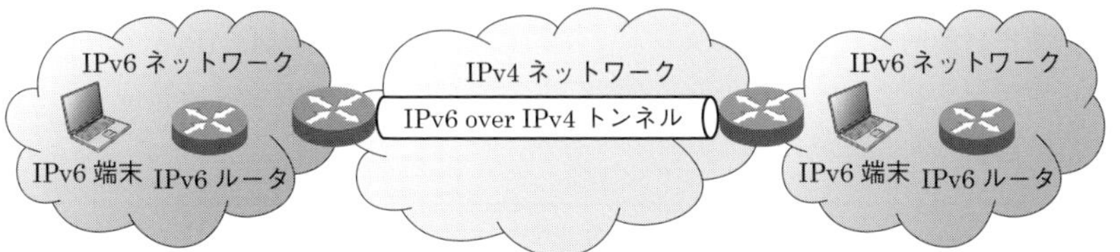

IPv4 over IPv6

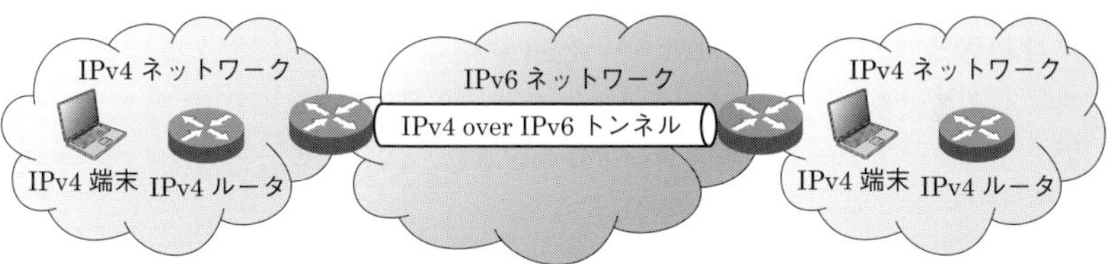

図 2　トンネリングの仕組み

【解答　ア：②，イ：⑦，ウ：⑪】

ネットワークに流れるデータの流量（traffic）は電話網を対象とする電気通信分野ではトラヒックと表記されるが，情報処理分野ではトラフィックと表記されることが多い．本書では「トラヒック」を基本とするが，IP に関わる説明においては「トラフィック」を用いることがある．

問4	IPv6	☑☑☑【R3-2 問6 (2) (R1-2 問1 (3) (ii))】

IPv6におけるプロトコル技術などについて述べた次の文章のうち，誤っているものは，［（エ）］である．

〈(エ) の解答群〉

① DNSサーバにおいて，IPv6アドレス情報を登録・検索するためのリソースレコードのタイプには，一般に，AAAAが用いられる．

② DHCPv6は，IPv6ホストにIPアドレスなどの情報を自動設定するためのプロトコルであり，サーバの探索や設定情報の要求に対して，リンクローカルアドレスを用いた通信が行われる．

③ ICMPv6メッセージは，ICMPv6パケットを用いてやり取りされ，パスMTU探索，近隣探索，マルチキャストリスナー探索などで利用される．

④ ICMPv6における近隣探索の機能には，IPv6ホスト自身がIPv6アドレスを自動的に設定するステートフルアドレス自動生成機能，IPv6アドレスが同一リンク上の他のノードで利用されていないことを確認する重複アドレス検出機能などがある．

解説

- ①，②，③は正しい．
- IPv6ホスト自身がIPv6アドレスを自動的に設定するのは，**ステートレスアドレス自動設定**機能です（④は誤り）．DHCPがない状態で，ネットワークのプレフィックス（ルータの情報）とインタフェースIDを使用してIPアドレスを自己生成します．**ステートフルアドレス自動設定**は，DHCPサーバでIPアドレスを管理し，ノードに割り振る方式です．

参考

DHCP（Dynamic Host Configuration Protocol）は，ネットワーク内のホストに対して自動的にIPアドレスなどの情報を設定するためのプロトコルである．ICMP（Internet Control Message Protocol）は，IP通信の制御や通信状態の調査などを行うためのプロトコルである．ICMPv6（ICMP for IPv6）は，IPv4のARPに相当する近隣探索機能，経路上で分割処理が起こらずに最大スループットになるようなMTUを探索するパスMTU探索機能，IPv6アドレス重複検出機能，マルチキャストグループに所属するノードを探索するマルチキャスト機能などを含んでおり，IPv6ネットワークにおける重要なプロトコルの一つとなっている．

【解答　エ：④】

問5 ルータにおける帯域制御 【R3-2 問6 (4)】

ルータにおける帯域制御及びパケットのキューイングについて述べた次の文章のうち，誤っているものは，［（カ）］である．

〈（カ）の解答群〉

① プロトコルなどによって区分された複数のグループに対して，それぞれ必要な使用帯域を設定し，ラウンドロビンなどの技術を使用して帯域を制御することができるキューイングは，一般に，カスタムキューイングといわれる．

② ルータ内に優先度の異なる複数のキューを用意しておき，パケットをフローごとにそれぞれのキューに割り振り，優先度の高いキューからパケットを送出し，そのキューのパケットが無くなるまで，優先度の低いキューのパケットを送出させないキューイングは，一般に，プライオリティキューイングといわれる．

③ ルータ内にある複数のキューに対して優先度に対応した重みを設定し，キューの重みに従ってパケットの送出量を調整し，優先度が低いキューであってもある程度公平にパケット送出を行う機会が得られるキューイングは，一般に，WFQ（Weighted Fair Queuing）といわれる．

④ ルータのキューに溜（た）まったデータ量の平均値を監視し，平均値が指定された最小閾値（しきい）を超えた場合に，ランダムに選択したパケットを廃棄することで輻輳（ふくそう）を回避する技術は，一般に，シェーピングといわれる．

解説

・①，②，③は正しい．

ルータにおけるパケットのキューイングの種類として，FIFO，PQ，CQ，WFQなどがあります．**FIFO**（First In First Out）は，キューを一つもち，優先制御をせずにキューに入ってきた順に送出する方式です．**PQ**（Priority Queuing）は，「high」「medium」「normal」「low」の四つの優先度の異なるキューをもち，パケットの優先度に応じてキューに格納し，優先度の高いキューにあるパケットから送出する方式です．**CQ**（Custom Queuing）は，複数のキュー（最大16）キューを巡回して，キューごとに管理者が優先度に応じて定義したバイト値のパケットを順番に送出していく方式です．**WFQ**（Weighted Fair Queuing）は，パケットのフローの発生を動的に検出してフローごとにキューを生成し，各キューでパケットの優先度に応じて重み付けを行い，その重みに応じてパケットの送出を行う方式です．「送信元IPアドレス，宛先IPアドレス，送信元ポート番号，宛先ポート番号」が同じものを一つのトラフィックフローとします.

・制御レートを超えたパケットを破棄することを**ポリシング**といいます（④は誤り）．**シェーピング**は，制御レートを超えたパケットはすぐに送出せずにキューにバッファリングし，超過パケットを平滑化しながら出力帯域を制御する方式です．

【解答　カ：④】

問 6	**IPv6**	☑☑☑【R3-1 問 6（2）（H27-2 問 1（3）(ii)）】

IPv6 の特徴について述べた次の文章のうち，正しいものは，［（エ）］である．

〈（エ）の解答群〉

① IPv6 アドレスのビット長は，IPv4 の 32〔bit〕に対して 2 倍の 64〔bit〕となっており，IP アドレスを必要とする接続機器の増大に対し，十分に耐えられるように考慮されている．

② IPv6 のリンクローカルユニキャストアドレス空間は，インターネットレジストリといわれるアドレス管理組織により，上位ビットから階層的に分配，管理されている．

③ IPv6 では，拡張ヘッダにパケットデータの暗号化に関する情報のための暗号化ペイロードヘッダやパケットデータの完全性を保証するための認証ヘッダを組み込むことができる．

④ IPv6 ヘッダは可変長となっており，動画伝送などのリアルタイム性が要求されるトラヒック，RSVP（Resource Reservation Protocol）などによる QoS に対応することができる

解説

・IPv6 アドレスのビット長は，IPv4 のビット長 32〔bit〕の 4 倍の 128〔bit〕になっています（①は誤り）．

・IPv6 アドレスの種類と，アドレスの種類を識別するためにパケットの先頭に設定されるフォーマット・プレフィックスの値を**表**に示します．IPv6 で世界中のどの相手とも通信できるように規定されたアドレスは**グローバルユニキャストアドレス**です．**インターネットレジストリ**（IR）といわれるアドレス管理組織により，上位ビットから階層的に分配，管理されているのはグローバルユニキャストアドレス空間です（②は誤り）．

IR の頂点に位置する組織が IANA で，その下に地域 IR，国別 IR と階層化されている．

POINT

IPv6 ヘッダのトラフィッククラスとフローラベルの情報によりリアルタイム性の確保や QoS に対応する．

・③は正しい.
・IPv6 の基本ヘッダは固定長となっています（④は誤り）.

表　IPv6 アドレスの種類とプレフィックス

フォーマット・プレフィックス	アドレスの種類	概要
001	グローバルユニキャストアドレス	通常の 1 対 1 通信で使用
1111 1111	マルチキャストアドレス	複数の宛先への同報通信
1111 1110 10	リンクローカルアドレス	ネットワーク立上げ時などで，ルータを経由しない LAN セグメント内通信で使用
1111 1110 11	サイトローカルアドレス	ユーザ LAN の中だけで使用

【解答　エ：③】

問 7　コネクション型及びコネクションレス型通信　【R3-1 問 6（3）】

IP ネットワークにおけるコネクション型及びコネクションレス型通信の特徴などについて述べた次の A～C の文章は，（オ）.

A　コネクション型通信で用いられる TCP は，OSI 参照モデルにおけるネットワーク層でサポートされている.
B　コネクションレス型通信で用いられる UDP では，送信したパケットに対する送達確認を受信し，ネットワーク層以下の伝達機能の正常性を確認している.
C　コネクション型通信では，通信相手とのコネクションを確立してデータを送信するため，コネクションレス型通信と異なり，通信相手との間でコネクションを確立するための制御手順が必要となるが，パケット損失が発生したときの再送制御などが可能である.

〈（オ）の解答群〉
① A のみ正しい　② B のみ正しい　③ C のみ正しい
④ A，B が正しい　⑤ A，C が正しい　⑥ B，C が正しい
⑦ A，B，C いずれも正しい
⑧ A，B，C いずれも正しくない

2章 通信プロトコル（データ通信）

解説

・コネクション型通信で用いられるTCPは，OSI参照モデルにおけるトランスポート層でサポートされています（Aは誤り）.

・送信したパケットに対する送達確認を受信し，ネットワーク層以下の伝達機能の正常性を確認しているのは，コネクション型通信であるTCPです（Bは誤り）．コネクションレス型通信のUDP（User Datagram Protocol）では，伝達の正常性を確認しません.

・Cは正しい.

参 考

コネクション型通信で用いられるTCPは，フロー制御，再送制御，順序制御等を行うことで，通信の信頼性を高めている．フロー制御は，送信側と受信側の端末において，両方の端末で最適となる通信速度を決定する仕組み．例えば，送信側に比べて受信側端末の処理速度が遅かった場合，送信側が最大処理速度で通信をし続けると，受信側でバッファオーバフローを起こしてしまう．それを防ぐため，受信側の処理能力に合わせて送信側の通信速度を調整するのがフロー制御．TCPでは，スライディングウィンドウの仕組みによりフロー制御を行っている（本節 問1の解説を参照）.
再送制御は，通信線路の途中で転送に失敗し，受信側に届かなかったパケットを再度送信するための仕組み．順序制御は，パケットごとにシーケンス番号を付与し，受信側でのパケットの到達順が送信順と異なっても，元の順番に通信内容を復元する仕組み.

【解答　オ：③】

問8　IPv6　☑☑☑【R1-2 問1（3）（i）】

IPv6の特徴について述べた次の文章のうち，正しいものは，［（キ）］である.

〈（キ）の解答群〉

① IPv6アドレスとしてエニーキャストアドレスを指定して送付されたパケットは，利用しているルーティングプロトコルのメトリックなどで決まる最も近いインタフェースに送られる.

② IPv6において，リンク上に存在する全てのノード宛の通信には，IPv4と同様にブロードキャストアドレスが使用される.

③ IPv6のアドレス長は128ビットであり，16ビットごとにドット記号で区切って16進数で表記される．ドット記号で区切られたフィールドにおいて先頭から連続する0は表記の省略が可能である.

④ IPv6のグローバルユニキャストアドレスは，一般に，グローバルID，サブネットID及びインタフェースIDで構成され，サブネットIDは通常64ビット長である.

解説

・①は正しい．

・IPv6では，ブロードキャストはマルチキャストの特殊なケースであると定義されます（②は誤り）．

・128ビットのIPv6のアドレスを16ビットごとに区切るのは（IPv4における）ドット記号ではなくコロン記号です（③は誤り）．

・IPv6のサブネットIDは通常16ビット長です（④は誤り）．

本節 問6の解説も参照してください．

【解答 キ：①】

参考

IPv6において通信範囲を指定するアドレスの種類は，**ユニキャスト**，**エニーキャスト**，**マルチキャスト**の三つ．ブロードキャストアドレスは，マルチキャストアドレスの特別の場合として扱われる．ユニキャストアドレスは，特定の一つの相手を指定するためのIPアドレス．エニーキャストアドレスは，任意のグループに割り当てられるIPアドレス．エニーキャストアドレスを指定して送信すると，そのグループで経路的に一番近いホストが受信する．DNSルートサーバなどが利用する特殊なアドレスになる．マルチキャストアドレスは，あらかじめ定められたグループに対して，そのグループを指定して送信するためのIPアドレス．

メトリックは，目的のネットワークまでの経路を評価するため各経路に付加される値のこと．例えばディスタンスベクタ型のRIPでは目的地までのホップ数，リンクステート型のOSPFでは経路の帯域幅などを考慮に入れたコスト値が使われる．

問9 **IPv6** ✓✓✓ 【R1-2 問1 (3) (ii)】

IPv6におけるプロトコル技術などについて述べた次の文章のうち，誤っているものは，［（ク）］である．

〈(ク)の解答群〉

① ICMPv6メッセージは，ICMPv6パケットを用いてやり取りされ，パスMTU探索，近隣探索，マルチキャストリスナー探索などで利用される．

② ICMPv6における近隣探索の機能では，IPv6ホスト自身がIPv6アドレスを自動的に設定するステートフルアドレス自動生成機能，IPv6アドレスが同一リンク上の他のノードで利用されていないことを確認する重複アドレス検出機能などが利用されている．

③ DHCPv6は，IPv6ホストにIPアドレスなどの情報を自動設定するためのプロトコルであり，サーバの探索や設定情報の要求に対して，リンクローカルアドレスを用いている．

④ DNSサーバは，ドメイン名・ホスト名とIPアドレスとを対応づけるた

めにリソースレコードといわれる形式のデータを用いている．IPv6 アドレス情報を登録・検索するためのリソースレコードのタイプは AAAA である．

解説

・①，③，④は正しい．

・ICMPv6 における近隣探索の機能として，IPv6 ホスト自身が IPv6 アドレスを自動的に設定するのはステートレスアドレス自動設定機能です（②は誤り）．

【解答　ク：②】

IPv6 については，本節 問 4 の解説を参照してください．

参 考

ICMPv6 は，IPv6 において通信を制御するための情報を伝達するプロトコル．IPv4 における ICMP と同様，通信エラーやエコー要求・応答を通知する機能をもつほか，パス MTU 探索，近隣探索，マルチキャストリスナー探索といった IPv6 の機能を実現する．
パス MTU 探索は，送信元から宛先までの通過できる MTU のサイズを調べる機能．送信元はこの機能により最適な MTU 値を調べ，セグメントのサイズを決定する．
近隣探索は，同一リンク上にあるルータやホストを発見する機能で，マルチキャストが利用される．おもな用途は，リンク層アドレス解決（IPv4 の ARP に相当），IPv6 アドレスの自動設定，ネットワークのプレフィックスの決定，近隣にあるルータの発見，など．
マルチキャストリスナー探索は，マルチキャストのマルチキャストグループの管理を行うための機能（IPv4 の IGMP に相当）．ホストが，参加するマルチキャストグループを通知するために利用される．

問 10　ドメイン名と DNS

【H31-1 問 1（1）（H25-1 問 2（2）(i)，H24-1 問 1（1））】

次の文章は，ドメイン名と DNS の概要について述べたものである．［　　］内の（ア）～（エ）に適したものを，下記の解答群から選び，その番号を記せ．ただし，［　　］内の同じ記号は，同じ回答を示す．

ドメイン名は［（ア）］型の構造を持っており，最上位はルートといわれる．ルートから始まり最下位の WWW などで終わるドメイン名は，一般に，完全修飾ドメイン名といわれる．

ドメイン名は，IP アドレスと同じように，インターネット上で通信相手を識別するものであり，英字，数字などで表現できるため，IP アドレスと比較して分かりやすいが，そのままではインターネット上での通信はできない．

インターネット上で通信するためドメイン名を IP アドレスに変換する際には，DNS へ問い合わせを行う．この問い合わせは，クライアントサーバモデルとして捉えられ，一般に，問い合わせを行うクライアントは［（イ）］といわれ，問い合わせを受けるサーバは［（ウ）］サーバといわれる．

［（ウ）］サーバは，一般に，ドメインを管理しているホストやソフトウェアのことを意味しており，サーバが設置されている［（ア）］のドメインに関する［（エ）］情報を管理するとともに，一般に，ドメインごとに2台以上で運用され，定期的に通信を行い，［（エ）］転送することにより，1台が故障しても残っているサーバで運用が継続可能となっている．

〈(キ) の解答群〉

① フレーム	② メール	③ ブラウザ
④ ユーザエージェント	⑤ パス	⑥ ネーム
⑦ メッシュ	⑧ ログイン	⑨ ゾーン
⑩ リング	⑪ リゾルバ	⑫ レジストラ

⑬ 階層　⑭ SIP　⑮ HTTP　⑯プロキシ

解説

DNSサーバは図のように(ア) 階層構造になっています．木構造の頂点にあるのが**ルートDNSサーバ**で，トップレベルドメインとそのIPアドレスを管理しています．

ルートDNSサーバの下位にあるDNSサーバ，例えば，「jp」のDNSサーバでは，「co」や「ne」などのセカンドレベルドメインとそのIPアドレスを管理しています．このようにDNSサーバは特定の階層のドメインのIPアドレスを管理しています．DNSサーバが管理する範囲（DNSゾーン）にあるドメイン名とIPアドレスなどが対応付けられたデータベースを(エ) ゾーン情報といいます．

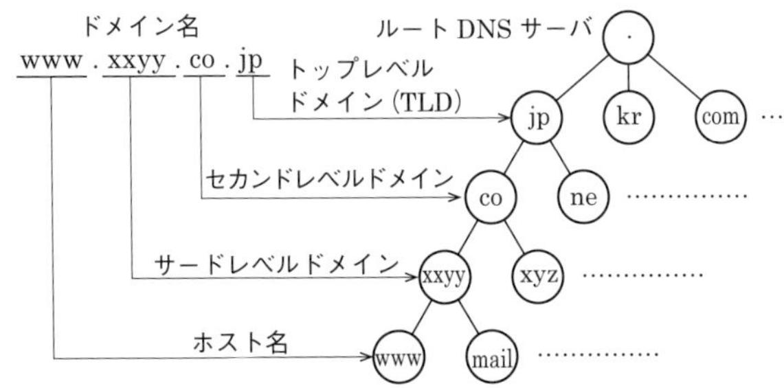

図　ドメイン名の階層構造

正引きとは，ホスト名（ドメイン名）に対応するIPアドレスを求めることで，これとは逆に，IPアドレスからホスト名を求めることを**逆引き**といいます．

DNSサーバに登録する情報（リソースレコード）の種類を**レコードタイプ**といい，DNSサーバでは，さまざまなレコードタイプが定義されています．このうち，ホスト名をIPアドレスに対応づけるレコードタイプはありますが，ホスト名をMACアドレスに対応づけるレコードタイプはありません．

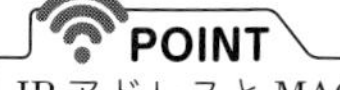

IPアドレスとMACアドレスの対応付けはARP（アドレス解決プロトコル）で行われる．

DNSサーバは，クライアントからの問い合わせを受けて，「ドメイン名」という「ネーム」に対応するIPアドレスを返すため，(ウ)「ネームサーバ」ともいいます．

アクセス先がドメイン名で指定された場合、対応するIPアドレスを割り出さなければ実際にアクセスすることができません．(イ)**リゾルバ**（resolver）は，DNSサーバへドメイン名を照会して対応するIPアドレスを調べたり，逆にIPアドレスからドメイン名を調べたりするためのソフトウェアです．リゾルバは自分の知っているDNSサーバへ問い合わせを行ってIPアドレスの割り出し（名前解決）を行います．DNSサーバの情報はOSの設定やDHCPで与えられます．

ホスト名に対応するIPv4アドレスは，**Aレコード**に記述されますが，ホスト名に対応するIPv6アドレスは**AAAAレコード**に記述されます．

完全修飾ドメインは，ルートから最下位のWWWまでのドメイン名，ホスト名を省略せずにすべて指定したドメイン名の記述形式です．**ゾーン**は，インターネットのドメイン名の管理において，あるDNSサーバ（ネームサーバ）が自ら管理するドメインの範囲です．

【解答　ア：⑬，イ：⑪，ウ：⑥，エ：⑨】

2-2 IP ネットワークのプロトコル

出題傾向

IP ネットワークで使われるプロトコルの階層についての問題や，ルーティング，ネットワーク管理，アプリケーションのプロトコルの特徴に関する問題が，最近よく出されるようになってきています．

問 1 **RTP/RTCP** ☑☑☑ 【R4-1 問 6（4)】

RTP/RTCP について述べた次の文章のうち，誤っているものは，（カ）である．

〈(カ）の解答群〉

① RTP はリアルタイムデータを送信するためのトランスポート層プロトコルであり，ユニキャストセッションで用いられるが，マルチキャストセッションでは用いられない．

② RTP では，セッション内で送信元が独自に設定する同期送信元識別子（SSRC）を用いてリアルタイム通信の送信元を識別する．

③ RTP では，送信側でタイムスタンプ，シーケンス番号，ペイロードタイプなどを RTP ヘッダ情報として送出し，受信側でそれらを参照することにより，タイミング情報の抽出，パケット損失の検出などを行う．

④ RTCP のセッション制御機能によって，データ転送におけるパケット損失などの品質低下を検知した場合には，アプリケーションへ情報提供を行う．

解説

RTP（Real time Transport Protocol）は，音声や映像などのデータストリームをリアルタイムに配送するためのプロトコルで，マルチキャストにも対応しています．通常はトランスポート層のプロトコルにコネクションレス型の UDP を用いるため，データの到着順の保証や欠落時の再送制御などを省略することで高速に伝送することができます．

RTCP（Real time Transport Control Protocol）は，RTP のフロー制御を行うためのプロトコルです．RTT（Round Trip Time，伝送往復時間）やパケットロスなど伝送品質に関する統計情報を集め，配信元などへ送信します．送信側から受信側へは最新の送信データの時刻情報やセッション開始から送信されたパケットの総数などを通知します．これにより，通信中の送信品質（転送レート）の調整，再生位置の同期などを行うことができます．テレビ会議など複数のユーザが同じストリームを受信する場合には，他のユーザの接続や切断（離脱）などを通知するのにも用いられます．

・RTP はリアルタイムデータを送信するためのアプリケーション層のプロトコルであり，ユニキャストセッションでもマルチキャストセッションでも用いられます（①は誤り）．

・②，③，④は正しい．

【解答　カ：①】

問 2　**アプリケーション層のプロトコル**
【R3-2 問 6（3）（H30-1 問 1（3）(ii)）】

TCP/IP のプロトコル階層モデルにおけるアプリケーション層のプロトコルについて述べた次の文章のうち，正しいものは，[（オ）]である．

〈（オ）の解答群〉

① FTP は，異なるコンピュータ間でファイルを送受信する際などに用いられるプロトコルであり，一般に，相手先コンピュータにログインすることなく，ファイルのアップロードに関する各種操作を行うことができる．

② SNMP は，ネットワーク管理を行う際に用いられるプロトコルであり，SNMP を用いることにより，ネットワークに接続されたサーバやルータの管理情報の取得や変更ができ，サーバやルータからは管理情報の通知ができる．

③ SMTP は，電子メールを配送する際に用いられるプロトコルであり，メールサーバ間の転送時及びクライアントでの受信時に用いられ，電子メールの送信時には，一般に，POP 又は IMAP が用いられる．

④ HTTP は，一般に，Web ブラウザと Web サーバとの間で Web ページのデータの送受信を行う際に用いられるプロトコルであり，Web ブラウザからの HTTP リクエストのメソッドは数字の列で，HTTP レスポンスのステータスコードはアルファベットの文字列で表される．

解説

・**FTP**（File Transfer Protocol）は，異なるコンピュータ間でファイルを転送する際などに用いられるプロトコルであり，一般に，相手先コンピュータにログインしてから，ファイルの転送に関する各種操作を行います（①は誤り）．

・②は正しい．**SNMP**（Simple Network Management Protocol）は，ネットワーク上の機器をネットワーク経由で監視・制御するためのプロトコルです．

SNMPを用いるシステムは，**NMPマネージャ**（PCに専用のソフトウェアがインストールされたものなど）と**SNMPエージェント**（管理される側のルータやスイッチ）により構成されています．SNMPエージェントは，MIBという状態や設定情報が管理されているデータベースを所有しており，このMIB情報を遠隔地にいるSNMPマネージャが操作することで管理が行われます．

・電子メールを配送（ユーザ側での電子メールの受信）する際に用いられるプロトコルは**POP**（Post Office Protocol）または**IMAP**（Internet Message Access Protocol）です．メールサーバ間の転送及びクライアントからの送信に用いられるプロトコルは**SMTP**（Simple Mail Transfer Protocol）です（③は誤り）．

・**HTTP**（Hypertext Transfer Protocol）では，WebブラウザからのHTTPリクエストのメソッドも，HTTPレスポンスのステータスコードもアルファベットの文字列で表されます（④は誤り）．

【解答　オ：②】

問3 **ルーティングプロトコル**

【R3-1 問6（4）（H29-1 問1（3）（i），H25-2 問1（3）（i））】

ルーティングプロトコルについて述べた次の文章のうち，誤っているものは，（カ）である．

〈（カ）の解答群〉

① 自律システム（AS）の内部で利用されるインテリアゲートウェイプロトコル（IGP）の代表的なルーティングプロトコルには，OSPFがある．

② ルーティングプロトコルには，ルーティングアルゴリズムの違いによりディスタンスベクタ型，リンクステート型などがあり，ディスタンスベクタ型の代表的なプロトコルには，RIPがある．

③ ディスタンスベクタ型のルーティングプロトコルは，一般に，ルータが保有しているルーティングテーブルの情報を定期的に交換する手順を有している．

④ リンクステート型のルーティングプロトコルでは，平常時においては他のルータの動作の正常確認にSNMPパケットを用いている．

解説

・①は正しい．**IGP**（Interior Gateway Protocol）はAS内で使用されるプロトコルの総称で，具体的なプロトコルとしてRIPやOSPFがあります．**EGP**（Exterior Gateway Protocol）はAS間で使用されるプロトコルの総称で，具体的なプロトコルとしてEGPとBGP（Border Gateway Protocol）があります．

・②，③は正しい．

ルーティングプロトコルを用いるダイナミックルーティング方式の種類と例を**表**に示します．なおスタティックルーティングでは，あらかじめ，ルーティングテーブルに手動で設定された通信経路が固定的に選択されます．

表　ダイナミックルーティング方式の種類と例

方式	ディスタンスベクタ方式	リンクステート方式
概要	・隣接するルータ間でルーティングテーブル（経路表）を交換し合ってルーティング情報を生成 ・宛先まで最も少ないホップ数（通過ルータ数）の経路を選択	・ネットワークの接続状態と距離の情報を，ネットワーク内のすべてのルータ間で共有 ・回線の帯域幅から算出されるコストをもとに経路を選択（宛先までのコスト値の合計が最も小さい経路を選択）
特徴	実装が容易で経路情報量が少ない	ネットワーク構成が変化したときの経路情報の収束が速く，ルーティングループが発生しない
欠点	経路情報の送受信が多く，経路変化が起こったときの経路情報の収束に時間がかかる．またルーティングループが発生しやすい	設定が複雑で，初期に交換しなくてはならない情報が多い
例	RIP（Routing Information Protocol）	OSPF（Open Shortest Path First）

・リンクステート方式で，平常時においては他のルータの動作の正常確認に用いるのはHelloパケットです（④は誤り）．一定間隔で送信され，途絶えると受信側で停止したと判断します．

【解答　カ：④】

問 4　プロトコル階層　☑☑☑ 【R2-2 問 1 (3) (i)】

OSI 参照モデルにおける階層の機能について述べた次の文章のうち，正しいものは，［（キ）］である．

〈(キ) の解答群〉

① アプリケーション層は，一般に，コネクションの確立や切断，転送するデータの切れ目の設定などデータ転送に関する管理を行っている．

② セッション層は，一般に，送信元のホストから送信先のホストまでデータを届ける役割を担い，アドレスの管理や経路選択の機能を有している．

③ プレゼンテーション層は，一般に，コンピュータ，スマートフォンなどの機器固有のデータ表現形式などをネットワーク共通のデータ表現形式に変換する役割を担っている．

④ データリンク層は，一般に，0 と 1 のビット列を電圧の高低や光の点滅に変換する役割を担い，コネクタやケーブルの形状を規定している．

解説

・コネクションの確立や切断，転送するデータの切れ目の設定などデータ転送に関する管理を行うのは，トランスポート層です（①は誤り）．

・送信元のホストから送信先のホストまでデータを届ける役割を担い，アドレスの管理や経路選択の機能を有しているのは，ネットワーク層です（②は誤り）．

・③は正しい．

・0 と 1 のビット列を電圧の高低や光の点滅に変換する役割を担い，コネクタやケーブルの形状を規定しているのは，物理層です（④は誤り）．

OSI 参照モデルの中で上記以外の階層は以下の通りです．

アプリケーション層は，メールや Web ブラウジングなど具体的なアプリケーションサービスを規定する階層です．セッション層は，通信プログラムの開始から終了までの一連の手順（セッション）を管理する階層です．データリンク層は，直接つながっている機器間の通信制御を行う階層です．

OSI 参照モデルと TCP/IP のプロトコル群の関係を**図**に示します．

	OSI参照モデル
7	**アプリケーション層** アプリケーションレベルのデータのやり取りを規定
6	**プレゼンテーション層** セッションにおけるデータの表現方法を規定
5	**セッション層** セッションの手順を規定
4	**トランスポート層** ノード上で実行されるプロセス間での通信を規定
3	**ネットワーク層** 二つのノード間の通信方法を規定
2	**データリンク層** 物理アドレスやデータのパケット化などを規定
1	**物理層** 電気特性や符号の変調方式などを規定

	TCP/IP プロトコル群
4	**アプリケーション層** HTTP，SMTP，POP3，RTP など
3	**トランスポート層** TCP，UDP
2	**インターネット層** IP，ICMP，ARP，RARP
1	**ネットワーク インターフェース層** Ethernet，PPP など

図　OSI参照モデルと TCP/IP のプロトコル群の関係

【解答　キ：③】

問5　トランスポート層

☑☑☑【R2-2 問1（3）(ii)】

TCP/IP 階層モデルにおけるトランスポート層の特徴などについて述べた次の文章のうち，誤っているものは，［（ク）］である．

〈（ク）の解答群〉

① トランスポート層のプロトコルには TCP と UDP があり，TCP ヘッダと UDP ヘッダには IP パケットが運ぶデータの振り分け先を識別するためのポート番号が付加されている．

② TCP では，コネクションを確立するとき，一般に，ツーウェイハンドシェイクといわれる手順で，二つのパケットのやり取りが行われる．

③ TCP ヘッダ内には，受信可能なデータサイズを通知するために，ウィンドウサイズを示す 16 ビット長のフィールドがある．

④ TCP がデータ送達の信頼性が要求される通信などに利用されるのに対し，UDP は高速性や即時性を重視する通信や同報通信などに利用される．

解説

・①は正しい．
・TCPでは，コネクションを確立するとき，一般に，スリーウェイハンドシェイクといわれる手順で，三つのパケットのやり取りが行われます（②は誤り）．
・③は正しい．ウィンドウサイズはスライディングウィンドウ制御（2-1節 問1の解説を参照）のために使われるものです．
・④は正しい．

スリーウェイハンドシェイクの手順を以下に示します．

(1) 最初に，接続を要求する側（クライアント）がランダムに決めたシーケンス番号を記載したSYNパケット（TCPヘッダのSYNフラグがオンに設定されたパケット）を送信します．
(2) 次に，接続を受ける側（サーバ）は，受け取ったシーケンス番号とこれに1を加えたACK番号（確認応答番号）を記載したSYN+ACKパケット（SYNフラグとACKフラグがオンになったパケット）を返信します．
(3) 最後に，クライアントが受け取ったシーケンス番号に1を加えたものとACK番号を記載したACKパケット（ACKフラグがオンになったパケット）を送信します．

上記の手順で，接続の確立が完了します．以降は．上記手順により共有（同期）したシーケンス番号とACK番号を用いて，互いに送信したデータが相手方に正しく着信したかどうかを確認しながら通信を行います．このフロー制御については2-1節 問1の解説も参照してください．

【解答　ク：②】

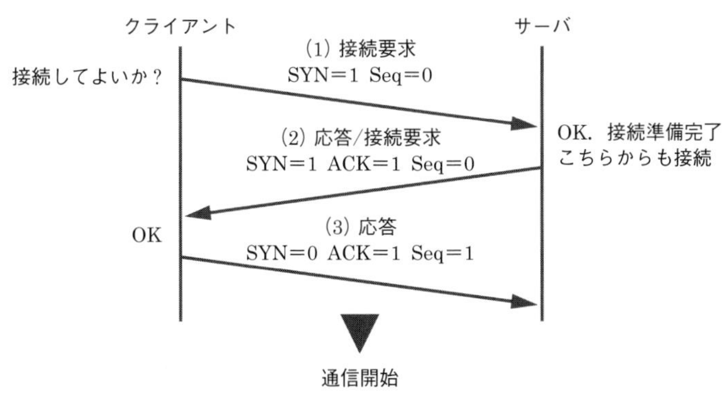

図　スリーウェイハンドシェイク

問6 **アプリケーション層** ☑☑☑【R2-2 問2（3）(i)（H26-1 問2（2）(i)）】

アプリケーション層のプロトコルの特徴について述べた次の文章のうち，誤っているものは，（キ）である．

〈(キ) の解答群〉

① SMTP は電子メールを送信するためのプロトコルであり，IMAP や POP は電子メールを受信するためのプロトコルである．これらは，いずれも TCP コネクションを利用している．

② TELNET はルータやスイッチなどのネットワーク機器に遠隔ログインしてその機器の設定などを行えるプロトコルであり，TCP コネクションを利用している．

③ FTP はサーバとクライアントとの間でのファイル転送などに用いられており，制御用として TCP コネクションを利用し，ファイルなどのデータの転送用として UDP コネクションを利用している．

④ HTTP は Web ブラウザと Web サーバとの間でのコンテンツの送受信などに用いられている．HTTP2.0 では，処理時間を短縮するために，HTTP1.1 で一つずつ処理していたリクエストを複数同時に処理できるようにしている．

解説

・①は正しい．SMTP は，メールを転送するためのプロトコルです．POP と IMAP は，メールを受信するためのプロトコルです．POP で受信したメールは，基本的にサーバから端末にダウンロードされ，メールの保管・管理は，端末側で行います．IMAP で受信したメールはメールサーバ上に保管・管理されます．

・②は正しい．**Telnet**（Teletype network）は，IP ネットワーク経由で遠隔地のネットワーク機器やサーバにログインアクセスし，コマンドの実行により機器の設定や機器情報の取得を行うプロトコルです．

・FTP では，ファイルなどのデータの転送用にも TCP コネクションを利用しています（③は誤り）．

・④は正しい．HTTP1.1 では，Web サーバ側は，Web ブラウザ側のリクエスト 1 つずつしか処理できませんでした．HTTP2.0 では，Web ブラウザ側のリクエストは複数同時に送ることができ，Web サーバ側でも並列処理が行えるため，Web ページの処理速度が向上しました．

【解答　キ：③】

問 7	SNMP と MIB	✓✓✓【R2-2 問 2（3）(ii)（H26-1 問 2（2）(ii)）】

SNMP及びMIBの特徴について述べた次の文章のうち，正しいものは，（ク）である．

〈（ク）の解答群〉

① IPネットワークにおいてネットワーク管理情報の取得などを行うために用いられるSNMPは，RTP上で動作するプロトコルである．

② ルータ，スイッチなどの管理される側（エージェント）の管理情報ベースであるMIBは，一般に，マトリックス型のデータ構造を有しており，MIBにはRFCで規定された標準MIBと各ベンダが独自に作成した拡張MIBがある．

③ SNMPにはRMONというリモートネットワーク監視の拡張機能がある．MIBが機器に接続されるネットワークのトラヒックを監視するパラメータ群から構成されるのに対し，RMONは，一般に，ネットワーク機器単体を監視するパラメータ群から構成される．

④ SNMPのイベント通知であるトラップは，何らかの原因でネットワーク機器の状態が変化した際に，マネージャからエージェントに問い合わせが無くても，監視対象機器の状態変化をエージェント側から通知する場合などに利用される．

解説

・TCP/IPネットワークにおいてネットワーク管理情報の取得などを行うために用いられる**SNMP**は，トランスポート層のUDP上で動作するプロトコルです（①は誤り）．なお，RTPはIP電話の音声パケット通信に使用されますが，SNMPでは使用されません．

・ルータ，スイッチなどの管理される側（エージェント）の管理情報ベースである**MIB**（Management Information Base）は，一般に，一つの大きな分類から複数の分類に詳細化されるツリー構造を有しており，MIBには標準MIBと拡張MIBがあります（②は誤り）．

標準MIBは標準化されているもので，拡張MIBはベンダ固有のもの．

・**RMON**（Remote network MONitoring）はSNMPのリモートネットワーク監視の拡張機能です．RMONは，機器に接続されるネットワークのトラヒックを監視するパラメータ群から構成され，MIBは，ネットワーク機器単体を監視するパラメータ群から構成されます．RMONとMIBの説明が逆になっています（③は誤り）．

・④は正しい．SNMPでは，SNMPマネージャからの問い合わせがなくても，トラップによりSNMPエージェントからSNMPマネージャに通知を行います.

【解答　ク：④】

問8	TCP/IP	☑☑☑【H30-1 問1 (3) (i)】

TCP/IPのプロトコル階層モデルなどの特徴について述べた次の文章のうち，誤っているものは，［（キ）］である.

〈（キ）の解答群〉

① TCP/IPのプロトコル階層モデルは，IETFによりRFCとして標準化されており，その標準化モデルでは，リンク層，インターネット層，トランスポート層及びアプリケーション層の4層で構成されている.

② TCP及びUDPは，トランスポート層のプロトコルであり，ポート番号といわれる識別子を用いてアプリケーション層のアプリケーションプログラムが扱うサービスの種類などを識別している.

③ TCPは，再送制御機能，受信側からの確認応答を待たずに複数のデータを送信できる機能などを有し，UDPは，輻輳(ふくそう)を回避する制御機能，コネクションの確立や切断などの管理機能を有する.

④ TCPは，送信側の送信量を受信側から制御するフロー制御機能を有し，データの受信側は，受信用のバッファがあふれそうになった場合に，フロー制御により送信側に対し，バッファの空き状況に応じて受信可能なデータのサイズを通知する.

解説

・①は正しい. **RFC**（Request for Comments）は，標準化団体である**IETF**（Internet Engineering Task Force）がインターネットに関連するプロトコルやファイルフォーマットを共有するために公開される文書です.

・②は正しい.

・TCPは，再送制御機能，受信側からの確認応答を待たずに複数のデータを送信できる機能，輻輳を回避する制御機能，コネクションの確立や切断などの管理機能を有し，UDPはコネクションをサポートせず，輻輳制御機能はもちません（③は誤り）.

・④は正しい.

OSI参照モデルとTCP/IPプロトコル階層モデルについては本節の問4の解説を，フロー制御については，2-1節 問1の解説を参照してください.

【解答　キ：③】

2-3 IP 電話

出題傾向

最近は毎回出題されるようになっています．特に SIP に関する問題が多く，VoIP を用いたサービスや IP 電話で利用される音声の符号化技術等についても出題されています．

問 1　VoIP 技術の概要　☑☑☑【R4-1 問 2（1）（H30-2 問 1（1））】

次の文章は，VoIP 技術の概要について述べたものである．［　　］内の（ア）～（ウ）に最も適したものを，下記の解答群から選び，その番号を記せ．ただし，［　　］内の同じ記号は，同じ解答を示す．

IP 電話を実現している VoIP 技術には，一般に，音声符号化技術，パケット処理技術及び［（ア）］技術が用いられている．

音声符号化技術には，送話器から入力された音声信号を，PCM 方式により 64〔kbit/s〕に符号化する G.711，CS-ACELP 方式により［（イ）］〔kbit/s〕に符号化する G.729a など，ITU-T 勧告として標準化されている方式がある．

パケット処理技術には，符号化された音声信号の効率的なパケット化，VoIP 網でのリアルタイム性を重視したパケットの送受信，受信したパケットの復元などに関する技術がある．リアルタイム性を維持する仕組みとして，一般に，IETF で標準化されたプロトコルである RTP が用いられるが，VoIP 網でのパケット処理の時間差により IP パケットの伝送時間がばらつくことに起因して発生する［（ウ）］への対策も必要である．

［（ア）］技術には，VoIP 網において，発信者からの要求に応じた着信者との間のリンクの確立，切断などに関する技術があり，主なプロトコルとして，H.323，SIP などが標準化されている．

〈（ア）～（ウ）の解答群〉

① エコー	② 32	③ ハイブリッド
④ バッファリング	⑤ 8	⑥ 56
⑦ 鳴音	⑧ シグナリング	⑨ 16
⑩ ジッタ	⑪ ナンバリング	⑫ フラグメント化

解説

VoIP 技術には，一般に，音声符号化技術，パケット処理技術および(ア)シグナリング技術が用いられています．音声符号化技術には，送話器から入力された音声信号を，PCM 方式により 64〔kbit/s〕に符号化する **G.711**，**CS-ACELP**（Conjugate-Structure Algebraic CELP，共役構造代数 CELP）方式により(イ)8〔kbit/s〕に符号化する **G.729a** など，ITU-T 勧告として標準化されている方式があります．

表　ITU-T で標準化された音声信号の符号化方式

ITU-T 勧告	符号化方式	送信ビットレート〔kbit/s〕	説明
G.711	PCM 符号化方式	64	サンプリング周波数 8〔kHz〕，非線形量子化 8〔bit〕で PCM 符号化により音声アナログ信号をデジタル信号に変換する方式．μ-law と A-law の二つがある．
G.722	SB-ADPCM	48/56/64	対象帯域が 50〔Hz〕～7〔kHz〕で，高周波数帯と低周波数帯の二つに分けて ADPCM 符号化を行い，それぞれで量子化を調整することで送信量を削減する方式．
G.726	ADPCM	32	適応予測と適応量子化を用いることで，PCM 符号化方式と同等の音声品質を保ちながら，PCM 方式の 1/2 の帯域で伝送する方式．
G.729	CS-ACELP	8	音声波形そのもののデータではなく，音声コードブックに登録された波形パターンの情報（固定音源）と，過去に用いた音源を適応的に変化させる適応音源の情報を送ることで送信量を削減する方式．

PCM：Pulse Code Modulation，パルス符号変調
ADPCM：Adaptive Differential Pulse Code Modulation，適応差分パルス符号変調
SB-ADPCM：Sub-Band ADPCM，帯域分割適応差分パルス符号変調
CS-ACELP：Conjugate Structure and Algebraic Code Excited Linear Prediction，代数符号励振線形予測

パケット処理技術としてリアルタイム性を維持するプロトコルである RTP が用いられますが，(ウ)ジッタへの対策も必要です．ジッタ（jitter，揺らぎ）は，一定時間内の遅延における変動のことで，VoIP 網において，ジッタが大きいと音声の途切れなどが発生しやすくなります．

【解答　ア：⑧，イ：⑤，ウ：⑩】

問 2	SIP メッセージ	☑☑☑【R4-1 問 2 (2)（H24-2 問 1 (3) (ii)）】

SIP のリクエストメッセージに用いられるメソッドについて述べた次の文章のうち，誤っているものは，［（エ）］である．

〈（エ）の解答群〉
① REGISTER は，ユーザエージェント（UA）が SIP ネットワークに対して，自分の URI と MAC アドレスを通知するときに用いられる．
② CANCEL は，メディアセッションを設定する途中で設定を取りやめるときに用いられる．
③ INVITE は，UA 間のセッションを確立するときに用いられる．
④ BYE は，発信側又は着信側の UA から送信され，メディアセッションを解放するときに用いられる．

解説

SIP については本節 問 4 の解説も参照してください．
・REGISTER は，**ユーザエージェント（UA）**が SIP ネットワークに対して，自分の URI と IP アドレスを通知するときに用いられます（①は誤り）．
・②，③，④は正しい．SIP のリクエストメッセージの一覧を**表**に示します．

表 SIP のリクエストメッセージ

リクエスト	説明
INVITE	セッションの確立
ACK	セッションの確立の確認
BYE	セッションの終了
CANCEL	セッション確立のキャンセル
OPTIONS	相手端末のサポート機能の問い合わせ
REGISTER	レジストラへの登録（SIP-URI と IP アドレスの登録）

SIP サーバは，SIP リクエストを処理するためのサーバで，レジストラ，プロキシサーバ，リダイレクトサーバ，ロケーションサーバの 4 種類があります．このうち，プロキシサーバは UA（User Agent）から送られてきた SIP メッセージを中継するものです．

次頁の**図**に，IP 電話における UA とプロキシサーバ間の信号シーケンスを示します．UA からのセッション（電話の呼に相当）確立要求にリクエスト「INVITE」が使用されます．また，セッション解放要求にリクエスト「BYE」が使用されます．これらの要求に対する着信側での成功の応答には「200OK」（ステータスコード200）が使用されます．

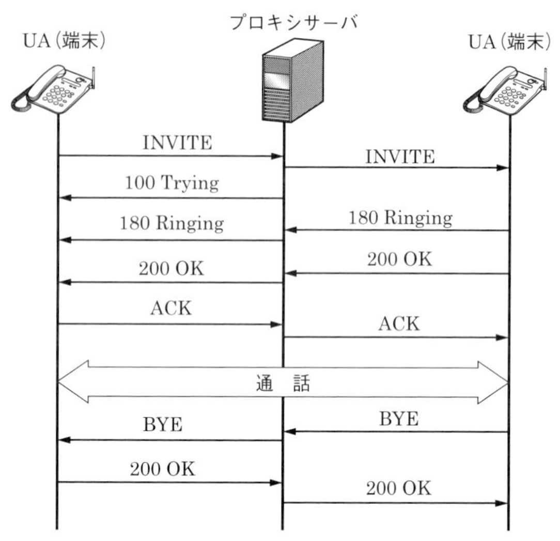

図　IP電話におけるUAとプロキシサーバ間の信号シーケンス

【解答　エ：①】

問3	**VoLTE** ✓✓✓【R4-1 問2（3）】

VoLTEの特徴について述べた次の文章のうち，誤っているものは，［（オ）］である．

〈（オ）の解答群〉

① VoLTEは，LTEのパケット通信ネットワーク上で音声サービスを提供するための技術である．

② VoLTEのQoSは，3GPPにおいて規定されたサービス種別ごとのQCI（QoS Class Identifier）に従っており，音声サービスはQCIの値を1とし，帯域保証はないが優先度を最も高くすることにより通話品質を確保している．

③ LTEを音声サービスに用いることで，3Gと比較して，音声サービスに必

要な周波数の利用効率が向上し，音声サービスに使用されない周波数をデータトラヒック用に転用することができる．

④ VoLTE の音声符号化方式には，AMR-NB（Adaptive Multi-Rate Narrow Band）が必須コーデックとして規定されているほかに，より高音質な AMR-WB（Adaptive Multi-Rate Wide Band）が規定されている．

解説

VoLTE（Voice over LTE）とは，スマートフォンや携帯電話の **LTE**（Long Term Evolution）ネットワーク上で音声通話を可能にするため，標準化団体の **3GPP**（Third Generation Partnership Project）で制定した標準規格です．高速なデータ通信を実現するための LTE 上で音声もやり取りするために開発されました．

VoLTE が導入される以前，データ通信と音声通話は別々のコアネットワークを利用していました．音声通話に関しては即時性が求められるため，低速ではあるものの回線を占有できる「回線交換ネットワーク」によって一定の品質を保証していました．

VoLTE では，音声通話もデータ通信と同様にパケットとして扱います．ただし電話としての品質を確保するために QoS（Quality of Service）機能によって音声パケット用に一定の帯域を確保しています．

VoLTE はキャリアのコアネットワークを用いる音声サービスです．無線で通信する部分までを含めて制御し，安定した品質を保証できます．この点が，VoLTE と同様に IP ネットワークのパケットを使って音声をやり取りする Skype や LINE 通話などの IP 電話と異なります．

・①は正しい．

・音声サービスのうち，IMS シグナリング（発着信）には QCI＝5 が，音声通話には QCI＝1 が使われます．IMS シグナリング（QCI＝5）では，帯域保証はありませんが優先度は最も高く，音声通話（QCI＝1）では，帯域保証はありますが，優先度は 2 が割り当てられています（②は誤り）．

・③，④は正しい．

【解答　オ：②】

問 4	**SIP の特徴**	☑☑☑ 【R3-2 問 2（1）（H29-2 問 1（3）（i））】

次の文章は，VoIP システムに用いられる SIP 技術の概要について述べたものである．［　　　］内の（ア）～（ウ）に最も適したものを，下記の解答群から選び，その番号を記せ．ただし，［　　　］内の同じ記号は，同じ解答を示す．

IPネットワーク上で音声通話を行うVoIPシステムを実現するために用いられるSIPは，［（ア）］プロトコルの一つであり，端末相互のメッセージの交換や通話の接続・切断などの手順を定めている．

SIPでは，クライアントサーバモデルに基づいた，アプリケーション間のマルチメディアセッションを設定する手順を定めており，HTTPと同様に［（イ）］形式のメッセージを用いることでWebとの親和性が高いなどの特徴を有している．

SIPサーバの構成要素として，［（ウ）］サーバ，プロキシサーバなどがある．［（ウ）］サーバは，ユーザエージェントクライアント（UAC）からリクエストされたアドレスに移動先のアドレスを含めてUACへレスポンスを送信する機能を持つ．この機能により，ユーザが一時的に別の場所に移動した場合でも転送サービスが可能となる．

プロキシサーバでは，UACからのリクエストに応じて，サービスを提供するサーバへSIPメッセージを中継する．

〈(ア)～(ウ) の解答群〉

① リダイレクト	② 回線制御	③ ルーティング
④ ランダム	⑤ シグナリング	⑥ マッピング
⑦ ロケーション	⑧ DHCP	⑨ 登録
⑩ バイナリ	⑪ インターネット	⑫ テキスト

解説

SIP（Session Initiation Protocol）は，TCP/IPネットワーク上の複数の地点間で固定的な通信路（セッション）の確立や切断などを行うためのプロトコルで，主に音声通話のような双方向のリアルタイム通信を行うために用いられます．VoIPにおいてSIPは(ア)シグナリング（呼制御）プロトコルとして次のような機能を提供します．

（1）発信側からの要求に応じて着信先のIPアドレスなどを調査し指定する機能．

（2）通信路を設定・切断する機能（セッションの確立・切断）．

（3）エンド・ツー・エンド（発信端末・着信端末間）で音声の圧縮方式やポート番号など情報転送プロトコルの動作する環境や条件を調整する機能．

SIPは，HTTPをベースにしており，HTTPと同様に(イ)テキストベースのメッセージのやり取りによって制御が行われます．

SIPでは，IP電話機やVoIPゲートウェイ（アナログ電話機をIP電話機として使うために変換する機器），VoIPアプリケーションがインストールされたPC，などのSIPプロトコルに対応したハードウェア/ソフトウェアのことをユーザエージェント（UA）といいます．また，UAのうち，通話開始や電話切断などのリクエストメッセージを出す側のUAを**UAC**（User Agent Client）といい，UACが出したリクエストメッセージに応答するUAを**UAS**（User Agent Server）といいます．SIPは，UACがリクエストメッセージをUASに送り，UASがそれに応答するレスポンスメッセージをUACに送ることを繰り返す「リクエスト/レスポンスモデル」に基づいています．

SIPシステムの構成要素として，**レジストラ**，**プロキシサーバ**，**リダイレクトサーバ**，**ロケーションサーバ**があります．レジストラ，プロキシサーバ，リダイレクトサーバは，一般にまとめて**SIPサーバ**として実現されます．

レジストラは，UAからの新規登録や更新，削除などを受け付け，ロケーションサーバの内容を変更します．プロキシサーバは，通常のセッション開始時に動作します．UACからのリクエストに対してロケーションサーバに問い合わせを行いUASの場所を特定した後，UASの呼び出しを行い，セッションを確立します．(ウ)リダイレクトサーバは，UASが移動していた場合に動作します．UASの移動先の情報をUACに返答し，UACから直接UASにセッションを繋げるように要求します．

【解答　ア：⑤，イ：⑫，ウ：①】

問5 **IP電話サービス** ✓✓✓
【R3-2 問2（2）（R1-2 問1（2）(i)，H28-2 問1（3）(i)）】

VoIP技術を用いた電話サービスなどについて述べた次の文章のうち，誤っているものは，［（エ）］である．

〈（エ）の解答群〉

① VoIP技術を用いて電気通信事業者が提供する音声通話サービスはIP電話といわれ，電気通信事業者は，一般に，IPネットワークを利用している．

② 公衆交換電話網（PSTN）と同様の0AB～J番号や050で始まるIP電話用の電気通信番号は，電気通信関係法令に定めるIP電話の品質要件に基づいてIP電話事業者に割り当てられる．

③ 050で始まる電気通信番号を持つIP電話の端末設備等相互間の片方向の平均遅延時間は，電気通信関係法令などにおいて，150〔ms〕未満と規定されている．

④ IP電話で利用される050番号の構成において，050に続く4桁は総務省がIP電話事業者に割り当てる識別番号であり，この番号に地域の概念はなく特定の地域と関係付けて割り当てるものではない．

解説

・①は正しい．

・②は正しい．IP 電話の品質要件は，8-1 節 問 6 の解説の表を参照してください．
・050 で始まる電気通信番号をもつ IP 電話の端末設備等相互間の片方向の平均遅延時間は，電気通信関係法令などにおいて，400〔ms〕未満と規定されています（③は誤り）．
・④は正しい．050 番号の構成において，050 に続く 4 桁は IP 電話サービスを提供する事業者を示し，その後の 4 桁が加入者番号を示します．

【解答　エ：③】

問 6　**SIP の構成要素**　【R3-1 問 2（2）（H29-2 問 1（3）(ii)）】

SIP の構成要素などについて述べた次の文章のうち，正しいものは，［（ク）］である．

〈（ク）の解答群〉

① プロキシサーバは SIP メッセージ処理に関する状態（ステート）を保持するか保持しないかで分類でき，ステートを保持するものは，一般に，ステートレスプロキシサーバといわれる．

② リダイレクトサーバは，一般に，ユーザエージェントクライアント（UAC）からのリクエストに対して，メッセージ内の宛先のアドレスを移動先のアドレスに変更した後，これをレスポンスに含めて移動先のユーザエージェントサーバに送信する．

③ レジストラは，一般に，UAC からの登録，更新などのリクエストを受け付ける機能を持ち，受け付ける際には UAC を認証する．

④ IP ネットワーク上の UAC の位置情報は，一般に，レジストラで保持され，レジストラは問い合わせに応じてロケーションサーバなどへ位置情報を提供する．

解説

SIP については本節 問 4 の解説を参照してください．

> **POINT**
> ステートフルの「フル」はある，「レス」はないという意味．

・プロキシサーバで状態（ステート）を保持するものは，一般に，ステートフルプロキシサーバといわれます．ステートレスプロキシサーバはメッセージの中継だけを行い，状態（ステート）は保持しません（①は誤り）．
・リダイレクトサーバは，一般に，UAC からのリクエストに対して，UAC が送信したメッセージ内の宛先アドレスで指定された接続相手が別のドメインに移動している場合，接続相手の移動先のアドレスを UAC に通知します（②は誤り）．

・③は正しい．レジストラは，UACからの要求を受け付けて，UACの情報をロケーションサーバに登録する機能をもっています．
・IPネットワーク上のUACの位置情報は，一般に，ロケーションサーバに保持され，レジストラはUACからの問い合わせに応じてロケーションサーバに登録されている位置情報などをUACに提供します（④は誤り）．

【解答　ク：③】

問7　プロトコル　【R2-2　問1（1）】

次の文章は，VoIPで用いられるプロトコルについて述べたものである．［　　］内の（ア）～（エ）に最も適したものを，下記の解答群から選び，その番号を記せ．ただし，［　　］内の同じ記号は，同じ解答を示す．

VoIPにおけるインタラクティブ通信のためのプロトコルは，［（ア）］プロトコル，［（イ）］プロトコル，MG制御プロトコルなどに分類される．

［（ア）］プロトコルは，発信側からの要求に応じて着信先を指定する機能，チャネル（通信回線）を設定・切断する機能，エンド・ツー・エンドで［（イ）］プロトコルが動作する環境や条件を調整する機能などを有しており，主なプロトコルとしてISDNユーザ・網インタフェース信号方式をベースにした［（ウ）］，HTTPのメッセージフォーマットなどをベースにしたSIPがある．

SIPの構成要素のうち，SIPユーザエージェントとSIPユーザエージェントとの間にあって，端末の代理としてセッションを制御するものは，［（エ）］といわれる．

〈(ア)～(エ) の解答群〉

① ATM	② H.223	③ H.264	④ H.323
⑤ SNMP	⑥ リンク制御	⑦ ゲートキーパ	
⑧ デジタル交換機	⑨ 高度IN	⑩ プロキシサーバ	
⑪ パケット通信	⑫ 呼制御	⑬ 伝送制御	
⑭ Webサーバ	⑮ 情報転送	⑯ 保守運用	

解説

VoIPで利用されるプロトコルには，(ア)呼制御プロトコル，(イ)情報転送プロトコル，MG制御プロトコル（Media Gateway Control Protocol, MGCP）があります．(ウ)**H.323**は，ITU-Tで国際標準化されている呼制御プロトコルで，ISDN網で使われていたH.320をベースにして作られています．

情報転送プロトコルは，VoIPでやりとりされる音声パケットを転送するプロトコルで，音声や映像などの転送に特化しているRTPなどが用いられます．MG制御プロトコルは，VoIPなどのIPネットワークを使った音声ネットワークと従来の公衆交換電話網を相互につなげるためのプロトコルです．

SIPユーザエージェントとSIPユーザエージェントとの間で，端末の代理としてセッションを制御するのは(エ)プロキシサーバです．SIPについては，本節 問4の解説を参照してください．

【解答　ア：⑫，イ：⑮，ウ：④，エ：⑩】

問8　**音声符号化技術**
【R1-2 問1（2）(ii)（H28-2 問1（3）(ii)，H26-1 問1（3）(i)）】

IP電話で利用される音声の符号化技術について述べた次の文章のうち，正しいものは，[（カ）]である．

〈(カ）の解答群〉

① IP電話で用いられる音声符号化方式の一つであるPCM方式では，一般に，周波数帯域が300〔Hz〕～3.4〔kHz〕のアナログ音声信号を4〔kHz〕で標本化した後に，量子化と符号化を行っている．

② PCM方式における非直線量子化では，小振幅信号に対しては粗いステップで，大振幅信号に対しては細かいステップでそれぞれ量子化することによって，量子化雑音を小さく抑えている．

③ CS-ACELP方式では，コードブックに登録された波形パターンの番号と，過去に入力された音声信号から予測される音響特性データを送信し，受信側では，これらの情報から元の音声波形を予測して生成している．

④ ITU-T勧告G.722で規定された音声符号化方式では，符号化の対象帯域が50〔Hz〕～7〔kHz〕であり，SB-ADPCM（帯域分割適応差分パルス符号変調）を用いて，符号化データをPCM方式の2倍のビットレートで伝送している．

解説

・PCMでは，一般に，300〔Hz〕～3.4〔kHz〕のアナログ音声を8〔kHz〕で標本化した後に量子化と符号化を行っています（①は誤り）．

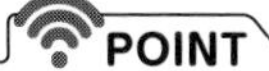

「アナログ信号の最大周波数の2倍の頻度でサンプリングを行うと，得られたパルス信号から元のアナログ信号を復元できる」という標本化定理に基づき，PCMでは，サンプリング周期を音声帯域の最大周波数3.4〔kHz〕の2倍以上の8〔kHz〕にしている．

・PCM方式では，量子化雑音を信号に対して十分に小さくするため，小振幅信号に対して細かいステップで，大振幅信号に対して粗いステップで量子化する**非直線量子化**を採用しています（②は誤り）．

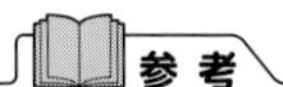

PCMで行う非直線量子化の符号化則として，日本と北米ではμ-lawが，欧州などではA-lawが規定されている．

・③は正しい．

CS-ACELPはITU勧告G. 729で規定されている，CELP（符号励振線形予測）に基づく符号化方式．

・G.722で規定されたオーディオ符号化方式は，符号化帯域が50〔Hz〕～7〔kHz〕であり，**SB-ADPCM**を用いて，符号化データをPCM方式と同じビットレート（64〔kbit/s〕）で伝送しています（④は誤り）．

ITU-Tで標準化された音声信号の符号化方式については，本節 問1の解説の表を参照してください．

【解答　カ：③】

問9　VoIP技術の概要　✓✓✓【H30-2 問1（1）（R4-1 問2（1））】

次の文章は，VoIP技術の概要について述べたものである．［　　］内の（ア）～（エ）に最も適したものを，下記の解答群から選び，その番号を記せ．ただし，［　　］内の同じ記号は，同じ回答を示す．

IP電話を実現しているVoIP技術には，一般に，音声符号化技術，パケット処理技術及び［（ア）］技術が用いられている．

音声符号化技術には，送話器から入力された音声信号を，［（イ）］方式により64〔kbit/s〕に符号化するG.711，CS-ACELP方式により［（ウ）］〔kbit/s〕に符号化するG.729aなどがあり，ITU-T勧告として各種方式が標準化されている．

パケット処理技術には，符号化された音声信号の効率的なパケット化，VoIP網でのリアルタイム性を重視したパケットの送受信，受信したパケットの復元などに関する技術がある．リアルタイム性を維持する仕組みとして，一般に，IETFで標準化されたプロトコルであるRTPが用いられるが，VoIP網でのパケット処理の時間差によりIPパケットの伝送時間が一定でなくなることに起因して発生する

（エ）への対策も必要である．

（ア）技術には，VoIP 網において，発信者からの要求に応じた着信者との間のリンクの確立，切断などに関する技術があり，主なプロトコルとして，H.323，SIP などが標準化されている．

〈(ア)～(エ) の解答群〉

① 8	② TCP	③ PWM	④ バッファリング
⑤ 16	⑥ PCM	⑦ ナンバリング	⑧ ハイブリッド
⑨ 32	⑩ 鳴音	⑪ ジッタ	⑫ シグナリング
⑬ 56	⑭ エコー	⑮ ADPCM	⑯ フラグメント化

解説

音声符号化技術には，送話器から入力された音声信号を，(イ)PCM 方式により 64〔kbit/s〕に符号化する G.711 があります．

(ア)シグナリング技術，CS-ACELP の送信ビットレート（(ウ)8〔kbit/s〕），(エ)ジッタについては，本節 問 1 の解説を参照してください．

【解答　ア：⑫，イ：⑥，ウ：①，エ：⑪】

問 10　**SIP の特徴**

【H29-2 問 1 (3) (i) (H29-1 問 1 (2) (i)，H26-1 問 1 (2) (i))】

SIP の特徴について述べた次の文章のうち，誤っているものは，（キ）である．

〈(キ) の解答群〉

① SIP は，一般に，クライアントがサーバにリクエストを送り，サーバがクライアントにレスポンスを返す形態を用いている．

② SIP において，プロトコル上で使用されるメッセージは，一般に，HTTP と同様にテキストベースの表現形式が用いられている．

③ SIP は，セッションを確立する相手の宛先，SIP メッセージの到達先などを指定するアドレスとして，一般に，URI（Uniform Resource Identifier）が用いられている．

④ SIP には，呼制御の機能及び音声や画像などのメディアデータを転送する機能はあるが，メディアデータを制御する機能がないため，RTP などの他のプロトコルと組み合わせて利用されている．

解説

・①は正しい．

・SIPはHTTPと同様にテキストベースの表現形式を用いており，SIPメッセージの到達先のアドレスとして，一般に，URIが用いられています（②，③は正しい）．

・SIPには，呼制御の機能がありますが，音声や画像などのメディアデータを転送する機能はありません．RTPは音声や画像などのメディアデータの転送で使用されますが，SIPでは使用されません（④は誤り）．

本節 問4の解説も参照してください．

【解答　キ：④】

2-4 IP マルチメディア

出題傾向

回線交換方式の電話網をパケット交換方式（IP 技術）で構築するための IMS に関する問題が出題されるようになってきています.

問 1	IMS	☑☑☑ 【R3-2 問 2 (3)】

IP 技術を用いて音声や映像などのサービスを提供するための IMS の構成要素である CSCF（Call Session Control Function）の種類と機能について述べた次の文章のうち，誤っているものは，［（オ）］である.

〈(オ) の解答群〉

① CSCF は SIP サーバ相当の機能要素であり，CSCF にはユーザ端末との通信を行う P-CSCF，ホーム網におけるセッション制御などを行う S-CSCF，ホーム網と他網とのゲートウェイ機能を持つ I-CSCF がある.

② P-CSCF は，ユーザ端末が最初に接続する SIP サーバとしての機能要素であり，ユーザ端末が IMS に登録されるときに固定的に割り当てられる. ユーザ端末と P-CSCF の間には IPsec によるセキュアな通信が提供される.

③ S-CSCF は，受信した SIP メッセージを分析し，適切なアプリケーションサーバへ SIP メッセージを転送する機能を持つ.

④ ユーザ端末が IMS に登録されている間，P-CSCF はそのユーザ端末に割り当てられ，ローミング時には移動先であっても常にホーム網の P-CSCF に接続される.

解説

回線交換方式に基づいていた従来の電話網を，パケット交換方式（IP 技術）で構築するために国際標準化されたのが **NGN**（Next Generation Network）と **IMS**（IP multimedia subsystem）です. 従来の電話網を代替するため，従来のパケット交換網で音声通話を実現する際に主な問題となるリアルタイム性（QoS 制御）とセキュリティを向上させることを目的とする NGN の中で，呼制御などの中心技術を提供するのが IMS です.

IMS では，音声通話，映像，プレゼンス，メッセージング，会議などのさまざまなサービスを提供するために，セッション制御（通話の開始や終了の制御）用のプロトコルとして，IP 電話などで用いられる SIP を利用しています. IMS は，SIP によるマルチメディアサービスの提供や通信路の設定・解放を制御するだけでなく，ユーザ認証などのアクセスセキュリティ管理，ローミング対応のためのロケーション管理，アプリケーションサーバ（AS）との連携，課金管理機能へのインタフェース提供などの機能を提供します．

IMSのアーキテクチャの概要を図に示します．IMSにおいて，SIPサーバ相当の役割をもち，マルチメディアセッションの確立，解放などを行うのが，**CSCF**（Call Session Control Function）と呼ばれるシステム群です．CSCFには，機能ごとに**P-CSCF**（Proxy-CSCF），**S-CSCF**（Serving-CSCF），**I-CSCF**（Interrogating-CSCF）の三つがあります．

P-CSCFは，ユーザ端末が接続する最初のコンタクトポイントであり，ユーザ端末が登録されるときに割り当てられます．

S-CSCFは，ユーザ間のセッション制御を行い，SIPのレジストラとして動作します．また，アプリケーションサービス提供のため，**AS**（Application Server）へのSIPメッセージ転送も行います．ASは，個々のアプリケーション・サービスの処理を行うサーバで，従来の電話と同様のサービス機能も提供します．

I-CSCFは，他網とのコンタクトポイントであり，接続ユーザの属するP-CSCFを選択するために**HSS**（Home Subscriber Server）へ問合せなどを行います．HSSは，ユーザのIDやサービス加入情報などを保持しており，ユーザ端末のローミング時には，ローミング先の情報なども保持します．

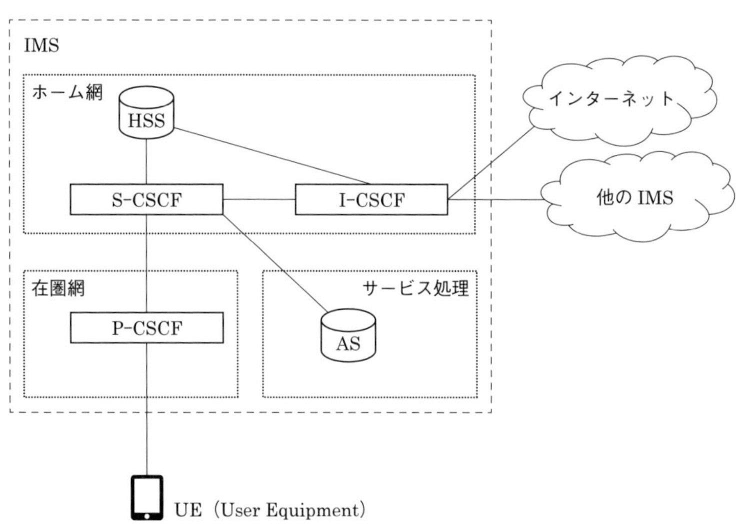

図　IMSのアーキテクチャの概要

・①，②，③は正しい．
・ユーザ端末がIMSに登録されている間，P-CSCFはそのユーザ端末に割り当てられ，ローミング時には移動先のP-CSCFを利用することができ，ホーム網のP-CSCFを利用することもできます（④は誤り）．

【解答　オ：④】

問2	IMS	【R3-1 問2（1）】

次の文章は，IP技術を用いて音声や映像などのサービスを提供するために用いられるIMS（IP Multimedia Subsystem）の構成について述べたものである．［　　］内の（ア）～（ウ）に最も適したものを，下記の解答群から選び，その番号を記せ．ただし，［　　］内の同じ記号は，同じ解答を示す．

IMSでは，音声通話，映像，プレゼンス，メッセージング，会議などの様々なサービスを提供するために，［（ア）］用のプロトコルとしてIP電話などで用いられるSIPを利用している．IMSは，SIPによるマルチメディアサービスの提供や通信路の設定・解放を制御するだけでなく，ユーザ認証などのアクセスセキュリティ管理，ローミング対応のための［（イ）］管理，アプリケーションサーバ（AS）との連携，課金管理機能へのインタフェース提供などの機能を有している．

IMSのアーキテクチャの重要な構成要素として，CSCF（Call Session Control Function）がある．CSCFは，マルチメディアセッションの確立，解放などを行うSIPサーバ相当の機能である．

P-CSCFは，ユーザ端末が接続する最初のコンタクトポイントであり，ユーザ端末が登録されるときに割り当てられる．

S-CSCFは，ユーザ間の［（ア）］を行い，SIPのレジストラとして振る舞う．また，アプリケーションサービス提供のため，ASへのSIPメッセージ転送も行う．

I-CSCFは，他網とのコンタクトポイントであり，接続ユーザの属するS-CSCFを選択するために［（ウ）］へ問合せなどを行う．［（ウ）］は，ユーザのIDやサービス加入情報などを保持しており，ユーザ端末のローミング時には，ローミング先の情報なども保持する．

〈(ア)～(ウ) の解答群〉

① 識別	② 経路制御	③ HSS	④ セッション制御
⑤ 暗号化	⑥ 帯域	⑦ SLF	⑧ トラヒック
⑨ MGCF	⑩ 品質	⑪ BGCF	⑫ ロケーション

解説

IMSでは，(ア)セッション制御用のプロトコルとしてIP電話などで用いられるSIPを利用しています．

IMSは，ユーザ認証などのアクセスセキュリティ管理，ローミング対応のための(イ)ロケーション管理，アプリケーションサーバ（AS）との連携，課金管理機能へのインタフェース提供などの機能を有しています．

IMSの重要な構成要素として，P-CSCF，S-CSCF，I-CSCFがあります．

(ウ)HSSは，ユーザのIDやサービス加入情報などを保持しており，ユーザ端末のローミング時には，ローミング先の情報なども保持します．他網とのコンタクトポイントであるI-CSCFは，接続ユーザの属するS-CSCFを選択するためにHSSへ問合せなどを行います．

IMSについては本節 問1の解説も参照してください．

【解答　ア：④，イ：⑫，ウ：③】

問3　CAS　☑☑☑　【H30-2 問5（5）（H26-1 問5（3））】

CAS（Conditional Access System）によるアクセスコントロール技術について述べた次のA～Cの文章は，［（ク）］．

A　CASは，CATVやBSデジタル放送などで提供されるコンテンツの視聴可否の制御に用いられる．

B　CASでは送られてくる映像コンテンツを視聴する際に，ユーザごとに異なる個別情報の復号に用いられるマスター鍵，個別情報に含まれる共通情報の復号に用いられるスクランブル鍵及び共通情報に含まれるコンテンツの復号に用いられるワーク鍵を使用する．

C　CASで用いられるマスター鍵は，放送波を通じて定期的に視聴機器に送られてくる．

〈(ク) の解答群〉

① Aのみ正しい　　② Bのみ正しい　　③ Cのみ正しい

④　A，Bが正しい　⑤　A，Cが正しい　⑥　B，Cが正しい
⑦　A，B，Cいずれも正しい
⑧　A，B，Cいずれも正しくない

解説

・Aは正しい．
・CASでは送られてくる映像コンテンツを視聴する際に，ユーザごとに異なる個別情報（EMM）の復号に用いられる**マスター鍵**，個別情報に含まれる共通情報（ECM）の復号に用いられるワーク鍵および共通鍵に含まれるコンテンツの復号に用いられるスクランブル鍵を使用します（Bは誤り）．
・マスター鍵は，テレビに挿入されているCASカードの中に入っているCASカード固有の鍵です．放送波を通じて定期的に視聴機器に送られてくるのはスクランブル鍵です．スクランブル鍵は映像コンテンツの暗号が破られることを困難にするため，定期的に視聴機器に送られ，更新されます（Cは誤り）．

【解答　ク：①】

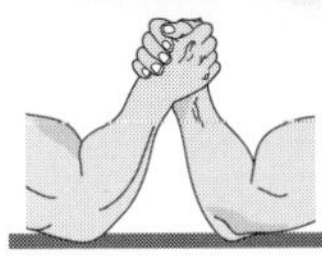

腕試し問題にチャレンジ！

問1　IPの上位階層のプロトコルとして，コネクションレスのデータグラム通信を実現し，信頼性のための確認応答や順序制御などの機能をもたないプロトコルは［（ア）］である．

①　ICMP　　②　PPP　　③　TCP　　④　UDP

問2　UDPのヘッダフィールドにはないが，TCPのヘッダフィールドには含まれる情報は［（ア）］である．

①　宛先ポート番号　　②　シーケンス番号
③　送信元ポート番号　　④　チェックサム

問3　IPv6では，ホストのアドレスの自動設定方法として，DHCPによってアドレスを割り当てる［（ア）］と，ホスト自身がもつ情報とルータから得られる情報を使用してアドレスを設定する［（イ）］がある．［（イ）］では，ホスト自身の［（ウ）］をもとにインタフェースIDを生成しIPv6アドレスの下位64ビットに設定する．

①　ステートレス自動設定　　②　ステートフル自動設定
③　ネットワークアドレス　　④　MACアドレス
⑤　EUI-64　　⑥　サブネットID

問4　DNSについて述べた次の二つの記述は，［（ア）］．

A　Aレコードにはホスト名に対応するIPv4アドレスが記述され，AAAAレコードにはホスト名に対応するIPv6アドレスが記述される．

B　DNSサーバにドメイン名に対応するIPアドレスを問い合わせるリゾルバとDNSサーバ間の通信ではトランスポート層のプロトコルとしてTCPが使用される．

①　Aのみ正しい　　②　Bのみ正しい　　③　AとBが正しい
④　AもBも正しくない

問5　ルーティング方式は，［（ア）］内のルーティングを行うIGPと［（ア）］間のルーティングを行うEGPに分類される．代表的なEGPとして［（イ）］がある．また，IGPは，ディスタンスベクタ型とリンクステート型に分類され，代表的なリンクステート型として［（ウ）］がある．［（ウ）］では，経路制御情報とルータ間で交換されるLSA（リンクステート情報）の増大を防ぐため，ネットワークを複数の［（エ）］に分割し，［（エ）］内のルータ間でLSAを交換する．

①　エリア　　②　AS　　③　パスベクトル　　④　BGP
⑤　RIP　　⑥　OSPF　　⑦　LSU　　⑧　LSDB

問 6 [（ア）]のIGPでは，宛先までのホップ数が最も少ない経路を選択する．一方，[（イ）]では，最短の物理的な経路長や回線の帯域幅から算出されるコストをもとに経路を選択する．[（ア）]は，実装が容易で経路情報量が少ないが，経路情報に変更があると，経路が収束するまでの時間が比較的[（ウ）]．また，経路がループになってしまうこともある．[（イ）]は，ネットワーク構成が変化したときのルーティング情報の収束が[（エ）]．

① ディスタンスベクタ型　② パスベクトル型　③ リンクステート型
④ 速い　⑤ 遅い　⑥ 長い　⑦ 短い

問 7 PCMで行っている非直線量子化では，量子化雑音を小さくするため，振幅の[（ア）]信号に対しては細かいステップで，振幅の[（イ）]信号に対して粗いステップで量子化を行っている．この非直線量子化の符号化則として，日本と北米では[（ウ）]が，欧州などでは[（エ）]が採用されている．

① 小さい　② 大きい　③ A-law
④ μ-law　⑤ ADPCM　⑥ CELP

問 8 NGNの機能は，上位層の[（ア）]と下位層の[（イ）]に分類される．[（イ）]は，リソース受付制御機能を有する[（ウ）]と，ユーザ端末の認証やIPアドレスの割当てなどのネットワーク制御機能を有する[（エ）]に分けられる．

① サービスストラタム　② トランスポートストラタム　③ サービス制御
④ セッション制御　⑤ RACF　⑥ NACF

腕試し問題解答・解説

【問 1】 UDP（User Datagram Protocol）は，IP の上位層として使われるトランスポート層のプロトコルで，コネクションレス型の通信を提供します．コネクションレスとは，フロー制御や順序制御を行うための接続（コネクション）を確立せずに通信を行うことです．

TCP（Transmission Control Protocol）は，通信の信頼性を保証するために 3 ウェイハンドシェイク，誤り制御，再送制御，順序制御，輻輳制御などの機能をもちます．

ICMP（Internet Control Message Protocol）は，インターネットプロトコル（IP）の通信制御を補完するプロトコルで，データ配送中のエラー通知や送達エラーを通知する機能を持ちます．

PPP（Point-to-Point Protocol）は，2 点間を接続してデータ通信を行うためのプロトコルです．電話回線を通じてコンピュータをネットワークに接続するダイヤルアップ接続で使うために策定されました．

解答 ア：④

【問 2】 シーケンス番号は送信したデータの位置を示す情報で，確認応答番号とともに送信データの順序を管理するために使われます．TCP にはシーケンス番号のフィールドがありますが，UDP にはありません．

解答 ア：②

【問 3】 IPv6 で，DHCP によってアドレスを割り当てる方法が(ア)ステートフル自動設定で，ホスト自身がもつ情報とルータから得られる情報を使用してアドレスを設定する方法が(イ)ステートレス自動設定です．ステートレス自動設定では，ホスト自身の(ウ)MAC アドレスをもとにインタフェース ID を生成します．

解答 ア：②，イ：①，ウ：④

【問 4】 DNS サーバにドメイン名に対応する IP アドレスを問い合わせるリゾルバと DNS サーバ間の通信ではトランスポート層のプロトコルとして UDP が使用されます（B は誤り）．

DNS で，サーバに問い合わせを行うクライアントまたはクライアント側のプログラムを「リゾルバ」といいます．リゾルバは「解決する者」という意味で，リゾルバからの要求によって，「ドメイン名から IP アドレスへの変換」という名前解決が行われます．リゾルバは Web ブラウザなどに組み込まれています．［参考：2-1 節　問 10］

解答 ア：①

【問 5】 独立したルーティングポリシー配下にある IP ネットワークを(ア)AS（Autonomous System，自律システム）といい，AS 内のルーティング方式が IGP，AS 間のルーティング方式が EGP で，代表的な EGP として(イ)BGP があります．また，代表的なディスタンスベクタ型 IGP として RIP があり，代表的なリンクステート型 IGP として(ウ)OSPF があります．OSPF では，ネットワークを複数の(エ)エリアに分割し，エリア内のルータ間で LSA（Link State Advertisement）と呼ばれるネットワーク情報を交換します．［参考：2-2 節　問 3］

解答　ア：②，イ：④，ウ：⑥，エ：①

【問 6】　宛先までのホップ数が最も少ない経路を選択する方式が(ア)ディスタンスベクタ型の IGP で，最短の物理的な経路長や回線の帯域幅から算出されるコストをもとに経路を選択する方式は(イ)リンクステート型の IGP です．ディスタンスベクタ型 IGP は，実装が容易で経路情報量が少ないが，経路情報に変更があると経路が収束するまでの時間が比較的(ウ)長い．一方，リンクステート型 IGP はネットワーク構成が変化したときのルーティング情報の収束が(エ)速い．

解答　ア：①，イ：③，ウ：⑥，エ：④

【問 7】　音声信号の大きさにかかわらず，量子化ステップ（量子化する際のデジタル信号の間隔）を同じにすると，信号レベルが小さいときの量子化雑音が大きくなります．非直線量子化では，量子化雑音を低減するため，振幅の(ア)小さい信号に対しては細かいステップで，振幅の(イ)大きい信号に対して粗いステップで量子化を行っています．非直線量子化を行う符号化則として，日本と北米では(ウ)μ-law が，欧州などでは(エ)A-law が規定されています．

解答　ア：①，イ：②，ウ：④，エ：③

【問 8】　NGN の機能は，上位層の(ア)サービスストラタムと下位層の(イ)トランスポートストラタムに分類されます．トランスポートストラタムは，リソース受付制御機能を有する(ウ)RACF と，ユーザ端末の認証や IP アドレスの割当てなどのネットワーク制御機能を有する(エ)NACF に分けられます．

解答　ア：①，イ：②，ウ：⑤，エ：⑥

3章 ネットワーク技術

本章の出題項目

3-1　電話網
3-2　ネットワーク管理・サービス

3-1 電話網

出題傾向

信号方式や災害時の通信に関する問題がよく出されています．番号計画に関する出題もあります．

問 1　災害時の通信　【R3-2 問 7（2）（H29-1 問 3（3）(ii)）】

災害用伝言サービス，緊急通報などについて述べた次の文章のうち，正しいものは，（オ）である．

〈（オ）の解答群〉

① 災害用伝言ダイヤルにおける伝言の録音及び再生は，被災地側の固定電話の電話番号宛に行う必要があり，携帯電話や IP 電話の電話番号は録音及び再生の電話番号として利用することができない．

② 災害用伝言板では，パーソナルコンピュータ，スマートフォンなどから氏名を入力して安否情報（伝言）の登録を行い，入力された氏名から安否情報の確認を行うことができる．

③ 携帯電話の緊急通報（110，118，119）には，発信者の位置情報などを緊急通報受理機関へ送信する機能が備えられている．

④ 災害時優先電話は，災害の救援，復旧や公共の秩序を維持するため，法令に定められた防災関係の各種機関などの電話が対象であり，災害時に制限を受けずに必ずつながることを保証している．

解説

・災害用伝言ダイヤルにおける伝言の録音および再生では，固定電話，携帯電話，IP 電話等の電話番号を利用できます（①は誤り）．

・災害用伝言板では，電話番号を入力して安否情報（伝言）の登録を行い，入力された電話番号から安否情報の確認を行います（②は誤り）．

・③は正しい．

・災害時優先電話は，「優先」的に処理されますが，必ずつながることを保証するものではありません（④は誤り）．

【解答　オ：③】

問 2	災害時優先電話	☑☑☑ 【R2-2 問 3（3）(ii)（H25-1 問 3（4））】

災害時優先電話について述べた次の A～C の文章は，（ク）．

A　災害時優先電話は，気象，消防，地方公共団体など電気通信事業法施行規則で定める指定機関からの契約者回線の事前申込みを必要とし，電気通信事業者との協議により割り当てられる．

B　災害時優先電話は，緊急連絡の着信を可能とするため，着信機能に優先度を持たせたものであり，発信機能は一般の電話と同等であることから，着信専用として使用することが望ましい．

C　災害時優先電話は，不特定の電話機から利用ができるよう，緊急使用時の利便性を考慮し，代表回線群や PBX に組み込んでおくことが推奨される．

〈（ク）の解答群〉

① A のみ正しい　② B のみ正しい　③ C のみ正しい
④ A，B が正しい　⑤ A，C が正しい　⑥ B，C が正しい
⑦ A，B，C いずれも正しい
⑧ A，B，C いずれも正しくない

解説

・A は正しい．「災害時優先電話」とは，地震などの大災害が起きた場合でも重要通信を確保するために，特定の電話番号から優先的に電話をかけることができるサービスです．ただし，「災害時優先電話」を利用できるのは，災害時電気通信事業法施行規則に基づき総務大臣が指定した重要通信の対象機関に限られます．また，重要通信の対象機関からの事前申込みが必要です．

・「災害時優先電話」は，特定の電話番号（優先電話）からの電話発信を「優先」させるもので，優先電話への着信については優先されません．また，相手が通話中の場合には接続できません．このため，総務省では「優先電話」の電話番号を外部に公表せずに，あくまでも発信専用電話として利用することを推奨しています（B は誤り）．

・「災害時優先電話」に割り当てられるのは「重要通信」を行うための必要最小限の電話回線で，PBX や代表回線群に組み込んでおくことはできません（C は誤り）．

【解答　ク：①】

問3	加入者線信号方式	☑☑☑【H31-1 問2（1）（H26-2 問1（1））】

次の文章は，PSTN（公衆交換電話網）における加入者線信号方式の概要について述べたものである．［　　］内の（ア）～（エ）に最も適したものを，下記の解答群から選び，その番号を記せ．

端末と網（交換機）との間で使用される信号方式は加入者線信号方式といわれ，アナログ加入者線信号方式において電話利用時に用いられる基本的な信号は，その役割により，選択信号，監視信号，可聴信号などに分類される．

選択信号は，サービスの種類や接続相手を選択するための信号であり，［（ア）］の2種類がある．

監視信号は，呼の接続制御に関する信号であり，接続の進行方向に送られる順方向信号と，接続の進行方向と反対の方向に送られる逆方向信号がある．順方向信号は［（イ）］ともいわれ，発呼信号などが該当し，逆方向信号は表示信号ともいわれ，［（ウ）］へ呼の終了を伝える終話信号などが該当する．

可聴信号は，電話発信者に呼の接続の進行状態を可聴音として知らせるための信号であり，呼出音，話中音のほか，［（エ）］を使用してダイヤル受信準備完了を知らせる発信音などがある．

〈(ア)～(エ）の解答群〉

① 起動信号　② 交換機から着信端末　③ LP と SR
④ PB と SR　⑤ 制御信号　⑥ 発信端末から交換機
⑦ 応答信号　⑧ DP と PB　⑨ 着信端末から交換機
⑩ 交換機から発信端末　⑪ 課金信号
⑫ DP と LP　⑬ 16〔Hz〕の連続音
⑭ 400〔Hz〕を 16〔Hz〕で変調した音
⑮ 400〔Hz〕の連続音
⑯ 400〔Hz〕の 0.5 秒送出と 0.5 秒休止の断続音

解説

・**選択信号**の送受信方式として，(ア) DP と PB の二つがあります．

・**監視信号**のうち，発呼信号や切断信号などの順方向信号は，(イ) 制御信号ともいわれます．

POINT
DP：ダイヤルパルス
PB：プッシュボタン

POINT
順方向信号は発信側から送られる信号で発呼信号，切断信号が該当する．

・**逆方向信号**には，(ウ)着信端末から交換機へ呼の終了を伝える終話信号があります．

POINT
逆方向信号は着信側から送られる信号で応答信号と終話信号が該当する．

・可聴信号のうち，発信音では，(エ)400〔Hz〕の連続音を使用してダイヤル受信準備完了を発信端末に知らせます．可聴信号としては，このほかに呼出し音と話中音があります．

【解答　ア：⑧，イ：⑤，ウ：⑨，エ：⑮】

問 4　**共通線信号方式を適用している通信網**
【H30-2 問 1（3）(i)（H24-1 問 1（3）(i)）】

No. 7 共通線信号方式を適用している通信網の構成などについて述べた次の文章のうち，<u>誤っているもの</u>は，（キ）である．

〈(キ）の解答群〉

① No. 7 共通線信号方式を適用している通信網は，一般に，通話回線で構成される通話回線網及び信号専用の回線などで構成される信号網から成る．

② 信号網を構成する個々の信号専用の回線は信号リンクといわれ，呼処理又は網管理で使用される情報などが転送される．

③ 信号網では，一つの信号専用の回線を用いて複数の通話回線を制御することから，信号網は，高い信頼性が確保される必要があるため，一般に，複数の面構成が採られている．

④ No. 7 共通線信号方式の信号処理機能を持つノードは，一般に，信号局といわれ，各信号局には一意に識別できる信号局コードが付与される．

⑤ 発信号局と着信号局との間で信号メッセージが転送される経路は信号ルートといわれ，この経路には，一般に，SEP といわれる信号中継局及び信号リンクが含まれる．

解説

・①，②，③，④は正しい．

・**共通線信号方式**とは，電話を接続するための信号のやり取りを専用の信号網（共通線信号網）により行う方式です．共通線信号網で信号処理機能を持つ**信号局**は，信号を発信したり着信したりする**信号端局**（Signaling End Point，**SEP**）と，信号を中継する**信号中継局**（Signaling Transfer Point，**STP**）に分類されます．また，信号メッセージが転送される経路を**信号ルート**といいます．この経路には，

STPと信号リンクが含まれます（⑤は誤り）.

【解答　キ：⑤】

問5　共通線信号方式の機能構成　【H30-2 問1 (3) (ii) (H24-1 問1 (3) (ii))】

No. 7共通線信号方式の機能構成などについて述べた次のA～Cの文章は，（ク）.

A　共通線信号方式は，交換機相互間の通話回線の設定，解放などの処理を行う回線対応信号機能に適用されるとともに，交換機とサービス制御ノードなどとの間で回線接続処理とは直接対応しない処理を行う非回線対応信号機能にも適用される.

B　共通線信号方式の機能は，メッセージ転送部（MTP），信号接続制御部（SCCP），電話ユーザ部（TUP），ISDNユーザ部（ISUP），トランザクション機能部（TC）などの機能ブロックから構成されている.

C　メッセージ転送部は，レベル1の信号リンク機能部，レベル2の信号データリンク部及びレベル3の信号網機能部で構成され，信号接続制御部と合わせてOSI参照モデルのレイヤ4の機能を実現している.

〈（ク）の解答群〉

① Aのみ正しい　② Bのみ正しい　③ Cのみ正しい
④ A，Bが正しい　⑤ A，Cが正しい　⑥ B，Cが正しい
⑦ A，B，Cいずれも正しい
⑧ A，B，Cいずれも正しくない

解説

・共通線信号方式の信号には，通話回線の設定，解放にかかわる**回線対応信号**と，通話回線の制御と直接関係しない情報の転送に使用される**非回線対応信号**があります（Aは正しい）.

・**図**に共通線信号方式の機能ブロックを，各機能ブロックのOSI参照モデルでのレイヤとともに示します（Bは正しい）.

・メッセージ転送部は，レベル1の信号データリンク部，レベル2の信号リンク機能部およびレベル3の信号網機能部で構成され，信号接続制御部と合わせてOSI参照モデルのレイヤ1～レイヤ3の機能を実現しています（Cは誤り）.

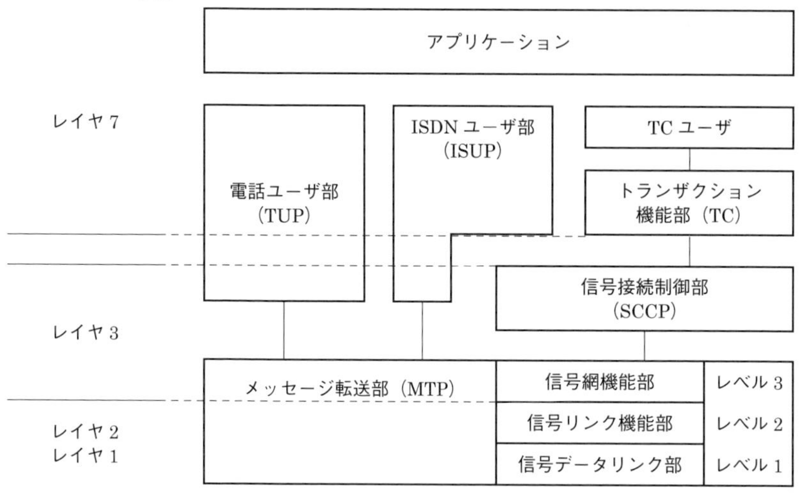

図　共通線信号方式の機能ブロック

【解答　ク：④】

問 6　電話網の番号計画　【H30-1 問 1 (1) (H25-2 問 1 (1))】

次の文章は，電気通信番号の概要について述べたものである．[　　　]内の(ア)～(エ) に最も適したものを，下記の解答群から選び，その番号を示せ．

電気通信番号は，端末設備の識別，任意の端末への接続などに用いられており，端末などへの電気通信番号の付与規則は，一般に，番号計画といわれる．また，電話サービスで用いられる電気通信番号は，一般に，電話番号といわれ，数字を組み合わせた番号である．

国際公衆電気通信番号計画は ITU-T 勧告 E. 164 で規定されており，国際電話番号は，一般に，[（ア）]，国内宛先コード及び加入者番号から構成される最大[（イ）]桁の番号である．

日本国内の番号計画は総務省により定められている．固定電話における 0AB～J の電話番号は，一般に，先頭の数字が[（ウ）]といわれる 0 から始まり，市外局番，市内局番及び加入者番号で構成されている．

また，070，080 又は 090 で始まる電話番号は携帯電話，PHS などに用いられており，020 で始まる電話番号は発信者課金の無線呼出し（ポケットベル）以外に，IoT 時代において需要がさらに見込まれる［（エ）］等専用番号として用いられている．

〈(ア)〜(ウ) の解答群〉

① 11	② 15	③ 外線発信信号	④ 国内プレフィックス
⑤ 12	⑥ IP 電話	⑦ 事業者識別番号	⑧ サービスコード
⑨ 13	⑩ M2M	⑪ エリアコード	⑫ 国際プレフィックス
⑬ 14	⑭ 緊急通報	⑮ 国番号	⑯ 番号ポータビリティ

解説

国際通話で使う電話番号体系は ITU-T 勧告 **E.164** で規定され，「(ア) 国番号」+「国内あて先コード」+「加入者番号」から構成される「最大(イ) 15 桁」の番号です．

日本では**国番号**が「81」で，**国内あて先コード**は「市外局番（先頭の“0”を除く）+市内局番」で 4〜5 桁，**加入者番号**は 4 桁です．

日本国内の番号計画では，電話番号の先頭“0”を「(ウ) **国内プレフィックス**」といいます．

070，080 又は 090 で始まる電話番号は携帯電話，PHS などに用いられており，020 で始まる電話番号は発信者課金の無線呼出し（ポケットベル）以外に，IoT 時代において需要がさらに見込まれる(エ) **M2M** 等専用番号として用いられています．M2M（Machine To Machine）は，機械同士が直接に情報のやり取りをすることで，センサネットワークにおいて機械が情報を自動収集したり，ネットワーク経由で機械を制御したりするサービスなどの例があります．

なお **“0AB0”**（“A”，“B” は “0” 以外の番号）で始まる番号は，電話会社が提供する高度な電話サービスを利用する時などに使います．この番号の例として，“0120”（フリーダイヤルなど着信課金用），“0170”（伝言ダイヤル），“0570”（ナビダイヤル）があります．

IoT については，4-2 節 問 1 の解説も参照してください．

【解答　ア：⑮，イ：②，ウ：④，エ：⑩】

3-2 ネットワーク管理・サービス

出題傾向

SDN（OpenFlow）やネットワークの仮想化に関する問題がよく出されています．

問1 ネットワークの仮想化 【R4-1 問5 (3)】

ネットワークの仮想化技術などについて述べた次の文章のうち，正しいものは，（オ）である．

〈(オ) の解答群〉

① 1台のルータで複数のルーティングテーブルを保持することによりVPNを提供する場合，一般に，ルータは，自ルータ内に複数の仮想的なルータを設定できるIPsecの技術を用いてVPNを実現する．

② ネットワーク上の全てのスイッチが管理テーブルを保持し，管理テーブルの設定に従ってデータを転送することによりSDN（Software Defined Networking）を構築する方式は，オーバレイ方式といわれる．

③ ルータ，ゲートウェイ，ファイアウォールなど専用のハードウェアを用いて実現されているネットワーク機能をソフトウェア化し，汎用サーバ上でこれらのネットワーク機能を実現する技術は，NFV（Network Functions Virtualization）といわれる．

④ VXLANは，ホップバイホップ方式のSDNに用いられる技術の一つである．VXLANを用いた仮想ネットワークは，VXLANに対応したコントローラのみで実現することができ，エッジスイッチは対応しなくてもよい．

解説

VPN（Virtual Private Network，仮想専用線）は，仮想的な専用線をインターネット上に設定して限られたユーザのみが利用できるようにしたものです．仮想的な通信路（トンネル）を受信端末と送信端末の間に設ける「トンネリング技術」や，データの改ざんなどが行えないようにする「暗号化」などにより，安全に通信できる環境を提供しています．

・1台のルータで複数のルーティングテーブルを保持することによりVPNを提供する場合，一般に，ルータは，自ルータ内に複数の仮想的なルータを設定できる**VRF**（Virtual Routing and Forwarding）を用いてVPNを実現します（①は誤り）．**IPsec**（Security Architecture for Internet Protocol）は，端末間の暗号化通信を行うためのプロトコルです．

・ネットワーク上のすべてのスイッチが管理テーブルを保持し，管理テーブルの設定にしたがってデータを転送することにより **SDN**（Software Defined Networking）を構築する方式は，ホップバイホップ方式といわれます（②は誤り）．

・③は正しい．

・**VXLAN**（Virtual eXtensible Local Area Network）は，オーバーレイ方式のSDNに用いられる技術の一つです．IP（レイヤ3）ネットワークに隔てられた複数のL2ネットワークの間を，オーバーレイネットワークを使って，仮想的に一つのL2ネットワークとします．VXLANを用いた仮想ネットワークは，VXLANに対応したコントローラ，エッジスイッチが必要です（④は誤り）．

SDNについては，本節 問4と問5の解説も参照してください．

【解答　オ：③】

問2　**VLAN**　【R4-1 問6（2）】

VLANの技術について述べた次の文章のうち，誤っているものは，［（エ）］である．

〈(エ）の解答群〉

① IEEE 802.1Qで規定されているVLANタグを用いると，物理的に単一のLANを論理的に区別された最大4,094個のVLANに分けることができる．

② 広域イーサネットサービスを提供する方法として，IEEE 802.1adで規定されている拡張VLANがある．VLANタグとは別のタグをイーサネットフレームに付加することで通信事業者のスイッチでは，個々のユーザのMACアドレスの管理が不要となる．

③ IEEE 802.1adで規定されているVLANタグには，通信事業者がユーザを識別するためのS-TAGと，ユーザがVLANを区別するためのC-TAGがある．

④ MAC-in-MACは，ユーザのMACアドレスとは別に通信事業者の網内転送を行う専用のMACアドレスを用意してカプセル化する方法である．

解説

VLAN（Virtual LAN，仮想LAN）とは，ネットワークの物理的な接続形態とは独立に機器の仮想的なグループを設定し，それぞれをあたかも一つのLANであるかのように運用する技術です．

・①は正しい．IEEE 802.1Qは，LAN内でVLANを実現する規格で，通常の

Ether フレームに，4 バイトの 802.1Q タグを付加することで VLAN を実現します．802.1Q タグには，12 ビットの VID と呼ばれる識別情報が含まれており，4094（2^{12}-2）の VLAN ネットワークを作ることができます．

・IEEE 802.1ad において，網内のスイッチはユーザが接続するすべての機器の MAC アドレスを扱う必要があります（②は誤り）．これにより接続される機器が増加するに伴い網内のスイッチの処理負荷が増大するという欠点があります．IEEE 802.1ad（拡張 VLAN/Q-in-Q）は，IEEE 802.1Q フレームを広域イーサネットワークでも利用可能にした規格です．

・③は正しい．IEEE 802.1ad は，従来の 802.1Q タグ（加入者タグ，C-TAG）に加えて，通信事業者タグ（S-TAG）を二重にタグ付けしたフレーム構成になります．通信事業者の広域イーサネットワークでは S-TAG が使われ，加入者ネットワーク内では C-TAG が使われます．

・④は正しい．「MAC-in-MAC」は，MAC フレームを MAC フレームでカプセル化して運ぶイーサネット技術です．IEEE 802.1ah として標準化されています．ユーザの MAC フレームを広域イーサネットで使われる MAC フレームでカプセル化することから MAC-in-MAC と呼ばれたり，Ether フレームによってカプセル化された Ether フレームが広域イーサネット上を転送されることから EoE（Ether over Ether）と呼ばれたりすることがあります．

【解答　エ：②】

問 3　OpenFlow　☑☑☑【R3-2 問 5（4）（R3-1 問 5（4），H29-2 問 2（2））】

OpenFlow の特徴などについて述べた次の文章のうち，誤っているものは，（カ）である．

〈（カ）の解答群〉

① 宛先 IP アドレスや宛先 MAC アドレスに基づいた経路制御が可能であり，送信元 IP アドレスや送信元 MAC アドレスなどを参照した経路制御も可能である．

② L2SW などの機能がコントロールプレーンとデータプレーンに分離されており，コントロールプレーンの機能を持つ OpenFlow コントローラとデータプレーンの機能を持つ OpenFlow スイッチからなるアーキテクチャを採用している．

③ ノースバウンド API を実装することにより，外部のアプリケーションソフトウェアから OpenFlow コントローラの監視・制御を行うことができる．

④ OpenFlowによるネットワーク仮想化の実現方式のうち，OpenFlowコントローラがネットワーク内の全てのOpenFlowスイッチを制御するものは，オーバレイ方式といわれる．

解説

・①，②，③は正しい．

・OpenFlowは，SDN（本節 問4の解説を参照）を実現するプロトコルの代表的なものです．OpenFlowによるネットワーク仮想化の実現方式のうち，OpenFlowコントローラがネットワーク内のすべてのOpenFlowスイッチを制御するものは，ホップバイホップ方式といわれます（④は誤り）．

【解答　カ：④】

問4	**SDN**	☑☑☑【R3-1 問5（4）（H29-2 問2（2）(i)，H28-1 問2（3）(i)）】

SDN（Software Defined Networking）について述べた次の文章のうち，正しいものは，［（カ）］である．

〈（カ）の解答群〉

① SDNに関する標準化活動を行っているONF（Open Networking Foundation）において，SDNは，ネットワーク制御機能とデータ転送機能が統合され，プログラムによりネットワークの制御が実現できるネットワークとされている．

② ONFにおいて，OpenFlowはSDNにおける基盤要素の一つとされており，OpenFlowプロトコルは，一般に，OpenFlowコントローラとアプリケーションサーバ間の通信に用いられるプロトコルとされている．

③ OpenFlowスイッチは，一般に，OpenFlowコントローラから受け取った経路情報に基づいて，自身のフローテーブル内にデータ転送処理ルールを追加，修正及び削除することが可能である．

④ SDNのアーキテクチャにおいて，アプリケーションレイヤと制御レイヤとの間のAPIは，一般に，サウスバウンドAPIといわれる．

解説

SDN（Software-Defined Networking）は，コンピュータネットワークを構成する通信機器の設定や動作をソフトウェアによって集中的に制御し，ネットワークの構造，構成，設定などを，動的に変更することを可能とする技術の総称です．

図1に示すように，SDNでは機器の制御機能（コントロールプレーン）とデータ転

送機能（データプレーン）を分離し，制御機能を管理システム上のソフトウェアで集中管理します．これにより各機器の設定や動作を動的に変更することができるため，ネットワークの状態や利用状況が変わっても，物理的な配線や各機器の設定などを個別に変更せずに対応することが可能になります．

SDN を実現するプロトコルの代表的なものとして，**ONF**（Open Networking Foundation）が策定している **OpenFlow** があります．OpenFlow では，一つのネットワーク機器で実現していた経路制御の機能とデータ転送の機能を分離し，制御装置（OpenFlow コントローラ）が複数の中継・転送装置（OpenFlow スイッチ）の設定や振る舞いを一括して管理します．**図 2** に SDN のアーキテクチャを示します．

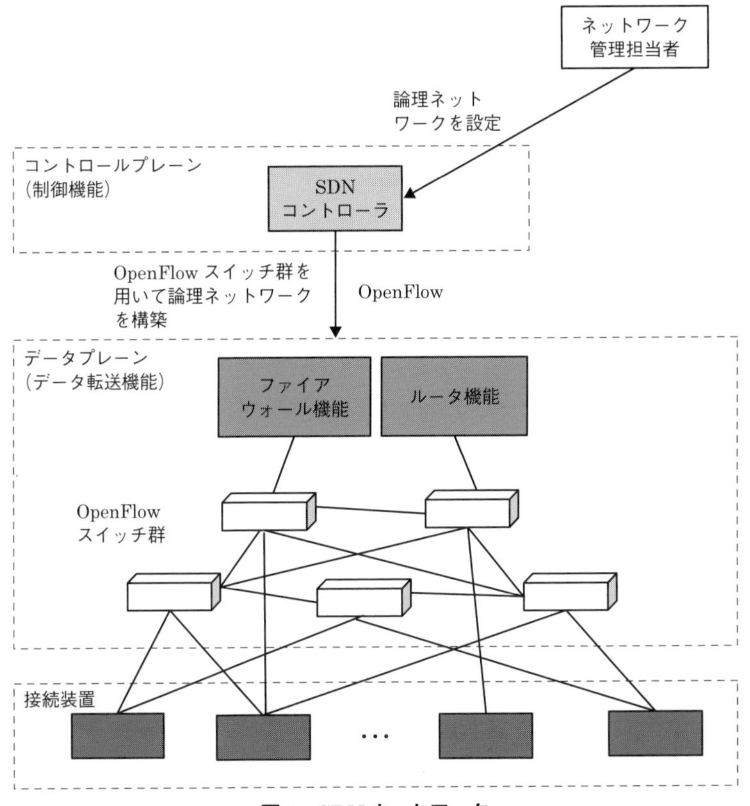

図 1　SDN ネットワーク

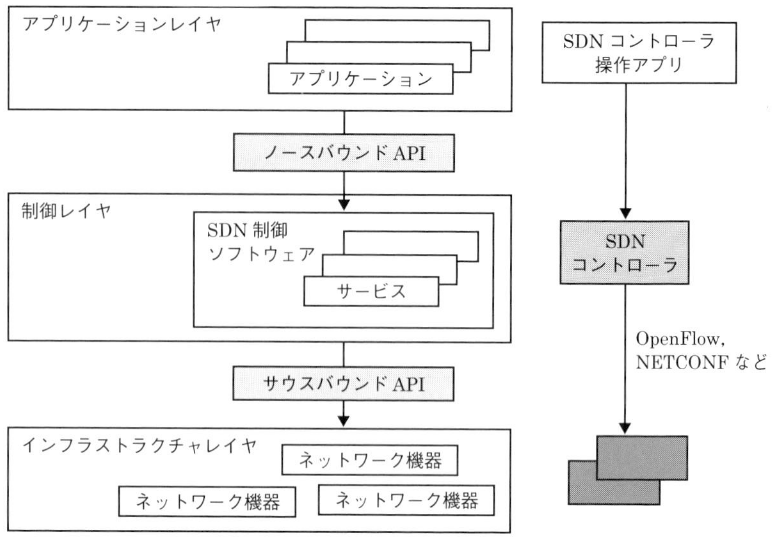

図2　SDNのアーキテクチャ

・SDNは，ネットワーク制御機能とデータ転送機能が分離し，プログラムによりネットワークの制御が実現できるネットワークとされています（①は誤り）.

・OpenFlowプロトコルは，一般に，**OpenFlowコントローラ**と**OpenFlowスイッチ**間の通信に用いられるプロトコルとされています（②は誤り）.

・③は正しい.

・SDNのアーキテクチャにおいて，アプリケーションレイヤと制御レイヤとの間のAPIは，一般に，**ノースバウンドAPI**（Northbound API）といわれます（④は誤り）. **サウスバウンドAPI**（Southbound API）は制御レイヤとインフラストラクチャレイヤとの間のAPIになります.

【解答　カ：③】

問5	**SDN**	☑☑☑ 【H29-2 問2（2）（i）（H28-1 問2（3）（i））】

SDNについて述べた次の文章のうち，誤っているものは，［（オ）］である.

〈（オ）の解答群〉

① SDNに関する標準化活動を行っているONF（Open Networking Foundation）において，SDNは，ネットワーク制御機能とデータ転送機能が分

離し，プログラムによりネットワークの制御が実現できるネットワークとされている．

② SDNのアーキテクチャにおいて，アプリケーションレイヤと制御レイヤとの間のAPIは，一般に，ノースバウンドAPIといわれる．

③ ONFにおいて，OpenFlowはSDNにおける基盤要素の一つとされており，OpenFlowプロトコルは，一般に，OpenFlowコントローラとアプリケーションサーバ間の通信機能を提供する標準プロトコルとされている．

④ OpenFlowスイッチは，一般に，OpenFlowコントローラから受け取った経路情報に基づいて，自身のフローテーブル内にデータ転送処理ルールを追加，修正及び削除することが可能である．

解説

・①は正しい．

・②は正しい．**ノースバウンドAPI**は，アプリケーションから制御レイヤのスイッチなどを制御する場合に適用されます．

・**OpenFlowプロトコル**は，一般に，**OpenFlowコントローラ**と**OpenFlowスイッチ**間の通信機能を提供する標準プロトコルとされています（③は誤り）．

POINT

OpenFlowは，制御部と転送部を分離したアーキテクチャで，OpenFlowコントローラと呼ばれる制御部からOpenFlowスイッチなどから成る転送部を制御する．この制御部と転送部間の通信に使用されるプロトコルがOpenFlowプロトコル．

・④は正しい．

【解答　オ：③】

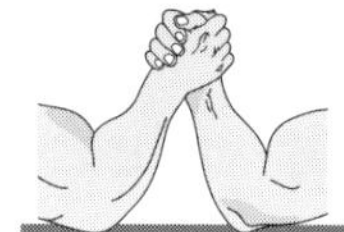

腕試し問題にチャレンジ！

問1　災害時優先電話に関する次の説明は［（ア）］.

A　災害時優先電話は，災害の救援，復旧や公共の秩序を維持するため，法令に基づき，防災関係等各種機関等に対し，固定電話の各電気通信事業者が提供している.

B　災害時には災害時優先電話について，発着信が一般電話より優先される.

①　Aのみ正しい　②　Bのみ正しい　③　AとBが正しい
④　AもBも正しくない

問2　共通線信号方式のメッセージ転送部は，レベル1の［（ア）］，レベル2の［（イ）］およびレベル3の信号網機能部で構成され，OSI参照モデルのレイヤ1～［（ウ）］の機能を実現している.

①　信号リンク機能部　②　信号データリンク部　③　信号接続制御部
④　レイヤ1　⑤　レイヤ2　⑥　レイヤ3

問3　共通線信号方式の信号網について述べた次の二つの記述は，［（ア）］.

A　共通線信号網の信号局は，信号を発信したり着信したりする信号端局（SEP）と信号を中継する信号中継局（STP）に分類される.

B　信号局を識別するための番号として信号リンクが使用される.

①　Aのみ正しい　②　Bのみ正しい　③　AとBが正しい
④　AもBも正しくない

問4　OpenFlowは［（ア）］における基盤要素の一つで，［（イ）］と呼ばれる制御部から［（ウ）］などで構成される転送部を制御する.

①　NGN　②　SDN　③　CDN　④　OpenFlowコントローラ
⑤　OpenFlowスイッチ

問5　大規模ネットワークを効率良く管理するためのネットワーク管理機能のうち，［（ア）］はネットワーク資源の内容と数，属性（パラメータの設定内容など），資源の状態（初期状態，稼働状態，保守状態など）を管理する．また，［（イ）］では，ユーザごとのネットワーク資源の使用率，使用状況を測定し，適切な資源の割当てなどを行う.

①　構成管理　②　パフォーマンス管理　③　障害管理
④　課金管理　⑤　機密管理

腕試し問題解答・解説

【問 1】 災害時優先電話は固定電話および携帯電話の各電気通信事業者が提供しています（A は誤り）．災害時優先電話は発信のみ優先扱いとなり，着信については一般電話と同じです（B は誤り）．

解答 ア：④

【問 2】 メッセージ転送部は，レベル 1 の(ア)信号データリンク部，レベル 2 の(イ)信号リンク機能部およびレベル 3 の信号網機能部で構成され，信号接続制御部と合わせて OSI 参照モデルのレイヤ 1〜(ウ)レイヤ 3 の機能を実現しています．

解答 ア：②，イ：①，ウ：⑥

【問 3】 共通線信号網では，信号を発信したり着信したりする局（交換機）を信号端局（Signaling End Point，SEP），信号を中継する局を信号中継局（Signaling Transfer Point，STP）といいます（A は正しい）．

信号局（信号端局，信号中継局）を識別するための番号として信号局コードが付与されます．「信号リンク」とは信号メッセージが転送される経路のことです（B は誤り）．

解答 ア：①（A のみ正しい）

【問 4】 OpenFlow は(ア)SDN（Software Defined Networking）における基盤要素の一つで，(イ)OpenFlow コントローラと呼ばれる制御部から，(ウ)OpenFlow スイッチなどで構成される転送部を制御します．OpenFlow は制御部と転送部を分離したアーキテクチャで，制御部と転送部間の通信に使用されるプロトコルです．[参考：3-2 節　問 3，問 4，問 5]

解答 ア：②，イ：④，ウ：⑤

【問 5】 ネットワーク管理機能のうち，(ア)構成管理では，ネットワーク資源の内容と数，属性（パラメータの設定内容など），資源の状態（初期状態，稼働状態，保守状態など）を管理します．(イ)課金管理では，ユーザごとのネットワーク資源の使用率，使用状況を測定し，使用量に応じた課金を行います．また，ネットワーク資源の使用状況を解析し，適切な資源の割当てを行います．ネットワーク管理機能としては，これらのほかに，パフォーマンス管理，障害管理，機密管理があります．

解答 ア：①，イ：④

4章
無線通信技術

本章の出題項目

4-1　無線 LAN
4-2　移動通信
4-3　地上マイクロ波通信
4-4　衛星通信

4-1 無線 LAN

出題傾向

無線 LAN のセキュリティに関する問題がよく出されています.

問 1 **無線 LAN のセキュリティ**
【R3-1 問 9 (5) (H31-1 問 5 (5), H29-2 問 5 (5))】

無線 LAN のセキュリティについて述べた次の文章のうち, 正しいものは, (ク) である.

〈(ク) の解答群〉

① IEEE 802.11i では, 通信の暗号化に TKIP や AES を用いること, 及び端末の認証に IEEE 802.1X を用いることを規定している.

② MAC アドレスフィルタリングを用いると, 無線区間の通信データは暗号化されるため盗聴を防ぐことができる.

③ WPA2 方式では, 暗号アルゴリズムに DES を採用した TKIP といわれる暗号方式の実装が必須とされている.

④ WPA2 方式は, WEP 方式と比較して, セキュリティレベルが低いとされている.

解説

・①は正しい. **IEEE 802.11i** は, 無線 LAN のセキュリティを確保するために IEEE (米国電気電子学会) が 2004 年 6 月に策定した規格です.

・**MAC アドレスフィルタリング**では, アクセスしてくる端末の MAC アドレスをアクセスポイントに登録している MAC アドレスと比較し, 端末の接続の可否判定を行いますが, 通信データの暗号化は行いません. このため, MAC アドレスフィルタリングだけでは盗聴を防止することはできません (②は誤り).

・WPA よりもさらにセキュリティを強化したのが WPA2 です. **WPA2 方式**では, 暗号アルゴリズムに AES を採用した CCMP といわれる暗号方式の実装が必須とされています (③は誤り).

・**WPA** (Wi-Fi Protected Access) 方式は, **WEP** 方式のセキュリティの脆弱(ぜい)性を解決するために, 業界標準化団体の Wi-Fi アライアンスで策定された規格で, WEP 方式よりもセキュリティが強化されています (④は誤り). WEP は無線 LAN が実用化された初期に無線 LAN 向けに策定された規格です.

【解答　ク：①】

問 2	無線 LAN のセキュリティ	☑☑☑【H31-1 問 5（5）（H29-2 問 5（5））】

無線 LAN のセキュリティについて述べた次の文章のうち，正しいものは，［（ク）］である．

〈（ク）の解答群〉

① MAC アドレスフィルタリングを用いると無線区間の通信データは暗号化されるため盗聴を防ぐことができる．
② IEEE 802.11i では，通信の暗号化に TKIP や AES を用いること，及び端末の認証に IEEE 802.1x を用いることを規定している．
③ WPA 方式では，暗号鍵は通信中に更新できない．
④ WPA 方式は，WEP 方式と比較して，セキュリティ上脆弱であるとされている．

解説

・①は誤り．
・②は正しい．
・WPA 方式では，暗号鍵は通信中に自動で更新されます（③は誤り）．
・④は誤り．

本節 問 1 の解説を参照してください．

【解答　ク：②】

問 3	無線アクセスネットワーク	☑☑☑【H29-2 問 2（1）（H26-1 問 2（1））】

次の文章は，無線アクセスネットワークの概要について述べたものである．［　　］内の（ア）～（エ）に最も適したものを，下記の解答群から選び，その番号を記せ．ただし，［　　］内の同じ記号は，同じ解答を示す．

ワイヤレス・ブロードバンド環境には，携帯電話系の移動通信システム以外に無線 LAN，広帯域無線アクセス，無線 PAN（Personal Area Network）などのシステムが用いられている．

無線 LAN には各種の規格がある．IEEE 802.11n では，それまでの規格と比較して，スループットを高速化するために，アクセスポイントとクライアント間の送受信に複数の送信アンテナと複数の受信アンテナを用いて複数の無線経路を効率的に利用する［（ア）］技術が用いられている．さらに，IEEE 802.［（イ）］では，その技術を複数端末宛の同時無線通信に拡張してシステム全体のスループットを高速化するために，アクセスポイントからクライアントへ向かうダウンリンクにDL MU-［（ア）］技術が用いられている．

広帯域無線アクセスは，一般に，BWAともいわれ，固定WiMAX，モバイルWiMAXなどがある．モバイルWiMAXでは，周波数の離れた複数のサブキャリアをまとめて一つのサブチャネルとみなし，サブチャネル単位でユーザ割り当てを行うことができる［（ウ）］といわれる多元接続方式が用いられている．

また，近距離無線を使用した無線PANには，IEEE 802.15WGで検討され，標準化された規格として，2.4 GHz帯を使用する［（エ）］，ZigBeeなどがある．

〈(ア)～(ウ) の解答群〉

①	11a	②	TDMA	③	VICS	④	OFDMA
⑤	11ac	⑥	NFC	⑦	OFDM	⑧	マルチパス
⑨	11g	⑩	USB	⑪	MIMO	⑫	ダイバーシチ
⑬	11j	⑭	PHS	⑮	FDMA	⑯	Bluetooth

解説

・スループットを高速化するために，アクセスポイントとクライアント間の送受信に複数の送信アンテナと複数の受信アンテナを用いて複数の無線経路を効率的に利用する無線通信技術は(ア) **MIMO**（Multiple-Input Multiple-Output）です．MIMO技術は，無線LANのIEEE 802.11n，IEEE 802.11ac，LTE（Long Term Evolution）などで使用されています．

・(イ) IEEE 802.11acでは，MIMO技術を複数端末宛の同時無線通信に拡張してシステム全体のスループットを高速化するために，アクセスポイントからクライアントへ向かうダウンリンクに**DL MU-MIMO**（Down Link Multi-User MIMO）技術が用いられています．MU-MIMO技術では，ビームフォーミング技術により電波の指向性を制御して，アクセスポイントから複数端末に同時通信できるようにしています．

・周波数の離れた複数のサブキャリアをまとめて一つのサブチャネルとみなし，サブチャネル単位でユーザ割り当てを行うことができる多元接続方式を，(ウ) **OFDMA**（Orthogonal Frequency Division Multiple Access，直交周波数分割多元接続）といいます．OFDMAは，モバイルWiMAX，LTEで使用されています．

・近距離無線を使用した無線PANには，IEEE 802.15WGで検討され，標準化された規格として，2.4〔GHz〕帯を使用する(エ) **Bluetooth**，**ZigBee**などがあります．

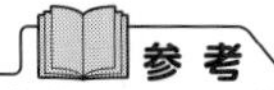

参考

無線PANは，無線LANより低速で通信距離は短いが，電力消費が少ない無線通信技術で，Bluetoothは PCやスマートフォンとヘッドセットなどの周辺機器との接続に使用され，ZigBeeは家電機器の接続やセンサネットワークなどに使用される．

【解答　ア：⑪，イ：⑤，ウ：④，エ：⑯】

問4　無線LANのセキュリティ　☑☑☑【H29-2 問5 (5)】

無線LANのセキュリティについて述べた次の文章のうち，正しいものは，［（ク）］である．

〈(ク) の解答群〉

① アクセスポイントに接続可能なMACアドレスのリストを登録しておき，アクセスしてくる端末のMACアドレスを基に接続の可否判定を行う機能は，MACアドレスフィルタリングといわれる．MACアドレスフィルタリングを用いると通信データは暗号化されるため盗聴を防ぐことができる．

② WPA方式では，暗号鍵は通信中に更新することはできない．

③ IEEE 802.11iでは，通信の暗号化にTKIPやAESを用いることや，端末の認証にIEEE 802.1xを用いることを定めている．

④ WPA方式は，WEP方式と比較して，セキュリティ上脆弱（ぜい）であるとされている．

解説

・MACアドレスフィルタリングは認証の機能であり，暗号化はされません（①は誤り）．

・WPA方式では，暗号鍵は通信中に自動で更新されます（②は誤り）．

・③は正しい．

・WEP方式は，WPA方式と比較して，セキュリティ上脆弱（ぜい）であるとされています（④は誤り）．

本節 問1，問2の解説も参照してください．

【解答　ク：②】

4章　無線通信技術

4-2 移動通信

出題傾向

多元接続（マルチプルアクセス）やLTEに関する問題がよく出されています．無線回線制御方式，デジタル変調方式に関する出題もあります．

問1　第5世代移動通信システム　☑☑☑【R4-1 問3 (1)】

次の文章は，第5世代移動通信システム（5G）について述べたものである．［　　］内の（ア）～（ウ）に最も適したものを，下記の解答群から選び，その番号を記せ．

5Gは高速・大容量，低遅延及び多数端末接続を基本コンセプトとしており，それを実現するために以下のような技術が導入されている．

高速・大容量を実現するために，4Gで使用している周波数帯より高い周波数帯が携帯事業者に割り当てられており，［（ア）］といわれる3.7〔GHz〕帯，4.5〔GHz〕帯，ミリ波といわれる28〔GHz〕帯を使用することができる．5Gでは，このような周波数帯への対応を可能とするため，NR（New Radio）といわれる技術が標準化されている．

低遅延を実現するために，無線信号の送信単位を4Gと比較して短くするとともに，より端末に近いところにデータ処理を行うサーバを配置する［（イ）］といわれる技術を用いることによりエンド・ツー・エンドでの遅延の低減を図っている．

多数端末接続を実現するために，4Gでも用いられているCat.1，［（ウ）］などの技術を活用しており，少量のデータを低頻度で送るIoT端末の多数接続を可能としている．

〈(ア)～(ウ) の解答群〉

① SIGFOX	② ナローバンド	③ IaaS	④ PaaS
⑤ プラチナバンド	⑥ LTE-M	⑦ MIMO	⑧ Sub6
⑨ LoRaWAN	⑩ ワイドバンド		

⑪ マルチアクセス・エッジ・コンピューティング

⑫ ネットワークスライシング

解説

令和2年版情報通信白書「5Gの利用シナリオと主な要求条件」に，ITUにより，

① モバイルブロードバンドの高度化（enhanced Mobile BroadBand, eMBB）

② 超高信頼・低遅延通信（Ultra Reliable and Low Latency Communications, URLLC）

③ 大量のマシーンタイプ通信（massive Machine Type Communications, mMTC）

の三つの5Gの利用シナリオが提示されたことが，記載されています．それぞれの利用シナリオにおける主な要求条件として，超高速通信（下りで最大20〔Gbps〕程度，上りで最大10〔Gbps〕程度），超低遅延通信（遅延は1ミリ秒程度），多数同時接続（1〔km^2〕当たり100万台程度の端末が同時に接続可能）も示されています．

POINT
Sub6の「サブ（sub）」は，英語で「以下の，未満の」という意味があり，「6〔GHz〕以下の周波数帯」という意味で「Sub6」と呼ばれている．

5Gの高速・大容量通信を実現するためには，数100〔MHz〕といったかなり広い帯域幅が必要となります．5Gでは，これまで移動通信では利用されていなかった高周波数帯を利用し，必要な帯域幅を確保しています．実際に国内キャリアには，3.7〔GHz〕帯と4.5〔GHz〕帯を総称した(ア)「**Sub6**」と呼ばれる帯域と，28〔GHz〕帯の「ミリ波」が5G通信用として割り当てられています．

NR（New Radio）は，第5世代移動通信システム（5Gモバイルネットワーク）用に3GPPによって仕様策定された新しい無線アクセス技術です．

5Gにおける低遅延通信を実現するために，ユーザ端末により近い場所にデータ処理を行うサーバを置く技術は，(イ)**MEC**（Multi-access Edge Computing）と呼ばれます．リアルタイム性が要求されるサービスでは，ネットワーク上でユーザ端末により近い場所にMECサーバを設置することで，伝送路上の遅延を低減します．

LTEにおいては，少量のデータを低頻度で送るIoT端末用の通信技術として(ウ)LTE-M，LTE Cat.1，NB-IoTといったものがあり，5Gにおいても，これらの技術が活用されています．

【解答　ア：⑧，イ：⑪，ウ：⑥】

参 考

IoT（Internet of Things）はさまざまなモノ（センサ，アクチュエータ，車，家電製品など）が，ネットワークを通じてサーバやクラウドサービスに接続され，相互に情報交換をする仕組み．IoT に用いられる低消費電力で広域の通信が可能な通信規格は **LPWA**（Low Power Wide Area）と呼ばれる．LPWA は，免許が必要な周波数帯域を利用するか免許不要な周波数帯域を利用するかにより分類される．LTE-M，LTE Cat.1，NB-IoT は前者で，ライセンスバンドの LPWA，あるいはセルラー系 LPWA と呼ばれる．WiFi や Bluetooth など，免許を持たない個人が自由に利用している免許不要の帯域を利用する LPWA は，アンライセンスバンドの LPWA や非セルラー系 LPWA と呼ばれる．

問 2　OFDM

【R4-1 問 3（2）】

移動通信における OFDM による信号伝送について述べた次の文章のうち，誤っているものは，（エ）である．

〈（エ）の解答群〉

① OFDM 信号を生成するため送信側では離散フーリエ変換（DFT）が行われ，受信側では OFDM 信号に対して逆離散フーリエ変換（IDFT）が行われる．

② 伝搬遅延によるシンボル間干渉を防ぐために，シンボル間にサイクリックプレフィックスを挿入する．

③ サブキャリアの変調方式として，QPSK, 16QAM などが用いられる．

④ OFDM 信号は搬送波周波数が異なる複数のデジタル変調信号によって構成され，各デジタル変調信号の搬送波は直交関係にある．

解説

OFDM（Orthogonal Frequency Division Multiplexing，直交波周波数分割多重）とは，デジタル変調方式の FDM（周波数分割多重）の一つで，隣り合う周波数の搬送波同士の位相を互いに直交させ，周波数帯域の一部を重なり合わせることで高密度な周波数分割を行う手法です．

- OFDM 信号を生成するため，送信側では逆離散フーリエ変換（IDFT）が行われ，受信側では OFDM 信号に対して離散フーリエ変換（DFT）が行われます（①は誤り）．
- ②，③，④は正しい．

【解答　エ：①】

問 3	LTE	✓✓✓【R4-1 問 3（4）（H30-2 問 2（2）(ii)）】

LTE のネットワーク構成及び機能について述べた次の文章のうち，誤っているものは，［（カ）］である．

〈(カ）の解答群〉

① コアネットワークは，サービング・ゲートウェイ（S-GW）とパケット・データ・ネットワーク・ゲートウェイ（P-GW）の 2 階層のネットワーク構成を採っている．

② パケット通信用のセッションの設定・開放やハンドオーバの制御は，移動通信交換局（MSC）で行われる．

③ コアネットワークの構成要素であるホームサブスクライバサーバ（HSS）には，移動端末の加入者情報，認証情報，位置情報などが蓄積されている．

④ 無線アクセスネットワークの構成要素である基地局は，一般に，eNodeB といわれる．

解説

移動体通信のネットワークは，**アクセスネットワーク**と**コアネットワーク**から構成されます（次頁の図）．アクセスネットワークは，アンテナや基地局などの UE（モバイル端末）との無線制御による接続を担うネットワークです．コアネットワークは，バックボーンの役割を担うネットワークで，アクセスネットワークからくるパケットの転送やアクセスネットワークを経由して外部から来たパケットを端末へ送ります．

・①，③，④は正しい．

・パケット通信用のセッションの設定・開放やハンドオーバの制御は，**MME**（Mobile Management Entity）で行われます（②は誤り）．

4 章 無線通信技術

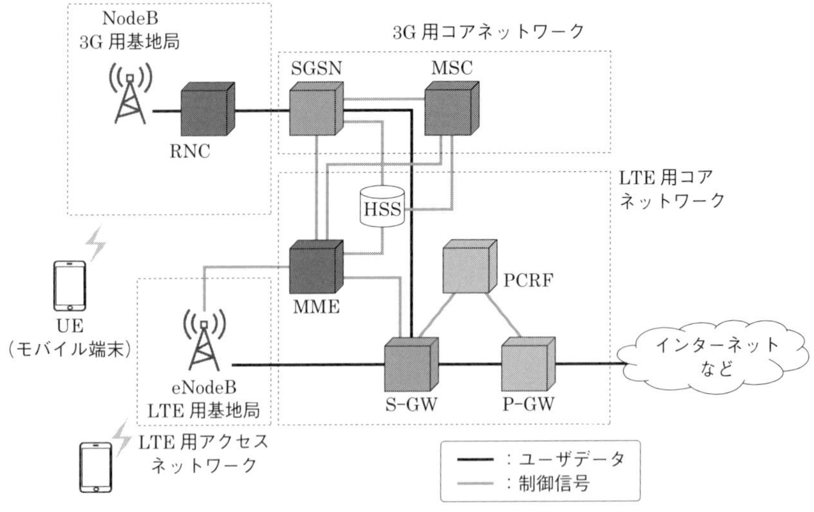

RNC：Radio Network Controller Equipment
SGSN：Serving GPRS Support Node
MSC：Mobile Switching Center
UE：User Equipment
MME：Mobile Management Entity
PCRF：Policy and Charging Rules Function
S-GW：Serving Gateway
P-GW：Packet Data Network Gateway
HSS：Home Subscriber Server

図　LTE ネットワークの概略（関連する 3G ネットワークを含む）

【解答　カ：②】

問 4　デジタル変調方式

【R3-2 問 3（2）（H31-1 問 2（2）(ii)，H26-2 問 2（2）(i)）】

デジタル無線伝送に用いられる変調方式の種類，特徴などについて述べた次の文章のうち，<u>誤っているもの</u>は，［（エ）］である．

〈（エ）の解答群〉

① ASK では，変調信号により搬送波の振幅を変化させており，オンオフキーイング（OOK）は 2 値 ASK の一例である．

② PSK では，変調信号により搬送波の位相を変化させており，信号点を 90 度ごとに配置するものとして QPSK や $\frac{\pi}{4}$ シフト QPSK がある．

③ スペクトル拡散による変調方式において，スペクトルを拡散したい信号に

広帯域の信号を直接乗積する手法は，一般に，周波数ホッピング（FH）といわれる．

④ FSKでは，変調信号により搬送波の周波数を変化させており，一般に，搬送波の振幅は一定である．

解説

・①は正しい．**ASK**（Amplitude Shift Keying，振幅偏移変調）は，搬送波の振幅を変化させて1と0を表す方式です．振幅の有無の2値で表す最も単純なASKは，OOK（On-Off-Keying，オンオフキーイング）と呼ばれます．

・②は正しい．**PSK**（Phase Shift Keying，位相偏移変調）は，位相を変化させて1と0を表す方式．**BPSK**（Binary Phase Shift Keying，二位相偏移変調）は，搬送波の位相変化を180°おきにすることで，1シンボルで二つの状態，つまり1〔bit〕の情報伝達を行います．**QPSK**（Quadrature Phase Shift Keying，四位相偏移変調）は，搬送波の位相変化を90°おきにして，1シンボル当たり四つの状態（2〔bit〕）の情報を伝達します．**$\pi/4$ シフトQPSK**では，（0，$\pi/2$，π，$3\pi/2$）の位相と（$\pi/4$，$3\pi/4$，$5\pi/4$，$7\pi/4$）の位相を1変調ごとに交互に使います．

・スペクトラム拡散は，元の信号の周波数帯域の何十倍も広い帯域に拡散して送信する方式です．ノイズの影響や他の通信との干渉を低減し，通信の秘匿性を高めることができます．スペクトル拡散による変調方式において，スペクトルを拡散したい信号に広帯域の信号を直接乗積する手法は，一般に，**直接拡散**（Direct Sequence, DS）といわれます（③は誤り）．スペクトル拡散変調方式のうち，情報データに一次変調を施した後，一定周期のホッピングパターンによって二次変調を行うのが**FH**（Frequency Hopping，周波数ホッピング）方式です．DS方式は，移動通信のCDMAや無線LANのIEEE 802.11bで使用されている方式で，デジタル信号を非常に小さい電力で広い帯域に分散して同時に送信する方式です．

・④は正しい．**FSK**（Frequency Shift Keying，周波数偏移変調）は，周波数を変化させて1と0を表す方式です．

ASK（振幅）とPSK（位相）の両方を複合的に変化させて伝送できる情報量を増やしたものを**QAM**（Quadrature Amplitude Modulation，直角位相振幅変調）といいます．

覚えよう！
デジタル変調方式の種類（ASK，FSK，PSK（BPSK，QPSK，$\pi/4$ シフト QPSK）とそれぞれの特徴．

【解答　エ：③】

問 5	セルの構成方法	【R3-2 問 3（3）（H28-1 問 2（2）(ii)）】

移動通信方式におけるセルの構成方法などについて述べた次の文章のうち，誤っているものは，［（オ）］である．

〈（オ）の解答群〉
① 一つのサービスエリアを複数のセルで構成する方式はセルラ方式といわれ，あるセルで用いた周波数を，干渉が生じない程度離れたセルで再利用できる．
② 周波数利用効率の向上などを目的として，水平面無指向性アンテナにより一つの基地局のエリアで複数の扇形セルを形成する構成は，一般に，セクタセル構成といわれる．
③ ストリートマイクロセルは，一般に，都市部においてセル半径が約 1〔km〕以下で基地局のアンテナ高が近隣の建物より低い場合に構成され，電波が建物に挟まれた道路沿いに伝搬する特徴がある．
④ フェムトセルは，一般に，家庭内やオフィス内で用いられ，半径 10〔m〕程度の範囲で電波状況が悪い箇所の改善などを目的として構成される．

解説

・①，③，④は正しい．
・周波数利用効率の向上などを目的として，水平面指向性アンテナにより一つの基地局のエリアで複数の扇形セルを形成する構成は，一般に，セクタセル構成といわれます．水平面無指向性アンテナは，円形のセルを形成するために使用されます（②は誤り）．

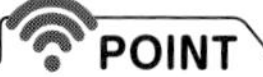
POINT
セクタセルでは，扇形セルを形成するために指向性アンテナを使用する．

【解答　オ：②】

問6 マルチプルアクセス方式

【R3-1 問3 (2) (H31-1 問2 (2) (i), H26-2 問2 (2) (ii))】

デジタル無線伝送に用いられるマルチプルアクセス方式の種類，特徴などについて述べた次の文章のうち，正しいものは，[(エ)]である．

〈(エ) の解答群〉

① TDMAでは，使用可能な周波数帯域を分割し，分割した各周波数帯を各端末に割り当てて通信を行う．一つの端末は，割り当てられた一つの周波数を1チャネルとして使用する．

② FDMAでは，一つの周波数を時間で分割し，分割した各時間（タイムスロット）を各端末に割り当てて通信を行う．一つの端末は，割り当てられた一つのタイムスロットを1チャネルとして使用する．

③ OFDMAでは，周波数の異なる複数のサブキャリアをまとめ，各サブキャリアのセットを各端末に割り当てて通信を行う．

④ CDMAでは，符号分割による多元接続を行っており，拡散符号で1次変調を施した広帯域の信号を，更にPSK方式などを用いて2次変調して狭帯域の信号としている．

解説

マルチプルアクセス（多元接続）は，多地点にある端末からの送信データを一つの伝送路（無線チャネルなど）に多重化して効率的に通信する技術です．

- 使用可能な周波数帯域を分割し，分割した各周波数帯を各端末に割り当てて通信を行うのはFDMAです（①は誤り）．一つの端末は，割り当てられた一つの周波数を1チャネルとして使用します．
- 一つの周波数を時間で分割し，分割した各時間（タイムスロット）を各端末に割り当てて通信を行うのは，TDMAです．一つの端末は，割り当てられた一つのタイムスロットを1チャネルとして使用します（②は誤り）．
- ③は正しい．
- CDMAでは，符号分割による多元接続を行っており，1次変調では，PSKやQAMなどの通常の変調（帯域幅は変わらない）を利用し，2次変調でスペクトル拡散符号を利用して広帯域な信号へと変調します（④は誤り）．

マルチプルアクセス方式の種類の一覧を次頁の**表**に示します．

4章 無線通信技術

表　マルチプルアクセス方式

名称（英語）	名称（日本語）	方式
FDMA（Frequency-DMA）	周波数分割多元接続	周波数帯域を分割して割り当て
TDMA（Time-DMA）	時分割多元接続	時間を分割して割り当て
CDMA（Code-DMA）	符号分割多元接続	拡散符号により拡散された周波数帯域を割り当て
OFDMA（Orthogonal Frequency-DMA）	直交周波数分割多元接続	直交する複数のサブキャリアをまとめたセットを割り当て
SDMA（Space-DMA）	空間分割多元接続	アンテナの指向性を操作することで空間的に伝送路を分割して割り当て

DMA：Division Multiple Access

【解答　エ：③】

問７　無線回線制御方式　【R3-1 問３（3）（H28-1 問２（2）(ii)）】

移動通信で用いられる無線回線制御方式について述べた次の文章のうち，正しいものは，（オ）である．

〈（オ）の解答群〉

① 各移動端末が共通に利用できる無線チャネルを複数用意しておき，呼が発生するたびにその移動端末に特定の無線チャネルを割り当てるチャネルアサイン方式は，一般に，プリアサイン方式といわれる．

② 複数の移動端末から同時に発信が行われた場合，無線区間で信号の衝突が発生する場合がある．この信号の衝突をできるだけ回避して無線通信チャネルを設定する技術にランダムアクセス制御がある．

③ セル構造を有する移動通信方式において，移動端末が通信中にセル間を移動する場合にセルを切替制御する技術は，一般に，ローミングといわれる．

④ 移動端末がどこに存在していても，ネットワーク側から着信のための呼出しを行えるようにするための位置登録では，現在位置は移動端末に登録される．

解説

・各移動端末が共通に利用できる無線チャネルを複数用意しておき，呼が発生するたびにその移動端末に特定の無線チャネルを割り当てるチャネルアサインは，一般に，**デマンドアサイン方式**といわれます（①は誤り）．**プリアサイン方式**とは，あらかじめ無線チャネルを固定に割り当てる方式です.

・②は正しい.

・セル構造を有する移動通信方式において，移動端末が通信中にセル間を移動する場合にセルを切替制御する技術は，一般に，**ハンドオーバ**といわれます．**ローミング**は，異なる通信事業者の無線ネットワーク内のセルに移動する技術です（③は誤り）.

POINT
「プリ」とは「あらかじめ」という意味.「デマンド」とは「要求（に応じて）」という意味.

・移動端末がどこに存在していても，ネットワーク側から着信のための呼出しを行えるようにするための位置登録では，現在位置は基地局（ネットワーク）側の設備に登録されます（④は誤り）.

POINT
移動端末の位置情報は，移動端末にではなく，ネットワークに登録する.

【解答　カ：②】

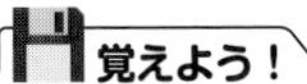
覚えよう！
ハンドオーバとローミングの意味と違い.

問 8	**LTE**	☑☑☑【R2-2 問 2（1)】

次の文章は，移動通信技術である LTE における機能の概要について述べたものである．［　　］内の（ア)～(エ）に最も適したものを，下記の解答群から選び，その記号を記せ.

LTE を進化させた LTE-Advanced は，国際標準仕様策定団体である 3GPP（3rd Generation Partnership Project）がスマートフォンに対するユーザニーズの拡大や多様化するサービスなどに対応するために策定した携帯電話用の高速無線通信の規格である.

LTE-Advanced では，LTE との後方互換を維持しながら複数の LTE キャリア（搬送波）を同時に用いて広帯域通信を行う［（ア）］技術，複数の送受信アンテナを用いて信号の伝送を行い，通信品質及び周波数利用効率の向上を実現する［（イ）］技術などを拡張し発展させている．また，周波数の利用効率を高め，高トラヒックに対応するため，従来のマクロセル内にセル半径の小さいスモールセル基地局を配置する［（ウ）］ネットワークを構成し，セル間の協調制御を高度化している.

LTE-Advanced を拡張した LTE-Advanced Pro では，IoT 機器向けデバイスへの通信を提供するための仕様，ユーザスループットや容量を増大させるための仕様などが規定されている．IoT 機器向けの端末カテゴリである［（エ）］は，LTE バンド内でスマートフォンなどと共存した運用に加えて，LTE キャリアのガードバンドなどを利用した運用がサポートされている．

〈(ア)～(エ) の解答群〉

①	MIMO	②	仮想	③	CoMP	④	ハンドオーバ
⑤	リング型	⑥	URLLC	⑦	RPMA	⑧	SIGFOX
⑨	SFN	⑩	スター型	⑪	LoRa	⑫	NB-IoT
⑬	トラヒック制御			⑭	ヘテロジニアス		
⑮	ビームフォーミング			⑯	キャリアアグリゲーション		

解説

3GPP は，第 3 世代携帯電話（3G）システムおよび，**LTE**，**LTE-Advanced**，**第 5 世代移動通信システム（5G）** などの移動体通信の仕様検討を行う標準化プロジェクトです．LTE-Advanced は，第 4 世代携帯電話（4G）の代表的な規格で，前世代の LTE と互換性をもっており，LTE を高度化したものとなっています．

複数の周波数帯の搬送波を束ねて一体的に運用することを(ア) **キャリアアグリゲーション**（carrier aggregation）といいます．LTE-Advanced では，離れた周波数ブロックを使ったり，異なる周波数帯（例えば，2.1〔GHz〕帯と 800〔MHz〕帯など）の周波数ブロックを束ねたりすることができ，柔軟なキャリアアグリゲーションを実現できます．

送信側と受信側がそれぞれ複数のアンテナを用意し，同時刻に同じ周波数で複数の異なる信号を送受信できるようにする技術を(イ) **MIMO**（Multiple Input Multiple Output）といいます．これにより通信品質および周波数利用効率の向上ができます．

(ウ) ヘテロジニアスネットワーク（Heterogeneous Network）は，セルサイズの異なる基地局を組み合わせて構成される移動体通信ネットワークです．LTE-Advanced では，数〔km〕の範囲をカバーする「マクロセル」，数百〔m〕の範囲をカバーする「マイクロセル」，屋内などをカバー対象とした「ピコセル」，個人宅内をカバー対象とした「フェムトセル」などで構成されます．

LTE-Advanced Pro は，LTE-Advanced を拡張したもので，キャリアアグリゲーションにおいて同時に利用できるキャリア数の拡大や MIMO 技術の高度化，などが規定されています．またセンサや家電製品などをネットワークにつなげる取り組みである IoT（Internet of Things）に対する機能も拡張されており，(エ) **NB-IoT**（Narrow Band-IoT）はその一つです．NB-IoT は，IoT 機器向けに狭い帯域で低電力で通信を行うことを目的とした LTE の通信方式です．LTE が 5〔MHz〕～20〔MHz〕幅という

広い周波数帯を一度に使用するのに対して，NB-IoT が使う帯域は，180〔kHz〕幅と非常に狭くなっています．

一般の LTE では隣接する周波数との干渉を避ける目的で電波を発射させていないガードバンドと呼ばれる周波数帯がありますが，NB-IoT では，そのガードバンドを有効利用することができます．

【解答　ア：⑯，イ：①，ウ：⑭，エ：⑫】

問 9　**多元接続（マルチプルアクセス）**
【H31-1 問 2（2）(i)（H25-1 問 2（3）(ii)）】

マルチプルアクセス方式の種類，特徴などについて述べた次の文章のうち，正しいものは，［（オ）］である．

〈（オ）の解答群〉

① TDMA では，使用可能な周波数帯域を分割し，分割した各周波数帯を各端末に割り当てて通信を行う．一つの端末は，割り当てられた一つの周波数を 1 チャネルとして使用する．

② FDMA では，一つの周波数を時間で分割し，分割した各時間（タイムスロット）を各端末に割り当てて通信を行う．一つの端末は，割り当てられた一つのタイムスロットを 1 チャネルとして使用する．

③ CDMA では，符号分割による多元接続を行っており，拡散符号で 1 次変調を施した広帯域の信号を，更に 2 次変調して狭帯域の信号としている．

④ OFDMA では，周波数の異なる複数のサブキャリアをまとめ，各サブキャリアのセットを各端末に割り当てて通信を行う．

解説

・①，②は誤り．①は FDMA，②は TDMA について述べた文章です．
・CDMA では，1 次変調で PSK や QAM などの変調を行い，2 次変調でスペクトル拡散符号を利用して広帯域な信号へと変調します（③は誤り）．
・④は正しい．

マルチプルアクセス方式については，本節 問 6 の解説も参照してください．

【解答　オ：④】

問 10　移動通信システムの規格

【H30-2 問 2（2）(i)（H25-2 問 2（2）(i)）】

移動通信システムの規格などについて述べた次の文章のうち，正しいものは，（オ）である．

〈(オ）の解答群〉

① PDC（Personal Digital Cellular）及び CDMA2000 は，総称して IMT-2000 といわれ，第 2 世代移動通信システムの規格とされている．

② W-CDMA（Wideband CDMA），cdmaOne 及び PHS は，総称して 3G（3rd Generation）といわれ，第 3 世代移動通信システムの規格とされている．

③ CDMA2000 から発展したデータ通信用規格である 1xEV-DO（Evolution Data Optimized/Only），W-CDMA から発展した HSDPA（High Speed Downlink Packet Access）などは，一般に，第 3.5 世代移動通信システムの規格とされている．

④ LTE（Long Term Evolution）は，一般に，第 3.9 世代移動通信システムの規格とされており，サービス名称としては，Wi-Fi（Wireless Fidelity）を含めて 4G といわれる．

解説

移動通信システムの世代ごとの技術を**表**に示します．第 3 世代移動通信技術の W-CDMA と CDMA2000 は総称して IMT-2000 といわれます．

表　移動通信システムの世代ごとの技術

第 2 世代	第 3 世代	第 3.5 世代	第 3.9 世代	第 4 世代/4.5 世代
PDC，PHS cdmaOne	W-CDMA CDMA2000	HSDPA，HSPA 1xEV-DO，1xEV-DV	LTE	LTE Advanced/ LTE Advanced Pro

・IMT-2000 は第 3 世代移動通信システムの規格で，CDMA2000 は含まれますが，PDC は含まれません（①は誤り）．

・cdmaOne と PHS は第 2 世代移動通信システムの規格です（②は誤り）．

・③は正しい（表を参照）．

・LTE は第 3.9 世代の移動通信技術（略して 3.9G という）ですが，Wi-Fi は無線 LAN 規格の名称で移動通信システムとは別の無線技術です（④は誤り）．

覚えよう！

携帯電話の世代ごとの技術の概要と流れ．

【解答　オ：③】

4-3 地上マイクロ波通信

出題傾向

電波伝搬と電波の種類と特徴，アンテナの種類と特徴に関する問題が出されています．

問 1	**電波の種類と特徴** ☑☑☑ 【R4-1 問 3（3）（H30-1 問 2（2）（i），H27-1 問 2（2）（i））】

電波の種類，特徴及び周波数帯ごとの主な用途について述べた次の文章のうち，正しいものは，［（オ）］である．

〈（オ）の解答群〉

① 電波法では，300 万〔MHz〕以下の周波数の電磁波を電波と定義しており，電波は，周波数の最も低い VLF といわれる超長波から周波数の最も高い SHF といわれるサブミリ波までに分類される．

② 極超短波は，短波と比較して，小型のアンテナで利用可能なことから，携帯電話，構内 PHS，DECT 方式のコードレス電話などに利用されている．

③ マイクロ波は，極超短波と比較して，波長が長いことから特定の方向に向けて放射するのに適しており，衛星通信，衛星放送，気象レーダなどに利用されている．

④ ミリ波は，強い直進性があることから，悪天候時でも雨や霧による影響を受けずに伝搬することができる．このため，長距離の無線アクセス通信などに利用されている．

解説

・電波法では，300 万〔MHz〕以下の周波数の電磁波を電波と定義しており，電波は周波数の最も低い **VLF**（Very Low Frequency）といわれる超長波から周波数の最も高いサブミリ波までに分類されます．**SHF**（Super High Frequency）はマイクロ波のことでサブミリ波ではありません（①は誤り）．

・②は正しい．極超短波（Ultra High Frequency, **UHF**）の周波数は 300〔MHz〕～3〔GHz〕で，携帯電話で使用されている周波数は 800〔MHz〕～3.5〔GHz〕．なお，短波（High Frequency, **HF**）の周波数は 3〔MHz〕～30〔MHz〕です．

・マイクロ波は，極超短波と比較して，波長が短いことから特定の方向に向けて発射するのに適しており，衛星通信，衛星放送，気象レーダなどに利用されています（③は誤り）．

電波は，周波数が高いほど指向性（直進性）が高い（電波の広がりが小さく特定の方向に向けて伝搬する）．

・ミリ波は，強い直進性があることから，非常に大きな情報量を伝送することができますが，悪天候時には雨や霧による影響を強く受けます．このため，比較的短距離の無線アクセス通信などに利用されています（④は誤り）．

POINT

ミリ波はマイクロ波より周波数が高い．電波は周波数が高いほど雨や霧の影響を受けやすい．

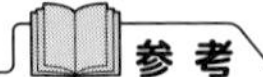

周波数帯ごとの主な用途と電波の特徴は，総務省の「電波利用ホームページ」に掲載されている．

【解答　オ：②】

問2　アンテナの特性　【R3-2 問3（1）】

次の文章は，アンテナの特性に関する特徴について述べたものである．［　　］内の（ア）～（ウ）に最も適したものを，下記の解答群から選び，その番号を記せ．

アンテナの利得は，アンテナから任意方向に単位立体角当たりに放射される電力と，そのアンテナと同一の電力が供給されている等方性アンテナから単位立体角当たりに放射される電力の比として定義される．あらゆる方向に均一の強さの電磁界を放射する仮想的な等方性アンテナを基準としたアンテナの利得は［（ア）］といわれる．

アンテナのビーム幅は，アンテナの放射指向性から求められ，一般に，最大指向性を持つメインローブのピークである中心から［（イ）］〔dB〕低下したところの角度幅が放射特性の指標として用いられる．また，メインローブ方向以外に生ずるローブはサイドローブといわれる．

サイドローブは，他の無線システムに対して干渉を与える要因となるため，極力，低減する必要がある．特に，メインローブの放射電界とメインローブの中心の逆方向から±60度の範囲にある最大放射電界との比は［（ウ）］といわれる．

〈（ア）～（ウ）の解答群〉

① 1	② 3	③ 6	④ 10
⑤ 放射効率	⑥ 相対利得	⑦ 絶対利得	⑧ 利得係数

⑨ C/N	⑩ S/N	⑪ FS比	⑫ FB比

解説

等方性アンテナは，指向性がなく全ての方向に電波を一定の強度で送信ができる仮想的なアンテナで，利得の基準として理論的な解析などに用いられます．通常のアンテナは，指向性を持たせることにより特定の方向の電波強度を強くします．

対象アンテナが放射したい方向を**メインローブ**といい，メインローブへ単位立体角当たりに放射される電波の電力をP_t，それと同一電力を供給されている等方性アンテナから単位立体角当たりに放射される電波の電力をP_iとすると，アンテナ利得は，P_t/P_iで表せます．基準アンテナが等方性アンテナの場合のアンテナ利得は(ア)**絶対利得**と呼ばれます．

目的以外の方向に出てしまう放射を**サイドローブ**といいます．また，サイドローブのうち，メインローブの反対方向に出るもの（正確には，メインローブの中心の逆方向から±60度の範囲）を**バックローブ**といいます（本問では，バックローブも含めてサイドローブとして定義されているようです）．

メインローブのピークである中心から(イ)3〔dB〕低下したところ（電力が1/2になるところ）の角度幅を**ビーム幅（半値角）**といい，放射特性の指標となります．メインローブの放射電界をE_f〔V/m〕，バックローブの放射電界をE_b〔V/m〕としたとき，E_f/E_b（メインローブとバックローブの比）を(ウ)**FB比（Front/Back比）**といいます．

【解答　ア：⑦，イ：②，ウ：⑫】

問3　電波伝搬　【R3-1 問3 (1)】

次の文章は，電波伝搬について述べたものである．[　　]内の（ア）～（ウ）に最も適したものを，下記の解答群から選び，その番号を記せ．ただし，内の同じ記号は，同じ解答を示す．

あらゆる方向に一様に電波を放射するアンテナは[（ア）]アンテナといわれ，自由空間に置かれた[（ア）]アンテナから放射された電波は球面状に広がり，放射電力をP〔W〕，球の半径をd〔m〕，球面上における[（イ）]をS〔W/m^2〕とすると，Sは次式で表される．

$$S=\frac{P}{4\pi d^2}$$

伝搬の状況を表す指標として伝搬損失があり，送信電力P_t〔W〕と受信電力P_r〔W〕の比から求められる．特に，大地反射などのない自由空間における伝搬損失は自由空間伝搬損失といわれ，送受信アンテナ間の距離が2倍になると，自由空間伝搬損失は［（ウ）］倍になる．

〈(ア)～(ウ) の解答群〉

① 電界強度	② パラボラ	③ 電束密度	④ ダイポール
⑤ $\sqrt{2}$	⑥ 2	⑦ 3	⑧ 4
⑨ ストリップ	⑩ 磁束密度	⑪ 等方性	⑫ 電力束密度

解説

指向性がなくすべての方向に電波を一定の強度で送信ができる仮想的なアンテナを(ア) **等方性アンテナ**といい，利得の基準として理論的な解析などに用いられます．通常の実用アンテナは，指向性をもたせることにより一定方向の電波強度を強くします．

(イ) **電力束密度**は，単位時間当たりに単位面積を通過するエネルギー量を表します．等方性アンテナから放射電力 P〔W〕が全方向に放射された場合，距離が d 離れた単位面積における電力束密度 S は，次の式で表されます．

$$S = \frac{P}{4\pi d^2}$$

この式は，球の中心の電力 P〔W〕が球面上に広がり，d 離れた地点において球の表面積（$4\pi d^2$）まで分散されていることを表します．

大地反射などのない自由空間を伝播する際の損失を**自由空間伝搬損失**といい，電波の周波数を λ，伝搬距離を d としたとき，自由空間伝搬損失 Γ は，次の式のように表されます．

$$\Gamma = \left(\frac{4\pi d}{\lambda}\right)^2$$

距離 d に対して2乗の損失が発生するので，距離が2倍になると損失は(ウ) 4倍になります．

【解答　ア：⑪，イ：⑫，ウ：⑧】

問 4　アンテナの種類と特徴
【R1-2 問 2 (2) (i) (H30-1 問 2 (2) (ii), H27-2 問 2 (2) (i))】

開口面アンテナの種類と特徴について述べた次の文章のうち，正しいものは，［（オ）］である．

〈(オ) の解答群〉

① 軸対称のパラボラ反射鏡の焦点に一次放射器を設置するパラボラアンテナでは，一次放射器がパラボラ反射鏡の開口効率を低下させるブロッキングの一因となる．

② 一次放射器，支持物などが電波の放射する領域内には設置されないオフセットパラボラアンテナは，軸対称のパラボラアンテナと比較して，サイドローブ特性は劣るが，電波の遮蔽や散乱を低減できる．

③ 主反射鏡に軸対称の回転放物面，副反射鏡に軸対象の回転双曲面を用いるカセグレンアンテナは，一次放射器と無線送受信機を直結できないという特徴を有する．

④ 角すい形ホーンとパラボラ反射鏡で構成されるホーンリフレクタアンテナは，一次放射器に給電する方向と電波の放射方向を同じにできるという特徴を有する．

4章 無線通信技術

解説

図に本問題に関わるアンテナの種類を示します．

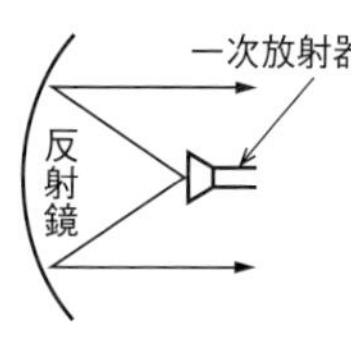

（a）回転対称パラボラアンテナ
（b）オフセットパラボラアンテナ

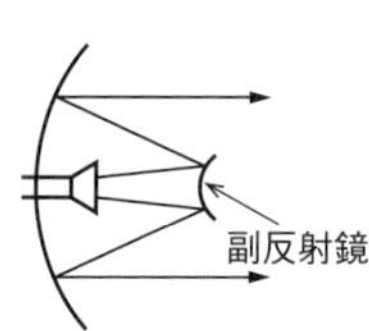

（c）カセグレンアンテナ

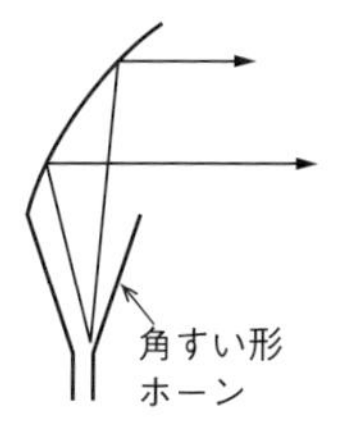

（d）ホーンリフレクタアンテナ

図　アンテナの種類

・①は正しい．軸対称のパラボラ反射鏡の焦点に一次放射器を設置するパラボラアンテナ（図(a)）では，一次放射器が，パラボラ反射鏡の開口効率を低下させるブロッキングの一因になります．

・**オフセットパラボラアンテナ**（図(b)）は，軸対称のパラボラアンテナに比べ，サイドローブ特性が良く，電波の遮蔽や散乱を減少できます（②は誤り）．

・通信する方向を向く1個の一次放射器，回転双曲面を用いた副反射鏡などから構成される**カセグレンアンテナ**（図(c)）は，一次放射器と無線送受信機を直結できるという特徴があります（③は誤り）．

・**ホーンリフレクタアンテナ**（図(d)）では，一次放射器の給電方向と反射鏡の放射方向は同じではなく，反射鏡のほぼ90度下側の開口外から給電します（④は誤り）．

アンテナの特性については本節 問2の解説も参照してください．

【解答　オ：①】

問5　アンテナの特性　☑☑☑【R1-2 問2（2）(ii)（H27-2 問2（2）(ii)）】

開口面アンテナの特性について述べた次の文章のうち，誤っているものは，（カ）である．

〈（カ）の解答群〉

① 固定された2地点間の通信に用いられる開口面アンテナに求められる特性としては，一般に，ルート間干渉を少なくするための鋭い指向性，高い利得，高い交差偏波識別度，広い無線周波数帯域にわたる良好なインピーダンス特性などが挙げられる．

② アンテナの開口効率は，一般に，アンテナの幾何学的面積に対する実効面積の比率であり，利得係数に等しい．

③ アンテナの利得は，アンテナの開口面積，開口効率の2乗，無線周波数に比例する．

④ 交差偏波識別度は，アンテナにおいて，直線偏波における垂直偏波と水平偏波，又は円偏波における右旋円偏波と左旋円偏波を識別できる能力を表す．

解説

・①は正しい．マイクロ波を使って二つの固定地点で行われる通信では，正対するアンテナにのみ通信が行えればよいため，正対方向の鋭い指向性・利得をもったアンテナが使われます．また，他のシステムとの干渉を防ぐため，高い交差偏波識別度（他のシステムで使われている偏波との識別の正確性）が要求されます．

・②は正しい．パラボラアンテナなどの開口面（電波を反射させて送受信の範囲を広げる面）をもつアンテナの特性を表す値として，**開口面積**，**実効面積**，**開口効率**などがあります．開口面の面積を開口面積（幾何学的面積）といい，そこから放射器

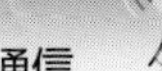

などの影響により電波の送受信に使えない部分を差し引いた面積を，実効面積といいます．実効面積と開口面積の比を開口効率といい，利得係数（任意のアンテナの利得と理想的なアンテナの利得との比）と等しくなります．

・**アンテナの利得** G は次の式で与えられます．

$$G=\frac{4\pi}{\lambda^2}\eta A$$

ここで，λ：波長，η：開口効率 $\left(\frac{\text{実効面積}}{\text{開口面積}}\right)$，$A$：開口面積．

この式より，アンテナの利得は，無線周波数一定の条件では，開口面積および開口効率に比例します．また，開口面積および開口効率が一定の条件では，無線周波数（波長の逆数）の2乗に比例します（③は誤り）．

・④は正しい．電波の電界が特定の方向を向いていることを**偏波**といい，電界と電波の進行方向が作る面を偏波面といいます．**電波面**が変化しない**直線偏波**のうち，電界ベクトルが大地に対して垂直の場合を垂直偏波，水平の場合を**水平偏波**といいます．また，電界ベクトルが進行方向に対して回転していく偏波を円偏波といい，回転の向きにより，**右旋円偏波**と**左旋円偏波**があります．直偏波と水平偏波，右旋円偏波と左旋円偏波は，理想的には互いに干渉しないとされていますが，実際には他の偏波に影響を及ぼし合うことがあり，この影響を表す指標（偏波を識別できる能力）を，**交差偏波識別度**といいます．

【解答　カ：③】

4-4 衛星通信

出題傾向

衛星通信回線の品質に関する問題が出されています．

問1　衛星通信回線の品質　【R3-2 問3（4）（H28-2 問2（2）（i））】

衛星通信回線の品質に影響を与える要因などについて述べた次の文章のうち，正しいものは，［（カ）］である．

〈（カ）の解答群〉

① 衛星通信において伝搬損失を発生させる要因のうち，自由空間損失は，一般に，波長の2乗に反比例し，伝搬距離の4乗に比例する．

② 衛星通信では，一般に，降雨による減衰を避けた周波数帯を使うため，降雨による減衰の影響は，大気ガスによる減衰の影響と比較して小さい．

③ 雑音指数は，回路入力端の信号電力対雑音電力比を回路出力端の信号電力対雑音電力比で除したものであり，回路出力端の出力信号電力を一定とすると，回路出力端の雑音電力が小さいほど雑音指数の値は大きくなる．

④ 衛星通信の地球局におけるアンテナ雑音は，アンテナの大地方向のサイドローブからの雑音の影響を受けるため，アンテナ雑音を小さくするにはサイドローブレベルを低くすることが有効である．

解説

・**自由空間損失**は，波長の2乗に反比例し，伝搬距離の2乗に比例します（①は誤り）．

POINT

自由空間損失は，電波が全方向に広がるとした場合の，ある伝搬距離での電波の強度の逆数．電波の強度は距離の2乗に反比例するため，自由空間損失は距離の2乗に比例する．

・衛星通信では，一般に，大気ガスによる減衰を避けた周波数帯を使うため，大気ガスによる減衰の影響は，降雨による減衰の影響と比較して小さくなります（②は誤り）．

・**雑音指数**は，回路入力の信号電力対雑音電力比（SN比）を回路出力のSN比で除したもので，雑音指数 $=\dfrac{\text{入力信号電力}\times\text{出力雑音電力}}{\text{入力雑音電力}\times\text{出力信号電力}}$ となります．この式より，回路入力のSN比と出力信号電力が一定の場合，雑音指数が大きいほど，出力雑音電力は大きくなります（③は誤り）．

・**アンテナの指向性**のうち，最大方向とその近傍を**主ビーム**（メインローブ）といいます．主ビーム方向以外に生じるローブ（丸い突出部）を**サイドローブ**といいます．サイドローブは他の衛星通信システムなどに影響を与えたり，干渉を受けたりする原因になるため，レベルを低くする必要があります（④は正しい）．

【解答　カ：④】

覚えよう！

等方性アンテナは実際のアンテナではなく仮想的なアンテナで，電波を全方向に均等に放射するアンテナのこと．

問2　衛星通信回線の品質　☑☑☑ 【R3-1 問3（4）（H28-2 問2（2）(ii)）】

衛星通信回線の品質に影響する雑音について述べた次の文章のうち，誤っているものは，［（カ）］である．

〈（カ）の解答群〉

① 衛星通信システムで用いるアンテナが受信する雑音には，衛星のアンテナが受信する雑音，地上のアンテナが受信する雑音，受信システム外からの干渉雑音などがある．

② 地上のアンテナが受信する雑音には，アンテナ主ビームが向いている宇宙空間で発生しているコロナ雑音，降雨時に電波が雨滴に吸収されるときに発生する空電雑音などがある．

③ 衛星通信システムの干渉雑音には，同一周波数帯を使用する他の衛星通信システムからの干渉，地上マイクロ波通信システムからの干渉などによる雑音がある．

④ 衛星の受信システム内で発生する干渉雑音には，一つの衛星中継増幅器内で複数の搬送波が共通増幅され，増幅器の動作点が飽和点に近いときに発生する雑音，周波数の多重利用による他ビームキャリアからの雑音などがある．

解説

POINT

太陽雑音とは，太陽から輻射される電磁波による雑音．

・①，③，④は正しい．

・地上のアンテナが受信する雑音には，アンテナが主ビームに向いている宇宙空間で発生している太陽雑音，降雨時に電波が雨滴に吸収されるときに発生する降雨減衰，大気中の雷放電による空電雑音などがあります（②は誤り）．

【解答　カ：②】

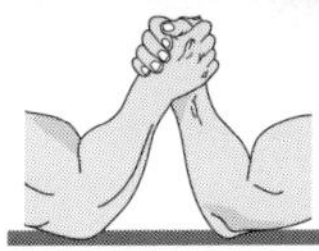

腕試し問題にチャレンジ！

問 1　MIMO の技術を利用した無線 LAN 規格として，IEEE 802.11n と［（ア）］がある．［（ア）］は，5 GHz 帯の電波を使用し，MIMO 技術と，隣接する複数のチャネルを同時に使用する［（イ）］技術などにより，伝送速度を数〔Gbit/s〕まで高めている．

①　IEEE 802.11a　②　IEEE 802.11ac　③　IEEE 802.11ad
④　MU-MIMO　⑤　チャネルボンディング　⑤　変調

問 2　IEEE 802.1X では，ユーザ端末は，［（ア）］にアクセス要求を行い，認証サーバで認証が行われる．認証サーバにおいて認証情報を一元管理する仕組みとして［（イ）］が使用される．

①　サプリカント　②　オーセンティケータ　③　RADIUS　④　EAP

問 3　LTE の無線アクセス方式として，基地局からユーザ端末（UE）への下りリンクには［（ア）］が用いられ，上りリンクにはシングルキャリアベースの［（イ）］が用いられる．

①　OFDM　②　OFDMA　③　FDMA　④　CDMA　⑤　SC-FDMA

問 4　64QAM では，1 シンボル当たり［（ア）］〔bit〕の情報を伝送する．

①　4　②　6　③　8　④　16　⑤　64

問 5　移動端末が契約している移動通信ネットワークエリアの外に移動した場合にも，業務提携しているほかの事業者の通信ネットワーク内であれば，そのネットワークを使用してサービスを継続して受ける技術は［（ア）］といわれる．

①　ハンドオーバ　②　ローミング　③　ランダムアクセス制御

問 6　ダイバーシチについて述べた次の二つの記述は，［（ア）］．

A　ダイバーシチとは，フェージングによって生じる電波の受信品質の劣化を軽減するために使用される．

B　送信側である時間間隔以上離して同一信号を複数回送信し，受信側でこれらの信号を合成することにより伝送品質を確保する方法をスペースダイバーシチという．

①　A のみ正しい　②　B のみ正しい　③　A と B が正しい
④　A も B も正しくない

問 7　電波の自由空間損失に関する次の説明は，［（ア）］．

A　自由空間損失は，電波が等方性アンテナから放射され，全方向に広がるとした場合の，ある伝搬距離での電波の強度の逆数で表される．

B　自由空間損失は波長に反比例し，伝搬距離の 2 乗に比例する．

①　A のみ正しい　　②　B のみ正しい　　③　A と B が正しい

④　A も B も正しくない

腕試し問題解答・解説

【問 1】 MIMO の技術を利用した無線 LAN 規格として，IEEE 802.11n と(ア)IEEE 802.11ac があります．IEEE 802.11ac は，5 GHz 帯の電波を使用し，MIMO 技術と，隣接する複数のチャネルを同時に使用する(イ)チャネルボンディング技術などにより，伝送速度を数〔Gbit/s〕まで高めています．IEEE 802.11ac のチャネルボンディングでは，帯域 20 MHz のチャネルを最大 8 チャネル組み合わせて最大 160 MHz の帯域を使用します．

解答 ア：②，イ：⑤

【問 2】 IEEE 802.1X では，ユーザ端末（サプリカント）は，(ア)オーセンティケータにアクセス要求を行い，認証サーバで認証が行われます．認証サーバにおいて認証情報を一元管理する仕組みとして(イ)RADIUS が使用されます．

解答 ア：①，イ：②

【問 3】 LTE の無線アクセス方式として，基地局からユーザ端末（UE）への下りリンクには(ア)OFDMA が用いられ，上りリンクにはシングルキャリアベースの(イ)SC-FDMA が用いられます．OFDMA は，情報を周波数軸上で互いに直交する複数のサブキャリア（副搬送波）に乗せて伝送する方式で，多数の狭帯域のサブキャリアに情報を乗せるため，周波数利用効率が高く高速化が容易という特徴があります．一つのキャリアを使用しピーク電力対平均電力比の低い SC-FDMA を上りリンクに使用することにより，端末の消費電力を低くすることができます．

解答 ア：②，イ：⑤

【問 4】 64QAM は，1 シンボル当たり 64 値（$=2^6$）の情報，すなわち，(ア)6〔bit〕の情報を伝送します．

解答 ア：②

【問 5】 移動端末が契約している移動通信ネットワークエリアの外に移動した場合にも，業務提携しているほかの事業者の通信ネットワーク内であれば，そのネットワークを使用してサービスを継続して受ける技術は(ア)ローミングといわれます．［参考：4-2 節　問 7］

解答 ア：②

【問 6】 フェージングとは，受信電波の電界強度がさまざまな要因によって，時間によって変化する現象で，ダイバーシチとは，電波の伝わり方が異なる二つ以上の伝搬路を経て到来した電波を，切り替えて受信したり，それらを合成したりして，受信電界強度の変化を極力小さくする方法でさまざまな種類があります．送信側である時間間隔以上離して同一信号を複数回送信し，受信側でこれらの信号を合成することにより伝送品質を確保する方法は，時間ダイバーシチのことです（B は誤り）．

解答 ア：①

【問 7】 自由空間損失は波長の 2 乗に反比例し，伝搬距離の 2 乗に比例します（B は誤り）．

$$自由空間損失 = \left(\frac{4\pi d}{\lambda}\right)^2 \quad (\lambda：波長，d：電波の伝搬距離)$$

という式で表されます．

解答 ア：①

5章 セキュリティ

本章の出題項目

5-1　情報セキュリティ
5-2　セキュリティプロトコル
5-3　暗号方式
5-4　認証方式
5-5　セキュリティ設備
5-6　セキュリティ対策
5-7　セキュリティ上の脅威

5-1 情報セキュリティ

出題傾向

本分野に関わる出題が毎回あります．特に情報セキュリティ管理やファイアウォールに関する問題が多く出されています．以前は出題がなかったワンタイムパスワードに関する問題が出されるようになってきています．

問 1　事業継続　【R4-1 問 7（4）（H27-2 問 3（3）(ii)）】

内閣府から公表されている事業継続ガイドライン（令和 3 年 4 月改定）における事業継続戦略・対策の検討について述べた次の A～C の文章は，［（キ）］．

A　企業・組織の中枢機能が機能するためには，緊急参集及び迅速な意思決定を行える体制や指揮命令系統（代理体制を含む）の確保を行うとともに，特に通信手段，電力などの設備，ライフライン確保の対策が必要である．

B　不測の事態に直面した場合であっても，企業・組織の活動が利害関係者から見えないといった状況を防ぐためには，取引先，顧客，従業員，地域住民などへの情報発信や情報共有を行うための自社内における体制の整備，連絡先情報の保持，情報発信の手段確保なども必要である．

C　重要業務の継続には，自社における文書を含む重要な情報及び情報システムを被災時でも使用できることが不可欠である．重要な情報についてはバックアップを確保し，同じ発生事象（インシデント）で同時に被災しない場所に保存することが必要である．

〈（キ）の解答群〉

① A のみ正しい　② B のみ正しい　③ C のみ正しい
④ A，B が正しい　⑤ A，C が正しい　⑥ B，C が正しい
⑦ A，B，C いずれも正しい
⑧ A，B，C いずれも正しくない

解説

・A，B，C いずれも正しい．

「事業継続ガイドライン」は，令和 3 年 4 月に改定されました．令和 3 年 4 月以前の過去問では，改定前のガイドラインをもとに作られていますので注意してください．

内閣府発行の「事業継続ガイドライン」（令和 3 年 4 月改定版）に，本問題に関連す

る記述があります.「4.2.2.1 本社が被災した場合の対策」にAに関する記述，4.2.2.2 情報発信」にBに関する記述,「4.2.3 情報及び情報システムの維持」にCに関する記述があります.

【解答 キ：⑦】

問2	情報セキュリティポリシー	☑☑☑【R4-1 問9（1）（H27-1 問5（1））】

次の文章は，情報セキュリティポリシーについて述べたものである. [　　] 内の（ア）～（エ）に最も適したものを，下記の解答群から選び，その記号を記せ.

情報セキュリティポリシーとは，企業や組織の情報セキュリティに関する方針などを示したものであり，情報セキュリティマネジメントを実践するための様々な取組みを集約し規定している．情報セキュリティポリシーの文書は，一般に，情報セキュリティ基本方針，情報セキュリティ対策基準及び情報セキュリティ[（ア）]の3階層で構成される.

情報セキュリティ基本方針は，企業や組織の[（イ）]が情報セキュリティに関する考え方を示すものであり，情報セキュリティの目標，目標を達成するための取組み姿勢，及び組織全体に関することが記述される.

情報セキュリティ対策基準は，基本方針に基づいて何をどのように守るかを示すものであり，情報セキュリティ対策を行うための具体的なルールである管理策が記述される．管理策には多くのものがあり，技術的対策，物理的対策，人的対策，組織的対策などに大別される．対策基準を策定する際には，多くの管理策の中から自組織の[（ウ）]するための管理策を選ぶ必要がある．JIS Q 27002：2014 は，情報セキュリティポリシーを策定する際のガイドラインとして利用されることがあり，様々な実践の模範となる管理策である[（エ）]が列挙されている

〈(ア)～(エ）の解答群〉

① 教育	② プロトコル	③ 脅威を分類
④ 情報システム部門	⑤ 従業員	⑥ 実施手順
⑦ 管理水準を設定	⑧ ISMS を評価	⑨ 監査
⑩ リスクを低減	⑪ インシデント	⑫ ベンチマーク
⑬ ISMS 認証機関	⑭ ベストプラクティス	
⑮ トップマネジメント	⑯ デファクトスタンダード	

解説

総務省，国民のための情報セキュリティサイト（現在，国民のためのサイバーセキュ

リティサイト）「情報セキュリティポリシーの内容」に本問に関連する記述があります.

・情報セキュリティポリシーの文書は，一般に，情報セキュリティ基本方針，情報セキュリティ対策基準及び情報セキュリティ(ア)実施手順の3階層で構成されます.

・基本方針には，組織や企業の(イ)トップマネジメントによる「なぜ情報セキュリティが必要であるのか」や「どのような方針で情報セキュリティを考えるのか」「顧客情報はどのような方針で取り扱うのか」といった宣言が含まれます.

・対策基準には，実際に情報セキュリティ対策の指針を記述します．多くの場合，対策基準にはどのような対策を行うのかという一般的な規定のみを記述します．実施手順には，それぞれの対策基準ごとに，実施すべき情報セキュリティ対策の内容を具体的に手順として記載します.

・情報セキュリティの管理策は，技術的対策，物理的対策，人的対策および組織的対策に大別されます．対策基準を策定する際には，多くの管理策の中から自組織の(ウ)リスクを低減するための管理策を選ぶ必要があります.

・**JIS Q 27002：2014** は，情報セキュリティポリシー策定する際のガイドラインとして利用されることがあり，さまざまな実践の模範となる管理策である(エ)ベストプラクティスが列挙されています.

【解答　ア：⑥，イ：⑮，ウ：⑩，エ：⑭】

覚えよう！

本問で述べられている情報セキュリティポリシーの用語とその意味.

問3　情報セキュリティ管理

【R3-2 問9（2）（H29-2 問5（2），H28-2 問5（2））】

JIS Q 27001：2014 に規定されている，ISMS（情報セキュリティマネジメントシステム）の要求事項を満たすための管理策について述べた次の文章のうち，誤っているものは，［（オ）］である.

① プログラムソースコードへのアクセスは，制限しなければならない.

② 情報セキュリティのための方針群は，これを定義し，管理層が承認し，発行し，全ての従業員に通知しなければならず，関連する外部関係者に対しては秘匿しなければならない.

③ 資産の取扱いに関する手順は，組織が採用した情報分類体系に従って策定し，実施しなければならない.

④ 装置は，可用性及び完全性を継続的に維持することを確実にするために，正しく保守しなければならない.

解説

JIS Q 27001：2014 の附属書A（規定）管理目的および管理策に本問に関連する記述があります．

- ①は正しい（JIS Q 27001：2014「A.9.4.5 プログラムのソースコードへのアクセス制御」より）．
- ②は誤り．正しくは，情報セキュリティのための方針群は，これを定義し，管理層が承認し，発行し，従業員及び関連する外部関係者に通知しなければならない（同規格「A.5.1.1 情報セキュリティのための方針群」より）．
- ③は正しい（同規格「A.8.2.3 資産の取扱い」より）．
- ④は正しい（同規格「A.11.2.4 装置の保守」より）．

覚えよう！

情報セキュリティのための方針群は，機密事項ではなく従業員のみならず外部にも公開するものであること．

【解答　オ：②】

問4	**ファイアウォール** 【R3-2 問9（4）（R3-1 問9（1），H29-2 問5（3），H28-1 問5（4））】

ファイアウォールのパケットフィルタリングなどについて述べた次の文章のうち，正しいものは，［（キ）］である．

① パケットフィルタリングでは，ACL（Access Control List）に設定されているルールに従って，バイト単位で処理する．

② パケットフィルタリングでは，IP パケットに改ざんがあるかどうかをチェックし，改ざんがあった場合にはその IP パケットを除去することができる．

③ パケットをそのまま中継するだけではなく，アプリケーションレイヤのプロトコルを解釈しながら転送するプロキシを用いたファイアウォールは，一般に，サーキットレベルゲートウェイ型ファイアウォールといわれる．

④ ファイアウォールのログ取得機能は，通信の許可状況と拒否状況，不正な通信の検出，ファイアウォールの動作状況などの記録を残すことができ，取得されたログはセキュリティインシデント発生時の調査において利用される場合がある．

解説

ファイアウォールのパケットフィルタリングは，発信元IPアドレスやTCP/UDPポート番号を見て，パケットを通過させるか遮断するかを判断する機能で，パケットのデータ部分のチェックは行いません．

・ルータによるパケットフィルタリングでは，**ACL**（Access Control List）に設定されているルールに従って，パケット単位で処理します（①は誤り）．

・IPパケットの改ざんの検知は，アプリケーション層レベルで検知できる必要があり，トランスポート層，ネットワーク層で動作するパケットフィルタリング機能では検知できません（②は誤り）．

・アプリケーションレイヤのプロトコルを解釈しながら転送するプロトコルを用いたファイアウォールは，一般に，アプリケーションレベルゲートウェイ型フォイアウォールといわれます．サーキットレベルゲートウェイは，IPアドレスに加え，TCPの任意のポート番号のパケットに対し，パケットフィルタリングを行うゲートウェイで，アプリケーションレベルの情報は参照しません（③は誤り）．

・④は正しい．ファイアウォールのログはセキュリティ対策に活用することができます．

【解答　キ：④】

問5　ファイアウォール

【R3-1 問9（1）（R3-2 問9（4），H29-2 問05（3），H28-1 問05（4））】

次の文章は，社内ネットワークのインターネット接続などで用いられるファイアウォールについて述べたものである．［　　］内の（ア）〜（エ）に最も適したものを，下記の解答群から選び，その番号を記せ．ただし，［　　］内の同じ記号は，同じ解答を示す．

ファイアウォールは，一般に，インターネット，社内LANなどのセキュリティレベルの異なるネットワーク区域の境界に配置される．また，ファイアウォールを用いて，インターネットからのアクセスを受け付けるWebサーバやメールサーバなどが設置される［（ア）］といわれるエリアを設けることができる．

ファイアウォールには，［（イ）］型，パケットフィルタリング型などがある．

［（イ）］型ファイアウォールは，プロキシサーバとして動作し，受信したデータに不正なデータやコマンドが無ければ，目的のサーバに中継を行う．パケットフィルタリング型ファイアウォールには，あらかじめ通過の可否を判別するための全てのルールを［（ウ）］に登録しておくスタティックパケットフィルタリングと

いわれる方式と，フィルタリング処理の実行時に動的にルールを変化させるダイナミックパケットフィルタリングといわれる方式がある．

不正アクセスを発見する方法としてファイアウォールの［（エ）］がある．［（エ）］を継続的に実施することにより，ハッキングなどを初期の段階で発見し，大事に至る前に対処することができる場合がある．

〈（ア）～（エ）の解答群〉

① 目視点検	② SSL	③ DNS	④ URL
⑤ DMZ	⑥ ログ解析	⑦ ループ	⑧ WAN
⑨ NAT	⑩ クラウド	⑪ リング	⑫ 死活監視
⑬ アプリケーションゲートウェイ		⑭ CRL	
⑮ リソース監視	⑯ ACL		

解説

図に社内ネットワークにおけるファイアウォールについて示します．

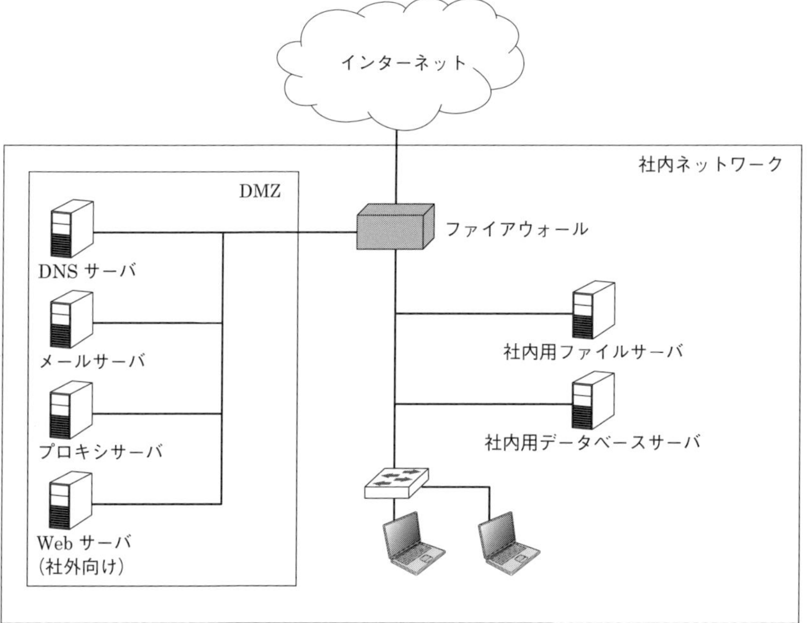

図　社内ネットワークとファイアウォール

社内ネットワークと外部のインターネットとの間には，セキュリティの観点からファイアウォールを設置し，不要な通信を遮断するようにしています．DNSサーバやメールサーバ，社外向けHPのWebサーバなどは，外部からアクセスできる必要があるため，(ア)**DMZ**（DeMilitarized Zone，非武装地帯）というネットワークセグメント（区域）にまとめて管理されます．

ファイアウォールには，動作の違いから，**パケットフィルタリング型**，**サーキットゲートウェイ型**，(イ)**アプリケーションゲートウェイ型**の3種類があります．パケットフィルタリング型のファイアウォールはネットワーク層/トランスポート層で動作し，IPアドレスやポート番号の宛先/送信元を参照し，パケットの通過の可否を判断します．パケットフィルタリング型は大きく分けて，**スタティックパケットフィルタリング**，**ダイナミックパケットフィルタリング**，**ステートフルパケットインスペクション**の3種類があります．

スタティックパケットフィルタリングは，事前にパケット通過の可否判断のルールを(ウ)**ACL**（Access Control List）に登録しておき，それに従ってフィルタリングする方式です．ダイナミックパケットフィルタリングは，フィルタリング処理の実行時に動的にルールを変化させる方式です．ステートフルパケットインスペクションは，セッションのステート（状態）を監視し，セッション上正しいシーケンスのパケットのみを許可する方式です．

サーキットゲートウェイ型のファイアウォールは，トランスポート層（TCP/UDP）において動作するもので，パケットフィルタリング型のパケット制御に加え，TCP/UDPセッションにおける通信可否の設定が行えます．社内LANの端末と外部サーバとの間で確立されるTCP/UDPセッションは，ファイアウォールで一度終端され，外部サーバとのTCP/UDPセッションの確立は，ファイアウォールが代理で行います．

アプリケーションゲートウェイ型のファイアウォールは，アプリケーション層において動作します．アプリケーション層のプロトコルを解釈しながら転送するため，通信データの改ざんや，DoS攻撃，コンピュータウイルス，メール不正中継などの不正な通信を検出し遮断することができますが，処理が増加するため動作が遅くなります．プロキシ方式とも呼ばれます．

不正アクセスを発見する方法としてファイアウォールの(エ)**ログ解析**があります．この例として，ポートアクセスの履歴のチェックがあります．セキュリティホールを見つけるためのポートスキャン（ポート番号を順番にアクセスし，アクセス可能なポートを見つけ出す方法）が外部から行われた場合，不自然なアクセスの履歴がログに残るため，外部からの攻撃を早期に発見することができます．

【解答　ア：⑤，イ：⑬，ウ：⑯，エ：⑥】

問 6	情報セキュリティ管理	✓✓✓【R3-1 問 9 (2)】

JIS Q 27001：2014 に規定されている，情報セキュリティインシデント管理に関する ISMS（情報セキュリティマネジメントシステム）の要求事項を満たすための管理策について述べた次の文章のうち，誤っているものは，（オ）である．

〈(オ) の解答群〉

① 情報セキュリティインシデントに対する迅速，効果的かつ順序だった対応を確実にするために，管理層の責任及び手順を確立しなければならない．

② 情報セキュリティ事象は，適切な管理者への連絡経路を通して，できるだけ速やかに報告しなければならない．

③ 組織の情報システム及びサービスを利用する従業員及び契約相手に，システム又はサービスの中で発見した又は疑いをもった情報セキュリティ弱点のうち，事業継続にかかわる重大なものだけを記録し，報告するように要求しなければならない．

④ 情報セキュリティインシデントの分析及び解決から得られた知識は，インシデントが将来起こる可能性又はその影響を低減するために用いなければならない．

解説

情報セキュリティマネジメントシステム（ISMS）の要求事項を満たすための管理策は，JIS Q 27001：2014 の附属書 A（規定）管理目的および管理策に規定されています．この中の「A.16 情報セキュリティインシデント管理」に本問に関連する記述があります．

・①は正しい（JIS Q 27001：2014「A.16.1.1 責任及び手順」より）．
・②は正しい（同規格「A.16.1.2 情報セキュリティ事象の報告」より）．
・③は誤り．正しくは「組織の情報システム及びサービスを利用する従業員及び契約相手に，システム又はサービスの中で発見した又は疑いをもった情報セキュリティ弱点は，どのようなものでも記録し，報告するように要求しなければならない．」（同規格「A.16.1.3 情報セキュリティ弱点の報告」より）．
・④は正しい（同規格「A.16.1.6 情報セキュリティインシデントからの学習」より）．

【解答　オ：③】

問7	情報セキュリティ管理 ☑☑☑ 【R2-2 問5（2）（H29-1 問5（2），H26-2 問5（2））】

JIS Q 27001：2014に規定されている，ISMS（情報セキュリティマネジメントシステム）の要求事項を満たすための管理策について述べた次の文章のうち，誤っているものは，［（オ）］である．

〈（オ）の解答群〉

① 全ての種類の利用者について，全てのシステム及びサービスへのアクセス権を割り当てる又は無効化するために，利用者アクセスの提供についての正式なプロセスを実施しなければならない．

② 情報及び情報処理施設に関連する資産を特定しなければならない．また，これらの資産の目録を，作成し，維持しなければならない．

③ 情報は，業務効率，価値，重要性，及び認可されていない開示又は変更に対して取扱いに慎重を要する度合いの観点から，分類しなければならない．

④ 資産の取扱いに関する手順は，組織が採用した情報分類体系に従って策定し，実施しなければならない．

解説

情報セキュリティマネジメントシステム（ISMS）の要求事項を満たすための管理策は，JIS Q 27001：2014の附属書A（規定）管理目的および管理策に規定されています．

・①は正しい（JIS Q 27001：2014「A.9.2.2 利用者アクセスの提供」より）．
・②は正しい（同規格「A.8.1.1 資産目録」より）．
・③は誤り．正しくは「情報は，法的要求事項，価値，重要性，及び認可されていない開示又は変更に対して取扱いに慎重を要する度合いの観点から，分類しなければならない」（同規格「A.8.2.1 情報の分類」より）．
・④は正しい（同規格「A.8.2.3 資産の取扱」より）．

【解答　オ：③】

問8	情報セキュリティ管理 ☑☑☑【R1-2 問5（2）（H26-1 問5（2））】

JIS Q 27001：2014に規定されている，ISMS（情報セキュリティマネジメントシステム）の要求事項を満たすための管理策について述べた次の文章のうち，誤っているものは，［（オ）］である．

〈（オ）の解答群〉

① 装置は，セキュリティの3要件のうちの機密性及び安全性を継続的に維持することを確実とするために，正しく保守しなければならない．
② 情報の利用の許容範囲，並びに情報及び情報処理施設と関連する資産の利用の許容範囲に関する規則は，明確にし，文書化し，実施しなければならない．
③ 資産の取扱いに関する手順は，組織が採用した情報分類体系に従って策定し，実施しなければならない．
④ 情報セキュリティのための方針群は，これを定義し，管理層が承認し，発行し，従業員及び関連する外部関係者に通知しなければならない．

解説

情報セキュリティマネジメントシステム（ISMS）の要求事項を満たすための管理策は，JIS Q 27001：2014 の附属書 A（規定）管理目的および管理策に規定されています．

・装置は，セキュリティの3要件のうちの可用性及び完全性を継続的に維持することを確実とするために，正しく保守しなければならない（JIS Q 27001：2014「A.11.2.4 装置の保守」より）（①は誤り）．
・②は正しい（同規格「A.8.1.3 資産利用の許容範囲」より）．
・③は正しい（同規格「A.8.2.3 資産の取扱い」より）．
・④は正しい（同規格「A.5.1.1 情報セキュリティのための方針群」より）．

【解答 オ：①】

POINT
情報セキュリティは組織が責任をもって行うもので，「国が定めた情報分類体系」などと，外部が介在するようなことが記載されている場合は，誤っていることが多い．

問9 ワンタイムパスワード 【R1-2 問5（4）】

ワンタイムパスワード（OTP）などを用いた認証方式について述べた次の文章のうち，誤っているものは，［（キ）］である．

〈（キ）の解答群〉
① OTP 認証方式は，認証を行う際に一度使用したパスワードを再利用せずに使い捨てにするため，使い捨てパスワード方式ともいわれる．
② 時間同期式 OTP 認証システムでは，認証を行うサーバと時刻が一致しているクライアント側のトークンなどを用い，日付・時刻とユーザの個人識別

番号（PIN）によってOTPを生成している．

③　PPPなどで使用されているPAPは，チャレンジレスポンス方式による認証システムを実装している．

④　チャレンジレスポンス方式では，認証プロセスにおいて固定パスワードをネットワークに流さないようにしているため，盗聴によってパスワードを盗まれることが防止できる．

解説

・①は正しい．

・②は正しい．**時間同期式OTP認証方式**では，トークンと呼ばれるパスワードを発生させる装置（キーホルダーサイズのハードウェアやスマホのソフトウェアなど）から生成される一時的なトークンコードと，ユーザの個人識別番号であるPINコードをパスワードとして認証を行います．認証サーバとの間の通信でパスワードが盗聴された場合でも，1度しか使えないパスワードであるため問題はありません．トークンと認証サーバでは，正確に現在時刻が同期されており，この時刻から同じルールでトークンコードを生成するため，同時刻にユーザ側と認証サーバで作られたトークンコードは同じものになります．トークンコードは，一定時間間隔（例えば1分）で変更されるため，パスワードとして強固なものとなります．

・PPPなどで使用されている**CHAP**は，**チャレンジレスポンス方式**による認証システムを実装しています（③は誤り）．チャレンジレスポンス方式については5-4節問1の解説を参照してください．

・④は正しい．　　【解答　キ：③】

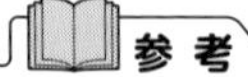
参 考

PPP（Point-to-Point Protocol）は，2地点間で1対1の通信で利用されるプロトコルで，ルータ間の接続やモデムのインターネット接続などに使用されます．PPPの認証方式（通信相手の正当性の検証）として，PAPとCHAPの2つがある．
PAP（Password Authentication Protocol）は，ユーザ名とパスワードを平文でサーバに送り認証する方式で，送信情報にユーザ名とパスワードが含まれるため，第三者に盗聴されると不正利用される．
CHAP（Challenge Handshake Authentication Protocol）はチャレンジレスポンス認証で，ユーザ名，パスワードをネットワークに流さずに認証を行う．

問10　**情報セキュリティ管理**　☑☑☑【H31-1 問5（2）（H26-1 問5（2））】

JIS Q 27001：2014に規定されている，ISMS（情報セキュリティマネジメントシステム）の要求事項を満たすための管理策について述べた次の文章のうち，誤っているものは，［（オ）］である．

〈(オ) の解答群〉

① 組織が採用した分類体系に従って，取外し可能な媒体の管理のための手順を実施しなければならない.

② 情報のラベル付けに関する適切な一連の手順は，認証機関が定める情報分類体系に従って策定し，実施しなければならない.

③ 情報を格納した媒体は，輸送の途中における，認可されていないアクセス，不正使用又は破損から保護しなければならない.

④ 媒体が不要になった場合は，正式な手順を用いて，セキュリティを保って処分しなければならない.

解説

情報セキュリティマネジメントシステム（ISMS）の要求事項を満たすための管理策は，JIS Q 27001：2014 の附属書 A（規定）管理目的および管理策に規定されています.

・①は正しい（JIS Q 27001：2014「A.8.3.1 取外し可能な媒体の管理」より）.
・情報のラベル付けに関する適切な一連の手順は，組織が採用した情報分類体系に従って策定し，実施しなければならない.（同規格「A.8.2.2 情報のラベル付け」より）（②は誤り）.
・③は正しい（同規格「A.8.3.3 物理的媒体の輸送」より）.
・④は正しい（同規格「A.8.3.2 媒体の処分」より）. **【解答 オ：②】**

問 11 情報セキュリティ管理 ☑☑☑ 【H30-2 問 5 (2)（H28-1 問 5 (2)）】

JIS Q 27001：2014 に規定されている，ISMS（情報セキュリティマネジメントシステム）の要求事項を満たすための管理策について述べた次の A～C の文章は，[(オ)].

A 装置は，セキュリティの 3 要件のうちの機密性及び安全性を継続的に維持することを確実にするために，正しく保守しなければならない.

B パスワード管理システムは，非対話式でなければならず，また，良質なパスワードを確実とするものでなければならない.

C プログラムソースコードへのアクセスは，制限しなければならない.

〈(オ) の解答群〉

① Aのみ正しい ② Bのみ正しい ③ Cのみ正しい

④　A，Bが正しい　⑤　A，Cが正しい　⑥　B，Cが正しい
⑦　A，B，Cいずれも正しい
⑧　A，B，Cいずれも正しくない

解説

情報セキュリティマネジメントシステム（ISMS）の要求事項を満たすための管理策は，JIS Q 27001：2014の附属書A（規定）管理目的および管理策に規定されています．

- 装置は，セキュリティの3要件のうちの可用性および完全性を継続的に維持することを確実にするために，正しく保守しなければならない（JIS Q 27001：2014「A.11.2.4 装置の保守」より）（Aは誤り）．
- パスワード管理システムは，対話式でなければならず，また，良質なパスワードを確実とするものでなければならない（同規格「A.9.4.3 パスワード管理システム」より）（Bは誤り）．
- Cは正しい（同規格「A.9.4.5 プログラムソースコードへのアクセス制御」より）．

POINT
対話式とは，パスワードの設定条件など，利用者と管理者が相互確認する仕組みを確立すること．

【解答　オ：③】

参 考
セキュリティの3要件として，完全性（integrity），機密性（confidentiality），可用性（availability）がある．完全性は正確さおよび完全さの特性を示す．機密性は，認可されていない個人やエンティティまたはプロセスに対して，情報を使用させない開示しない特性を示す．可用性は，認可されたエンティティが要求したときに，アクセスおよび使用を可能とする特性を示す．ここでエンティティは，情報を使用する組織や人，情報を扱う設備，ソフトウェアおよび物理的媒体などを意味する．

問 12　ISMS適合性評価　【H30-1 問5（1）】

次の文章は，ISMS適合性評価制度について述べたものである．[　　　]内の（ア）～（エ）に最も適したものを，下記の解答群から選び，その番号を記せ．ただし，[　　　]内の同じ記号は，同じ解答を示す．

ISMS適合性評価制度は，組織におけるISMSが認証基準に適合しているかを認証機関が審査し登録する制度である．適合性を評価するための認証基準は，国際標準ISO/IEC[　（ア）　]を国内規格化して制定したJIS Q[　（ア）　]である．

ISMS認証を希望する組織は，認定された認証機関の中から選んで申請し，申請が受理され審査に入れる状態になったら審査が開始される．認証の有効期間は，[　（イ）　]年間であり，認証登録後は通常1年ごとに[　（ウ）　]が行われ，有効期限

が切れる年には再認証審査を受ける必要がある.

ISMSの一般要求事項は，ISMSの確立，ISMSの導入及び運用，ISMSの監視及びレビュー，ISMSの維持及び改善という［（エ）］サイクルに従いまとめられており，組織は，ISMSにかかわる方針や記録を文書として作成，保管することが求められる.

〈(ア)〜(エ) の解答群〉

① 3	② 5	③ 7	④ 10
⑤ 9001	⑥ 14001	⑦ 18001	⑧ 27001
⑨ 更新審査	⑩ リスク	⑪ ライフ	
⑫ サーベイランス審査		⑬ PDCA	⑭ 内部監査
⑮ 計画	⑯ 認証機関への状況報告		

解説

ISMS適合性評価制度（一般社団法人情報マネジメントシステム認定センター）に，本問に関連する事項の記載があります.

ISMSとは，Information Security Management System（情報セキュリティマネジメントシステム）の略で，情報セキュリティの3要件である**CIA**（機密性（Confidentiality），完全性（Integrity），可用性（Availability））を保護するための，体系的な仕組みです（本節 問11の解説を参照）. 情報のセキュリティの3要件は. ISMSには，技術的対策だけでなく，従業員の教育・訓練，組織体制の整備なども含まれます.

ISMSを構築するにあたって，必要となるのが(ア) **ISO/IEC 27001**（JIS Q 27001）というISMSの国際規格です. この規格には，ISMSをどのように構築，実施，維持，改善すべきなのかが記載されています. また，管理策と呼ばれる情報セキュリティの対策集も記載されています. 国際規格「ISO/IEC 27001」は，ISO（International Organization for Standardization，国際標準化機構）が発行する国際規格で，これを国内規格としたものが**JIS Q 27001**になります.

ISMS認証は，第三者のISMS認証機関が，当該組織の構築したISMSがISO/IEC 27001に基づいて適切に運用管理されているかを，利害関係のない公平な立場から審査し証明することです. したがって，ISMS認証によって，当該組織は，ISO/IEC 27001という国際規格に沿って，情報セキュリティを確保するための仕組みをもち，その仕組みを維持し継続的に改善していることを，顧客や取引先に対して客観的に示すことができます.

ISMS認証を取得するには，ISMS認証機関に申請し，審査を受ける必要があります. 初回審査の後も年に1回以上の中間的な審査（(ウ) サーベイランス審査）が，そして(イ)3年ごとに認証の有効期限を更新するための全面的な審査（再認証審査）が実施され，組織のISMSが引き続き規格に適合し，有効に維持されていることが確認されます．

ISMSの一般要求事項は，ISMSの確立，ISMSの導入および運用，ISMSの監視およびレビュー，ISMSの維持および改善という(エ)PDCAサイクルに従ってまとめられています．**PDCAサイクル**は，Plan（計画）→Do（実行）→Check（評価）→Act（改善）の4段階を繰り返すことによって，業務を継続的に改善するプロセスです．

【解答　ア：⑧，イ：①，ウ：⑫，エ：⑬】

問13	**ワンタイムパスワード**	☑☑☑ 【H30-1 問5（3）】

ワンタイムパスワード認証について述べた次のA～Cの文章は，［（カ）］

A　ワンタイムパスワード認証の一つであるチャレンジレスポンス方式は，認証を受けたいクライアントがサーバにアクセスの都度変化する値であるチャレンジを送り，サーバがこれにパスワードを組み合わせて演算処理した結果をクライアントに返すことによって認証を行う．

B　ワンタイムパスワード認証の一つであるカウンタ同期方式は，クライアントとサーバが同期したカウンタを保持し，パスワードはカウンタの値をキーとして生成される．

C　ワンタイムパスワード生成に用いられるトークンは，一般に，カード型などの形状のハードウェアベースのものが用いられており，専用アプリケーションをクライアント端末にインストールするソフトウェアベースのものはセキュリティが低下するため用いられていない．

〈（カ）の解答群〉

① Aのみ正しい　② Bのみ正しい　③ Cのみ正しい
④ A，Bが正しい　⑤ A，Cが正しい　⑥ B，Cが正しい
⑦ A，B，Cいずれも正しい
⑧ A，B，Cいずれも正しくない

解説

ワンタイムパスワードの概要については，本節 問9の解説も参照してください．

・ワンタイムパスワード認証の一つであるチャレンジレスポンス方式は，サーバが認証を受けたいクライアントにアクセスの都度変化する値であるチャレンジを送り，クライアントがこれにパスワードを組み合わせて演算処理した結果をサーバに返す

ことによって認証を行います（A は誤り）.

・B は正しい.

・ワンタイムパスワード生成に用いられるトークンは，ハードウェアベースのものに加えて，クライアント端末の乗っ取りを検出するなどのセキュリティ対策を施して，ソフトウェアベースのもの（クライアント端末にインストールする専用アプリケーション）も実用化されています（C は誤り）.

【解答　カ：②】

問 14	クライシスマネジメント	✓✓✓【H29-2 問 4（1）】

次の文章は，クライシスマネジメントについて述べたものである．＿＿内の（ア）～（エ）に最も適したものを，下記の解答群から選び，その番号を記せ．ただし，＿＿内の同じ記号は，同じ解答を示す．

クライシスは，一般に，社会や組織に対する影響が大きく，それらの存続を脅かすような重大な事態を指しており，（ア）はそれが単一又は複数組み合わされることによりクライシスを引き起こす能力を有している事象のことを指している．また，JIS Q 22300：2013 社会セキュリティー用語において，（ア）は，中断・阻害，損失，緊急事態又は危機になり得る又はそれらを引き起こし得る状況として定義されている．

クライシスには，一般に，突然発生するクライシスと（イ）するクライシスという二つの種類があるといわれる．（イ）するクライシスは，組織及びその利害関係者への影響が，一定期間にわたって，時には検知されないまま拡大していくという特徴がある．このため，大規模なクライシスに発展する前に対応策を実行することができる仕組みと体制を作ることが重要となる．

クライシスマネジメントのアプローチとしてミトロフの 5 段階モデルがあり，（ア）の前兆の発見，準備・予防，封じ込め／ダメージの防止，平常への復帰，（ウ）の五つがクライシスへの対応として効果的であるとされている．このうち，五つ目の最終段階では，クライシスへの対応を通して経験した知識や得られた教訓に基づいて組織的な（ウ）を行い，過去からの取組を再評価して改善を図っていくこととされている．

クライシス状態における対応及びクライシスからの回復に向けた対応において，クライシスに関する情報は，被害や影響を受ける可能性がある全ての人に適切に伝達するとともに，利害関係者と協議・調整したり，不安や被害の相談に応じたりする必要がある．さらに，マスメディアやマスメディア以外の媒体を通して一般市民に対して適切に情報を開示することが必要になる場合もあり，このような活動はクライシス［（エ）］といわれる．

〈(ア)～(エ)の解答群〉

①	顕在	②	イベント	③	PDCA	④	コンサルティング
⑤	潜在	⑥	公表	⑦	インシデント	⑧	シミュレーション
⑨	リスク	⑩	収束	⑪	学習	⑫	コミュニケーション
⑬	停滞	⑭	整理	⑮	アセスメント	⑯	アクティビティ

解説

・**クライシス**（crisis，危機）は，一般に，社会や組織に対する影響が大きく，それらの存続を脅かすような重大な事態を指しており，JIS Q 22300：2013 社会セキュリティ関連用語では「組織の中核となる活動，および／または組織の信頼性を中断・阻害させ，緊急の処置を必要とする，高レベルの不確かさを伴う状況」と定義されています．

・(ア)**インシデント**（incident）は，それが単一または複数組み合わされることによりクライシスを引き起こす能力を有している事象のことで，JIS Q 22300：2013 社会セキュリティ関連用語では，「中断・阻害，損失，緊急事態又は危機になり得る又はそれらを引き起こし得る状況」と定義されています．

・クライシスには，一般に，突然発生するクライシスと(イ)潜在するクライシスがあります．潜在するクライシスは，組織およびその利害関係者への影響が，一定期間にわたって，ときには検知されないまま拡大していくという特徴があります．

・**クライシスマネジメント**のアプローチとして**ミトロフの5段階モデル**があり，インシデントの前兆の発見，準備・予防，封じ込め／ダメージの防止，平常への復帰，(ウ)学習，の五つがクライシスへの対応として効果的であるとされています．

・危機的状況に直面したときに被害を最小限に抑えるために行う次のようなコミュニケーション活動は(エ)**クライシスコミュニケーション**といわれます．

① クライシスに関する情報を被害や影響を受ける可能性があるすべての人に適切に伝達すること．

② 利害関係者と協議・調整したり，不安や被害の相談に応じたりすること．

③ マスメディアやマスメディア以外の媒体を通して一般市民に対して適切に情報を開示すること．

【解答　ア：⑦，イ：⑤，ウ：⑪，エ：⑫】

問 15 **ファイアウォール** ✓✓✓【H29-2 問 5 (3)】

ファイアウォールのパケットフィルタリング機能について述べた次の A～C の文章は，[(カ)].

A　ファイアウォールを通過するパケットに改ざんがあるかどうかチェックし，改ざんがあった場合にはそのパケットを除去することができる.

B　ネットワーク層及びトランスポート層レベルで動作し，基本的機能として，コンピュータウイルス，メールの不正中継及び DoS 攻撃に対する防御機能などを有している.

C　TCP ヘッダ内のポート番号を利用したアクセス制御ルールの設定により，特定の TCP ポート番号を持ったパケットだけを通過させることができる.

〈(カ) の解答群〉

① A のみ正しい　② B のみ正しい　③ C のみ正しい
④ A，B が正しい　⑤ A，C が正しい　⑥ B，C が正しい
⑦ A，B，C いずれも正しい
⑧ A，B，C いずれも正しくない

解説

・ファイアウォールのパケットフィルタリング機能は，発信元 IP アドレスや TCP/UDP ポート番号を見て，パケットを通過させるか遮断するかを判断する機能で，IP パケットが改ざんされているかどうかのチェックは行いません（A は誤り）.

・パケットフィルタリング機能は，ネットワーク層およびトランスポート層レベルで動作し，基本的機能として DoS 攻撃に対する防御機能を有していますが，アプリケーションレベルのデータや通信機能にはかかわらないため，コンピュータウイルスやメールの不正中継に対する防御機能はありません（B は誤り）.

・C は正しい. パケットフィルタリングにおいて，どのパケットの通過を許可し，どのパケットの通過を拒否するかを示すリストを**アクセス制御リスト**（ACL）といいます.

覚えよう！

ファイアウォールのパケットフィルタリングにおける各機能.

【解答　カ：③】

5章 セキュリティ

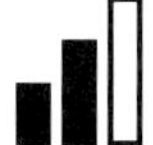

5-2 セキュリティプロトコル

出題傾向

VPN の仕組みと VPN などで用いられるセキュリティプロトコルに関する問題が出題されています．

問 1	VPN	【R3-2 問 9 (1)】

次の文章は，VPN の概要について述べたものである．［　　］内の（ア）～（エ）に最も適したものを，下記の解答群から選び，その番号を記せ．ただし，［　　］内の同じ記号は，同じ解答を示す．

VPN は，インターネットなどのオープンなネットワーク上に［（ア）］的な専用ネットワークを構築してセキュアな通信を可能とするものであり，暗号化，認証などの技術を用いて実現される．

VPN で用いられる代表的な暗号化通信のプロトコルに IPsec がある．IPsec の通信モードには，［（イ）］モードと［（ウ）］モードの二つがある．［（イ）］モードでは転送する IP パケットに対して IP ヘッダまで含めて暗号化とメッセージ認証の処理を行い，新たな IP ヘッダを付加してカプセル化することにより，ルータなど通信経路上の装置間でのセキュアな通信を可能とする．一方，［（ウ）］モードは，IP ヘッダは暗号化せず，IP パケットのペイロード部の暗号化を行うモードで，一般に，エンド・ツー・エンドのホスト間でセキュアな通信を行う場合に利用される．

VPN の接続形態は，本社，支店など拠点のネットワークどうしを接続するための拠点間接続 VPN と，自宅，外出先などの端末から拠点のネットワークに接続するための［（エ）］VPN に大別される．

〈(ア)～(エ) の解答群〉

① 開放	② リモートアクセス	③ トンネル	
④ ソケット	⑤ 制約	⑥ LAN 間接続	
⑦ プロキシ	⑧ セキュリティ	⑨ 仮想	
⑩ ローカルアクセス	⑪ SSL	⑫ トランスポート	
⑬ セーフ	⑭ サイト間接続	⑮ 物理	⑯ シークレット

解説

VPN は，インターネットなどのオープンなネットワーク上に(ア)仮想的な専用ネットワークを構築してセキュアな通信を可能とするものです．VPN で用いられる代表的な暗号化通信のプロトコルは **IPsec** で，IPsec の通信モードには，(イ)**トンネルモード**と(ウ)**トランスポートモード**の二つがあります．

トンネルモードでは転送する IP パケットに対して IP ヘッダまで含めて暗号化とメッセージ認証の処理を行い，新たな IP ヘッダを付加してカプセル化することにより，ルータなど通信経路上の装置間でのセキュアな通信を可能とします．トランスポートモードは，IP ヘッダは暗号化せず，IP パケットのペイロード部の暗号化を行うモードで，一般に，エンド・ツー・エンドのホスト間でセキュアな通信を行う場合に利用されます．

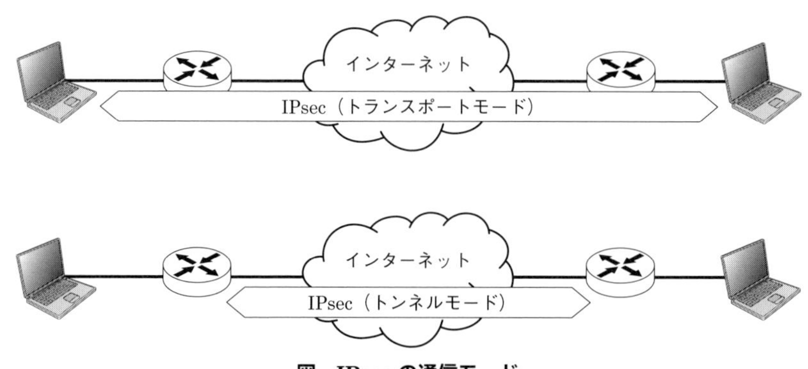

図　IPsec の通信モード

VPN の接続形態は，本社，支店など拠点のネットワークどうしを接続するための**拠点間接続 VPN** と，自宅，外出先などの端末から拠点のネットワークに接続するための(エ)**リモートアクセス VPN** に大別されます．拠点間接続 VPN は，複数の拠点間に VPN トンネルを構築して，離れた拠点間を一つの LAN として扱えるようにしたものです．リモートアクセス VPN は，ユーザ端末と拠点のネットワーク間に VPN トンネルを構築する方式です．

VPN については，3-2 節 問 1 の解説も参照してください．

【解答　ア：⑨，イ：③，ウ：⑫，エ：②】

問2	VPN プロトコル	☑☑☑【R2-2 問5（4）（H25-1 問5（4））】

VPN に用いるプロトコルについて述べた次の文章のうち，正しいものは，［（キ）］である．

〈（キ）の解答群〉

① VPN に用いる IPsec には，送信する IP パケットのペイロード部分だけを認証・暗号化して通信するトンネルモードと，IP パケットのヘッダ部まで含めて全てを認証・暗号化するトランスポートモードがある．

② VPN に用いる IPsec は，AH（Authentication Header）により通信データの暗号化，ESP（Encapsulating Security Payload）により認証と改ざん防止を実現している．

③ VPN に用いる IPsec は，クライアントとサーバ間で用いられる FTP，TELNET などのプロトコルには適用できない．

④ VPN に用いる L2TP は，レイヤ 2 で動作するトンネリングプロトコルであり，リモートアクセス VPN だけでなく，LAN 間接続 VPN にも適用可能であるが，暗号化の仕組みは有していない．

解説

・IPsec の**トンネルモード**は，IP ヘッダまで含めて認証・暗号化を行います．また，**トランスポートモード**は，IP のペイロード部分だけを認証・暗号化します．①ではトンネルモードとトランスポートモードの説明が逆になっています（①は誤り）．

・IPsec は，**ESP** により通信データの暗号化，**AH** により通信データの認証と改ざん防止を行います（②では，AH と ESP の説明が逆になっています）（②は誤り）．図に IPsec の AH パケットと ESP パケットの構成を示します．

・**IPsec** は，IP 層で暗号化するため，上位のアプリケーション（FTP，TELNET など）に依存せず，IP を使用するすべての通信を暗号化できます．なお，コンピュータ間で IPsec を使用して通信を行う場合，IPsec のトランスポートモードを使用します（③は誤り）．

・④は正しい．**L2TP**（Layer 2 Tunneling Protocol）は，暗号化機能をもたないため，L2TP を使用して LAN 間通信を行う場合は，暗号化機能をもつ IPsec を併用するのが一般的です．

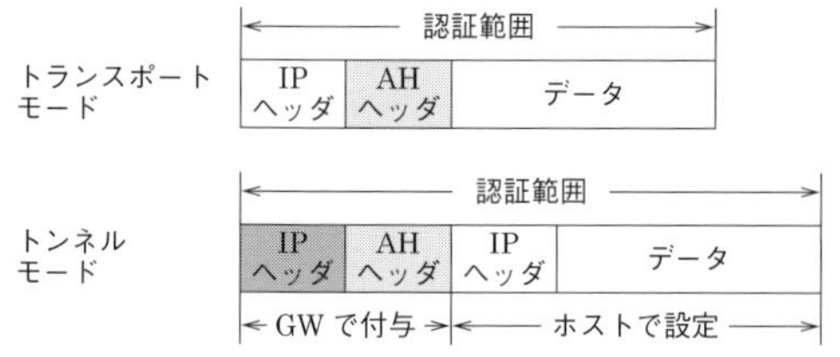

(a) AH パケットの構成

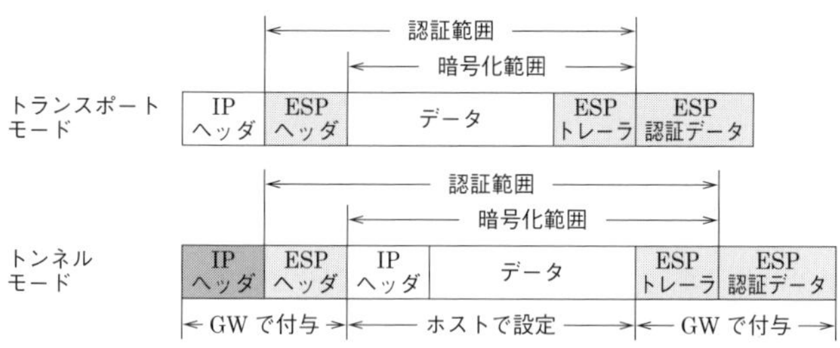

(b) ESP パケットの構成

AH ヘッダ：認証コードなどを設定
ESP ヘッダ：暗号化情報を設定
ESP トレーラ：データ長を調整するパディング
注）パケットの「データ」には，TCP ヘッダとその上位プロトコルのデータが含まれる．

図　IPsec の AH パケットと ESP パケットの構成

覚えよう！

IPsec の二つのモードと暗号化と認証のプロトコル（ESP，AH）．

【解答　キ：④】

問 3　各種セキュリティプロトコル　☑☑☑【H31-1 問 5（4）（H26-1 問 5（4））】

セキュリティプロトコルについて述べた次の文章のうち，正しいものは，（キ）である．

〈（キ）の解答群〉

① PGP では，鍵管理，デジタル署名及びメッセージ本文の暗号化に公開鍵暗号を用いている．

② S/MIME は，公開鍵の安全性を保証する方法として公開鍵所有者の代表

者が設置した公開鍵サーバに公開鍵を登録することにより，不特定多数の通信対象者への信頼性を確保している．

③　SSH は，リモートシェル，リモートログインなどの r 系コマンドを暗号化機能と認証機能によりセキュアにするプロトコルであり，クライアント認証にパスワードは使用できない．

④　SSL/TLS は，サーバとクライアントとの間の通信データに関する MAC（Message Authentication Code）を生成することにより通信データの改ざんの有無を判別する機能を有する．

解説

・**PGP**（Pretty Good Privacy）は，電子メールを暗号化するための規格です．PGP では，鍵管理，デジタル署名には公開鍵暗号を用い，メッセージの暗号化には IDEA などの共通鍵暗号化方式を用います（①は誤り）．

・**S/MIME**（Secure Multipurpose Internet Mail Extensions）では，公開鍵の安全性を保証する方法として認証局に公開鍵を登録することにより，不特定多数の通信対象者への信頼性を確保しています（②は誤り）．

POINT
認証局が発行する公開鍵証明書により公開鍵の正しさが保証される．

・**SSH**（Secure Shell）では，クライアント認証に公開鍵認証のほかにパスワードも使用できます．このパスワードは第三者に盗聴されないように暗号化して送信されます（③は誤り）．

・④は正しい．SSL/TLS では通信データの認証（送信者の正当性の確認と改ざんの有無の判別を行う）のために，MAC（メッセージ認証コード）が使用されます．

【解答　キ：④】

問 4　**ネットワーク層・データリンク層のセキュリティ**
【H30-2 問 5（4）（H28-2 問 5（5））】

ネットワーク層又はデータリンク層のセキュリティについて述べた次の文章のうち，誤っているものは，（キ）である．

〈（キ）の解答群〉

①　IPsec は，送信データの機密性と完全性の確保及び送信元の認証を可能とするプロトコルである．

②　IPsec は，認証機能を持つ AH と暗号化機能も持つ ESP などから構成さ

れており，IP レベルでの VPN を実現することができる．

③ MPLS による IP-VPN では，ユーザごとに論理的に分割された VPN 網を提供でき，異なるユーザで同一の IP アドレスを重複して利用することもできる．

④ L2TP は PPP をトンネリングするためのプロトコルであり，PPP の暗号化機能を有している．

解説

・①，②は正しい．IPsec の機能については，本節 問 1 と問 2 の解説を参照してください．

・③は正しい．**MPLS**（Multi-Protocol Label Switching）による **IP-VPN** では，異なるユーザネットワークで同一のプライベート IP アドレスを重複して利用することもできます．

・**L2TP は PPP**（Point to Point Protocol）をトンネリングするためのプロトコルであり，IPsec の暗号化機能を使用しています（④は誤り）．

【解答　キ：④】

5-3 暗号方式

出題傾向

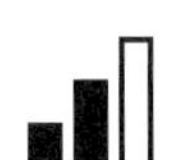

暗号化の方式（公開鍵/秘密鍵，対称/非対称）と，各暗号の特徴に関する問題が出されています．

問 1	暗号鍵管理と暗号強度 【R4-1 問 9（4）（H31-1 問 5（4），H29-1 問 5（4），H26-1 問 5（4））】

暗号鍵管理，暗号強度などについて述べた次の A～C の文章は，［（キ）］．

A　鍵共有の仕組みとして，DH（Diffie-Hellman）鍵共有方式や公開鍵暗号を利用した方法がある．

B　S/MINE は，公開鍵の安全性を保証する方法として公開鍵所有者の代表者が設置した公開鍵サーバに公開鍵を登録することにより，不特定多数の通信対象者への信頼性を確保している．

C　共通鍵暗号において，暗号方式を適切に設計すれば，一般に，同じ暗号方式の場合，暗号強度は鍵が長いほど高くなるが，鍵が長くなると暗号化・復号に要する時間が長くなる．

〈（キ）の解答群〉

① Aのみ正しい　② Bのみ正しい　③ Cのみ正しい
④ A，Bが正しい　⑤ A，Cが正しい　⑥ B，Cが正しい
⑦ A，B，Cいずれも正しい
⑧ A，B，Cいずれも正しくない

解説

・Aは正しい．

・S/MIMEでは，公開鍵の安全性を保証する方法として認証局に公開鍵を登録することにより，不特定多数の通信対象者への信頼性を確保しています（Bは誤り）．

・Cは正しい．暗号の解読は暗号鍵をさまざまな値に変えて試すことで行われるため，暗号鍵が長いほど，暗号強度は高くなります．

【解答　キ：⑤】

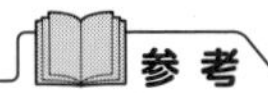

参考

差分解読法は二つの平文を暗号化した暗号文を比較し，その相関から鍵を推定する方法で，線形解読法は暗号化関数を線形関数で近似した式から鍵を推定する方法.

問2　暗号の特徴　【R2-2 問5（3）（H28-1 問5（3））】

暗号方式について述べた次の文章のうち，誤っているものは，（カ）である.

〈（カ）の解答群〉

① AESなどの共通鍵ブロック暗号方式では，一般に，鍵長が長いほど安全性が高くなる.

② RSA暗号は，楕円曲線暗号と比較して，同じ鍵長の場合，公開鍵から秘密鍵を求めるのに必要な計算量が多いため安全性が高い.

③ 疑似乱数生成器の出力と平文とのビットごとの排他的論理和演算によりストリーム暗号を構成できる.

④ 離散対数問題の数学的困難性を利用した公開鍵暗号方式に，ElGamal暗号がある.

解説

・①は正しい．**共通鍵ブロック暗号**は，データを一定の長さごとに区切ってこれを単位（ブロック）として共通鍵方式で暗号化を行うものです．**共通鍵方式**は，データの暗号化や復号に用いる暗号鍵を，暗号文の送信者と受信者の間で共有するものです.

・同じ鍵長の場合，**RSA暗号**は，**楕円曲線暗号**と比較して，公開鍵から秘密鍵を求めるのに必要な計算量が少なくなります（言い換えると，楕円曲線暗号はRSA暗号に比べ短い鍵長で同等の安全性を満足する）（②は誤り）.

POINT
共通鍵暗号方式には2種類あり，ビットごとに処理するのがストリーム暗号で，固定長のブロック単位に処理するのがブロック暗号.

・③は正しい．**ストリーム暗号**（stream cipher）は，データを1ビット単位あるいは1バイト単位で逐次暗号化していく方式です．データを一定の長さのブロックごとに暗号化する方式は，**ブロック暗号**（block cipher）とよばれます.
ストリーム暗号の方式の一つとして論理演算のXOR（排他的論理和）を利用するものがあります．暗号鍵を元に一定の演算規則（擬似乱数の生成とすることが多い）で無限に続く符号列（鍵ストリーム）を生成し，同位置の平文との間でXOR演算を行った結果を暗号文とします．受信側では同じ暗号鍵から鍵ストリームを生成し，受信した暗号文との間でXOR演算を行い平文に戻します.

・④は正しい．公開鍵暗号で，素因数分解問題の困難性を利用した暗号方式がRSA暗号で，位数が大きな群の離散対数問題の困難性を利用した暗号方式が**ElGamal暗号**です．

参考

楕円曲線暗号は楕円曲線上の離散対数問題の困難性を利用している．

【解答　カ：②】

問3	**暗号の特徴** 【R3-2 問9（5）（H28-1 問5（3），H26-2 問5（5））】

暗号の特徴などについて述べた次の文章のうち，正しいものは，［（ク）］である．

〈（ク）の解答群〉

① 疑似乱数生成器の出力と平文とのビットごとの排他的論理和演算によりストリーム暗号を構成できる．

② 非対称暗号方式は，公開鍵暗号方式ともいわれ，第三者に秘密にする秘密鍵と一般に公開する公開鍵の二つの鍵を用いる方式である．非対称暗号方式は対称暗号方式と比較して，暗号アルゴリズムが単純であり，暗号化と復号にかかる処理時間が短い．

③ 暗号化だけでなくデジタル署名にも応用されているRSA暗号の安全性は，離散対数問題の数学的困難性に基づいている．

④ RSA暗号は，楕円曲線暗号と比較して，同じ鍵長の場合，公開鍵から秘密鍵を求めるのに必要な計算量が多いため安全性が高い．

解説

・①は正しい．

・**非対称暗号方式**は，公開鍵暗号方式ともいわれ，第三者に秘密にする秘密鍵と一般に公開する公開鍵の二つの鍵を用いる方式です．**対称暗号方式**は非対称暗号方式と比較して，暗号アルゴリズムが単純であり，暗号化と復号にかかる処理時間が短くなります（②は誤り）．

・暗号化だけでなくデジタル署名にも応用されているRSA暗号の安全性は，素因数分解問題の数学的困難性に基づいています（③は誤り）．素因数分解問題と離散対数問題は，計算結果から逆算するのが困難な数学上の問題です．素因数分解問題は非常に大きな素数どうしをかけ合わせた整数を素因数分解するのが困難であることを利用するものです．離散対数問題は，整数のべき乗を素数で割った余りを求める計算を用いるものです．

・RSA 暗号は，楕円曲線暗号と比較して，同じ鍵長の場合，公開鍵から秘密鍵を求めるのに必要な計算量が少ないため，安全性が低くなっています（④は誤り）．

【解答　ク：①】

問4	共通鍵暗号方式・公開鍵暗号方式	☑☑☑【H29-2 問5（4）】

暗号方式について述べた次の A～C の文章は，［（キ）］．

A　公開鍵暗号方式で用いられている暗号には，RSA 暗号，楕円曲線暗号などがある．

B　離散対数問題の数学的困難性を利用した共通鍵暗号方式に，ElGamal 暗号がある．

C　疑似乱数生成器の出力と平文とのビットごとの排他的論理和演算によりストリーム暗号を構成できる．

〈（キ）の解答群〉

①　A のみ正しい　②　B のみ正しい　③　C のみ正しい
④　A，B が正しい　⑤　A，C が正しい　⑥　B，C が正しい
⑦　A，B，C いずれも正しい
⑧　A，B，C いずれも正しくない

解説

・A は正しい．

・離散対数問題の数学的困難性を利用した公開鍵暗号方式に，ElGamal 暗号があります（B は誤り）．

・C は正しい．

【解答　キ：⑤】

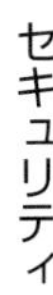

5-4 認証方式

出題傾向

利用者や機器の認証方式と，それらの実現に必要な技術である公開鍵暗号基盤やデジタル署名について出題されています．

問 1	利用者認証	【R4-1 問 9 (5)】

利用者認証について述べた次の文章のうち，誤っているものは，［（ク）］である．

〈（ク）の解答群〉

① 利用者認証は，一般に，利用者だけが知り得る知識による認証，利用者の身体的特徴による認証，利用者だけが所持する物による認証の三つに分類でき，複数の認証方式を組み合わせて用いる場合もある．

② 最初にパスワードによる認証を行い，これに成功すると次に秘密の質問の答えによる認証を行うというように，利用者だけが知り得る知識による認証を2回続けて行う手法は，一般に，二要素認証といわれる．

③ ネットワークを介した利用者認証プロセスで用いられるチャレンジレスポンス方式では，固定パスワードをネットワークにそのまま流さないようにしているため，パスワードが盗聴されるリスクを低減することができる．

④ 生体認証は利用者の指紋，虹彩，静脈パターンなどを用いて本人確認するため，知識や物とは異なり，忘却，紛失などの心配はないが，チェックを厳密にすると本人を誤って拒否する本人拒否率（FRR）が高くなるという問題がある．

解説

・①は正しい．

・最初にパスワードによる認証を行い，これに成功すると次に秘密の質問の答えによる認証を行うというように，利用者だけが知り得る知識による認証を2回続けて行う手法は，一般に，**二段階認証**といわれます（②は誤り）．

・③は正しい．**チャレンジレスポンス認証**では，利用者が認証を要求すると，認証サーバは「チャレンジ」と呼ばれる乱数を元に決めた毎回異なるデータ列を送信します．利用者は自分の知っているパスワードとして入力した文字列とチャレンジを組み合わせ，これをハッシュ関数に通してハッシュ値に変換したものを「レスポン

ス」としてサーバに返信します．サーバは手元の認証情報から正しいパスワードとチャレンジを組み合わせてハッシュ値を算出し，レスポンスと比較・照合します．両者が一致すれば確かにクライアントに入力されたパスワードはサーバ上のものと同一であると確認できます．

・④は正しい．生体認証において，本人を本人でないと拒否してしまう確率を**本人拒否率**（False Rejection Rate, FRR），他人を誤って受け入れてしまう確率を**他人受入率**（False Acceptance Rate, FAR）といいます．

【解答　ク：②】

問2　**PKI（公開鍵暗号基盤）**　【R3-1 問9（4）（H27-2 問5（4））】

PKI（Public Key Infrastructure）について述べた次の文章のうち，誤っているものは，［（キ）］である．

〈（キ）の解答群〉

① 認証局は，デジタル証明書の申請者の秘密鍵と申請者の情報を認証局の公開鍵で暗号化し，デジタル証明書を作成する．

② デジタル証明書の申請者はデジタル証明書に対応する秘密鍵を漏洩（えい）しないように厳重に保管しておく必要がある．

③ 秘密鍵の漏洩やデジタル証明書に記載された内容に変更があった場合，又はデジタル証明書の申請者から失効の申し出があった場合は，認証局は該当するデジタル証明書を失効させる．

④ 認証局がデジタル証明書の失効情報を利用者に知らせる手段として，証明書失効リストをリポジトリに格納して利用者に公開する方法がある．

解説

・認証局は，申請者の公開鍵と申請者の情報を認証局の秘密鍵で暗号化し，デジタル証明書を作成します（①は誤り）．

・②，③，④は正しい．

【解答　キ：①】

POINT
秘密鍵は秘密に保有するものであるため公開しない．デジタル証明書を受けた者は暗号化されたデジタル証明書の情報を認証局の公開鍵を使用して復号する．

5章 セキュリティ

問 3	デジタル署名	☑☑☑【R2-2 問 5（5）（H27-1 問 5（5））】

デジタル署名について述べた次の文章のうち，正しいものは，[（ク）]である．

〈（ク）の解答群〉

① デジタル署名は，悪意のある第三者による送信データの改ざんの有無を検出するために用いられるが，送信者のなりすましを検出するためには用いられない．

② デジタル署名では，送信者の公開鍵が漏洩（えい）すると，なりすましやメッセージの改ざんの危険が発生するおそれがある．

③ デジタル署名では，受信者の秘密鍵と送信者の公開鍵が用いられる．

④ PGP は S/MIME と同様に，メールの暗号化とデジタル署名を行うことができる．

解説

・デジタル署名は，送信者のみが秘密に保持する秘密鍵を使用して暗号化されるため，送信者のなりすましを検出することもできます（①は誤り）．

・デジタル署名では，送信者の秘密鍵が漏洩（えい）すると，なりすましやメッセージの改ざんの危険が発生するおそれがあります．送信者の公開鍵は，一般に公開されて，メッセージの受信者がデジタル署名を復号するために用いられるものです（②は誤り）．

・デジタル署名では，デジタル署名の作成に送信者の秘密鍵が用いられ，受信者側でデジタル署名を復号するときに秘密鍵のペアである公開鍵が用いられます（③は誤り）．

秘密鍵，公開鍵ともデジタル署名送信者の鍵

・④は正しい．**PGP**（Pretty Good Privacy），**S/MIME**（Secure/Multipurpose Internet Mail Extensions）とも，メールの暗号化とデジタル署名を行うことができます．

【解答 ク：④】

問4 認証方式 ✓✓✓ 【H30-2 問5 (3)】

認証方式などについて述べた次の文章のうち，誤っているものは，［（カ）］である．

〈(カ) の解答群〉

① MAC アドレスなど，通信機器に固定的に割り当てられた識別子を用いてその機器を確認する方法は，機器認証といわれる．

② 毎回異なるチャレンジコードと，パスワード生成器が算出したレスポンスコードを利用した方法は，チャレンジレスポンス認証といわれ，CHAP 方式などがある．

③ リモートアクセスサーバシステムの構築に際して，アクセスサーバと認証サーバを分離することにより，不正侵入などの危険性は低減される．

④ RADIUS は，ダイヤルアップユーザの認証や課金情報取得のために開発された方式であり，トランスポートプロトコルに TCP を用いている．

解説

・①は正しい．通信機器の識別子ではなく，ユーザ名・パスワードなど認証を受ける本人しか知らない情報でユーザを認証する方法は，**ユーザ認証**（本人認証）といわれます．

・②は正しい．チャレンジレスポンス認証については，本節 問1の解説を参照してください．

・③は正しい．

・**RADIUS**（Remote Authentication Dial In User Service）は，ダイヤルアップユーザの認証や課金情報取得のために開発された方式であり，トランスポートプロトコルに UDP を用いています（④は誤り）．

【解答 カ：④】

参 考

クライアントから RADIUS サーバに RADIUS 要求パケットを送信し，サーバが RADIUS 応答パケットを返信するという形で認証が行われる．パスワードなど秘密の情報は，共通鍵暗号により暗号化されて送受信される．

5-5 セキュリティ設備

出題傾向

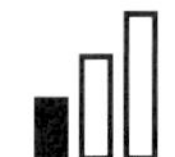

不正利用の検出・分析のためのログの取得法に関する問題が出されています．

問 1　**ログ取得方法**　【R1-2 問 5（1）（H25-1 問 5（1））】

次の文章は，ログの取得方法などについて述べたものである．［　　］内の（ア）～（エ）に最も適したものを，下記の解答群から選び，その番号を記せ．ただし，［　　］内の同じ記号は，同じ解答を示す．

OS，アプリケーション，通信機器などにおける業務プロセスの実行記録はログといわれ，ログを確認することで装置の稼働状態，処理の実行状態，障害の発生状況などを把握できる．

どのようなログを取得するかはそのログの使用目的を考慮する必要がある．システム利用者による不正利用があったときに，その利用者を特定する手掛かりを得るためには，一般に，利用者の［（ア）］とその操作記録が必要である．また，マルウェアがシステム設定を変更したことを知るためには，プログラムの動作記録を取得することが有効である．一方，ファイアウォールにはアクセス制御やアクセスに関する履歴を取得する機能がある．また，［（イ）］には，ネットワークを流れるパケットを監視し，不正アクセスと思われるパケットを発見したときにアラームを表示し，通信記録を保存する機能を持つものがある．

セキュリティインシデントが発生した場合，一般に，一つの装置のログだけではなく複数の装置のログを突き合わせて原因究明を行う必要がある．ログを突き合わせるためには各装置の時刻合わせが必須であり，その方法として，世界の各所に存在する［（ウ）］サーバから正確な時刻を取り込む，組織内に［（ウ）］サーバを構築して組織内の情報システムの時刻合わせを行うなどの方法がある．また，［（エ）］はリモートホストにログをリアルタイムに送信することができる機能を提供する仕組みであり，この機能を用いて各サーバのログを1か所に集めることでログの一元管理を実現できる．

〈（ア）～（エ）の解答群〉

① Web	② DNS	③ アクセス権	④ ID
⑤ OCR	⑥ ハブ	⑦ スイッチ	⑧ SSH

⑨ DHCP	⑩ IDS	⑪ syslog	⑫ FTP
⑬ 職位	⑭ NTP	⑮ SAN	⑯ 所属組織

解説

・不正アクセスの実行者を特定するためには，ログ情報として「(ア) ID」と「操作記録」が必要です．

・ネットワークを流れるパケットを監視する装置は，(イ) **IDS**（Intrusion Detection System，侵入検知システム）です．

・**NTP**（Network Time Protocol）は，ネットワークを通じて正しい現在時刻を取得するためのプロトコルで，NTPを使用して時刻情報を配信するサーバを(ウ) **NTPサーバ**といいます．

・ログメッセージを，IPネットワークを介してリモートのホスト（サーバ）にリアルタイムに送信するプロトコルを(エ) **syslog**といいます．

【解答　ア：④，イ：⑩，ウ：⑭，エ：⑪】

5-6 セキュリティ対策

出題傾向

サーバにおけるアクセス制御，情報漏洩対策，電子メールのセキュリテイ対策に関する問題が出されています．

問1 サーバにおけるアクセス制御 【R4-1 問9 (2) (H30-1 問5 (2))】

サーバにおけるアクセス制御について述べた次の文章のうち，正しいものは，［（オ）］である．

〈(オ) の解答群〉

① ファイルやシステム資源などの各所有者が，読取り，書込み，実行などのアクセス権を設定する方式は，一般に，強制アクセス制御といわれる．

② システム管理者の決めた管理ポリシーに従ったアクセス制御ルールが全ユーザに適用される方式は，一般に，任意アクセス制御といわれる．

③ ユーザの役割に応じてアクセス権限を設定することにより，必要なオブジェクトへのアクセスを可能とするよう制御する方式は，一般に，ロールベースアクセス制御といわれる．

④ ユーザやグループごとに，ファイルやシステム資源などに対して，何を許可し，何を拒絶するかなどのアクセス制御情報を記述したリストは，一般に，CRL といわれる．

解説

・ファイルやシステム資源などの各所有者が，読取り，書込み，実行などのアクセス権を設定する方式は，一般に，**任意アクセス制御**といわれます（①は誤り）．

・システム管理者の決めた管理ポリシーに従ったアクセス制御ルールが全ユーザに適用される方式は，一般に，**強制アクセス制御**といわれます（②は誤り）．

・③は正しい．ユーザの役割に応じてアクセスを制御する方式は，一般に，**ロールベースアクセス制御**といわれます．

・ユーザやグループごとに，ファイルやシステム資源などに対して，何を許可し，何を拒絶するかなどのアクセス制御情報を記述したリストは，一般に **ACL** (Access Control List) といわれます（④は誤り）．**CRL** (Certificate Revocation List，証明書失効リスト）は，何らかの理由で有効期限前に失効させられたデジタル証明書（公開鍵証明書）のリストです．

【解答　オ：③】

問2	情報漏洩対策	☑☑☑【R2-2 問5 (1)】

次の文章は，ネットワークを利用する際の情報漏洩(えい)対策について述べたものである．□内の（ア）～（エ）に最も適したものを，下記の解答群から選び，その番号を記せ．ただし，□内の同じ記号は，同じ解答を示す．

ネットワーク上を流れるパケットには盗聴のリスクがある．攻撃者がパケットを盗聴する目的の一つは，パスワード，個人情報など攻撃者にとって有益な情報を取得することであり，この行為は［（ア）］といわれる．［（ア）］対策には，［（イ）］パスワードを利用し認証を行うごとに毎回異なるパスワードとする，セッションを暗号化するなどの方法がある．

特に，ネットワークに無線 LAN が含まれている場合には，無線 LAN の電波を傍受されてパケットを盗聴されるリスクが高いため，無線区間での暗号化が不可欠である．無線 LAN の暗号化方式の規格の一つである［（ウ）］は，暗号化アルゴリズムに AES を採用した CCMP といわれる暗号方式が選択可能で，以前に制定された規格の弱点が改善されて，セキュリティ強度が高い．

パスワードは盗聴されなくても不正な手段で解読されるおそれがある．解読方法の一つである［（エ）］は，考えられる全てのパターンを試行する解読方法であり，解読の難易度はパスワードの長さと利用できる文字種に依存する．

〈(ア)～(エ) の解答群〉

① ログオン	② マスター	③ トラッシング	
④ ワンタイム	⑤ ルート	⑥ 辞書攻撃	
⑦ WEP	⑧ RC4	⑨ WPA2	⑩ DoS 攻撃
⑪ 標的型攻撃	⑫ フィッシング	⑬ セッションハイジャック	
⑭ WPS	⑮ ブルートフォース攻撃	⑯ スニッフィング	

解説

(ア) **スニッフィング**（sniffing）あるいはスニファリング（sniffering）とは，ネットワークを流れるデータを捕らえ，内容を解析して盗み見ることです．暗号化されずに流れているデータはすべて見ることができ，パスワード，個人情報などを取得することができます．

(イ) **ワンタイムパスワード**（One Time Password, OTP）は，一度しか使うことができず，使用されるごとに変更されるパスワードです．トークン利用型（時間同期式認証方式，カウンタ同期認証方式）やチャレンジレスポンス方式などがあります．ワンタイムパスワードについては 5-1 節 問 9，問 13 の解説も参照してください．

無線LANの暗号化方式の規格の一つである(ウ) **WPA2** は，暗号化アルゴリズムにAESを採用したCCMPといわれる暗号方式が選択可能で，以前に制定された規格WPAの弱点が改善されて，セキュリティ強度が高くなっています．

パスワードなどを解読するために，プログラムなどを使って考えられるすべての文字列を順に入力していく攻撃を，(エ) **ブルートフォース攻撃**（brute force attack，総当たり攻撃）といいます．

【解答　ア：⑯，イ：④，ウ：⑨，エ：⑮】

参考

無線LANで使われている主な暗号技術にWEP，WPA，WPA2の三つがあり，WEP<WPA<WPA2の順でセキュリティ強度が高いとされている．WEP（Wired Equivalent Privacy）は，WEPキーを固定して暗号化する方式で，脆弱性が見つかっており解読される危険性が高くなっている．WPA(Wi-Fi Protected Access）はIEEE 802.11iの標準化前にその主要部分のみをサポートした規格で，一定時間ごとにキーを更新するTKIP（Temporal Key Integrity Protocol）の暗号方式を使用している．WPA2（Wi-Fi Protected Access 2）は，IEEE 802.11iの標準化後にIEEE 802.11iのすべてをサポートした規格で，TKIPより強固な暗号化方式であるCCMP（Counter-mode CBC-MAC Protocol）を採用している．

問3　ICカードチップのセキュリティ対策

【R1-2 問5（5）（H27-2 問5（5））】

ICカードチップのセキュリティ対策について述べた次の文章のうち，正しいものは，（ク）である．

〈（ク）の解答群〉

① ICカードチップ内の機密データを，ICカードを分解するなどして外部から読み取られるといったことを防ぐ能力は，一般に，フェールセーフといわれる．

② CPUやメモリなどが搭載されているICカードチップでは，秘密情報はメモリに記憶されている．メモリアクセスはCPUにより制御されており，一般に，重要データは暗号化され転送される．

③ ICカードチップに対する攻撃の一つに，リバースエンジニアリングがある．これは，チップの配線パターンに直接プローブを当てて信号を読み取るものである．この対策として，チップの配線を多層化し重要な情報の流れるパターンを下層に配置することが有効である．

④ ICカードチップに対する非破壊・受動攻撃の一つにグリッチがある．こ

れは，ICカードチップの消費電流波形を解析・処理することでチップ内部の動作を推定するものである．この対策として，チップの回路設計段階において消費電流の変動を極力小さく抑えるようにすることが有効である．

解説

> **POINT**
> フェールセーフとは故障や操作ミスが発生しても，システムを安全に停止させるなどして，被害を最小限に抑えることで，セキュリティではなく故障対応の能力．

- ICカードチップ内の機密データを，ICカードを分解するなどして外部から読み取られるといったことを防ぐ能力は，一般に，**耐タンパ性**といわれます（①は誤り）．
- ②は正しい．ICカードチップには，メモリだけを内蔵したものと，CPUとメモリの双方を内蔵したものの2種類があります．
- チップの配線パターンに直接プローブを当てて信号を読み取る攻撃は，物理プロービングといいます（③は誤り）．**リバースエンジニアリング**は，既存の製品を解体・分解し，その仕組みや構成部品，技術要素などを分析する手法のことです．なおソフトウェアの場合は，実行コードを解析してその仕様やソースコードを導き出すことをいいます．これらの攻撃は破壊攻撃に分類されます．
- ICカードチップに対する非破壊・受動攻撃の一つに**サイドチャネルアタック**があります．これは，ICカードチップの消費電流波形を解析・処理することでチップ内部の動作を推定するものです．グリッチは論理回路で生じるパルス状のノイズです．（④は誤り）．

> **覚えよう！**
> ICカードチップから情報を読み取る攻撃は，破壊攻撃と非破壊攻撃に分類されること，それらの攻撃方法の概要．

【解答　ク：②】

問4	電子メールのセキュリティ対策 【H30-1 問5（4）（H24-2 問5（3），H28-2 問5（1））】

電子メールのセキュリティ対策について述べた次の文章のうち，誤っているものは，［（キ）］である．

〈(キ）の解答群〉

① ISPによるスパムメール対策として，ISPがあらかじめ用意しているメー

ルサーバ以外からのメールをISPの外へ送信しない仕組みであるOP25Bがある.

② POP before SMTPでは，SMTPサーバを利用してメールを送信する前に，POPサーバへのアクセスを必須とし，事前に認証を行う.

③ SMTP AUTHは，SMTPの拡張仕様の一つであり，SMTPサーバがメールの送信を実行する前に，送信の依頼元が正規の利用者かどうかを確認する.

④ 受信者が受け取ったメールについて，送信者情報が詐称されていないかどうかをドメイン単位で確認する仕組みは，送信ドメイン認証といわれ，これにはネットワークベースのDKIM方式と電子署名を利用するSPF/Sender ID方式がある.

解説

- ①は正しい．**OP25B**（Outbound Port 25 Blocking）は，ISPのネットワーク内から外に向けた迷惑メールの送信を防ぐための技術です．ISPが用意したメールサーバを経由せずに直接TCPの25番ポートを用いるSMTPの通信要求をブロックします.
- ②は正しい．SMTPでは送信元の認証として，**ユーザ認証**と**送信ドメイン認証**の二つが必要となります．ユーザ認証はメールクライアントが正規のユーザであることをメールサーバが確かめるもので，POP before SMTP，SMTP AUTHなどの方法があります．送信ドメイン認証は，送信側メールサーバが正規のサーバであることを確かめるための認証で，SPF，Sender ID，DKIMなどの方法があります.
- ③は正しい．SMTPのユーザ認証方法の一つである**POP before SMTP**は，いったんPOPのユーザ認証を行ってから，SMTPでメールを送信する方法です．従来のSMTPではユーザ認証技術がなかったためです．**SMTP AUTH**は，従来のSMTPにユーザ認証機能を追加したものです.
- 送信ドメイン認証にはネットワークベースの**SPF**（Sender Policy Framework）/**Sender ID**方式と電子署名を利用する**DKIM**（Domain Keys Identified Mail）方式があります（④は誤り）．SPFとSender IDは，電子メールの送信元ドメインの詐称を検知する技術です．DKIMは，送信メールに電子署名を付与し，送信元アドレスに記載されたドメイン名の正当性を検証する技術です.

【解答　キ：④】

5-7 セキュリティ上の脅威

出題傾向

本分野に関する問題はほぼ毎回出されています．Web サーバなどの情報システムへの攻撃手法に関する出題が多くなっています．

問 1　コンピュータシステムへの脅威　☑☑☑【R4-1 問 9 (3)】

コンピュータシステムへの脅威などについて述べた次の A～C の文章は，（カ）．

A　他人のコンピュータに不正に侵入し，無断でプログラムやデータを書き換えるなどの行為は，一般に，トラッシングといわれる．

B　コンピュータプログラムのセキュリティ上の脆弱（ぜい）性が公表される前，又は脆弱性の情報は公表されたがセキュリティパッチがまだない状態において，その脆弱性を狙って行われる攻撃は，一般に，ゼロデイ攻撃といわれる．

C　暗号化処理を行っている装置が発する電磁波，装置の消費電力量，装置の処理時間などを外部から測定することにより，暗号解読の手掛かりを取得しようとする行為は，一般に，サイドチャネル攻撃といわれる．

〈(カ) の解答群〉

① A のみ正しい　② B のみ正しい　③ C のみ正しい
④ A，B が正しい　⑤ A，C が正しい　⑥ B，C が正しい
⑦ A，B，C いずれも正しい
⑧ A，B，C いずれも正しくない

解説

・他人のコンピュータに不正に侵入し，無断でプログラムやデータを書き換えるなどの行為は，一般に，**クラッキング**といわれます（A は誤り）．**トラッシング**は，ごみ箱などに捨てられた書類やメモ，CD などの記憶媒体から ID やパスワードなどのログイン情報を盗み出すことをいい，ソーシャルエンジニアリング（コンピュータやインターネットを使用せずに情報を盗み出す行為）の手法の一つです．なお本来は「高度なコンピュータ技術を利用してシステムを解析したりプログラムを修正したりする行為」を表す**ハッキング**は，クラッキングと同義で使われることが多くなっています．

・Bは正しい．コンピュータプログラムのセキュリティ上の脆弱性が発見されてからセキュリティパッチが公開されるまでの期間の脆弱性のことを**ゼロデイ脆弱性**といい，この脆弱性をついた攻撃を**ゼロデイ攻撃**といいいます．セキュリティパッチの公開からパッチ適用までの期間に生じる脆弱性を**Nデイ脆弱性**といい，この脆弱性をついた攻撃を**Nデイ攻撃**といます．セキュリティパッチの公開日を「1日目」としたとき，それ以前とそれ以後をそれぞれ「0日目」，「*N*日目」と表すことに由来します．

・Cは正しい．**サイドチャネル攻撃**の例として，ICカードの暗号処理中の消費電力量を監視することで，暗号情報の解読を行うものがあります．

【解答　カ：⑥】

問2　サイバー攻撃

【R3-2 問9（3）（R1-2 問5-(3)，H28-2 問5（3），H25-2 問05（3））】

サイバー攻撃について述べた次のA～Cの文章は，[　（カ）　]．

A　データベースと連携したWebサイトに入力するデータの中に悪意のあるSQL文を埋め込むことでデータベースを不正に操作する攻撃は，一般に，クロスサイトスクリプティングといわれる．

B　JavaScriptは，Webページに動きや対話性などを付加することができるプログラミング言語である．JavaScriptで記述されたプログラムを攻撃対象のWebページに埋め込み，そのページの閲覧者を不正サイトに誘導したり，データを盗用したりするために用いられる場合がある．

C　インターネット上でサービスを提供しているサーバに対し，パケットを大量に送りつけるなどして，サーバが提供しているサービスを妨害する攻撃は，一般に，DoS攻撃といわれる．

〈（カ）の解答群〉

① Aのみ正しい　② Bのみ正しい　③ Cのみ正しい
④ A，Bが正しい　⑤ A，Cが正しい　⑥ B，Cが正しい
⑦ A，B，Cいずれも正しい
⑧ A，B，Cいずれも正しくない

解説

・**クロスサイトスクリプティング**とは，攻撃者によってWebページに悪質なHTMLスクリプトが埋め込まれることで，ユーザのブラウザ上に表示されるコンテンツの

改ざんやクッキーデータの盗聴が行われる攻撃です．SQLを使って不正にデータベースを操作する攻撃方法は，**SQLインジェクション**といいます（Aは誤り）．
・B，Cは正しい．

【解答　カ：⑥】

問3	パスワード解析手法	☑☑☑【R3-1 問9（3）】

不正アクセスで用いられるパスワード解析手法などについて述べた次の文章のうち，正しいものは，［（カ）］である．

〈（カ）の解答群〉
① 認証サーバにユーザIDとパスワードを送信し，認証されるかどうかを確認することによりパスワードを解析する手法は，一般に，オフライン攻撃といわれる．
② あらゆる文字列の組合せを総当たりで試すことによりパスワードを解析する手法は，一般に，パスワードリスト攻撃といわれる．この攻撃に対して，パスワードの文字列を長くしたり文字の種類を多くしたりすると，解析に長時間を要するか又は高速処理が可能なコンピュータが必要になるため，安全性を高めることができる．
③ ハッシュ化されたパスワード（ハッシュ値）から元のパスワードを求めることは，ハッシュ関数の一方向性から困難であるが，適当なパスワード候補からハッシュ値を生成し，ハッシュ化されたパスワードと同一となるものを探索する手法によりパスワードが解析されるおそれがある．
④ パスワードによる認証には，固定パスワード，ワンタイムパスワードなどを用いる方式がある．ワンタイムパスワードは，固定パスワードと比較して盗聴に対する耐性が低い．

解説

・認証サーバにユーザIDとパスワードを送信し，認証されるかどうかを確認することによりパスワードを解析する手法は，一般に，**オンライン攻撃**といわれます（①は誤り）．最近の認証システムでは，認証回数に制限を設けている場合が多く，ブルートフォース攻撃などによるオンライン攻撃は難しくなっています．**オフライン攻撃**は，何らかの方法で入手したハッシュ値（ハッシュ化されたパスワード）を攻撃者のオフラインのPC環境上に移し，パスワードを解析する手法をいいます．
・あらゆる文字列の組合せを総当たりで試すことによりパスワードを解析する手法は，一般に，**ブルートフォース攻撃**といわれます（②は誤り）．

・③は正しい．ハッシュ値は，平文からハッシュ値に変換することは容易ですがハッシュ値から平文に戻す事は困難である一方向性という性質をもっています．そのため総当たり攻撃や辞書攻撃（辞書等にある単語のリストを候補に解読を行う方法）により順番に適当なパスワードをハッシュ化して，ハッシュ値（ハッシュ化されたパスワード）と突き合わせて一致するものを探す方法では解読されてしまうことがあります．

・ワンタイムパスワードは，固定パスワードと比較して盗聴に対する耐性が高くなっています（④は誤り）．ワンタイムパスワードについては5-1節 問9，問13の解説も参照してください．

【解答　カ：③】

問4	**Web経由の攻撃（サイバー攻撃）** 【R1-2 問5（3）（H28-2 問5（3），H25-2 問5（3））】

Web経由の攻撃について述べた次のA～Cの文章は，［（カ）］．

A　JavaScriptは，Webページに動きや対話性などを付加することができるプログラム言語であるが，JavaScriptを攻撃対象のWebページに埋め込み，そのページの閲覧者を不正サイトに誘導したり，データを盗用したりするために用いられる場合がある．

B　データベースと連携したWebサイトに対する攻撃手法の一つに，クロスサイトスクリプティングがある．クロスサイトスクリプティングは，データベースを操作する言語であるSQLを使って不正にデータベースを操作することを目的としている．

C　攻撃者がURLのパラメータなどにOSのコマンドを挿入し，利用者が意図しないOSコマンドを実行させる攻撃は，一般に，OSコマンドインジェクションといわれる．この攻撃を受けるとシステムに侵入され，重要情報が盗まれたり，攻撃の踏み台に悪用されるおそれがある．

〈（カ）の解答群〉

①　Aのみ正しい　②　Bのみ正しい　③　Cのみ正しい
④　A，Bが正しい　⑤　A，Cが正しい　⑥　B，Cが正しい
⑦　A，B，Cいずれも正しい
⑧　A，B，Cいずれも正しくない

解説

・A，C は正しい．

・B は誤り．本節 問 2 の解説を参照してください．

【解答　カ：⑤】

問 5　ポートスキャン　【H31-1 問 5（1）（H25-2 問 5（1））】

次の文章は，ポートスキャンの概要について述べたものである．［　　　］内の（ア）～（エ）に最も適したものを，下記の解答群から選び，その番号を記せ．

攻撃者がインターネット経由でサーバに攻撃を行う際，攻撃対象に対して事前調査を行うことがある．この調査には，ICMP を使用した［（ア）］を用いて対象のサーバの稼動状態を確認する方法，ポートスキャンにより攻撃対象のサーバがどのようなサービスを外部に公開しているかなどを確認する方法がある．

ポートスキャンは，サーバとの通信が［（イ）］層プロトコルである TCP や UDP を用いて行われていることを利用しており，各ポートに対して開いているかどうかを調べていくことにより，対象サーバが提供しているサービスを特定することができる．

ポートスキャンには様々な手法がある．このうち，［（ウ）］スキャンは標的ポートに対して完全なスリーウェイハンドシェイクを行うため，対象サーバのログに残る可能性は高い．一方，［（エ）］スキャンはスリーウェイハンドシェイクの処理を途中で中断しコネクション確立を行わないため，対象サーバのログに残りにくい．

ポートスキャンにより提供サービスが攻撃者に知られてしまうと，攻撃を仕掛けられるおそれがあるため，不要なサービスは停止し，ポートを閉じるなどの対策を講じておくことが望ましい．

〈（ア）～（エ）の解答群〉

① ネットワーク　② オンライン　③ ping コマンド
④ アプリケーション　⑤ データリンク　⑥ config コマンド
⑦ cd コマンド　⑧ TCP 接続
⑨ ネットワークインタフェース　⑩ TCP SYN　⑪ HTTP
⑫ トランスポート　⑬ TCP FIN　⑭ トンネリング技術

解説

・(ア) **pingコマンド**はICMP（Internet Control Message Protocol）を使用してネットワークの疎通状況を確認するコマンドです．相手のホスト名やIPアドレスを指定して送信し，相手から応答を受けることにより，相手が動作していることを判断できます．

・TCP/UDPは(イ) トランスポート層のプロトコルで，TCP/UDPのポートとサービスが対応づけられています（**表**はポート番号の例）．

・対象サーバで利用可能なサービスを特定するために，サービスに対応するTCP/UDPのポートが応答するかどうかを調べるのが**ポートスキャン**です．ポートスキャンにはさまざまな種類がありますが，TCPコネクションの設定を利用したものが次の方法です．

  ・(ウ) **TCP接続スキャン**：標的ポートに対し，完全なスリーウェイハンドシェイクを行う．

  ・(エ) **TCP SYNスキャン**：標的ポートに対し，スリーウェイハンドシェイクを試みるが，途中でRST（reset）パケットを送信し，コネクション確立までは行わない．

表　TCP/UDPポート番号の例

ポート番号	TCP/UDP	サービス/アプリケーション
20	TCP	FTP（データ）
21	TCP	FTP（制御情報）
23	TCP	TELNET
25	TCP/UDP	SMTP
53	TCP/UDP	DNS
80	TCP/UDP	HTTP
110	TCP	POP3

【解答　ア：③，イ：⑫，ウ：⑧，エ：⑩】

問6　コンピュータウイルス　☑☑☑【H31-1 問5 (3)】

コンピュータウイルスなどについて述べた次の文章のうち，誤っているものは，［（カ）］である．

〈(カ) の解答群〉

① ブートセクタ感染型ウイルスには，コンピュータが起動する際に参照する

システム領域に感染するものがある．

② HTMLメールはメッセージの中にスクリプトの形で悪意のあるコードを埋め込むことができるため，添付ファイルを開かなくても電子メールを開いただけでウイルスに感染するおそれがある．

③ ファイル感染型ウイルスには，Java仮想マシン上で動作するJavaバイトコードで構成されるクラスファイルを感染対象とするものがある．

④ マクロウイルスは，ファイル感染型ウイルスの一種であり，一般に，拡張子がexe, comなどの実行可能ファイルを感染対象とする．

解説

コンピュータウイルスには，**ブートセクタ感染型ウイルス**，**ファイル感染型ウイルス**，**マクロ感染型ウイルス**等があります．ブートセクタ感染型ウイルスは，OSを起動するためのプログラムが格納されているブートセクタに感染するものです．ファイル感染型ウイルスは，実行ファイル（Windowsでは拡張がexeやcomとなっているもの）に感染し，プログラムの内容を書き換えて制御を奪い，不正な挙動を起こすものです．マクロ感染型ウイルスは，主にMicrosoft社のWordやExcelのマクロ機能を悪用するものです．不正な挙動をするマクロプログラム（マクロウイルス）が埋め込まれたWordやExcelのファイルを開くと，感染する仕組みになっています．

・①は正しい．

・②は正しい．HTML（HyperText Markup Language）メールは，Webページ作成用の言語であるHTMLを使って作成されたメールで，文字の書式情報や画像，動画などを扱うことができます．HTMLメールでは，スクリプトを埋め込めるため，HTMLの内容を表示するだけで悪意のあるスクリプトが実行されウイルスに感染してしまうことがあります．

・③は正しい．Javaのクラスファイルに感染するウイルスとしてAttackerがあります．詳細は，「情報処理振興事業協会セキュリティセンター：Java環境でのウイルスの危険性に関する調査報告書」を参照してください．Attacker. javaは，他のJavaクラスファイルを改ざんし，その機能を変更するJavaプログラムです．

・マクロウイルスは，マクロ感染型ウイルスの一種であり，一般に，拡張子がdocmやxlsmなどのマクロが有効になっているWordの文書ファイルやExcelの表計算ファイルを感染対象とします（④は誤り）．

【解答　カ：④】

問7	情報システムへの攻撃方法	☑☑☑ 【H30-2 問5 (1) (H29-2 問5 (1))】

次の文章は，情報システムの脆弱性を狙った攻撃について述べたものである．［　　］内の（ア）～（エ）に最も適したものを，下記の解答群から選び，その番号を記せ．ただし，［　　］内の同じ記号は，同じ解答を示す．

情報システムに脆弱性があるとそれが弱点となって外部からの攻撃を受けることがある．脆弱性の元となるプログラムの欠陥などは［（ア）］ともいわれる．

脆弱性を狙った攻撃には，［（イ）］攻撃，SQL インジェクション攻撃などがある．

［（イ）］攻撃を受けると，入力されたデータを一時的に蓄えておく領域にあらかじめ用意した大きさ以上のデータが送り込まれることにより，プログラムが停止したり，誤動作したりするおそれがある．SQL インジェクション攻撃を受けると［（ウ）］に含まれる情報が改ざん・消去される，情報が漏洩するなどの被害が生ずるおそれがある．

また，情報システムに用いられるコンピュータの OS は，最も基本的なソフトウェアであるだけにその脆弱性の問題は深刻なものになる危険性がある．OS の脆弱性対策としては，［（エ）］して適用する方法がある．

〈(ア)～(エ) の解答群〉

① 偶発的脅威
② バッファオーバフロー
③ バックアップ計画を策定
④ インシデント
⑤ DNS 内のレコード
⑥ デジタル認証を導入
⑦ フィッシング
⑧ ブルートフォース
⑨ データベース内のレコード
⑩ クッキー
⑪ セキュリティポリシー
⑫ CPU のバッファメモリ
⑬ クロスサイトスクリプティング
⑭ セキュリティホール
⑮ ハードディスクをミラーリング
⑯ セキュリティパッチをダウンロード

解説

脆弱性の元となるプログラムの欠陥などは(ア) **セキュリティホール**ともいわれます．脆弱性を狙った攻撃には，(イ) **バッファオーバフロー攻撃**，**SQL インジェクション攻撃**などがあります．

バッファオーバフロー攻撃は，入力されたデータを一時的に蓄えておく領域（バッファ）にあらかじめ用意した大きさ以上のデータが送り込むことにより，プログラムを誤動作させるものです．SQLインジェクションは，データベースと連動したWebサーバにおいて，アプリケーションの意図しないSQLコマンドやパラメータなどを入力し，(ウ)データベース内のレコードに含まれる情報を改ざん・消去したり，情報を不正に取り出すものです．

OSの脆弱性対策としては，(エ)セキュリティパッチをダウンロードして適用する方法があります．

【解答　ア：⑭，イ：②，ウ：⑨，エ：⑯】

問 8　インターネット上の攻撃手法

【H30-1 問5 (5)（H26-2 問5 (4)）】

インターネット上の攻撃手法などについて述べた次の文章のうち，誤っているものは，［（ク）］である．

〈(ク) の解答群〉

① DNSサーバの脆弱性を利用し，偽りのドメイン管理情報を覚え込ませることにより，特定のドメインに到達できないようにしたり，悪意のあるサイトに誘導したりする攻撃手法は，一般に，DNSキャッシュポイズニングといわれる．

② ソースルーティングはネットワークが正しく接続されているか試験したり，特定の経路の混雑を緩和したりする機能があるが，IPアドレスが偽装されて不正にアクセスされるおそれがある．

③ 規定外サイズのICMPエコー要求パケットを分割して送信することにより，送信先のコンピュータやルータをクラッシュさせる攻撃は，一般に，PoD（Ping of Death）攻撃といわれる．

④ 攻撃者が大量のSYN要求パケットを送出し，意図的にACKパケットを送らず放置することによって多数のTCPコネクションの確立中状態を作り出し，サーバの負荷を増大させる攻撃は，一般に，スマーフ攻撃といわれる．

解説

・①，②，③は正しい．

・攻撃者が大量のSYN要求パケット（TCPコネクション確立要求パケット）を送出し，相手からSYN ACKパケットを受けた後，意図的にACKパケットを送らず放置することによって多数のTCPコネクションの

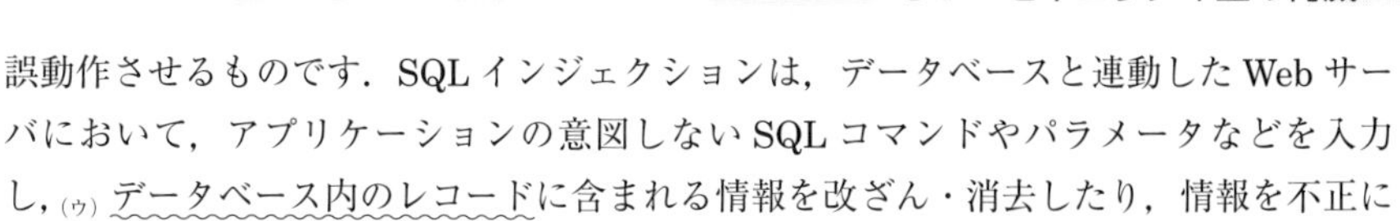

ソースルーティングとは，送信元がIPパケットの経路を指定する機能．

確立中状態を作り出す攻撃は，一般に，**SYN フラッド攻撃**といいます（④は誤り）．スマーフ（SMURF）攻撃とは，ping コマンドで使われる ICMP のエコー要求メッセージの送信元 IP アドレスを攻撃相手の IP アドレスで詐称して，ブロードキャストで攻撃相手のネットワークに送りつけることです．この要求メッセージに対し，ネットワーク上のコンピュータが一斉に大量のエコー応答を送信元に偽装された攻撃相手のコンピュータに向かって返すと，攻撃相手に過重な負荷がかかります．

【解答　ク：④】

問 9　攻撃手法

【H29-2 問 5（1）】

次の文章は，情報システムへの攻撃の手法について述べたものである．[　　] 内の（ア）～（エ）に最も適したものを，下記の解答群から選び，その番号を記せ．

情報の奪取などを行う攻撃の手法には，パスワードクラック，バッファオーバフロー，不正なコマンド注入などがある．

パスワードクラックには，英数記号などのあらゆる文字の組合せを総当たりで試行する [（ア）]，よく使う単語などを登録しておきこれらを組み合わせて試行する攻撃などがある．

バッファオーバフローは，対象となる OS やアプリケーションの [（イ）] を利用してサーバを操作不能にしたり，特別なプログラムを実行させて [（ウ）] を奪うことなどに用いられる．

不正なコマンド注入の一つとして，データベースに連動した Web サイトに入力するデータの中に悪意のあるコマンドを混入し，Web 管理者の想定外の処理を発生させることにより，データベースからの情報漏洩（えい）やデータの改ざんを引き起こす [（エ）] がある．

〈（ア）～（エ）の解答群〉

① 完全性	② DoS 攻撃	③ SQL インジェクション
④ フラグ	⑤ 脆（ぜい）弱性	⑥ 公開鍵
⑦ クッキー	⑧ パッチ	⑨ 標的型攻撃
⑩ 管理者権限	⑪ 辞書攻撃	⑫ サブルーチン
⑬ ディレクトリトラバーサル		⑭ セッションハイジャック
⑮ クロスサイトスクリプティング		⑯ ブルートフォース攻撃

解説

・**パスワードクラック**とは，データ解析などによって他人のパスワードを不正に探り当てる攻撃で，英数記号などのあらゆる文字の組合せを総当たりで試行する(ア) **ブルートフォース攻撃**（総当たり攻撃），よく使う単語などを登録しておき，これらを組み合わせて試行する攻撃などがあります．

・バッファオーバフローとは，コンピュータのバッファの大きさを超えるデータが入力されたり送り込まれたりすることで，システムが誤動作したり，悪意のあるプログラムが実行されてしまう原因となる状態のことです．バッファオーバフローは，対象となるOSやアプリケーションの(イ) 脆弱性を利用してサービスを操作不能にしたり，特別なプログラムを実行させて(ウ) 管理者権限を奪ったりすることなどに用いられます．

・不正なコマンド注入の一つとして，データベースに連動したWebサイトに入力するデータの中に悪意のあるコマンドを混入し，Web管理者の想定外の処理を発生させることにより，データベースからの情報漏洩やデータの改ざんを引き起こす(エ) **SQLインジェクション**があります．SQLインジェクションについては本節問7の解説を参照してください．

【解答　ア：⑯，イ：⑤，ウ：⑩，エ：③】

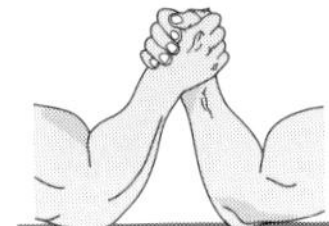

腕試し問題にチャレンジ！

問1 ファイアウォールのうち，パケットフィルタリング型では発信元［（ア）］と，［（イ）］などを見て，パケットを通過させるか遮断するか決定する．一方，アプリケーションゲートウェイ型で，ウイルスや悪質な電子メール，インターネット上の有害なWebページなどをチェックして，アクセスを許可するか否か判別する機能を［（ウ）］という．

① IPアドレス　② TCP/UDPポート番号　③ ICMPタイプ
④ ステートフル・インスペクション　⑤ コンテンツフィルタリング

問2 ファイル，アプリケーションなどの資源へのアクセスを制限するアクセス制御に関する次の説明は［（ア）］．

A 役割（ロール）に応じてアクセス権限を与える方式を任意アクセス制御という．

B オブジェクト（ファイルなど）に誰がアクセスできるかをオブジェクトの所有者が任意に設定できる方式を強制アクセス制御という．

① Aのみ正しい　② Bのみ正しい　③ AとBが正しい
④ AもBも正しくない

問3 セキュリティプロトコルに関する次の説明は［（ア）］．

A IPsecのESPのトランスポートモードでは，ESPヘッダをデータの前に挿入し，ESPトレーラをデータの後に付加し，ESPヘッダ，データ，ESPトレーラを認証範囲，データとESPトレーラを暗号化範囲とする．

B SSLは経路上にNATがある場合は，その影響を受けるため，NATをサポートしているルータを経由してSSLで通信することはできない．

① Aのみ正しい　② Bのみ正しい　③ AとBが正しい
④ AもBも正しくない

問4 共通鍵暗号方式の［（ア）］暗号は，［（イ）］暗号に比べ処理が複雑で高速化しにくいという特徴があり，代表的な暗号方式としてDESや［（ウ）］がある．［（イ）］暗号の代表的な暗号方式として［（エ）］がある．

① ブロック　② ストリーム　③ RSA　④ RC4　⑤ AES

問5 公開鍵暗号で，桁数が大きい合成数の［（ア）］の困難性を利用した暗号がRSA暗号，位数が大きな群の［（イ）］の困難性を利用した暗号がElGamal暗号である．

① 素因数分解問題　② 離散対数問題　③ 楕円曲線

問 6 ハッシュ関数は，任意の長さの平文を圧縮し，[（ア）]のビット列を出力する関数で，「ハッシュ値とハッシュ関数がわかっても元のデータを特定できない」という[（イ）]と，「元のデータが異なれば，ハッシュ値も異なったものになる」という[（ウ）]の性質をもっている．代表的なハッシュ関数として，MD5 や[（エ）]，がある．

① 可変長　② 固定長　③ 衝突困難性
④ 一方向性　⑤ SHA-1　⑥ DSA

問 7 IDS（侵入検知システム）と IPS（侵入防御システム）に関する次の説明は[（ア）].

A IPS は，侵入検知に加えて，侵入を検知した場合に，該当パケットを廃棄し通過させないようにするシステムである．

B プロトコル仕様に合致しない動作やアプリケーションの動作異常など，通常のシステムではありえない異常行動を検知し侵入と判断する手法を「シグネチャベースの検知」という．

① A のみ正しい　② B のみ正しい　③ A と B が正しい
④ A も B も正しくない

問 8 検疫ネットワークの方式のうち，[（ア）]では，あらかじめ PC にインストールされている検疫用ソフトウェアを使用してネットワークへのアクセス制御を行う．また，[（イ）]では，はじめに PC を検疫サーバの VLAN に接続させ，検疫サーバでユーザ認証とセキュリティ検査を行い，合格した場合に社内ネットワークの VLAN に切り替える．

① DHCP 方式　② パーソナルファイアウォール方式　③ 認証スイッチ方式

問 9 サーバへの DoS 攻撃に関する次の説明は[（ア）].

A ランド攻撃では，送信元 IP アドレスを攻撃対象の IP アドレスに詐称し，宛先 IP アドレスを攻撃対象の IP アドレスにして TCP 接続要求パケットを送信する．

B スマーフ攻撃では，規格外サイズの ICMP エコー要求パケットを送信して，送信先のコンピュータやルータをクラッシュさせる．

① A のみ正しい　② B のみ正しい　③ A と B が正しい
④ A も B も正しくない

問 10 DNS キャッシュポイズニング対策には，[（ア）]の再帰問合せ動作を無効にする方法と，ファイアウォールなどを用いて，[（イ）]がイントラネット（LAN 内部）

からの問い合わせのみを許可する方法がある.

① DNSコンテンツサーバ　② DNSキャッシュサーバ　③ DNSSEC

腕試し問題解答・解説

【問 1】 ファイアウォールのパケットフィルタリング型では発信元(ア)IP アドレスと，(イ)TCP/UDP ポート番号などを見て，パケットを通過させるか遮断するか決定する．一方，アプリケーションゲートウェイ型で，ウイルスや悪質な電子メール，インターネット上の有害な Web ページなどをチェックして，アクセスを許可するか否か判別する機能を(ウ)コンテンツフィルタリングといいます．[参考：5-1 節　問 4，問 5，問 15]

解答　ア：①，イ：②，ウ：⑤

【問 2】 役割（ロール）に応じてアクセス権限を与える方式はロールベースアクセス制御といいます（A は誤り）．オブジェクト（ファイルなど）に誰がアクセスできるかをオブジェクトの所有者が任意に設定できる方式は任意アクセス制御といいます（B は誤り）．強制アクセス制御とは，管理者が設定したセキュリティポリシーに基づいて，オブジェクトへのアクセス権限を制限する方式です．

解答　ア：④

【問 3】 A は正しい．SSL は，プロトコル階層の中で，トランスポート層（TCP/UDP）とアプリケーション層の間に位置するプロトコルで，ネットワーク層（IP）とは独立であるため，NAT など IP 通信の制約は受けません（B は誤り）．

解答　①

【問 4】 共通鍵暗号方式の(ア)ブロック暗号は，(イ)ストリーム暗号に比べ処理が複雑で高速化しにくいという特徴があり，代表的な暗号方式として DES や(ウ)AES があります．ストリーム暗号の代表的な暗号方式として(エ)RC4 があります．なお，RSA は公開鍵暗号方式です．

解答　ア：①，イ：②，ウ：⑤，エ：④

【問 5】 公開鍵暗号で，桁数が大きい合成数の(ア)素因数分解問題の困難性を利用した暗号が RSA 暗号で，位数が大きな群の(イ)離散対数問題の困難性を利用した暗号が ElGamal 暗号です．[5-3 節　問 3 の解説]

解答　ア：①．イ：②

【問 6】 ハッシュ関数は，任意の長さの平文を圧縮し，(ア)固定長のビット列を出力する関数で，「ハッシュ値とハッシュ関数がわかっても元のデータを特定できない」という(イ)一方向性と，「元のデータが異なれば，ハッシュ値も異なったものになる」という(ウ)衝突困難性の性質を持っている．代表的なハッシュ関数として，MD5 や(エ)SHA-1 があります．

解答　ア：②，イ：④，ウ：③，エ：⑤

【問 7】 プロトコル仕様に合致しない動作やアプリケーションの動作異常など，通常のシステムではありえない異常行動を検知し侵入と判断する手法はアノマリ検知（Anomaly detection：異常検出）といいます（B は誤り）．

シグネチャベースの検知とは，既知の攻撃パターン（不正侵入に使われる特徴的な文字列など）より作成した「シグネチャ」とパケット内容のマッチングを行い，一致した場合に「不正侵入」と判断する手法です．

解答 ア：①

【問 8】 検疫ネットワークの方式のうち，(ア)パーソナルファイアウォール方式では，あらかじめ PC にインストールされている検疫用ソフトウェアを使用してネットワークへのアクセス制御を行います．また，(イ)認証スイッチ方式では，はじめに PC を検疫サーバの VLAN に接続させ，検疫サーバでユーザ認証とセキュリティ検査を行い，合格した場合に社内ネットワークの VLAN に切り替えます．検疫ネットワークでは，これらのほかに，PC に対し，はじめに検疫ネットワーク接続用の仮の IP アドレスを付与し，検査に合格した場合に，社内 LAN 接続用の IP アドレスを付与する DHCP 方式があります．

解答 ア：②，イ：③

【問 9】 スマーフ攻撃とは，ping コマンドで使われる ICMP のエコー要求メッセージの送信元 IP アドレスを攻撃相手の IP アドレスで詐称し，ブロードキャストでネットワークに送りつけ，ネットワーク上のコンピュータに一斉に大量のエコー応答を送り返させることにより，攻撃相手に過重な負荷をかける攻撃です（B は誤り）．規格外サイズの ICMP エコー要求パケットを送信して，送信先のコンピュータやルータをクラッシュさせる攻撃は Ping of Death（PoD）攻撃です．［参考：5-7 節　問 8 の解説］

解答 ①

【問 10】 DNS キャッシュポイズニング対策には，(ア)DNS コンテンツサーバの再帰問合せ動作を無効にする方法と，ファイアウォールなどを用いて，(イ)DNS キャッシュサーバがイントラネット（LAN 内部）からの問い合わせのみを許可する方法があります．

解答 ア：①，イ：②

6章 電源設備

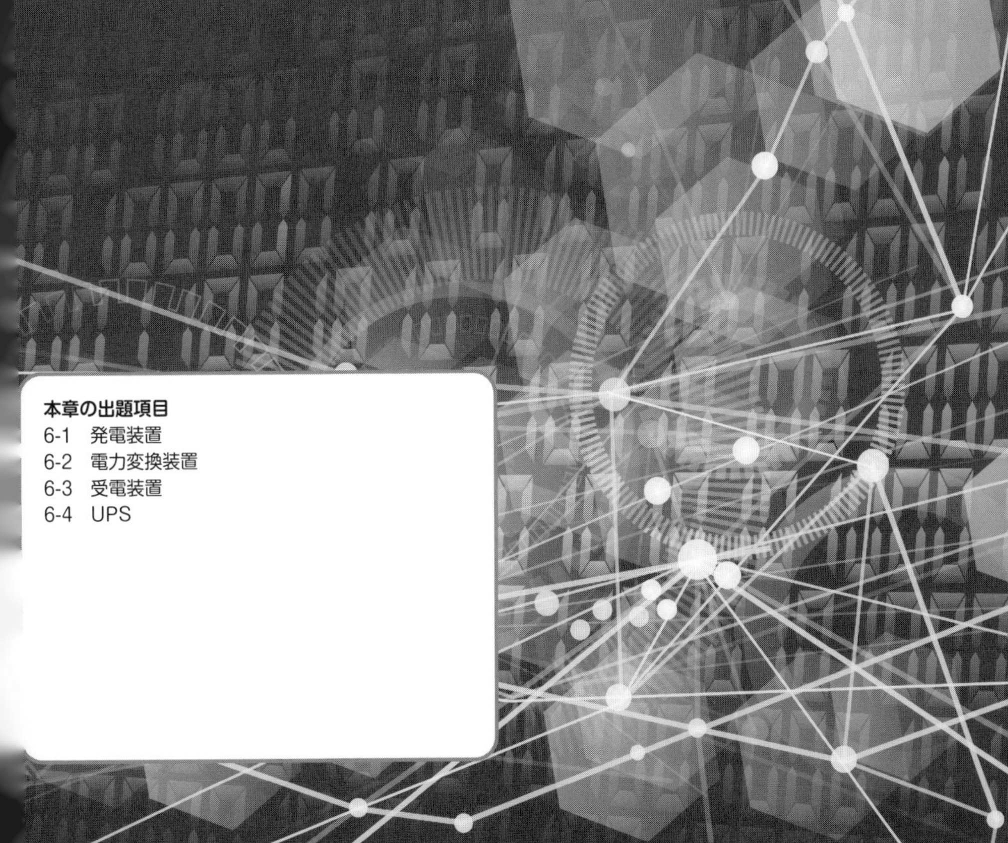

本章の出題項目

6-1　発電装置
6-2　電力変換装置
6-3　受電装置
6-4　UPS

6-1 発電装置

出題傾向

自家用発電装置や無停電電源装置（UPS）を含む通信用電源設備に関する問題が出されています．令和４年度に太陽光発電システムに関する問題が出されており，今後も出題されることが予想されます．

問1　太陽光発電システム　【R4-1 問4 (3)】

太陽光発電システムの特性，機能などについて述べた次の文章のうち，誤っているものは，［（オ）］である．

〈（オ）の解答群〉

① 太陽電池素子は，周囲環境温度が－20〔℃〕～40〔℃〕の範囲内では，一般に，温度が上昇すると出力が低下する特性を持っている．

② 太陽光発電システムは，日照が強いときに蓄電池を過充電するのを防止するための過充電防止機能や，日照が弱いときに蓄電池から太陽電池素子に電流が逆流するのを防止するための電流逆流防止機能を持っている．

③ 太陽光発電システムにおいて，パワーコンディショナの運用形態は，商用電源と接続する系統連系形及び商用電源と接続しない独立形の二つに大別される．

④ 通信用電源などに用いられる直流供給システムと連系する太陽光発電システムでは，一般に，昼間に商用電源が停電した場合，太陽光エネルギーを利用してデマンド制御装置を運転することによって通信用電源をバックアップし，通信システム用蓄電池の放電量を抑制することができる．

解説

・①，②，③は正しい．

・通信用電源と連系する太陽光発電システムでは，昼間に商用電源が停電した場合，太陽光エネルギーを利用してパワーコンディショナを運転することによって通信用電源をバックアップします（④は誤り）．パワーコンディショナは，直流電力を交流電力に変換する装置で，停電時に使われる自立運転機能を備えたものもあります．自立運転機能は，商用電源が停電した場合に，自らを運転する電力源を商業電源から発電電源に切り換えることで運転を継続させるものです．

【解答　オ：④】

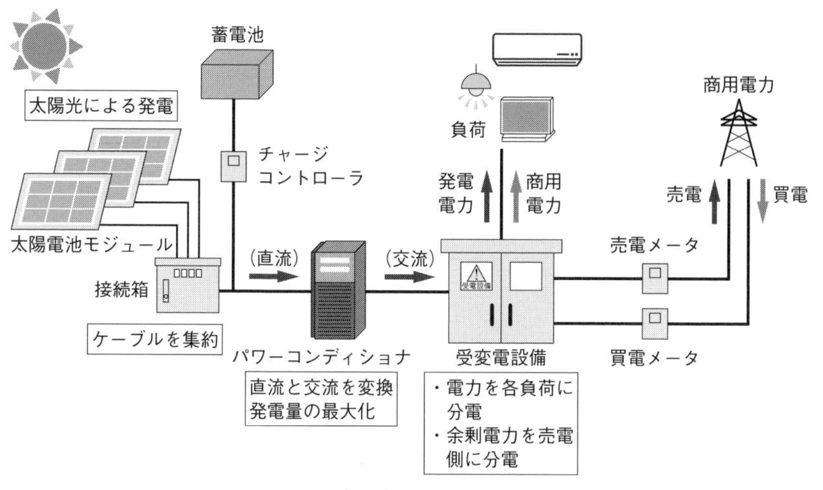

図　太陽光発電システム

問 2	通信用電源設備	☑☑☑【R3-2 問 4 (1)】

次の文章は，通信用電源設備，交流供給方式の特徴，装置構成などについて述べたものである．[　　　]内の（ア）～（ウ）に最も適したものを，下記の解答群から選び，その番号を記せ．ただし，[　　　]内の同じ記号は，同じ解答を示す．

通信用の交流電源装置は，入力の商用電源の異常に対して出力の電圧変動，周波数変動などを抑制し，通信システムに安定した交流電力を供給することが求められる．

商用電源の異常を引き起こす事故・故障のうちで頻度が最も高いものは，電力会社などの送配電線への落雷による地絡や相間の[（ア）]によって生ずる瞬断や瞬時電圧低下である．その継続時間は，電力会社などの送配電線における高速遮断・再閉路の切替時間に関係しており，[（イ）]である．この値は，受電点における電源品質に直接影響するものであり，需要家の受電設備や負荷設備の設計・保守・運用に当たって十分に考慮する必要がある．

通信ビルでは，商用電源の停電，瞬停，電圧異常などに対しても通信システムを無瞬断で運転を継続できるように，UPS を常に運転している．また，通信システムからの発熱による通信機械室内の温度上昇を抑えるために，[（ウ）]を常に運転している．商用電源の停電などが長時間に及ぶ場合には，非常用発電装置を運転して，UPS，[（ウ）]などに電力を供給することが必要となる．

〈(ア)～(ウ) の解答群〉

①	閃(せん)絡	②	空気調和機	③	短絡
④	熱吸収式冷凍機	⑤	逆閃絡	⑥	誘導障害
⑦	冷却塔	⑧	外気ファン	⑨	0.01 秒未満
⑩	0.01 秒～0.03 秒程度			⑪	0.05 秒～2 秒程度
⑫	5 秒～10 秒程度				

解説

商用電源の異常を引き起こす事故・故障のうちで頻度が最も高いものは，電力会社などの送配電線への落雷による地絡や相間の(ア) **短絡**によって生じる瞬断や瞬時電圧低下です．その継続時間は，電力会社などの送配電線における高速遮断・再閉路の切替時間に関係しており，(イ) 0.05 秒～2 秒程度です．

通信ビルでは，商用電源の停電，瞬停，電圧異常などに対しても通信システムを無瞬断で運転を継続できるように，**無停電電源装置**（Uninterruptible Power Supply, **UPS**）を常に運転しています．また，通信システムからの発熱による通信機械室内の温度上昇を抑えるために，(ウ) 空気調和機（空調機）も常に運転しています．

UPS は，停電を瞬時に検知し，商用電源から内蔵の蓄電池に切り換え，接続された装置に対して給電を継続する装置です．空気調和機は，対象とする室内や特定の空間における空気の温度，湿度，清浄度を調整する装置です．

【解答　ア：③，イ：⑪，ウ：②】

問 3　予備エネルギー源　【R3-2 問 4 (4)】

通信ビルにおける予備エネルギー源について述べた次の文章のうち，誤っているものは，［　(カ)　］である．

〈(カ) の解答群〉

① 鉛蓄電池やリチウムイオン二次電池は，商用電源の停電時などに瞬時にエネルギーの供給を開始できることから，一般に，通信ビルにおける短時間予備エネルギー源として利用される．

② ディーゼル機関やガスタービン機関を原動機とする非常用発電設備は，商用電源の停電時などにおける長時間予備エネルギー源として利用される．

③ 中規模以上の通信ビルでは，一般に，短時間予備エネルギー源と長時間予備エネルギー源が組み合わせて設置される．

④ 商用電源の供給を受けられる離島の小規模な通信ビルでは，経済性を考慮

して，蓄電池保持時間が数時間程度の蓄電池による短時間予備エネルギー源のみ設置され，長時間予備エネルギー源は設置されない．

解説

通信ビルにおける停電時に備えた予備エネルギー源（電源装置）として，発電装置や**UPS**があります．発電装置は，長期停電に備えた予備電源で，ディーゼル機関やガスタービン機関を原動機とするものがあります．UPSは，瞬時電圧低下や瞬断を補償し，発電装置を起動するまでの停電を防止するためにも用いられます．一般に数分から数時間程度の短時間しか電力供給できません．鉛蓄電池やリチウムイオン二次電池などを内蔵しています．

・①，②，③は正しい．

・情報通信ネットワーク安全・信頼性基準（昭和62年郵政省告示第73号）の一部を改正する告示案概要に以下の改正案があります（④は誤り）．

「大規模な災害時における重要な対策拠点となる都道府県庁や，駆けつけに時間がかかる離島に所在する市役所又は町村役場をカバーする通信設備の予備電源については，少なくとも「72時間」にわたる停電対策に努めること」

【解答　カ：④】

問4　自家用発電設備　☑☑☑【R3-1 問4（4）（H26-1 問2（3）（i））】

自家用発電設備について述べた次の文章のうち，誤っているものは，［（カ）］である．

〈（カ）の解答群〉

① 自家用発電設備は，設置目的別に分類すると，常用と非常用に分けられ，非常用は保安用と防災用に分けられる．

② 電気通信事業法に基づく技術基準において，事業用電気通信設備に対する停電対策として自家用発電機の設置などが求められている．

③ 電力会社などからの電力供給が困難な場所での電力確保用の電源や契約電力の削減を目的としたピークカット運転用の電源として，一般に，常用の自家用発電設備が用いられる．

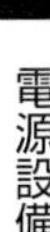

④ 商用電源からの給電が停止したときのために，建築基準法に定める排煙設備などに対する予備電源及び消防法に定める屋内消火栓などに対する非常電源として，一般に，保安用の自家用発電設備が用いられる．

解説

通信用電源設備の防災対策については，事業用電気通信設備規則で規定されています．

・①は正しい．

・②は正しい（事業用電気通信設備規則第 11 条（停電対策）より）．

・③は正しい．**ピークカット運転**は，電力料金を抑えるために，1 日の中で使用電力の多くなるピークの時間帯に，電力会社からの電力の代わりに常用発電機により電力を供給する方式です．

・建築基準法に定める排煙設備や非常用エレベータなどに対する予備電源および消防法に定める屋内消火栓などに対する非常電源として，商用電源からの給電が停止したときのために，一般に，防災用の自家発電設備が用いられます（④は誤り）．

POINT
自家用発電設備は，常用発電機と非常用発電機に分類され，非常用発電機はさらに防災用発電機と業務などの継続を目的とした保安用発電機に分類される．

【解答　カ：④】

問 5	**自家用発電設備** 【H30-1 問 2（3）(ii)（H26-1 問 2（3）(i)）】

通信用電源設備の防災対策について述べた次の文章のうち，誤っているものは，（ク）である．

〈（ク）の解答群〉

① 自然災害による被災時には，電力会社の送電線，配電設備などが被害を受け，商用電源の瞬時電圧低下や長時間の停電が発生する危険性がある．このため，通信用電源設備では予備エネルギー源として，一般に，発電装置，蓄電池などが用いられる．

② 長時間にわたる停電の継続，据置型のエンジン発電装置の故障などに対しては，一般に，可搬型発電機や移動電源車を配備する対策が用いられる．

③ 蓄電池は，負荷の電源容量が大きい大規模な通信ビルの場合や予備のエンジン発電装置の燃料補給が困難な場合には，一般に，長時間予備エネルギー源として用いられる．

④ エンジン発電装置では，地震に伴う装置の逸脱を防止できる防振装置や耐震ストッパの設置，燃料用などの配管へのフレキシブルパイプ利用などが耐震対策として用いられる．

解説

- ①は正しい（事業用電気通信設備規則第 11 条（停電対策）より）.
- ②は正しい（同規則第 11 条（停電対策）より）.
- 蓄電池は，一般に，短時間予備エネルギー源として用いられ，負荷の電源容量が大きい大規模な通信ビルの場合や予備のエンジン発電装置の燃料補給が困難な場合には，一般に，負荷側装置の停止や予備電源への切り換えまでの暫定的なエネルギー源として用いられます（③は誤り）.
- ④は正しい（同規則第 16 条 4（耐震対策等）より）.

【解答　ク：③】

6-2 電力変換装置

出題傾向

給電方式と，給電時に用いられる整流器や整流装置に関する問題がよく出されています．

問 1 **給電方式** ☑☑☑ 【R3-2 問 4 (2)】

複数のインバータユニットで構成されるインバータシステムによる給電方式の種類と特徴について述べた次の文章のうち，誤っているものは，［ (エ) ］である．

〈(エ) の解答群〉

① 常時商用給電方式のうち，平常時は各インバータユニットを商用電源と同期をとって無負荷で運転しながら，商用バイパス回路から負荷に給電し，商用停電時は各インバータの一括出力系統からの給電に切り換えて，無瞬断で負荷への給電を継続する方式は，インバータ運転待機方式といわれる．

② 常時商用給電方式のうち，平常時は全インバータユニットを停止しておき，商用バイパス回路から負荷に給電し，商用停電時は各インバータユニットを起動し，1ユニットずつ同期をとりながら順次負荷への給電に切り換えていく方式は，インバータ停止待機方式といわれる．

③ 常時インバータ給電方式のうち，平常時は各インバータユニットを商用電源と同期をとって運転しながら負荷へ給電し，インバータユニットの故障時は商用バイパス回路からの給電に切り換えて，無瞬断で負荷への給電を継続する方式は，商用同期方式といわれる．

④ 常時インバータ給電方式のうち，平常時は商用バイパス回路を持たない各インバータユニットを同期をとって運転しながら負荷へ給電し，インバータユニットの故障時は商用電源系統からの給電に切り換えて，負荷への給電を継続する方式は，独立運転方式といわれる．

解説

インバータ給電方式には，**常時インバータ給電方式**と**常時商用給電方式**があります．常時インバータ給電方式には，独立運転方式と，商用同期方式があります．**商用同期方式**は，通常時は，蓄電池への充電を行いながら負荷への給電する方式で，停電時には蓄電池からの給電に切り換えます．また故障時やメンテンナンス時のために商用電源のバイパス回路を設けています．**独立運転方式**は，バイパス回路のない単純な構成の方式です．

常時商用給電方式の構成には，**インバータ停止待機方式**（**コールドスタンバイ方式**），**インバータ運転待機方式**（**ホットスタンバイ方式**），**並列給電方式**があります．インバータ停止待機方式は，通常時はインバータを停止しておき，商用電源が停電した場合に，インバータの運転を開始しインバータからの給電に切り換える方式です．切り換えに伴い，一時的な停電が生じます．インバータ運転待機方式は，通常時はインバータを無負荷運転し，商用電源が停電した場合に，無瞬断でインバータからの給電に切り換える方式です．並列給電方式は，インバータと商用電源を同期運転し負荷を分担して給電する方式で，片方が給電できなくなった場合は，残る片方が全負荷を分担します．

・①，③，④は正しい．

・インバータ停止待機方式は，平常時は全インバータユニットを停止しておき，商用バイパス回路から負荷に給電し，商用停電時は各インバータユニットを起動し，起動と同時にスイッチをインバータ側に切り換えていく方式です（②は誤り）．

【解答　エ：②】

問2　給電方式

【R3-1 問4（1）】

次の文章は，通信装置への給電方式について述べたものである．[　　　]内の(ア)～(ウ) に最も適したものを，下記の解答群から選び，その記号を記せ．ただし，[　　　]内の同じ記号は，同じ解答を示す．

通信装置への給電方式には，直流給電方式と交流給電方式の二つがある．

直流給電方式では，商用の交流電力を整流器で直流電力に変換し，商用停電時の予備エネルギー源として利用する蓄電池を常時[（ア）]しながら，その端子電圧を許容範囲内に[（イ）]する電圧[（イ）]器を介して，所要の直流電力を通信装置に供給する．

交流給電方式では，商用の交流電力を整流器で直流電力に変換した後，インバータに半導体スイッチング素子を用いた[（ウ）]形交流電源装置により所要の交流電力に変換して，通信装置に供給する．[（ウ）]形交流電源装置は，回転部分がないため機械的摩耗劣化の心配がない．

〈(ア)～(ウ) の解答群〉

①　昇圧	②　補償	③　均等充電	④　補充電
⑤　非共振	⑥　降圧	⑦　共振	⑧　変成

6章　電源設備

⑨　静止　　　　⑩　部分浮動充電
⑪　並列冗長　　⑫　全浮動充電

解説

充電と電力供給を同時に行うことを，(ア) **全浮動充電**といいます．停電時は，蓄電池の電源に切り換わりますが，通信装置への電圧供給を安定的にするために(イ) **電圧補償器**が接続されています．

インバータには，半導体スイッチング素子を用いた(ウ) **静止形交流電源装置**が使用されるのが一般的です．半導体スイッチング素子が普及する前は，直流電源で回転させるモータによる交流発電機で交流電源を作り出す方式の回転形交流電源装置が使われていました．

【解答　ア：⑫，イ：②，ウ：⑨】

問 3	**整流回路** 【R3-1 問 4 (2) (H27-1 問 2 (3) (i)，H24-2 問 2 (3) (i))】

整流回路の種類と特徴について述べた次の文章のうち，誤っているものは，［　(エ)　］である．

〈(エ) の解答群〉
① 整流回路とは，交流を直流に変換する回路のことであり，直流を交流に変換する順変換回路と対比させて，逆変換回路ともいわれる．
② 整流回路では，一般に，交流入力の 1 サイクルの間における整流後の出力電圧波形の繰り返し数が多いほど，直流出力電圧波形は平坦(たん)な波形に近くなる．
③ 整流回路には，単相半波整流回路，単相全波整流回路，三相半波整流回路，三相全波整流回路などがある．
④ 整流回路の出力電圧の脈動はリプルといわれ，三相全波整流回路は，三相半波整流回路と比較して，一般に，リプルが小さい．

解説

・**整流回路**とは，交流を直流に変換する回路のことであり，直流を交流に変換する逆変換回路に対して，順変換回路ともいわれます（①は誤り）．
・②，③，④は正しい．

整流器（順変換回路）はコンバータ，逆変換回路はインバータともいわれる．

図は，整流回路の整流直後の波形です．**半波整流回路**は交流電流の正・負の一方だけを流して整流を行う回路で，**全波整流回路**は正負両方の交流電流から正の電流を出力して整流する回路です．整流回路の出力は，山の連続のような波形となっていますがこれを脈流といいます．整流した後は平滑回路などを用いて電圧を均一化しますが，完全に平坦にはならず，**リプル**（ripple）と呼ばれる小さな脈動が残ります．全波整流回路の出力は半波整流回路の出力より零電位の時間が短いため，全波整流回路の方がリプルは小さくなります．本節 問5の解説も参照してください．

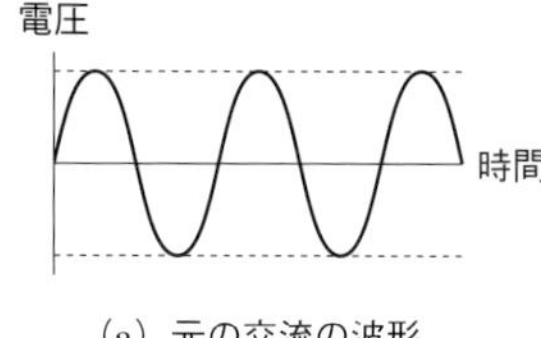

（a）元の交流の波形

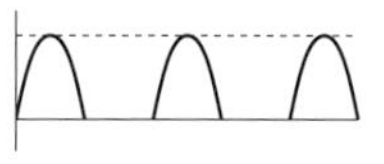
（b）半波整流回路での整流後の波形

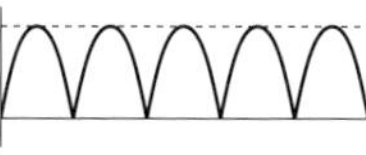
（c）全波整流回路での整流後の波形

図　半波整流回路と全波整流回路の出力

【解答　エ：①】

問4　インバータ　☑☑☑【R2-2 問2（2）（i）】

自励式インバータの種類，特徴などについて述べた次の文章のうち，<u>誤っているもの</u>は，［（オ）］である．

〈（オ）の解答群〉

① 電圧形インバータでは，一般に，出力電圧の波形は方形波となり，出力電流は正弦波交流に近い波形となる．

② 電圧形インバータでは，一般に，直流側にコンデンサが接続されている．

③ 電流形インバータは，電圧形インバータと比較して，一般に，電源インピーダンスが小さく，過電圧保護は容易であるが，過電流保護は難しい．

④ 電流形インバータでは，一般に，直流側にリアクトルが接続されている．

解説

インバータは，基本的には直流電流を交流電流に変換する回路（インバータ回路）を表しますが，インバータ回路をもつインバータ装置を指す場合もあります．インバータは，大きく**電圧形インバータ**と**電流形インバータ**の2種類に分けることができます．

電圧形インバータとは，電圧を出力するインバータで，サイリスタまたはトランジスタなどの半導体スイッチを用いて直流をスイッチングし，方形波の交流電圧を出力します．サイリスタと並列に帰還ダイオード（フリーホイリング・ダイオード）を接続し，誘導負荷の遅れ電流成分を直流電源に帰還させています．電圧形インバータは，回生運転時に直流電流が反転しますが，帰還ダイオードがあるので単独では回生動作ができないため，回生用整流器を別に用意する必要があります．

電流形インバータは，電流を出力するインバータで，直流側にリアクトルを接続しているため，交流負荷側からみた回路のインピーダンスが高くなり，電流源とみなすことができます．電流形の出力は，電流波形が方形波であり，電流が一方向しか流れません．このため電圧形で必要であった帰還ダイオードは不要です．

・①，②は正しい．

・電圧形インバータは，電流形インバータと比較して，一般に，電源インピーダンスが小さく，過電圧保護は容易ですが，過電流保護は難しいという特徴があります（③は誤り）．

・④は正しい．**リアクトル**とは，交流回路に対してリアクタンス（電流を流れにくくする作用）を生じさせるインダクタンスの働きをするコイル状の静止誘導機器です．力率改善や高調波の抑制などを目的として，電流を一定に保つためにインバータに接続されます．

【解答　オ：③】

問 5　**整流器**

【R2-2 問 2（2）(ii)（H31-1 問 2（3）(ii)，H27-1 問 2（3）(i)）】

整流器などについて述べた次の文章のうち，誤っているものは，［（カ）］である．

〈（カ）の解答群〉

① 整流回路には，半波整流回路と全波整流回路がある．通信用電源には，一般に，半波整流回路と比較してリプルが小さい全波整流回路が用いられる．

② 整流回路では，一般に，交流入力 1 サイクルの間における整流後の出力電圧波形の繰り返し数が多いほど，出力電圧波形は理想的な直流の波形に近くなり，入力電流波形は正弦波形に近くなる．

③ ダイオード整流器は，直流出力電圧を制御する機能を持たないため，入力電圧の変動や負荷電流の変動によって出力電圧が変動する．この出力電圧の変動を抑制するために，入力側に位相制御回路を付加する，出力側に DC-DC コンバータ回路を付加するなどの方法がある．

④ サイリスタ整流器は，定電圧制御機能を持たないため，出力電圧の安定化を図るために，定電圧制御装置を付加して使用される．

解説

・①は正しい．交流電流を整流回路で直流化された電流は，平滑回路で平滑化されますが，図に示すように，平滑回路で除ききれなかった波形の乱れがリプルです．

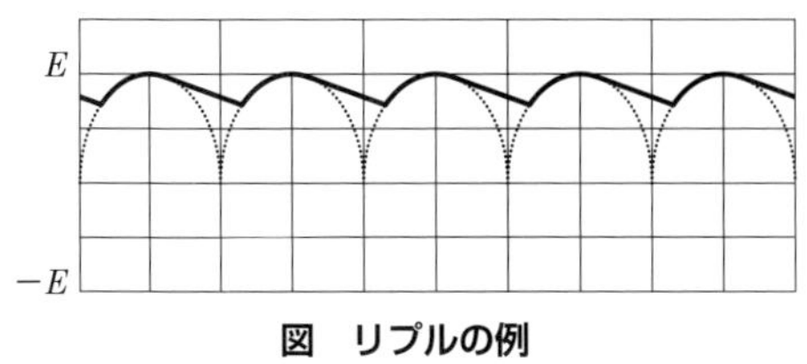

図　リプルの例

・②は正しい．本節 問3の解説も，参照してください．
・③は正しい．
・サイリスタ整流装置は，定電圧制御機能をもちます（④は誤り）．

【解答　カ：④】

問6　スイッチングレギュレータ
【H31-1 問2（3）(i)（H27-1 問2（3）(ii)，H24-2 問2（3）(ii)）】

インバータ，コンバータ及びスイッチングレギュレータについて述べた次のA～Cの文章は，［（キ）］

A　直流入力電圧を電圧値の異なる直流電圧に変換する装置は，一般に，インバータといわれる．デジタル交換機などでは，電子回路のほとんどが動作電源として多種類の低電圧の直流電源を必要としており，これらの電子回路に直流電圧を供給するためにインバータが用いられる．

B　直流入力電力を交流電力に変換する装置は，一般に，コンバータといわれる．無停電交流電源装置は，一般に，交流電力を直流電力に変換して蓄電池に供給するとともに，直流電力をコンバータで変換し，定電圧で定周波数の交流電力を出力する．

C　スイッチングレギュレータでは，スイッチング素子を用いて入力電圧を断続することにより電圧変換を行うとともに，スイッチング素子のオン時間とオフ時間の長さの比を調整して出力電圧の安定化を図っている．

〈(キ)の解答群〉

① Aのみ正しい　② Bのみ正しい　③ Cのみ正しい
④ A，Bが正しい　⑤ A，Cが正しい　⑥ B，Cが正しい
⑦ A，B，Cいずれも正しい
⑧ A，B，Cいずれも正しくない

解説

・直流入力電圧を異なる直流電圧に変換する装置は**コンバータ**です．デジタル交換機などでは，電子回路のほとんどが動作電源として多種類の低電圧の直流電源を必要としており，これらの電子回路に直流電圧を供給するためにコンバータが用いられます（Aは誤り）．

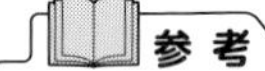

コンバータは交流または直流の電圧を直流電圧に変換する装置．直流入力電圧を異なる直流電圧に変換する装置は特にDC-DCコンバータという．

・直流入力電力を交流電力に変換する装置は**インバータ**です．無停電電源装置は，一般に，交流電力を直流電力に変換して蓄電池に接続した後に，直流電力をインバータで変換し，定電圧で定周波数の交流電力を出力する方式を採っています（Bは誤り）．

インバータは直流電力を交流電力に変換する装置．

・Cは正しい．**スイッチング・レギュレータ**は，スイッチング素子のオン/オフ時間を制御することにより，入力直流電圧を希望する直流電圧に変換するDC-DCコンバータの1方式です．

【解答　キ：③】

問7　**整流回路**

【H31-1 問2（3）(ii)（H27-1 問2（3）(ii)，H24-2 問2（3）(ii)）】

整流装置や整流回路の種類，構成，特徴などについて述べた次の文章のうち，<u>誤っているもの</u>は，［（ク）］である．

〈(ク)の解答群〉

① 整流装置は，一般に，正負に交番する交流電圧を正のみで変動する脈動電圧に変換する整流回路と，脈動電圧を電圧値がほぼ一定の直流電圧に変換する平滑回路で構成される．

② 整流回路では，一般に，交流入力1サイクルの間における整流後の出力電圧波形の繰り返し数が多いほど，出力電圧波形は理想的な直流の波形に近くなり，入力電流波形は正弦波形に近くなる．

③ サイリスタ整流装置は，それ自体に定電圧制御機能が無いため，一般に，出力電圧の安定化を図るための定電圧制御装置と組み合わせて用いられる．

④ 整流回路の出力電圧の脈動はリプルといわれ，三相全波整流回路は，一般に，三相半波整流回路と比較して，リプルが小さい．

解説

・①，②，④は正しい．

・サイリスタ整流装置には，定電圧制御機能があります（③は誤り）．

本節 問3，問5の解説も参照してください．

【解答 ク：③】

6-3 受電装置

出題傾向

受電設備と受電設備に用いられる部品，変圧器と変流器，安全性を高める雷対策や遮断器，接地工事に関する問題がよく出されています．

問 1　進相コンデンサと直列リアクトル　【R4-1 問 4（2）】

受電設備における進相コンデンサと直列リアクトルについて述べた次の文章のうち，正しいものは，［（エ）］である．

〈（エ）の解答群〉

① 負荷設備は一般に誘導性であるため，配電系統の電力は進み無効電力を多く含んでおり進み力率となる．進相コンデンサは，この進み無効電力を吸収し，力率を改善するために用いられる．

② 進相コンデンサに対して直列に接続される直列リアクトルには，進相コンデンサ投入時の過大な突入電流を抑制する効果や高調波電流の流出を抑制する効果がある．

③ 進相コンデンサと直列リアクトルの設置位置としては，受電用変圧器の高圧側又は低圧側，あるいは各負荷設備の入力側がある．実際の設置位置は，経済性や省エネルギー性を考慮して，各負荷設備の入力側とするのが一般的である．

④ 進相コンデンサは，回路から切り離された直後は残留電荷が残っており，取扱者が感電する危険性がある．このため，進相コンデンサには，残留電荷を吸収するために別のコンデンサ素子を付加している．

解説

・負荷設備は一般に誘導性であるため，配電系統の電力は進み無効電力を多く含んでおり，遅れ力率となります．**進相コンデンサ**は，この遅れ無効電力を吸収し力率を改善するために用いられます（①は誤り）．

・②は正しい．

・進相コンデンサと直列リアクトルの設置位置としては，受電用変圧器の高圧側または低圧側，あるいは各負荷設備の入力側があります．実際の設置位置は，経済性や省エネルギー性を考慮して，受電用変圧器の高圧側または低圧側とするのが一般的です（③は誤り）．

・進相コンデンサは，回路から切り離された直後は残留電荷が残っており，取扱者が感電する危険性があります．このため，進相コンデンサには，残留電荷を放電するために別の放電抵抗もしくは放電コイルを付加しています（④は誤り）．

【解答　エ：②】

問 2　変圧器及び変流器　☑☑☑【R4-1 問 4（4）（H28-2 問 2（3）(ii)）】

変圧器及び変流器について述べた次の文章のうち，誤っているものは，（カ）である．

〈（カ）の解答群〉

① 高圧受電用に使用される変圧器は，一般に，構造上の違いによって外鉄型と内鉄型，絶縁・冷却方式の違いによって油入式と乾式，相数の違いによって単相と三相などに分類することができる．

② モールド変圧器は，巻線の絶縁材料として冷却用を兼ねた絶縁油を使用した変圧器であり，変圧器を長期間使用しても，乾式変圧器と比較して，絶縁性能が低下しにくい利点がある．

③ 高電圧で大電流の回路における電圧と電流を計測するには，一般に，計器用変圧器及び変流器を使用する．これら計器用変圧器及び変流器は，総称して計器用変成器といわれる．

④ 零相変流器は，三相交流の電気系統に地絡事故が発生したときに流れる地絡電流を検出する機能を有しており，高圧受電用地絡継電装置などに使用されている．

解説

・①は正しい．変圧器の外鉄形と内鉄形，油入式と乾式，単相と三相の意味については，本節 問 4 の解説を参照してください．

・**モールド変圧器**は，巻線の絶縁材料として耐燃性が高いエポキシ樹脂を含浸モールドした変圧器で，安全性（不燃性）が高く，小型であるというメリットがあります．

巻線の絶縁材料として冷却用を兼ねた絶縁油を使用した変圧器は油入変圧器で，変圧器を長時間使用した場合，乾式変圧器と比較して，絶縁油の酸化により絶縁性能が低下しやすいという欠点があります．

・③は正しい．**計器用変圧器**とは，高電圧を測定するため，電圧計，継電器などに直接つなげられるよう低電圧に変成する機器のことです．**変流器**とは，大電流や高電圧の電流を計測するため，電流計や継電器に直接つなげられるよう小電流に変成する機器のことです．

・④は正しい．**零相変流器**は，地絡事故が発生したときの零相電流（各相電流のベクトル和）の検出に使用されます．

【解答　カ：②】

問3　**雷対策**　☑☑☑【R3-2 問4（3）（H29-2 問2（3）(ii)）】

落雷によって生ずる過電圧・過電流とその対策について述べた次の文章のうち，誤っているものは，［（オ）］である．

〈（オ）の解答群〉

① 電力会社などの配電線に落雷があった場合，電磁的結合により，その配電線の近傍にある通信線において過電圧が生ずる現象は，誘導雷といわれる．

② 建築物の避雷針に落雷があった場合，建築物の接地と商用電源の接地との間に電位差を生じて雷電流が商用電源の供給側へ流れ込む現象は，逆流雷といわれる．

③ 電気設備の低圧機器への雷サージの侵入経路としては，避雷針，アンテナ線，電源線，通信線，接地線などが想定され，雷サージにより低圧機器内部の絶縁破壊を発生させないようにするには，一般に，接地の等電位化とサージ防護デバイスの適切な設置が有効である．

④ 建築物の避雷針に落雷があった場合，接地極の電位上昇によって高圧受電用の変圧器やその二次側に接続された機器が破壊されるおそれがあるため，一般に，変圧器の二次側に高圧避雷器を設置して防護する．

解説

・①，②，③は正しい．

・落雷対策として，一般に，変圧器の一次側に高圧避雷器を設置して防護します（④は誤り）．

【解答　オ：④】

問4　**変圧器**　☑☑☑　【R1-2 問2（3）(i)（H26-1 問2（3）(i)）】

変圧器の種類と特徴について述べた次の文章のうち，正しいものは，［（キ）］である．

〈（キ）の解答群〉

① 外鉄形変圧器は巻線の内部に単一の磁気回路を有し，内鉄形変圧器は巻線

の周囲に複数の磁気回路を有している．外鉄形変圧器は内鉄形変圧器と比較して，一般に，銅損が小さいことから低圧用の変圧器に適している．

② 油入変圧器は，巻線の絶縁と冷却に絶縁油を使用していることから，乾式変圧器と異なり，一般に，変圧器を長期間使用した場合でも，絶縁性能がほとんど低下しない．

③ モールド変圧器は乾式変圧器の一種であり，巻線の絶縁材料としてエポキシ樹脂などが用いられているため，難燃性を有している．

④ 三相変圧器は，1台の変圧器で三相変圧を行う変圧器である．三相変圧器は，単相変圧器3台を1組として使用した場合と比較して，単位容量当たりの床面積は大きいが，一般に，高圧側の接続工事が容易である．

解説

・図のように，**外鉄形変圧器**は，巻線の周囲に複数の磁気回路を有しています．また，**内鉄形変圧器**と比較して，一般に，銅損が小さいことから低圧用の変圧器に適しています（①は誤り）．

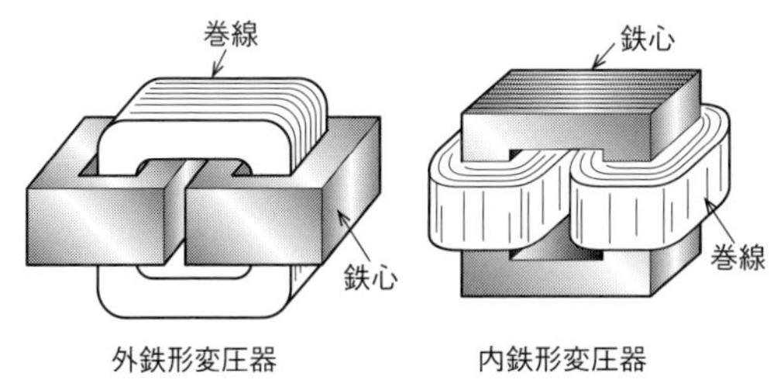

図　外鉄形変圧器と内鉄形変圧器の構成

・油入変圧器は，巻線の絶縁と冷却に絶縁油が使用されることから，長期間の使用により絶縁油が酸化し，乾式変圧器と異なり，絶縁性能が徐々に低下していきます（②は誤り）．

・③は正しい（モールド変圧器は，油を使用しないため，不燃で防災に適します）．

・三相変圧器は，単相変圧器3台を1組として使用した場合に比べ，単位面積当たりの床面積を小さくできます（④は誤り）．

POINT
乾式変圧器は油を使用しない変圧器の総称．

単相変圧器は単相交流を，三相変圧器は三相交流を変圧するものです．単相交流は，単一の交流波形をもつもので，一般的に家庭用として用いられます．

三相交流は，波形の位相が120°ずつずれた三つの単相交流波形が組み合わさった波形をもつものです．単相交流よりも，効率よく電気を送ることができるので，多くは産業用など大きな電力を必要とする大型機器に使われます．

覚えよう！

外鉄形変圧器は複数の磁気回路を有するため，磁路長が長く鉄損が大きい．一方，巻線が少ないため，銅損が小さい．また，低圧用の変圧器に適する．内鉄形変圧器は，単一の磁気回路を有し磁路長が短いため鉄損が小さい．一方，巻線が多いため銅損が大きい．また，高電圧用に適する．

【解答　キ：③】

問5　**遮断器**

【R1-2 問2（3）(ii)（H26-1 問2（3）(ii)，H28-2 問2（3）(i)）】

遮断器の種類と特徴について述べた次の文章のうち，誤っているものは，（ク）である．

〈（ク）の解答群〉

① 遮断器は，負荷側の異常時における電路の遮断のほか，正常時においても電路を開閉する機能を有している．

② 磁気遮断器は，遮断時の電圧変化で生ずる電界によりアークを直角方向に押し出し，その位置に設けられた冷却消弧板により伝熱冷却して消弧する機能を有している．

③ 真空遮断器は，電路の遮断を真空中で行う機能を有している．アークが真空中に急激に拡散することから，一般に，電気的な開閉寿命は長いとされている．

④ 空気遮断器は，消弧媒体として圧縮空気を用い，この圧縮空気をアークに吹き付けて消弧する機能を有している．

解説

表に代表的な**遮断器**を示します．

・①，③，④は正しい．

・磁気遮断器は，遮断部分が磁気を発生するコイルや鉄心に囲まれた遮断器で，遮断時の電流変化により生じる磁界によって，アークを直角方向に押し出し，その位置にある冷却消弧板によって伝熱冷却して消弧します（②は誤り）．

表　代表的な遮断器

名称	特徴
真空遮断器	電路の遮断を真空中で行う．電気的な開閉寿命が非常に長く，小型軽量で，火災の危険がなく保守が容易である
ガス遮断器	SF_6（六フッ化硫黄）という不活性ガスを圧縮し，アークに吹き付けることにより消弧する
磁気遮断器	遮断時の電流変化によりコイルに生じる磁界によって，アークを押し出し，冷却消弧板によって伝熱冷却して消弧する
空気遮断器	15～30 気圧の圧縮空気をアークに吹き付けて消弧する
油遮断器	消弧媒体に絶縁油を使用する．従来，多く使用されていたが，現在は真空遮断器に代えられている

【解答　ク：②】

問 6　受電設備の概要

☑☑☑【H30-2 問 2（1）】

次の文章は，受電設備の概要について述べたものである．＿＿内の（ア）～（エ）に最も適したものを，下記の解答群から選び，その番号を記せ．ただし，＿＿内の同じ記号は，同じ解答を示す．

通信用電源として商用電源を利用する受電設備には，電力会社との財産・責任区分，電圧の変換，電力の負荷系統への分配，需要家構内や他需要家との間の（ア），運転管理に必要な電圧，電流，電力などの計測の機能が必要である．

受配電電圧は，法令上，危険の程度などにより，600〔V〕以下の低圧，600〔V〕を超え（イ）〔V〕以下の高圧及び（イ）〔V〕を超える特別高圧に区分される．受電方式は，電力会社との契約電力や負荷の重要度に基づいて，低圧受電，高圧受電及び特別高圧受電に分類される．電力供給の信頼性を高めるために，2 回線受電方式やループ受電方式が適用され，大都市圏などでは更に信頼性の高い（ウ）受電方式が採用される．

高圧受電設備は，単相変圧器や三相変圧器などの変成器，断路器や（エ）などの電力開閉装置，力率改善のための進相コンデンサ，各受電装置を保護するための保護継電器などで構成される．

〈(ア)～(エ) の解答群〉

① 750	② 3 300	③ 7 000	④ 7 500
⑤ 避雷器	⑥ 力率調整	⑦ 屋内開放型	⑧ 逆潮流制御

6章 電源設備

⑨ 遮断機	⑩ 電力融通	⑪ 電力用ヒューズ
⑫ 事故波及防止	⑬ 1回線	⑭ 屋外開放型
⑮ 電磁接触型	⑯ スポットネットワーク	

解説

受電設備は，電力会社から送電される高電圧の電力を一般的な製品で使われる100〔V〕と200〔V〕の電圧に変圧（変電）するための設備で，(ア)事故波及防止の保安機能や，適切に電気を配電する分配機能をもちます．

電気設備に関する技術基準を定める省令の第二条（電圧の種別等）に**表**に示すような低圧，高圧，特別高圧の定義の記載があります．

表　電気設備に関する定義

区分	交流	直流
低圧	600〔V〕以下のもの	750〔V〕以下のもの
高圧	600〔V〕を超え，(イ)7 000〔V〕以下のもの	750〔V〕を超え，(イ)7 000〔V〕以下のもの
特別高圧	(イ)7 000〔V〕を超えるもの	

受電方式には次のようなものがあります．**1回線受電方式**は，一つの送電線のみで受電する方式で，配線系統に障害が起こると停電が発生します．**2回線受電方式**は，二つの送電線が接続され，通常時は1回線で受電しますが，その回線に障害が発生した場合は，予備の回線に切り換えて短時間の停電で受電を再開する方式です．**ループ受電方式**は，他の需要家とループ状の2回線の送電線を構築する方式で，常時2回線から受電するため，片方の回線で障害が発生しても無停電状態を維持できます．(ウ)**スポットネットワーク受電方式**は，三つの送電線から受電する方式で，最大で二つの回線で障害が起きた場合でも無停電状態を継続できます．

高圧受電設備は，単相変圧器や三相変圧器などの変成器，断路器や(エ)遮断器などの電力開閉装置，力率改善のための進相コンデンサ，各受電装置を保護するための保護継電器などで構成されます．

【解答　ア：⑫，イ：③，ウ：⑯，エ：⑨】

問7　電気設備の接地工事　☑☑☑【H29-2 問2 (3) (i)】

電気設備の接地工事について述べた次の文章のうち，正しいものは，［（キ）］である．

〈(キ) の解答群〉

① A種接地工事は，特別高圧用機器の鉄台の接地など，高電圧の侵入のおそれがあり，かつ，危険度が大きい場合などに施され，接地抵抗値は10〔Ω〕以下とされている.

② B種接地工事は，接地工事を施す変圧器の高圧側又は特別高圧側の電路と低圧側の電路とが混触するおそれがある場合に，高圧側又は特別高圧側の電路の保護のために施される.

③ C種接地工事を施したものとみなすことができるのは，当該接地工事を施す金属体と大地の間の電気抵抗値が100〔Ω〕以下の場合とされている.

④ 電気機器やケーブルの金属外装など非充電部に施す接地工事としてはA種，C種及びD種があり，D種接地工事は，600〔V〕を超える高圧用機器の鉄台の接地など漏電の際に感電の危険度を減少させるために施される.

解説

接地工事とは，漏電による人体の感電や火災等の事故を防止するために電気設備を大地に接地する工事です.

・①は正しい．高電圧の場合，危険度が大きいため，**A種接地工事**では，接地抵抗値が10〔Ω〕以下と低くかつ，容易に切断されない太い接地線として，引張強さ1.04〔kN〕以上の金属線または直径2.6〔mm〕以上の軟銅線が使用されます.

POINT

変圧器の故障で高圧側と低圧側が接触（混触）すると低圧側が焼損する.

・**B種接地工事**は，接地工事を施す変圧器の高圧側または特別高圧側の電路と低圧側の電路とが混触するおそれがある場合に，低圧側の電路の保護のために施されます（②は誤り）.

・**C種接地工事**を施したものとみなすことができるのは，当該接地工事を施す金属体と大地との間の電気抵抗値が10〔Ω〕以下の場合とされています（③は誤り）．C種接地工事は，300〔V〕を超える低圧の機器の鉄台，金属製外箱などを接地するときに適用される接地工事で，100〔V〕や200〔V〕の機器による感電よりも危険性が高いため，接地抵抗値はA種と同じく10〔Ω〕としています.

・電気機器やケーブルの金属外装など非充電部に施す接地工事としてはA種，C種およびD種があり，**D種接地工事**は，300〔V〕以下の機器の鉄台の接地など漏電の際に感電の危険度を減少させるために施されます（④は誤り）．D種接地工事は，建物の照明，コンセント，冷蔵庫などに使用される接地工事で，接地抵抗値は100〔Ω〕以下を確保すると規定されています.　　**【解答　キ：①】**

問 8	雷対策	☑☑☑【H29-2 問 2 (3) (ii)】

雷による過電圧の種類及び雷対策について述べた次の文章のうち，誤っているものは，［（ク）］である．

〈（ク）の解答群〉

① 配電線，通信線，信号線などの近傍に落雷があった場合，電磁的結合により過電圧が生ずる現象は，一般に，誘導雷といわれる．

② 建築物の避雷針などに落雷があった場合，建築物の接地と配電線の商用電源の供給側の接地との間に電位差が生じて雷電流が供給側へ逆流する現象は，一般に，逆流雷といわれ，通信線においても逆流雷が発生する．

③ 電気設備の低圧機器への雷サージの侵入経路としては，避雷針，アンテナ線，電源線，通信線，接地線などからが想定され，雷サージにより低圧機器内部の絶縁破壊などを発生させないようにするには，一般に，接地の等電位化とサージ防護デバイスの適切な設置が必要となる．

④ 建築物などの雷保護は等電位ボンディングを基本としており，この場合は，避雷針が直撃雷を受けると接地極の電位上昇によって高圧受電用に使用される変圧器や高圧機器が破損するおそれがあるため，一般に，変圧器の二次側に高圧避雷器が設置される．

解説

・①，②，③は正しい．

・建築物などの雷保護は**等電位ボンディング**を基本としており，この場合は，避雷針が直撃雷を受けると接地極の電位上昇によって高圧受電用に使用される変圧器や高圧機器が破損するおそれがあります．このため，一般に，高電圧がかかっている変圧器の一次側に高圧避雷器が設置されます（④は誤り）．

> **POINT**
> 避雷器は雷により高圧配電線路に過電圧が発生すると速やかに接地側と導通状態となり，過電圧を抑制して電気設備の絶縁破壊を防止する．

等電位ボンディングとは建物内の各接地極間を連接し等電位にすることで，接地間の電位差をなくすことにより，雷電流が流れないようにして，機器の破損を防ぐことができます．

【解答　ク：④】

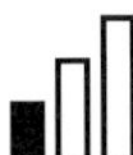

6-4 UPS

出題傾向

UPS の構造や動作についての問題が出されるようになってきています.

問1 **UPS** 【R4-1 問4（1）（H28-1 問2（1））】

次の文章は，大規模な通信ビルで用いられる UPS の基本構成について述べたものである．[　　　]内の（ア）～（ウ）に最も適したものを，下記の解答群から選び，その番号を記せ．ただし，[　　　]内の同じ記号は，同じ解答を示す．

UPS は，一般に，整流装置，インバータ及び蓄電池で構成される．

インバータでは，パワートランジスタの一つである[（ア）]が広く用いられており，主回路の直流電圧を可聴周波数より高い周波数でスイッチングし，フィルタ回路を通して正弦波に近い交流電圧を発生させている．[（ア）]を用いたインバータは，自励式インバータであり，主回路の電流を自己遮断するための[（イ）]回路を必要としない．

UPS システムは，複数の UPS ユニットの故障時に負荷装置への電力供給を継続するために，一般に，[（ウ）]を直接供給するためのバイパス回路を装備している．

〈（ア）～（ウ）の解答群〉

① IGBT　② 商用電力　③ TRIAC　④ 逆流防止
⑤ 補正　⑥ サイリスタ　⑦ 遅延
⑧ 蓄電池エネルギー　⑨ 直流電力　⑩ 転流
⑪ 調整器出力　⑫ フォトトランジスタ

解説

UPS は，一般に，整流装置，蓄電池，インバータなどにより構成されます．

インバータは **PWM**（Pulse Width Modulation，パルス幅変調）制御回路とフィルタにより，出力電圧波形を正弦波に近似させています．PWM 制御とは，高速スイッチング特性を利用して，入力の直流電圧を短時間で ON と OFF を切り換えて出力電圧をパルス状にし，そのパルスの数，間隔，幅などを制御して目的とする周波数の交流を得るものです．

高速なスイッチングを行うためのスイッチング素子として(ア) **IGBT**（Insulated

6章 電源設備

Gate Bipolar Transistor，絶縁ゲートバイポーラトランジスタ）などが使われます．また，スイッチング素子の逆電圧による故障を防ぐためにダイオードが接続されています．

スイッチング素子において，OFF 制御をすることを(イ)**転流**といいます．インバータのうち，ON/OFF の両方の制御を行えるスイッチング素子を使用したものを**自励式インバータ**といい，出力周波数を自由に設定することができます．ON 制御しか行えないスイッチング素子を使用したインバータを**他励式インバータ**といいます．他励式インバータでは，転流を行うために外部に交流電源が必要となり，出力周波数は，この交流電源の周波数に依存します．

UPS では，保守点検中においても(ウ)商用電力を負荷装置に直接供給するためのバイパス回路を具備したものもあります．

【解答　ア：①，イ：⑩，ウ：②】

問 2	**UPS**	☑☑☑【R3-1 問 4（3）】

通信ビルで用いられる無停電交流電源装置（UPS）について述べた次の文章のうち，誤っているものは，［（オ）］である．

〈（オ）の解答群〉

① UPS は，商用電源の交流電力を直流電力に変換する整流装置，その直流電力を商用電源の停電に備えて貯蔵しておく蓄電池，直流電力を負荷装置が必要とする特性の交流電力に変換するインバータなどで構成される．

② UPS は，IGBT などの高速スイッチング素子を用い，PWM 制御におけるスイッチング周波数を最高 1〔kHz〕程度まで引き上げることによって，騒音を大幅に低減している．

③ 中容量以上の一般的な UPS は，UPS の保守点検時に商用電力を直接負荷装置に供給するためのバイパス回路を装備している．

④ 定格容量が数〔kVA〕の小容量 UPS は，一般に，商用電源の停電時には定格電流を数分以上供給し続けられる容量の蓄電池を装備している．

解説

・①は正しい．インバータは，直流電力を交流電力に変換するもので，PWM 制御回路やフィルタで正弦波に近似させます．

・UPS は，IGBT などの高速スイッチング素子を用い，PWM 制御におけるスイッチング周波数を最高 20〔kHz〕程度まで引き上げることによって，騒音を大幅に低減しています（②は誤り）．

・③は正しい．UPS の通常運転時には，入力された交流電力をコンバータ（整流器）で直流化して蓄電池に充電するとともに，インバータで交流に戻して接続装置に安定した電源を供給します．停電時にはコンバータは停止し，蓄電池の放電によりインバータが運転継続し，負荷装置に電力を供給し続けます．メンテナンス時あるいは故障時にはバイパス回路により無瞬断でバイパス給電に切り換わり，商用電源から直接，負荷装置に電力を供給し続けます．

・④は正しい．数〔kVA〕の小容量 UPS は，一般にサーバやストレージ，それらをつなぐネットワーク機器が，停電時にバックアップなどを保存し安全にシャットダウンできる時間を確保するためものです．このため，安全にシャットダウンができるまでに要する時間の 2 倍程度の供給時間（おおむね数分～10 分間程度）を確保できるものを選択する必要があります．

【解答　オ：②】

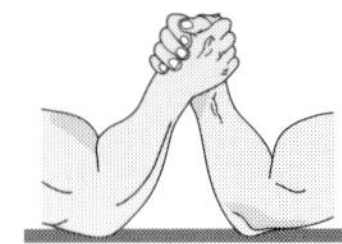

腕試し問題にチャレンジ！

問1 エンジン発電装置に関する次の説明は［（ア）］.

A　ディーゼル機関発電装置は，ガソリン機関で必要とされる電気点火装置や気化器が不要であるが，ガスタービン機関に比べ，燃料消費量が多い．

B　ガソリン機関発電装置は，ディーゼル機関に比べ複雑な機構で故障率が高いが，高速回転により消費電力の高い機器に対応でき，騒音が少ないという利点がある．

① Aのみ正しい　② Bのみ正しい　③ AとBが正しい
④ AもBも正しくない

問2 太陽電池アレイは，通常は複数の太陽電池［（ア）］を直列に接続して構成される太陽電池［（イ）］を，さらに直並列に接続したものである．［（ウ）］は，直流を交流に変換するインバータと，連系保護機能を実現する系統連系用保護装置などで構成されている．

① セル　② モジュール　③ ストリング　④ グループ
⑤ パワーコンディショナ　⑥ コンバータ　⑦ チャージコントローラ
⑧ 分電盤

問3 自励コンバータ型整流器方式では，整流した電圧を，パワートランジスタなどを用いて高周波のパルス波形に変換し，そのパルスの［（ア）］を［（イ）］方式で制御することにより安定した出力電圧を得る．

① 振幅　② 幅　③ 周波数　④ PFM　⑤ PWM

問4 インバータは入力の［（ア）］電力を［（イ）］電力に変換する．インバータで，出力波形を正弦波形とするための方法のうち，ユニットインバータを複数台，並列に接続し，出力を直列に接続することにより，正弦波形に近づける方法は［（ウ）］である．

① 直流　② 交流　③ 多重化インバータ方式　④ PWMインバータ方式

問5 変圧器の損失のうち，二次側に電流が流れない場合でも発生する無負荷損（固定損）として［（ア）］がある．［（ア）］には，［（イ）］と渦電流損がある．

① 銅損　② 鉄損　③ ヒステリシス損　④ 巻線抵抗損

問6 UPSは，一般に，整流装置，蓄電池，［（ア）］などにより構成される．［（ア）］は，一般に，高速スイッチング特性を利用した［（イ）］制御回路，フィルタなどにより出力電圧波形を正弦波に近似させ，高調波成分を低減させている．UPSのシステム構成として，UPS の保守点検期間中においても，商用電力を負荷装置に直接供給するための［（ウ）］を具備したものや，複数の UPS を並列に接続したものがある．

定格容量が 3〔kVA〕程度の小容量 UPS の蓄電池は，停電時などにおけるネットワークサーバなどでの停止処理時間，予備電源装置の起動時間などが考慮されており，電力供給可能時間としては，一般に，［（エ）］程度の容量のものが選定されている．

①	ゲート回路	②	インバータ	③	10 分	④	3 時間
⑤	コンバータ	⑥	非常用発電機	⑦	充電器	⑧	PAM
⑨	バイパス回路	⑩	二次電池	⑪	PWM	⑫	1 日
⑬	キュービクル	⑭	PCM	⑮	8 時間	⑯	PFM

腕試し問題解答・解説

【問 1】 ディーゼル機関発電装置は，ガソリン機関で必要とされる電気点火装置や気化器が不要で，ガスタービン機関に比べ，燃料消費量が少ない（A は誤り）．

ガソリン機関発電装置は，ディーゼル機関に比べ複雑な機構で故障率が高いが，高速回転により消費電力の高い機器に対応でき，騒音が少ないという利点があるため，可搬型の予備電源として多く使用されています（B は正しい）．

解答 ア：②

【問 2】 太陽電池の最小単位を(ア) セルと呼びます．セルを直列に接続したものを(イ) モジュールと呼びます．モジュールを直列接続したものをストリング，ストリングを並列接続したもので，アレイと呼びます．

太陽光発電システムにおいて，直流電力を交流電力に変換する装置を(ウ) パワーコンディショナといいます．

解答 ア：①，イ：②，ウ：⑤

【問 3】 自励コンバータ型整流器方式では，整流した電圧を，パワートランジスタなどを用いて高周波のパルス波形に変換し，そのパルスの(ア) 幅を(イ) PWM 方式で制御することにより安定した出力電圧を得る方式です．

解答 ア：②，イ：⑤

【問 4】 インバータは入力の(ア) 直流電力を(イ) 交流電力に変換します．

インバータで，出力波形を正弦波形とするための方法のうち，ユニットインバータを複数台，並列に接続し，出力を直列に接続することにより，正弦波形に近づける方法は(ウ) 多重化インバータ方式といいます．

インバータ方式としては，このほかに，出力交流電圧の半サイクルの間に複数のパルス列を作成し，そのパルス数，間隔，幅などを時間に変化させることにより正弦波形に近づける PWM インバータ方式があります．

解答 ア：①，イ：②．ウ：③

【問 5】 変圧器の損失のうち，二次側に電流が流れない場合でも発生する無負荷損（固定損）として(ア) 鉄損があります．鉄損には，(イ) ヒステリシス損と渦電流損があります．ヒステリシス損とは，鉄心で磁束の増加時に蓄積された磁気エネルギーが減少時に完全に放出されず，鉄心中で熱として発生する損失のことです．

解答 ア：②，イ：③

【問 6】

・UPS は，一般に，整流装置，蓄電池，(ア) インバータなどにより構成されます．

・インバータは(イ) PWM 制御回路とフィルタにより，出力電圧波形を正弦波に近似させています．PWM 制御とは，高速スイッチング特性を利用して，入力の直流電圧を短時間で ON と OFF を切り換えて出力電圧をパルス状にし，そのパルスの数，間隔，幅などを制御して目的とする周波数の交流を得るものです.

・UPS では，保守点検中においても商用電力を負荷装置に直接供給するための(ウ) バイパス回路を具備したものもあります.

・停電後，ネットワークサーバやパソコンを安全にシャットダウンさせるに十分な時間を考慮して，電力供給可能時間が(エ) 10 分程度の小容量 UPS が選定されています. ［参考：6-4 節　問 2］

解答　ア：②，イ：⑪，ウ：⑨，エ：③

6 章　電源設備

7章 サーバ設備

本章の出題項目

7-1　ハードウェア技術
7-2　基本ソフトウェア
7-3　ソフトウェア開発・管理
7-4　サーバの運用

7-1 ハードウェア技術

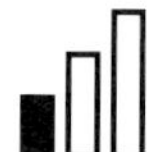

出題傾向

サーバとストレージ（外部記憶装置）を接続する方式に関する問題が出されています．

問1　入出力インタフェース　【R4-1 問5（4）】

サーバの入出力インタフェースについて述べた次のA～Cの文章は，［（カ）］．

A　ハードディスク，キーボード，マウス，プリンタなど様々な機器をサーバなどに接続するためのインタフェース規格であるUSB（Universal Serial Bus）は，USBハブを用いることでサーバ本体の一つのポートに各種機器を複数台接続することができる．

B　ストレージ接続用インタフェース規格の一つであるSATA（Serial ATA）は，デイジーチェーン接続により一つのポートに複数台のハードディスクを接続することができる．

C　サーバとストレージ装置を光ファイバなどを介して接続するためのインタフェース規格であるFC（Fibre Channel）を用いて構成するSAN（Storage Area Network）は，一般に，IP-SANといわれる．

〈（カ）の解答群〉

① Aのみ正しい　② Bのみ正しい　③ Cのみ正しい
④ A，Bが正しい　⑤ A，Cが正しい　⑥ B，Cが正しい
⑦ A，B，Cいずれも正しい
⑧ A，B，Cいずれも正しくない

解説

コンピュータ（サーバ）とストレージ（外部記憶装置）を接続する方式として，**DAS**（Direct Attached Storage），**NAS**（Network Attached Storage），**SAN**（Storage Area Network）があります．DASは，コンピュータに直接ストレージが接続されている方式です．NASはコンピュータとストレージがLANで接続する方式で，通常のLANの通信とネットワークリソースを共有するため，ネットワーク速度低下の原因になります．NASでは，ネットワーク経由でファイルにアクセスするプロトコルであるNFS（Network File System）が主に使用されます．

SANは，複数のコンピュータとストレージの間を結ぶ高速なネットワークで，**FC-**

SAN と IP-SAN の 2 種類があります．FC-SAN は，ストレージの通信や管理に特化し高速通信を実現するファイバチャネルプロトコル（FC プロトコル）を使用したもので，専用のハードウェアが必要となるためコストが大きくなります．IP-SAN は，既存の IP ネットワークで SAN を実現する方式で，一般に普及している装置や機器を使うことで低コストで SAN を構築できます．

・A は正しい．

・デイジーチェーン接続により一つのポートに複数台のハードディスクを接続することができるのは，ストレージ接続用インタフェース規格の一つである **IEEE 1394** です（B は誤り）．SATA（Serial AT Attachment）は，コンピュータとハードディスクや光学ドライブなどの記憶装置を接続する IDE（ATA）規格の拡張仕様の一つで，シリアル転送方式により，シンプルなケーブルで高速な転送速度を実現しています．

・FC（Fibre Channel）を用いて構成する SAN は，一般に，FC-SAN といわれます（C は誤り）．

【解答　カ：①】

問2	RAID	☑☑☑【R3-2 問5（2）（H30-2 問2（3）(i)）】

複数のディスク装置をまとめて一つのドライブとして管理する技術である RAID の特徴などについて述べた次の文章のうち，誤っているものは，［（エ）］である．

〈（エ）の解答群〉

① RAID0 では，ホストコンピュータからのデータアクセスを並列に処理できるよう，データを複数のディスク装置に分散して配置する．

② RAID1 では，ミラーリングといわれる手法を用いて，一般に，2 台のディスク装置でペアを組み，データを 2 重化しており，1 台のディスク装置が故障した場合，ペアを組むもう 1 台のディスク装置でデータのリード／ライト処理を継続することができる．

③ RAID5 では，RAID を構成する全ディスク装置にパリティを配置しており，2 台のディスク装置が故障した場合であっても，データを失わずリード／ライト処理を継続できる．

④ ソフトウェア RAID では，RAID の実装に専用のハードウェアを用いておらず，OS などのソフトウェアで RAID 制御を行っている．

解説

RAID（Redundant Arrays of Inexpensive Disks）は，ハードディスクなどのストレージ（外部記憶装置）を複数台まとめて1台の装置として管理する技術です．RAIDには図と以下に示すようにいくつかのレベルがあります．

RAID 0は，複数のディスク装置に同時に並列してデータを書き込むことで高速化を図る方式（ストライピング）で，ディスク装置の利用効率は100%です．

RAID 1は，二つのディスク装置に同じデータを書き込み，信頼性の向上を図る方式（ミラーリング）で，ディスク装置の利用効率は50%です．

RAID 5は，複数のディスク装置に**パリティ**を配置する方式（分散パリティ）です．1台のディスク装置が故障しても，パリティによりデータの復元が可能です．ディスク装置が増えても，冗長な（パリティを格納する）ディスク装置は1台分のため，台数が増えるほど利用効率は高くなります．

RAID 6はデータを複数のハードディスクに分散して格納します．さらにパリティデータを二重で書き込みを行うことで，耐障害性を大幅に高めた構成となっています．

また，上記の方式を組み合わせた方式もあります．

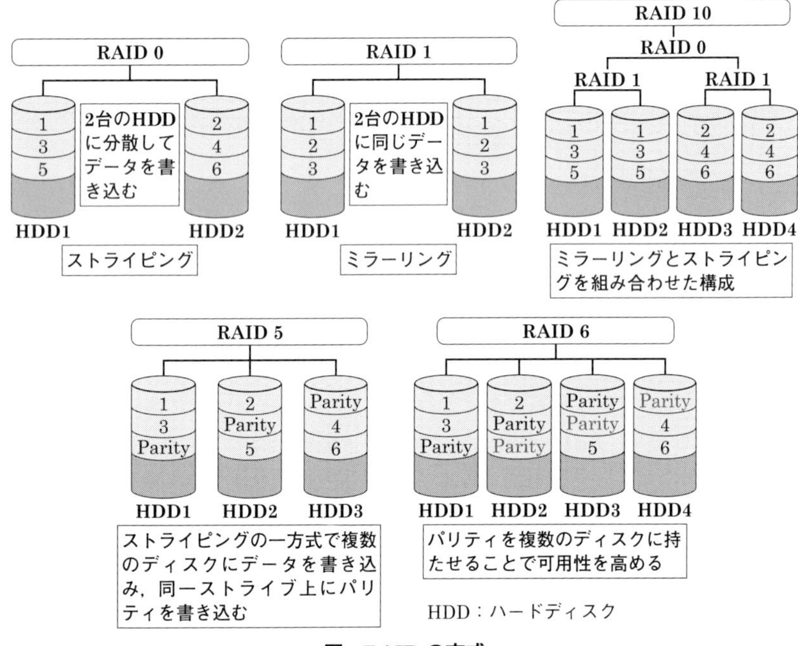

図　RAIDの方式

・①，②は正しい．
・RAID5 では，1 台のディスク装置が故障した場合であっても，データを失わず処理を継続できます（③は誤り）．
・④は正しい．**ソフトウェア RAID** は，OS の機能を使って RAID を実現する方式です．特別なハードウェアは必要ないため低コストで実現できますが，ソフトウェアでの制御が必要なため，処理効率が低下します．**ハードウェア RAID** は，コンピュータに専用のハードウェア（RAID コントローラ）を付加することで RAID を実現する方式です．

【解答　エ：③】

問 3　ストレージ　【R3-1 問 5（2）（H30-2 問 2（3）(ii))】

サーバのストレージなどについて述べた次の文章のうち，誤っているものは，（エ）である．

〈(エ) の解答群〉

① DAS（Direct Attached Storage）では，一つのストレージ装置は一つのサーバに直接接続されて占有される．
② NAS（Network Attached Storage）は，NFS（Network File System）などのプロトコルを用いており，サーバ間でのファイルの共有が可能である．
③ SAN（Storage Area Network）は，ストレージアクセスのために用いられる専用のネットワークである．
④ SAN のうち，サーバとストレージ装置の接続がイーサネットスイッチを介して行われるものは，FC-SAN といわれる．

解説

・①，②，③は正しい．
・SAN のうち，サーバとストレージ装置の接続がイーサネットスイッチを介して行われるものは，**IP-SAN** といわれます（④は誤り）．

DAS，NAS，SAN については，本節 問 1 の解説も参照してください．

【解答　エ：④】

7-2 基本ソフトウェア

出題傾向

オペレーティングシステム，プログラミング言語，データベースに関する問題が出されています．

問 1　データベース　【R4-1 問 5 (2)】

データベースのトランザクション処理について述べた次の文章のうち，誤っているものは，［（エ）］である．

〈（エ）の解答群〉

① 複数のユーザが同時にデータベースのデータを変更する場合，あるユーザによる変更が他のユーザによる変更に悪影響を与えないようにするための制御機構は，一般に，同時実行制御といわれる．

② トランザクション処理において必要とされる ACID 特性のうち，A はアクセス可能性，C は一貫性を表している．

③ 複数のトランザクションが複数のデータ資源を交互に処理する場合に，互いに相手のデータ資源の解放を永久に待ち続ける状態は，一般に，デッドロックといわれる．

④ トランザクション障害発生時には，一般に，データベースの更新が一部行われた場合でも，更新前ログを用いてロールバックが行われる．

解説

トランザクションは，データベースへの書き込みや削除といった複数の処理を，意味的に一つにまとめた処理の集まりを表します．トランザクションによる内容変更を永続的なものとして確定することを**コミット**といい，コミットにより一つのトランザクションは正常に終了します．トランザクションの処理途中にエラーがあった場合は，処理を強制的に中断して（**アボート**）処理の開始前の状態に戻します．これを**ロールバック**といいます．

トランザクションには以下に示す **ACID 特性**が必要です．Atomicity（原子性あるいは不可分性）は，トランザクションが完全に実行されるか，全く実行されないかのどちらかであることを保証する性質です．Consistency（一貫性あるいは整合性）は，トランザクションの実行後に，矛盾のない状態が継続されることを保証する性質です．Isolation（独立性）は，トランザクション中に行われる操作は，他のトランザクションに

影響を与えないことを保証する性質です．Durability（永続性あるいは耐久性）は，トランザクションの処理結果は，永続的である（失われない）ことを保証する性質です．このためにロールバックの処理などを行います．

- ①は正しい．あるユーザによる変更が他のユーザによる変更に悪影響を与えないようにするための制御機構を一般に**同時実行制御**あるいは**排他制御**といいます．
- トランザクション処理において必要とされるACID特性のうち，Aは原子性，Cは一貫性を表しています（②は誤り）．
- ③は正しい．**図**に示すように，複数のトランザクションが複数のデータ資源を交互に処理する場合に，互いに相手のデータ資源の解放を永久に待ち続ける状態を**デッドロック**といいます．
- ④は正しい．ロールバックは，トランザクション障害からの復旧を行うものです．トランザクション実行中のデータ操作の時系列の記録（ログ）をストレージなどに保存しておき，障害などで処理が中断したらこの記録を元にトランザクション開始時の状態に戻します．

【解答　エ：②】

トランザクション１と２は，ともにデータ資源P，Qを同時に占有的にアクセスして処理を進める必要がある．

lock(Q)：　データ資源Qの占有的アクセス権の獲得
unlock(Q)：データ資源Qのアクセス権の開放

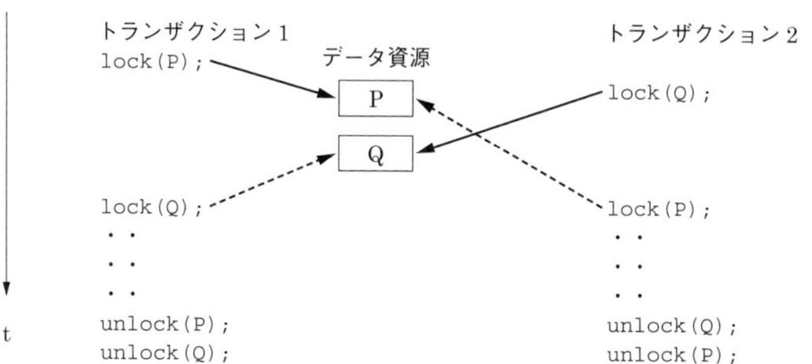

トランザクション１はQの，トランザクション２はPの占有的アクセス権が得られない（別のトランザクションが先にアクセス権を確保している）ため，ともに処理を先に進められなくなる．

図　デッドロックの例

問2 プログラミング言語

☑☑☑【R3-2 問5（1）（H27-2 問2（1））】

次の文章は，プログラミング言語の概要について述べたものである．［　　］内の（ア）～（ウ）に最も適したものを，下記の解答群から選び，その番号を記せ．ただし，［　　］内の同じ記号は，同じ解答を示す．

プログラムを記述するためのプログラミング言語のうち，自然言語に類似していて，人間の考えを表現しやすい言語は，一般に，高水準言語といわれる．

高水準言語で記述されたプログラムは，そのままではCPUが実行できないため，［（ア）］により高水準言語を機械語に変換してから実行する方法や，インタプリタにより高水準言語を逐次解釈しながら実行する方法が用いられる．

高水準言語は，何に注目してプログラムを記述するかによって，手続き型言語，論理型言語，［（イ）］言語などに分類できる．［（イ）］言語は，一般に，操作の対象となるものに注目してプログラムを記述するプログラミング言語であり，［（イ）］言語にはSmalltalk, Javaなどがある．

また，プログラミング言語をその使われ方で分類することもでき，簡単なプログラムを手軽に記述して実行できるようなプログラミング言語は，一般に，スクリプト言語といわれ，代表的な言語にJavaScript,［（ウ）］などがある．スクリプト言語の多くは高水準言語である．

〈(ア)～(ウ）の解答群〉

① C	② アセンブラ	③ COBOL	④ 宣言型
⑤ PHP	⑥ オブジェクト指向	⑦ 命令型	
⑧ コンパイラ	⑨ 関数型	⑩ FORTRAN	
⑪ レジスタ	⑫ プロファイラ		

解説

CPUで実行するプログラムは2進数のデータで表現される**機械語**です．機械語の実行単位は命令であり，機械語のプログラムは命令の並びです．なお，機械語の命令を人間が理解しやすいような記号で表現するプログラミング言語を**アセンブリ言語**と呼びます．**高水準言語**で書かれたプログラムは，(ア) **コンパイラ**により機械語に変換してから実行します（**コンパイル方式**）．高水準言語で記述された**ソースプログラム**を機械語に変換したものを**オブジェクトプログラム**と呼びます．ユーザが作成したオブジェクトプログラムと，言語処理系で提供されるオブジェクトプログラムの集合（ライブラリ）をリンカ（リンケージエディ

POINT
オブジェクトはデータとその動作を一体化したもので，オブジェクト指向言語では，オブジェクトの集合でプログラムを記述する．

タ）で結合したものが実行可能なプログラムとなります．

高水準言語のプログラムを実行する別の方式は，インタプリタが高水準言語のプログラムをデータとして逐次解釈実行するもので，**インタプリタ方式**と呼ばれます．

高水準言語は，処理の単位である手続きを主体として記述する手続き型，データ間の関係や論理を主体として記述していく論理型，データとそれに対する処理を一体化して記述するオブジェクトを主体として記述する(イ) **オブジェクト指向言語**などに分類することができます．オブジェクト指向言語の代表的なものとして，Smalltalk, C++, Java, Python などがあります．

POINT
スクリプト言語とは，記述や実行を容易化し迅速にプログラムを開発することを狙いにした言語の総称．

プログラミング言語をその使われ方で分類することもできます．簡単なプログラムを手軽に記述して実行できるようなプログラム言語は，一般に，**スクリプト言語**といわれ，代表的な言語として(ウ) PHP, JavaScript などがあります．

【解答　ア：⑧，イ：⑥，ウ：⑤】

問 3	**オペレーティングシステム**	☑☑☑【R3-1 問 5（1）（H30-1 問 2（1））】

次の文章は，オペレーティングシステム（OS）の概要について述べたものである．［　　］内の（ア）～（ウ）に最も適したものを，下記の解答群から選び，その番号を記せ．ただし，［　　］内の同じ記号は，同じ解答を示す．

ソフトウェアには，コンピュータを効率的かつ容易に使えることを目的とするシステムソフトウェアと，利用目的ごとに内容の異なるアプリケーションソフトウェアがある．このうちシステムソフトウェアは，一般に，広義の意味での OS である基本ソフトウェアとミドルウェアに分けられ，さらに，基本ソフトウェアは，狭義の意味での OS である［（ア）］，言語処理プログラム及びユーティリティに分けることができる．

［（ア）］は，コンピュータ上で動作するソフトウェアが効率よく稼働できる環境を作り出す役割を担うプログラム群であり，［（イ）］管理，データ管理，記憶管理などのプログラムによって構成されている．

［（イ）］管理では，プログラムを実行する CPU 側からみた処理単位である［（イ）］が複数存在するときに，CPU 時間を割り当てる順番を管理することができる．

データ管理では，磁気ディスクなどのボリュームやファイルの識別と保護のために，ボリュームの先頭やデータセットの前後に［（ウ）］といわれる情報が付与される．

記憶管理では，記憶領域を有効活用するとともに，主記憶装置の限られた容量の制約を補う機能などを管理することができる．

〈(ア)～(ウ) の解答群〉

① ジョブ	② コンパイラ	③ サービスプログラム
④ ラベル	⑤ ファイル	⑥ セグメント
⑦ ソースプログラム	⑧ キュー	⑨ チャネル
⑩ プリアンブル	⑪ 制御プログラム	⑫ タスク

解説

コンピュータ上でアプリケーションを実行する環境を提供する**システムソフトウェア**は，**基本ソフトウェア**と**ミドルウェア**に分類できます．ミドルウェアは，基本ソフトウェアとアプリケーションソフトウェアの中間に位置するソフトウェアで，Web サーバ，データベース管理システムなどがあります．これらの関係を**図**に示します．

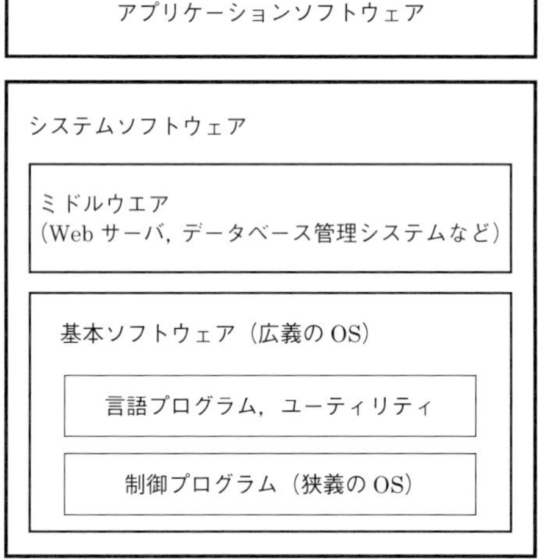

図　プログラム構成図

基本ソフトウェアは，狭義の意味での OS である(ア) **制御プログラム**，言語処理プログラムおよびユーティリティに分けることができます．制御プログラムは，(イ) **タスク管理**，**データ管理**，**記憶管理**などのプログラムから構成されます．

ユーティリティは，補助的な機能を提供するソフトウェアで，ネットワーク管理，ファイルの圧縮/解凍（展開），時間表示やアラーム/タイマ機能などがあります．**言語処理プログラム**は，プログラミング言語で書かれたプログラムをコンピュータで実行させるための処理を行うソフトウェアで，コンパイラ，リンカ，インタプリタなどがあります．

タスク管理は，CPUから見た処理単位であるタスク（あるいはプロセス）の実行を管理するもので，CPUの時間を割り当てる順番（優先度）や，割当時間の長さを管理します．

データ管理は，磁気ディスクやCD-ROM，USBメモリなどの記憶媒体へのデータの入出力を管理するもので，(ウ)ラベルを用いて磁気ディスクなどのボリュームやファイルの識別と保護を行います．ラベルはボリュームの先頭やデータセットの前後に付与されます．ラベルの内容は，ISO/ANSIなどで標準化されています．ISO（International Organization for Standardization）とANSI（American National Standards Institute）はともに標準化団体です．

【解答　ア：⑪，イ：⑫，ウ：④】

7-3 ソフトウェア開発・管理

出題傾向

ソフトウェア開発のモデル，ソフトウェアのテスト手法，バックアップ管理，ソフトウェアのライセンスに関する問題が出されています．

問1　バックアップ管理　【R3-2 問8 (1)】

次の文章は，情報通信システムの運用におけるユーザデータなどのバックアップ管理の概要について述べたものである．［　　］内の（ア）～（エ）に最も適したものを，下記の解答群から選び，その番号を記せ．ただし，［　　］内の同じ記号は，同じ解答を示す．

情報通信システムの運用において，人為的なミスや災害などによって重要なユーザデータ，プログラムなどが喪失しないように，これらを外部記録媒体などに退避させて，保存しておくことはバックアップといわれ，それとは反対に，退避させ，保存していたユーザデータ，プログラムなどを記録媒体から回復させることは，一般に，［（ア）］といわれる．

バックアップ方法には，対象の全てのデータをバックアップするフルバックアップといわれる方法以外に，追加・更新されたデータだけを部分的にバックアップしていく［（イ）］バックアップや［（ウ）］バックアップといわれる方法がある．［（イ）］バックアップは，最新のフルバックアップ以降に追加・更新された全てのデータを毎回バックアップする方法である．一方，［（ウ）］バックアップは，直前のバックアップ以降に追加・更新されたデータのみをバックアップする方法である．

バックアップデータには，バックアップを取得した時点からシステムダウンに至るまでの間に更新されたデータは含まれていないが，データの書換え要求の内容を記録した［（エ）］ファイルを常に保持することにより，バックアップデータと［（エ）］ファイルを基にシステムダウン直前の状態までデータを回復させることができる．

〈(ア)～(ウ) の解答群〉

① オンサイト	② 完全	③ リライト	④ オフサイト
⑤ ジャーナル	⑥ 定期	⑦ リストア	⑧ コールド
⑨ キャッシュ	⑩ リユース	⑪ オンライン	

⑫ テンポラリ　⑬ 増分　⑭ リトライ
⑮ 差分　⑯ オブジェクト

解説

情報通信システムの運用において，重要なユーザデータ，プログラムなどを外部記録媒体などに退避・保存しておくことは**バックアップ**といわれ，退避・保存していたユーザデータ，プログラムなどを記録媒体から回復させることは，(ア) **リストア**といわれます．バックアップには以下のような方式があります．

フルバックアップは，常にバックアップすべきすべてのデータのバックアップデータとして保存する方式です．(イ) **差分バックアップ**は，1回目にフルバックアップデータとしてとったデータからの差分をバックアップデータとして保存する方式です．(ウ) **増分バックアップ**は，前回バックアップを行ったデータからの増分をバックアップデータとして保存する方式です．

(エ) **ジャーナルファイル（ログファイル）**はバックアップデータではなく，データの書換え要求の内容を記録します．システムがダウンした場合，バックアップデータとジャーナルファイルの内容をもとに，システムダウン直前にジャーナルファイルに書き込みがあった時点までデータを回復することができます．

【解答　ア：⑦，イ：⑮，ウ：⑬，エ：⑤】

問2　ソフトウェア開発モデル　☑☑☑ 【R3-2 問8 (2)】

ソフトウェアの開発モデルについて述べた次の文章のうち，誤っているものは，（オ）である．

〈(オ) の解答群〉

① 簡単な試作ソフトウェアを作成して，ユーザの評価と改善を繰り返しながらユーザ要求を明確にしていく進め方は，ウォーターフォールモデルにおける要求定義の特徴である．

② ウォーターフォールモデルでは，各開発工程の作業が明確に定義されており，逐次的に進められるため，進捗管理がしやすく，大規模なソフトウェアの開発に適用できる．

③ ウォーターフォールモデルの設計工程では，一般に，要求定義から外部設計，内部設計といった工程が進むにつれて，段階的に設計が詳細化される．

④ ウォーターフォールモデルのテスト工程では，一般に，単体テストから結合テスト，システムテスト，運用テストといったテストの工程が進むにつれ

て，順次，個別モジュールからサブシステム，システム，業務へと段階的に統合化が進められる．

解説

ソフトウェアの開発モデルの代表的なものとして，**ウォーターフォール型**，**スパイラル型**，**プロトタイプ型**，**アジャイル型**があります．

ウォーターフォール型は，全体を複数の工程に分け，一つの工程が終わったら次の工程に移るという手法で開発を進めていくモデルです．原則的に工程を後戻りすることがなく，上流工程から下流工程まで1本の流れに沿って順番に開発を進めていくため滝（＝ウォーターフォール）の流れのようであることがその名前の由来です．後戻りの工程が少ないため，進捗管理がしやすく，大規模なソフトウェアの開発に向いています．

開発工程では，工程が進むにつれて段階的に設計が詳細化されます．また，テスト工程では，工程が進むにつれて，順次，個別モジュールを対象とした**単体テスト**から，複数のモジュールから成るサブシステムを対象とした**結合テスト**，全システムを対象とした**システムテスト**，実際の運用環境で行う**運用テスト**へと段階的に，テストとモジュールの統合化が進められます．

スパイラル型では，分割された小さい単位でウォーターフォールモデルの一連の工程を繰り返し，開発範囲や機能を拡張しながら開発を進めていきます．繰り返しごとに，開発上の問題点を改善して次のサイクルに反映することができます．

プロトタイプ型は，開発早期の段階から簡単な試作ソフトウェアを作成して，ユーザの評価と改善を繰り返しながらユーザ要求を明確にしていく開発モデルです．

アジャイル型は，ソフトウェア開発において途中の仕様変更が当たり前という前提で進めていく開発モデルです．最初の要件定義は最小限にとどめて，小さい単位で「設計」「実装」「テスト」を繰り返し，要求定義の明確化と開発を並行して進めます．

ウォーターフォール型とアジャイル型を組み合わせた開発モデルを**ハイブリッド型**といいます．

・簡単な試作ソフトウェアを作成して，ユーザの評価と改善を繰り返しながらユーザ要求を明確にしていく進め方は，プロトタイプ型モデルにおける要求定義の特徴です（①は誤り）．

・②，③，④は正しい．

【解答　オ：①】

問3	**ソフトウェアテスト**	☑☑☑【R3-1 問8（2）】

ソフトウェアテストについて述べた次の文章のうち，<u>誤っているもの</u>は，

（オ） である．

〈（オ）の解答群〉

① 実際の運用条件を想定して，新しく導入するシステムが業務に有効活用できること，また運用性に問題ないことなどを確認するテストは，一般に，運用テストといわれ，開発部門や開発委託先が中心となって行う．

② 納品されたソフトウェアが，発注者の要件に合致したものであることを発注者側が最終的に判定するテストは，一般に，受入れテストといわれる．

③ 運用中のプログラムを修正したときに，修正箇所のテストに加えて，修正箇所以外の予期せぬ部分に影響がないことを確認するテストは，一般に，リグレッションテスト（Regression Test）やデグレードテスト（Degrade Test）といわれる．

④ 新しくシステムを稼働させるために，プログラムやデータなどを計画どおりに本稼働環境に移すことができることを事前に確認するテストは，一般に，移行テストといわれる．

解説

- **運用テスト**は，開発部門や運用するユーザが中心となって行います（①は誤り）．運用テストでは，実際の運用を想定してシステムの有効性や運用性に問題ないかを確認します．
- ②は正しい．**受入れテスト**は，発注者の要件に合致したものであることを発注者側が判定するために行われるテストです．
- ③は正しい．**リグレッションテスト**（Regression Test）や**デグレードテスト**（Degrade Test）は，運用中のプログラムを修正したときに，修正箇所以外の部分に予想外の影響が現れていないかを確認するテストです．プログラムの修正によってそれまで正常に動作していた部分が異状をきたすようになる現象をデグレード，リグレッションなどといます，
- ④は正しい．**移行テスト**は，既存のシステムから新しいシステムへ移行する際に，プログラムやデータが計画通りに新しいシステム上で稼働するかを事前に確認するテストです．

【解答　オ：①】

問 4	**ソフトウェアのライセンス**	☑☑☑【R3-1 問 8（3）】

ソフトウェアのライセンスについて述べた次の文章のうち，正しいものは，

（カ）である．

〈（カ）の解答群〉

① コンピュータプログラムは，著作物として著作権法で保護されており，コンピュータプログラムの著作権は，実際にコーディングを行った者でなく，その基礎となるアイデアやアルゴリズムを考案した者に帰属する．

② 著作権者がソフトウェアの使用権をユーザに許諾するための契約は使用許諾契約といわれ，パッケージソフトウェアのシュリンクラップ契約では，購入者がコンピュータにソフトウェアをインストールした時点で使用許諾契約に同意したとみなす．

③ オープンソースソフトウェア（OSS）は，一般に，ソースコードがインターネットなどを通じて公開されており，誰でも利用でき，誰でも改良や再頒布を行うことができる．

④ 使用開始時は一部の機能や使用期限などが制限されており，対価を支払うことで制限が解除されるソフトウェアは，一般に，フリーウェアといわれる．

解説

・コンピュータプログラムは，著作物として著作権法で保護されており，コンピュータプログラムの著作権は，その基礎となるアイデアやアルゴリズムを考案した者でなく，実際にコーディングを行った者に帰属します（①は誤り）．

・著作権者がソフトウェアの使用権をユーザに許諾するための契約は使用許諾契約といわれ，パッケージソフトウェアのシュリンクラップ契約では，購入者が商品の包装を開けた時点で使用許諾契約に同意したとみなされます（②は誤り）．

・③は正しい．

・使用開始時は一部の機能や使用期限などが制限されており，対価を支払うことで制限が解除されるソフトウェアは，一般にシェアウェアといわれます（④は誤り）．

著作権者がユーザに使用権を与えるための契約を使用許諾契約といいます．ソフトウェアのような一般ユーザを対象とした商品では，多くの場合，**シュリンクラップ契約**や**クリックオン契約**などの簡易的な契約方式が用いられます．シュリンクラップ契約は，ソフトウェアが記録されたメディアの外装などに使用許諾条件を表示し，封を破いて取り出した時点で使用許諾契約に同意したものとみなす方式です．クリックオン契約はソフトウェアのインストールなどの際に，画面上に使用条件などを表示し，「同意」ボタンをクリックした時点で使用許諾契約に同意したものとみなす方式です．

【解答　カ：③】

7-4 サーバの運用

出題傾向

サーバの運用方式（負荷分散，仮想化），サーバを用いたサービス（クラウド），サーバの性能指標に関する問題が出されています．

問1 負荷分散

【R4-1 問5 (1)】

次の文章は，サーバの負荷分散について述べたものである．［　　］内の(ア)～(ウ)に最も適したものを，下記の解答群から選び，その番号を記せ．ただし，［　　］内の同じ記号は，同じ解答を示す．

単一のサーバにおける処理能力の限界への対応として，複数のサーバによる負荷分散がある．

負荷分散を実現する方法としては，一つのホスト名に対し，複数のIPアドレスを結びつけることにより，トラヒックの振り分けを行う［（ア）］がある．［（ア）］は，専用装置が不要で比較的低コストで負荷分散を実現できる方法であるが，サーバが何らかの原因でダウンしていても，それを検知できずに当該サーバにトラヒックが振り分けられてしまうなどのデメリットがある．

一方，ネットワーク上の負荷分散装置を用いて行う負荷分散では，一般に，負荷分散装置がサーバのヘルスチェックを行い，その結果が正常なサーバにだけトラヒックを振り分けるため，複数台のサーバのうち1台がダウンしていてもサービスを継続することができる．負荷分散装置におけるHTTP接続では，［（イ）］情報をもとに特定のクライアントとサーバ間のユーザセッションを維持するなど，柔軟なトラヒック分散を可能としている．また，負荷分散装置は，TCP/UDPポート番号やURLによるトラヒック分散を可能とすることから［（ウ）］スイッチやL7スイッチともいわれる．

〈(ア)～(ウ) の解答群〉

① L2　② スレッド　③ DNSラウンドロビン　④ VIP
⑤ プログラム　⑥ クッキー　⑦ イーサネットフレーム
⑧ L3　⑨ DNSレコード　⑩ L4
⑪ DNSチェンジャー　⑫ ラベル

解説

一つのサーバへのアクセス負荷を軽減させるために，サーバを複数用意してユーザからのトラフィックをできる限り均等に割り振ることを**サーバ負荷分散（ロードバランシング）**といいます．負荷分散装置（ロードバランサ）を利用する方法のほかに，専用装置を使わずに実現できる(ア) **DNS ラウンドロビン**は，DNS サーバにおいて，一つのドメイン名に複数のサーバの IP アドレスを対応させ，負荷分散を実現する方法です．DNS ラウンドロビンでは，振り分け先のサーバがダウンしていても，DNS サーバはそれを検知できずに当該サーバにトラフィックが振り分けられてしまう問題のほか，キャッシングの問題があります．ユーザ側で一度 DNS でドメイン解決をすると，その情報（IP アドレスとドメインの対応）がキャッシュされ，その後は DNS を用いずにキャッシュ情報が使われるため，負荷分散が有効に働かない可能性があります．

負荷分散装置は，ネットワークから送られてくるデータや処理要求を，同等に機能する複数のサーバに振り分け，1 台当たりの負荷を抑える装置です．各サーバが正常に稼働しているか監視するヘルスチェックや，応答速度の極端な低下や停止を検知した装置への割り当てを即座に中止する自動切り離し機能，装置の保守や交換のためにサービスを継続しながら特定の装置を切り離す機能などを持っているものもあり，システム全体の可用性（アベイラビリティ）を向上させることができます．

負荷分散装置では，ネットワーク層（レイヤ 3）の情報である IP アドレスに加えて，トランスポート層（レイヤ 4）のプロトコルである TCP，UDP のポート番号を確認してサーバの割当てを行うものをレイヤ 4 ロードバランサ，(ウ) **レイヤ 4（L4）スイッチ**などと呼びます．また，アプリケーション層（レイヤ 7）のプロトコルの情報（URL やクッキーの情報）を確認してサーバの割当てを行うものをレイヤ 7 ロードバランサ，レイヤ 7 スイッチなどと呼びます．レイヤ 4 ロードバランサと比較して URL や(イ) クッキー情報など複雑な情報を扱うレイヤ 7 ロードバランサは一般的にスループットが低くなります．クッキーは，Web サーバのユーザ識別やセッション管理を目的として Web ブラウザに保管される情報です．

【解答　ア：③，イ：⑥，ウ：⑩】

問 2	**クラウドサービス** ☑☑☑ 【R3-2 問 5（3）（H29-2 問 2（2）(ii)，H28-1 問 2（3）(ii)）】

クラウドサービスの提供形態などについて述べた次の文章のうち，正しいものは，［（オ）］である．

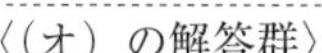

〈(オ)の解答群〉

① クラウドサービスは，一般に，共有化されたコンピュータリソースについて，利用者の要求に応じて適宜・適切に配分し，ネットワークを通じて利用する情報処理形態であるリモートバッチ処理によって提供するサービスとされている．

② クラウドサービスの提供形態のうち，インターネットを介して不特定多数の利用者を対象とするものは，コミュニティクラウドといわれる．

③ クラウド事業者が提供するクラウドサービスのうち，PaaSでは，一般に，アプリケーションの実行環境を構成するサーバのハードウェア，OS，ミドルウェアなどのプラットフォームをクラウドサービスとして利用者に提供している．

④ IaaSでは，一般に，クラウド事業者がアプリケーションをクラウドサービスとして利用者に提供している．

解説

・一般に，共有化されたコンピュータリソースについて，利用者の要求に応じて適宜・適切に配分し，不特定の企業がネットワークを通じて利用する情報処理形態を**クラウド**といいます（①は誤り）．

・クラウドサービスの利用形態には，インターネットを介して不特定多数のクラウド利用者が利用する**パブリッククラウド**と特定の企業や組織のクラウド利用者が利用する**プライベートクラウド**などがあります（②は誤り）．

・③は正しい．**PaaS**（Platform as a Service）は，アプリケーションの実行環境（ソフトウェアを構築および稼動させるための土台となるプラットフォーム）を提供するサービスです．

・**SaaS**（Software as a Service）では，一般に，クラウド事業者がアプリケーションをクラウドサービスとしてクラウド利用者に提供し，**IaaS**（Infrastructure as a Service）では，一般に，クラウド事業者がCPU，メモリ，ストレージ，ネットワークなどのハードウェア資源をクラウドサービスとしてクラウド利用者に提供します（④は誤り）．

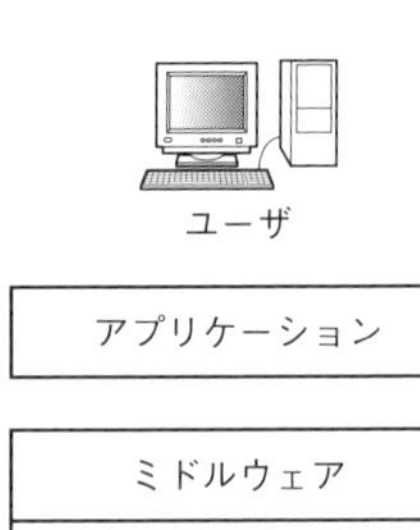
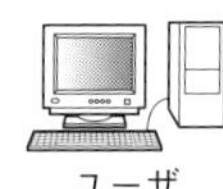

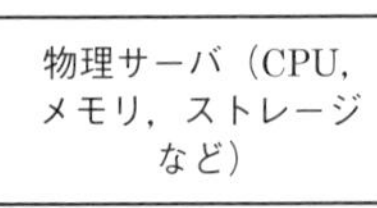

図　クラウドコンピューティングの種類

覚えよう！
クラウドサービスにおける，IaaS，PaaS，SaaS の違い．

【解答　オ：③】

問 3	**コンピュータシステムの性能指標**	✓✓✓【R3-2 問 8（3）】

コンピュータシステムなどの性能指標について述べた次の文章のうち，正しいものは，（カ）である．

〈（カ）の解答群〉

① オンラインシステムなどにおいて，コンピュータに対する要求の送信開始から応答が開始されるまでの時間は，一般に，ターンアラウンドタイムといわれ，この値はネットワークの性能には影響されない．

② バッチ処理において，ジョブを投入してから全ての処理結果を受け取るまでの時間は，一般に，レスポンスタイムといわれ，この値が小さいほど性能が良い．

③ コンピュータシステムが単位時間に処理できる業務量は，一般に，スループットといわれ，この値が大きいほど処理能力が高い．
④ ハードディスクの性能評価の指標には，MIPS（Million Instructions Per Second）や FLOPS（FLoating-point Operations Per Second）などがある．

解説

- オンラインシステムなどにおいて，コンピュータに対する要求の送信開始から応答が終了するまでの時間は，一般に，**ターンアラウンドタイム**といわれ，この値はネットワークの性能の影響を受けます（①は誤り）．
- バッチ処理において，ジョブの投入がすべて完了してから，処理結果の出力が開始されるまでの時間）は，一般に，**レスポンスタイム**といわれ，この値が小さいほど性能が良いといえます（②は誤り）．
- ③は正しい．コンピュータシステムが単位時間に処理できる業務量を，一般に**スループット**といいます．
- ハードディスクの性能評価の指標には，**IOPS**（Input/Output Per Second）などがあります（④は誤り）．**MIPS**（Million Instructions Per Second）や **FLOPS**（FLoating-point Operations Per Second）は，コンピュータの処理速度の性能評価指標です．MIPS は，コンピュータにおいて，1 秒間に何百万個の命令が実行できるかを表し，FLOPS は，1 秒間に何回の浮動小数点数演算を実行できるかを表します．

POINT
レスポンスタイムはユーザが要求を送信終了してからサーバからの応答が開始するまでの時間，ターンアラウンドタイムはユーザが要求を送信開始してからサーバからの応答が終了するまでの時間．

【解答　カ：③】

問 4　仮想化　【R3-1 問 5（3)】

サーバの仮想化について述べた次の文章のうち，誤っているものは，［（オ）］である．

〈（オ）の解答群〉
① サーバの仮想化は，1 台の物理サーバで複数の OS の動作環境を実現する技術であり，サーバ統合による物理サーバの集約，OS の動作環境構築のリードタイムの短縮などが可能とされている．
② 仮想マシンモニタといわれるソフトウェアを物理サーバの OS 上で動作さ

せて，その仮想マシンモニタ上でゲスト OS を動作させる方式は，一般に，ホスト OS 型といわれる．

③ ハイパーバイザといわれるソフトウェアを物理サーバ上で直接動作させて，そのハイパーバイザ上でゲスト OS を動作させる方式は，一般に，ハイパーバイザ型といわれる．

④ ホスト OS 型では，ゲスト OS がハードウェアにアクセスする際，直接ハードウェアを制御するため，処理に要するオーバヘッドはハイパーバイザ型と比較して小さくなる．

解説

従来の方法では，メールサーバ，ファイルサーバ，Web サーバなどは別々の物理サーバで構築されています．**サーバ仮想化**は，それぞれのサーバを一つの物理サーバ上に仮想サーバとして構築することで集約化する技術です．集約化により，サーバ管理の効率化やハードウェアのコスト削減などが期待できます．また新規サーバの構築時に OS の動作環境構築にかかる時間（リードタイム）が短縮化されるなどのメリットもあります．サーバ仮想化方式には**ホスト OS 型**と**ハイパーバイザ型**との二つがあります．

ホスト OS 型は，ホスト OS に仮想化専用のソフトウェア（仮想マシンモニタ）をインストールし，ゲスト OS が動作する環境を提供するものです．Linux, Windows, macOS などの OS が動作するサーバのハードウェアをそのまま使うことができます．

ハイパーバイザ型は，サーバのハードウェアにサーバ仮想化専用のソフトウェア（ハイパーバイザ）をインストールし，その上でゲスト OS を稼動させる方式です．ホスト OS を介さずに直接ハードウェアリソースを制御することで，オーバヘッドを小さくできます．ハイパーバイザ型には，**モノリシック型**と**マイクロカーネル型**があります．

モノリシック型は，ハイパーバイザに，カーネルに関する機能が統合されている方式です．マイクロカーネル型は，必要最低限のカーネル機能のみをハイパーバイザに残し，それ以外のカーネル機能をユーザレベルに移す方式です．

・①は正しい．サーバの仮想化は，1 台の物理サーバで複数の OS の動作環境を実現する技術です．
・②，③は正しい．
・ハイパーバイザ型では，ゲスト OS がハードウェアにアクセスする際，直接ハードウェアを制御するため，処理に要するオーバヘッドはホスト OS 型と比較して小さくなります（④は誤り）．

（a）ハイパーバイザ型

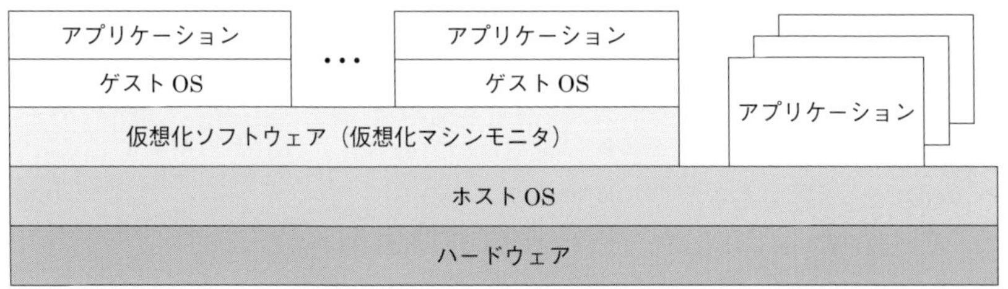

（b）ホスト OS 型

図　サーバ仮想化方式

【解答　オ：④】

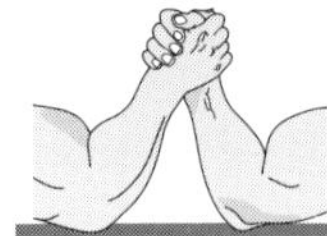

腕試し問題にチャレンジ！

問 1　以下は複数のディスク装置をまとめて一つのドライブとして管理する技術であるRAIDの特徴について述べたものである．

(A) データを複数のハードディスクに分散して格納し，「パリティ」を二重で書き込む方式

(B) 複数のディスク装置に同時に並列してデータを書き込むことで高速化を図る方式

(C) 複数のディスク装置に「パリティ」を配置する方式

(D) 二つのディスク装置に同じデータを書き込み，信頼性の向上を図る方式

以下の選択肢の中で，各説明がRAIDのどの方式に対応するかを正しく示したものは［（ア）］である．

① A：RAID6，B：RAID0，C：RAID5，D：RAID1
② A：RAID1，B：RAID6，C：RAID0，D：RAID5
③ A：RAID5，B：RAID0，C：RAID6，D：RAID1
④ A：RAID5，B：RAID1，C：RAID6，D：RAID0
⑤ A：RAID6，B：RAID1，C：RAID5，D：RAID0

問 2　以下はコンピュータシステムで用いられるストレージ（外部記憶装置）に関する技術について述べたものである．コンピュータに直接接続されたストレージは［（ア）］，ネットワークに直接接続しPCなどからネットワークを通じてアクセスできるストレージ［（イ）］と呼ばれる．［（ウ）］は，複数のコンピュータとストレージの間を結ぶ高速な専用のネットワークである．

① DAS　② NAS　③ NFS　④ LAN　⑤ SAN
⑥ WAN　⑦ SATA　⑧ USB　⑨ FC　⑩ IEEE 1394

問 3　CPUで実行するプログラムは2進数のデータで表現される［（ア）］である．［（ア）］の命令を人間が理解しやすいような記号で表現する言語を［（イ）］と呼ぶ．高水準言語はコンパイラにより［（ア）］に変換してから実行する．

高水準言語のプログラムを実行する別の方式は，［（ウ）］が高水準言語のプログラムをデータとして解釈実行するものである．

高水準言語は，手続き型，論理型，オブジェクト指向言語，等に分類することができる．代表的なオブジェクト指向言語として［（エ）］がある．

① オブジェクト言語　② アセンブリ言語　③ 機械語　④ 中間言語
⑤ 高水準言語　⑥ スクリプト言語　⑦ C　⑧ Java
⑨ インタプリタ　⑩ コンパイラ　⑪ アセンブラ　⑫ リンカ

問4 オペレーティングシステムに関する次の説明は［（ア）］.

A　Webサーバ，データベース管理システムは，オペレーティングシステムの基本ソフトウェアである.

B　タスクあるいはプロセスは，プログラムの処理単位を示す.

①　Aのみ正しい　②　Bのみ正しい　③　AとBが正しい

④　AもBも正しくない

問5 トランザクションのACID特性のうち，一貫性（Consistency）の記述として，適切なものはどれか.

①　整合性の取れたデータベースに対して，トランザクション実行後も整合性が取れている性質である.

②　同時実行される複数のトランザクションは互いに干渉しないという性質である.

③　トランザクションは，完全に実行が完了するか，全く実行されなかったかの状態しかとらない性質である.

④　ひとたびコミットすれば，その後どのような障害が起こっても状態の変更が保たれるという性質である.

問6 DBMSにおけるデッドロックの説明として，次の説明は［（ア）］.

A　あるトランザクションがアクセス中の資源をロックして，他のトランザクションからアクセスできないようにすること

B　複数のトランザクションが，互いに相手のロックしている資源を要求して待ち状態となること

①　Aのみ正しい　②　Bのみ正しい　③　AとBが正しい

④　AもBも正しくない

問7 サーバシステムにおけるバックアップに関する説明として，次の説明は［（ア）］.

A　バックアップからの復旧時間を最短にするために，差分バックアップ方式を採用する

B　増分バックアップは，1回目にフルバックアップデータとしてとったデータからの差分をバックアップデータとして保存する方式である

①　Aのみ正しい　②　Bのみ正しい　③　AとBが正しい

④　AもBも正しくない

問8 サーバに対する要求の送信開始から応答が終了するまでの時間は，［（ア）］といわれ，この値はネットワークの性能の影響を受ける．処理の要求が全て完了してか

ら，処理結果の出力が開始されるまでの時間は，（イ）といわれ，この値が小さいほど性能が良い．コンピュータシステムが単位時間に処理できる量を（ウ）という．

① スループット　② トラヒック　③ MIPS　④ IOPS　⑤ FLOPS
⑥ サービスタイム　⑦ ターンアラウンドタイム　⑧ レスポンスタイム
⑨ ウェイティングタイム　⑩ タイムスライス

問 9　以下は，クラウドサービスの提供形態などについて述べたものである．

CPU，メモリ，ストレージ，ネットワークなどのハードウェア資源をクラウドサービスとして提供する方式は（ア），アプリケーションの実行環境を提供するサービスは（イ），アプリケーションをクラウドサービスとして提供する方式は（ウ）である．

① パブリッククラウド　② プライベートクラウド　③ オンプレミス
④ IaaS　⑤ NAS　⑥ SAN　⑦ PaaS　⑧ SaaS

問 10　以下はソフトウェアの開発モデルについて述べたものである．

（ア）型は，全体を複数の工程に分け，一つの工程が終わったら次の工程に移るという手法で開発を進めていくモデルである．（イ）型は，開発早期の段階から簡単な試作ソフトウェアを作成して，ユーザの評価と改善を繰り返しながらユーザ要求を明確にしていく開発モデルである．（ウ）型は，最初の要件定義は最小限にとどめて，小さい単位で「設計」，「実装」，「テスト」を繰り返し，要求定義の明確化と開発を並行して進めます．ソフトウェア開発において途中の仕様変更が当たり前という前提で進めていく開発モデルである．

① ウォータフォール　② 段階的　④ アジャイル　⑤ ハイブリッド
⑥ プロトタイプ　⑦ スパイラル　⑧ リレーショナル

問 11　サーバ負荷分散（ロードバランシング）に関する説明として，次の説明は（ア）．

A　ロードバランサは，クライアントからの処理要求を複数のサーバに振り分けることでサーバの負荷を分散するソフトウェアである．

B　処理要求の宛先のIPアドレスによりサーバの割当てを行うものをレイヤ4ロードバランサ，レイヤ4（L4）スイッチなどと呼ぶ．

① Aのみ正しい　② Bのみ正しい　③ AとBが正しい
④ AもBも正しくない

腕試し問題解答・解説

【問1】 7-1節 問2の解説を参照してください.

解答 ア：①

【問2】 7-1節 問1，問3の解説を参照してください.

解答 ア：①，イ：②，ウ：⑤

【問3】 7-2節 問2の解説を参照してください.

解答 ア：③，イ：②，ウ：⑨，エ：⑧

【問4】 コンピュータ上でアプリケーションを実行する環境を提供するシステムソフトウェアは，基本ソフトウェアとミドルウェアに分類できます．基本ソフトウェアはオペレーティングシステムと呼ばれます．Webサーバ，データベース管理システムは，ミドルウェアに分類されます（Aは誤り）.

CPUから見たプログラムの処理単位は，タスクあるいはプロセスと呼ばれます．オペレーティングシステムは，同時に存在する複数のタスク（プロセス）の実行を制御します.

解答 ア：②

【問5】 ②は独立性（Isolation），③は原子性（Atomicity），④は永続性（Durability）の説明です．［参考：7-2節 問1］

解答 ア：①

【問6】 Aは排他制御，Bはデッドロックに関する説明です（Aは誤り）．デッドロックとは，共有資源を使用する二つ以上のプロセスが，互いに相手プロセスが必要とする資源を排他的に使用していて，互いのプロセスが相手の使用している資源の解放を待っている状態です．デッドロックが発生するとプロセスは永遠に待ち状態になってしまうため，プロセスの続行ができなくなってしまいます．［参考：7-2節 問1］

解答 ア：②

【問7】 差分バックアップは，バックアップの時間を短縮できますが，復旧時間は長くなります（Aは誤り）．1回目にフルバックアップデータとしてとったデータからの差分をバックアップデータとして保存するのは差分バックアップ方式です（Bは誤り）．増分バックアップは，前回バックアップを行ったデータからの増分をバックアップデータとして保存する方式です.

解答 ア：④

【問8】 7-4節 問3の解説を参照してください.

解答 ア：⑦，イ：⑧，ウ：①

【問9】 7-4節 問2の解説を参照してください．IaaSはInfrastructure as a Service，PaaSはPlatform as a Service，SaaSはSoftware as a Serviceの略号です.

解答 ア：④，イ：⑦，ウ：⑧

【問 10】 7-3 節　問 2 の解説を参照してください．段階的モデル（インクリメンタルモデル）は，まずシステム全体の要件定義を行ってからサブシステムに分割し，コアとなる部分を優先的に開発し，以降は設計～テストを繰り返してサブシステムを順次リリースしていく開発モデルです．アジャイル型は進化的モデル（エボリューションモデル）ともいうことができます．

解答　ア：①，イ：⑥，ウ：④

【問 11】 ロードバランサは，処理要求を複数のサーバに振り分ける装置です（A は誤り）．レイヤ 4 ロードバランサ，レイヤ 4（L4）スイッチは，トランスポート層（レイヤ 4）のプロトコルである TCP，UDP のポート番号によりサーバの割当てを行います（B は誤り）．［参考：7-4 節　問 1］

解答　ア：④

8章 設備管理

本章の出題項目

8-1　品質管理
8-2　安全管理
8-3　工事管理
8-4　保全
8-5　信頼性
8-6　信頼性設計
8-7　信頼性評価
8-8　情報通信ネットワークの安全性・信頼性基準
8-9　アウトソーシング

8-1 品質管理

出題傾向

本分野からはほぼ毎回，出題があります．QC 七つ道具，新 QC 七つ道具に関する問題が多く出されており，トラヒックに関する問題も出されてきています．

問 1 **トラヒック** 【R4-1 問 2（4）】

ある待時系の通信システムにおいて 3.0 アーランの呼量が加わり，これを処理する装置 1 台当たりの平均保留時間が 60 秒であるとき，この通信システムの平均待ち合わせ時間を 0.6 秒以下に保つために必要な最小限の装置数は，図を用いて求めると［（カ）］台である．

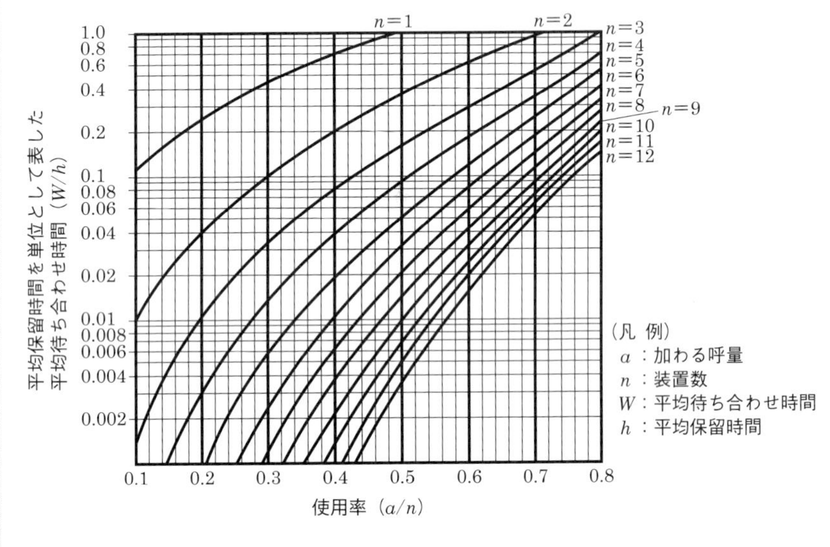

〈（カ）の解答群〉

① 4　② 5　③ 6　④ 7

解説

呼は，通話や通信を目的として通信設備を使用している状態です．呼の累計数あるいは通話が開始された回数を**呼数**といいます．**保留時間**は，1 回の通話（呼）で回線を占有している時間で，その平均値が**平均保留時間**です．

呼量は，単位時間当たりの通話時間の平均で，単位はアーランです．測定期間内にあった総通話時間を測定時間で割って求めます．1時間における通話時間の合計が1時間であれば1アーランになります．

呼を開始する際に接続できないことを**呼損**といい，呼損が発生する確率を**呼損率**といいます．**回線能率**は1回線当たりの平均利用率です．接続できないのは，必要な通信設備を確保できないなどの理由によります．

通信システムにおいて入回線（外部回線）から入ってきた呼が接続可能な状態であれば，すぐに出回線（構内の内部回線）に割り当てられるシステムは**即時系**といわれます．出回線がすべて占有されている場合は，接続は拒否され，呼損となります．

一方，**待時系**のシステムでは，入回線（外部回線）から入ってきた呼に対して待ち行列を作り，接続可能な出回線が空いた時点で呼が割り当てられます．出回線が空いて呼が割り当てられるまでの平均時間を**平均待ち合わせ時間**といいます．

問の図の縦軸の「平均保留時間を単位として表した平均待ち合わせ時間（W/h）」（本解説では Wh と表す）は，平均保留時間1秒当たりの平均待ち合わせ時間〔秒〕と考えます．平均待ち合わせ時間が0.6〔秒〕，平均保留時間が60〔秒〕の場合，

Wh＝0.6〔秒〕/60〔秒〕＝0.01

平均待ち合わせ時間を0.6秒以下としたい場合，Wh も0.01以下となるため，図の縦軸の値が0.01のラインよりも下にある範囲から，問題の条件を満たす装置数 n を見つけます．加わる呼量 a は問題文から3.0です．

・n＝6のとき

使用率（a/n）は，3.0〔アーラン〕/6〔台〕＝0.5

n＝6の曲線と，使用率が0.5の縦線の交点の Wh の値は＝0.01よりも大きいため，平均待ち合わせ時間は0.6秒以上になります．

・n＝7のとき

使用率（a/n）は，3.0〔アーラン〕/7〔台〕＝0.428…＜0.43

n＝7の曲線と，使用率：0.43の縦線の交点の Wh の値は0.01よりも小さいため，平均待ち合わせ時間：0.6〔秒〕以下になります．

以上より，④7（装置数が7台）のとき，「平均待ち合わせ時間が0.6〔秒〕以下」の条件を満たすことがわかります．

【解答　カ：④】

問2	サービスマネジメント	☑☑☑【R4-1 問7（5）】

JIS Q 20000-1：2020 情報技術―サービスマネジメント―第1部：サービスマネジメントシステム要求事項における用語について述べた次の文章のうち，正しい

8章 設備管理

ものは，[（ク）]である．

〈（ク）の解答群〉

① サービス継続とは，あらかじめ合意された時点又は期間にわたって，要求された機能を実行するサービス又はサービスコンポーネントの能力をいう．

② 是正処置とは，パフォーマンスを向上するために繰り返し行われる活動をいう．

③ 外部供給者とは，サービスマネジメントシステム又はサービスに関係したある決定事項若しくは活動に影響を与え得るか，その影響を受け得るか，又はその影響を受けると認識している，個人又は組織をいう．

④ サービスレベル合意書（SLA）とは，サービス及びその合意されたパフォーマンスを特定した，組織と顧客との間の合意文書をいう．

⑤ インシデントとは，根本原因が特定されているか，又はサービスへの影響を低減若しくは除去する方法がある問題をいう．

解説

「JIS Q 20000-1：2020 情報技術—サービスマネジメント—第1部：サービスマネジメントシステム要求事項」の「3.1 マネジメントシステム規格に固有の用語」と「3.2 サービスマネジメントに固有の用語」に，本問に関連する記述があります．

・あらかじめ合意された時点または期間にわたって，要求された機能を実行するサービスまたはサービスコンポーネントの能力はサービス可用性です（JIS Q 20000-1：2020　3.2.16 より）（①は誤り）．

・パフォーマンスを向上するために繰り返し行われる活動は継続的改善です（同規格 3.1.5 より）（②は誤り）．

・サービスマネジメントシステムまたはサービスに関係したある決定事項もしくは活動に影響を与え得るか，その影響を受け得るか，またはその影響を受けると認識している，個人または組織は，利害関係者です（同規格「3.1.8」より）（③は誤り）．

・④は正しい（同規格 3.2.20 より）．

・根本原因が特定されているか，またはサービスへの影響を低減もしくは除去する方法がある問題は既知の誤りです（同規格「3.2.9」より）（⑤は誤り）．インシデント（Incident）は，事故などが発生するおそれのある事態のことで，事故を引き起こす可能性のある事象も含まれています．

【解答　ク：④】

問3　サービスマネジメント　☑☑☑【R4-1 問8 (2)】

JIS Q 20000-1：2020 情報技術―サービスマネジメント―第1部：サービスマネジメントシステム要求事項に規定されているリリース及び展開管理について述べた次の文章のうち，誤っているものは，［（オ）］である．

〈（オ）の解答群〉

① 組織は，新規サービス又はサービス変更，及びサービスコンポーネントの稼働環境への展開について計画をしなければならない．計画立案には，各リリースの展開の日付，成果物及び展開方法を含めなければならない．

② リリースは，文書化した受入れ基準に基づいて検証し，展開前に承認しなければならない．受入れ基準を満たしていない場合には，組織及び利害関係者は必要な処置及び展開について決定しなければならない．

③ 稼働環境へのリリースの展開に先立って，影響を受けるCI（構成品目）のベースラインをとらなければならない．リリースは，サービス及びサービスコンポーネントの完全性が維持されるように，稼働環境へ展開しなければならない．

④ リリースの成功又は失敗は，監視し，分析しなければならない．測定には，リリース展開後のリリースに関連するインシデントは含めない．

解説

「JIS Q 20000-1：2020：情報技術―サービスマネジメント―第1部：サービスマネジメントシステム要求事項」の「8.5 サービスの設計，構築及び移行/8.5.3 リリース及び展開管理」に，本問に関連する記述があります．

- ①，②，③は正しい（JIS Q 20000-1：2020「8.5.3」より）．
- リリースの成功または失敗は，監視し，分析しなければなりません．測定には，リリース展開後のリリースに関連するインシデントを含めなければなりません（④は誤り）．

【解答　オ：④】

問4　トラヒック　☑☑☑【R3-2 問2 (4)】

即時式完全線群において1時間に生起する呼数が320呼であり，その平均保留時間が45秒のとき，呼損率を0.01以下とするための最小出回線数は［（カ）］回線である．ただし，必要により，下記の即時式完全線群負荷表を使用するものとする．

表　即時式完全線群負荷表　　単位：アーラン

n ＼ B	0.01	n ＼ B	0.01	n ＼ B	0.01	n ＼ B	0.01
1	0.010	11	5.160	21	12.838	31	21.191
2	0.153	12	5.876	22	13.651	32	22.048
3	0.456	13	6.607	23	14.471	33	22.909
4	0.870	14	7.352	24	15.295	34	23.772
5	1.361	15	8.108	25	16.125	35	24.638
6	1.909	16	8.875	26	16.959	36	25.507
7	2.501	17	9.652	27	17.797	37	26.379
8	3.128	18	10.437	28	18.640	38	27.253
9	3.783	19	11.230	29	19.487	39	28.129
10	4.461	20	12.031	30	20.337	40	29.007

（凡例）B：呼損率　n：出回線数

〈（カ）の解答群〉

①　1　　②　9　　③　10　　④　14　　⑤　40

解説

呼損率，即時式（即時系）については，本節 問 1 の解説を参照してください．

完全線群とは，入回線（外部回線）から入ってきた呼に対して，出回線（構内の内部回線）が空いていれば，必ず接続される方式です．空いていても接続されない場合があることを**不完全線群**といいます．

呼量は「平均保留時間 H × 測定期間内の呼数」となるので，測定期間を 1 時間とすると本問では以下のように計算できます．

平均保留時間 $H = 45$〔秒〕$/3\,600 = 0.0125$〔時間〕

呼量 $= 0.0125 \times 320 = 4$〔アーラン〕

即時式完全線群負荷表では，呼損率 $B = 0.01$ における，出回線数 n と呼量の関係が示されており，呼量 4〔アーラン〕は，出回線数 n が 10 以上であれば，呼損率 0.01 に抑えられるとわかります（$n = 10$ で 4.461〔アーラン〕となり，はじめて 4〔アーラン〕を超える）．

以上より呼損率 0.01 以下とするための最小出回線数は，10 となります．

【解答　カ：③】

問 5	**新 QC 七つ道具** 【R3-2 問 7（4）（H30-2 問 3（2）(ii)，H26-1 問 3（2）(ii)）】

新 QC 七つ道具について述べた次の文章のうち，誤っているものは，［（キ）］である．

〈(キ）の解答群〉

① 二元表の交点に着目して，問題・課題の所在や形態を探索し，問題解決・課題達成への着想を得る手法は，マトリックス図法といわれる．

② 事実，意見及び発想を言語データとして捉え，それらの相互の親和性によって集めた図を作ることで，解決すべき問題・課題の所在，形態を明らかにする手法は，PDPC 法といわれる．

③ 複雑に絡み合った原因と結果又は目的と手段を整理し，図として構造化することにより，解決すべき問題・課題の関係を明確化する手法は，連関図法といわれる．

④ 目的を達成するために必要な手段・方策を系統的に展開し，最適な手段などを求める手法は，系統図法といわれる．

解説

・①，③，④は正しい．

・事実，意見および発想を言語データとして捉え，それらの相互の親和性によって集めた図を作ることで，解決すべき問題・課題の所在，形態を明らかにする手法は，**親和図法**といわれます（②は誤り）．

【解答　キ：②】

問 6	IP 電話品質基準	☑☑☑【R3-1 問 2（3）（H29-2 問 3（2）(ii)）】

0AB～J で構成される電気通信番号を用いて IP 電話サービスを提供する IP 電話用設備の品質基準などについて述べた次の A～C の文章は，［（オ）］.

A　IP 電話用設備の接続品質は，アナログ電話用設備の接続品質の規定を準用しており，呼が損失となる確率，事業用電気通信設備が電気通信番号の送出終了を検出した後，発信側の端末設備等に対して着信側の端末設備等を呼出し中であることの通知までの時間などで規定されている.

B　IP 電話用設備に接続する端末設備等相互間における総合品質は，片方向の平均遅延時間を 150〔ms〕未満とすることと規定されている.

C　IP 電話用設備は，アナログ電話用設備と同等の品質の確保が必要であり，これを提供する設備は，0AB～J 番号を用いる IP 電話機からの緊急通報を接続できる機能を備えなければならない.

〈（オ）の解答群〉

①　A のみ正しい　②　B のみ正しい　③　C のみ正しい
④　A，B が正しい　⑤　A，C が正しい　⑥　B，C が正しい
⑦　A，B，C いずれも正しい
⑧　A，B，C いずれも正しくない

解説

2015 年 11 月施行の「事業用電気通信設備規則の一部改正に関する平成 27 年総務省令第 97 号」で記載されている 0AB～J IP 電話の品質要件の概要を**表**に示します．本問題はこの規定内容に関するものです.

・A，B，C いずれも正しい

【解答　オ：⑦】

表　0AB～J IP 電話の品質要件の概要

事業用電気通信設備規則に定める品質要件			規定内容
FAX（35 条の 9）			ファクシミリによる送受信が正常に行えること
接続品質 （35 条の 10）	呼損率		0.15 以下
	呼出音の通知までの時間		30 秒以下
総合品質 （35 条の 11）	端末設備等相互間の平均遅延		150 ミリ秒以下
ネットワーク品質 （35 条の 12）	UNI－UNI 間	平均遅延	70 ミリ秒以下
		平均遅延の揺らぎ	20 ミリ秒以下
		パケット損失率	0.5%未満
	UNI－NNI 間	平均遅延	50 ミリ秒以下
		平均遅延の揺らぎ	10 ミリ秒以下
		パケット損失率	0.25%未満
安定品質 （35 条の 13）			アナログ電話用設備と同等の安定性が確保されるよう必要な措置が講じられなければならない[*1]

＊1　音声パケットの優先制御や音声とデータの帯域分離により安定性を確保

注：改正前に総合品質で規定されていた R 値は改正において規定から削除された．

問 7　トラヒック　☑☑☑【R03-1 問 2（4）】

ある回線群について，1 時間にわたって接続呼数を観測したところ，80 呼の接続があり，呼の平均保留時間は 9 分であった．この回線群の回線数が 40 回線のときの回線能率は，［（カ）］%である．

〈（カ）の解答群〉

① 3　② 6　③ 13　④ 30　⑤ 53

解説

呼，呼量，呼損率については本節 問 1 と問 4 の解説を参照してください．**回線能率**は，1 回線当たりの平均利用率です．呼量は，次式のように計算できます．

平均保留時間＝9〔分〕/60＝0.15〔時間〕

呼量＝0.15×80＝12〔アーラン〕

回線数 n の回線群において，運ばれた呼量が a_c〔アーラン〕の回線能率 η は，次式のように表せます．

$$\eta = a_c / n$$

この式に求めた $a_c = 12$ と $n = 40$ を代入すると，η は 0.3（30％）となります．

【解答　カ：④】

問 8	通話品質評価方法 R3-1 問 7（4）（H29-2 問 3（2）(i)，H28-1 問 3（3））】

通話品質を評価する主観的評価方法又は客観的評価方法について述べた次の文章のうち，誤っているものは，［（キ）］である．

〈（キ）の解答群〉

① 主観的評価方法の一つであるオピニオン評価法は，被験者が，実際に耳で聞いた試験音声の品質を，5 段階で評価する方法である．

② オピニオン評価法では，評価点が被験者によってばらつくため，多数のデータを集めて統計的な処理を行う必要がある．集めたデータを統計的に処理した値は平均オピニオン評点（MOS 値）といわれる．

③ 測定器を使って音声の品質を機械的に処理し数値化する方法は，客観的評価方法といわれる．客観的評価方法では，入力音声と出力音声を比較して音声の明瞭度を測定し，その結果をラウドネス定格と対応したスコアとして出力する．

④ 客観的評価方法には，PESQ，PSQM などがある．このうち，PESQ は，電話帯域音声の受聴品質を推定する客観的な品質評価が可能であり，対象とする品質要因には，音声符号化ひずみ，パケット損失ひずみなどがある．

解説

・①，②は正しい．**MOS**（Mean Opinion Score）は，**平均オピニオン評点**という意味です．評価者に「非常に良い」～「非常に悪い」の 5 段階で評価してもらい，その値を平均したものです．

・**客観的品質評価方法**では，最低でも男女各 2 種類，計 4 種類のテスト用音声を準備します．その**基準音声**が評価対象システムを通過した後の劣化した音声信号と基準音声との間で，比較演算処理を行い，その結果を MOS 値と対応したスコアとして出力します（PSQM の仕様を規定している ITU-T 勧告 P. 861 より）（③は誤り）．

PSQM（Perceptual Speech Quality Measure）は，もとの音声とネットワークを経由した音声を比較し，両者の差分から音声品質を推定する方法です．**PESQ**（Perceptual Evaluation of Speech Quality）は，PSQM をベースに，パケットの揺らぎや損失などに対応するための手法を加えた評価方法で，ITU-T 勧告 P. 862

として標準化されています．

・④は正しい．

【解答　キ：③】

問 9　信頼性抜取試験　☑☑☑【R3-1 問 7（5）（H26-2 問 4（2）(ii)）】

信頼性の抜取試験について述べた次の文章のうち，誤っているものは，（ク）である．

〈（ク）の解答群〉

① 抜取試験では，一般に，大量生産品ではロットから，生産量の少ない品目の場合にはアイテム集団から任意抽出したサンプルについて，故障率などの信頼性を調べた結果に基づき全体の合否判定を行う．

② 抜取方式には計数型と計量型があり，寿命時間を観測して合否判定を行う方式は，計量型に分類される．

③ 1 回だけ抜き取ったサンプル中の故障件数で合否の判定を行う方式は，一般に，計数 1 回抜取方式といわれる．

④ 抜取試験の結果，合格水準にある良いロットが不合格になる確率は消費者危険といわれ，不合格水準にある悪いロットが合格となる確率は生産者危険といわれる．

解説

・①，②，③は正しい．

・合格水準にある良いロットが不合格になる確率は生産者危険，不合格水準にある悪いロットが合格となる確率は消費者危険といわれます（JIS Z 8101-2 より）（④は誤り）．

次頁の**図**は，生産者危険率および消費者危険率と，ロットの合格確率，ロットの不良率の関係を示します．図で不良率 p_0 は，なるべく合格としたいロットの不良率の上限で**合格品質水準**（Acceptable Quality Level, AQL）といいます．また，不良率 p_1 は，なるべく不合格としたいロットの不良率の下限で**ロット許容不良率**（Lot Torerance Percent Defective, LTPD）といいます．不良率 p_0 のときの合格確率を $P(p_0)$ とすると，$(1-P(p_0)=\alpha)$ は，ロットが良い品質であるにもかかわらず不合格になる確率で，**生産者危険率**といいます．一方，不良率 p_1 のときの合格確率 $P(p_1)$ は，ロットが悪い品質にもかかわらず合格となる確率で**消費者危険率**といいます．

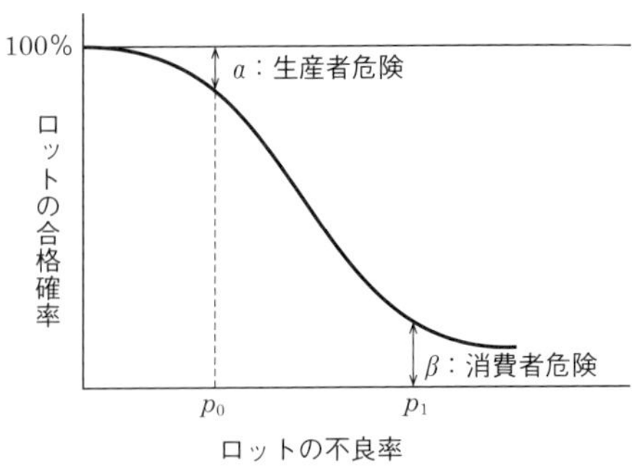

図　生産者危険と消費者危険

【解答　ク：④】

問 10　品質およびマネジメントに関する用語

【R2-2 問 3（2）(i)（H26-2 問 3（3）(i)）】

JIS Q 9000：2015 品質マネジメントシステム―基本及び用語に規定されている用語及び定義について述べた次の文章のうち，誤っているものは，［（オ）］である．

〈（オ）の解答群〉

① 品質とは，対象に本来備わっている特性の集まりが，要求事項を満たす程度をいう．

② 要求事項とは，明示されている，通常暗黙のうちに了解されている又は義務として要求されている，ニーズ又は期待をいう．

③ 品質方針とは，最高位で組織を指揮し，管理する個人又はグループによって正式に表明された，品質に関する組織の意図及び方向付けをいう．

④ 品質保証とは，品質要求事項を満たす能力を高めることに焦点を合わせた品質マネジメントの一部をいう．

解説

「JIS Q 9000：2015 品質マネジメントシステム―基本及び用語」に本問に関連する記述があります．

- ①は正しい（JIS Q 9000：2015 「3.6.2」より．
- ②は正しい（同規格「3.6.4」より）．
- ③は正しい（同規格「3.5.8」より）．

・④は誤り．正しくは「品質要求事項が満たされるという確信を与えることに焦点を合わせた品質マネジメント」です（同規格「3.3.6」より）．

【解答　オ：④】

問 11	QC 七つ道具	【R2-2 問 3（2）(ii)（H29-2 問 3（3）(i)）】

QC 七つ道具について述べた次の文章のうち，正しいものは，［（カ）］である．

〈（カ）の解答群〉

① QC 七つ道具は，品質管理を進めるうえで，基礎となるデータのまとめ方に関するツールの集合であり，一般に，パレート図，特性要因図，ヒストグラム，グラフ／管理図，連関図，系統図及び散布図のことをいう．

② ヒストグラムは，測定値の存在する範囲を幾つかの区間に分け，分けたそれぞれの区間を底辺とし，各区間に属する測定値の度数に比例する面積を持つ長方形を並べて作図する．

③ 特性要因図は，結果の特性とそれに影響を及ぼしていると思われる要因との関係を整理して，対になった 2 組のデータを x と y とし，x と y をグラフのそれぞれの軸にとって，データをプロットしながら作図する．

④ パレート図は，棒グラフを出現頻度の小さい順に左から並べるとともに，その累積和を示して作図する．

解説

・**QC 七つ道具**は，一般に，パレート図，特性要因図，ヒストグラム，グラフ，管理図，チェックシート，散布図のことをいいます．連関図法と系統図法は，新 QC 七つ道具に含まれます（①は誤り）．なお，**新 QC 七つ道具**には，連関図法，アローダイアグラム，マトリックス図法，系統図法，親和図法，マトリックスデータ解析法，PDPC 法があります．本節 問 5 の解説も参照してください．

・②は正しい．**ヒストグラム**（**図 1**）とは，横軸にデータの値，縦軸に各値のデータの出現度数を棒グラフで表した図で，データの分布状況を視覚的に把握するために使用されます．

・結果の特性とそれに影響を及ぼしていると思われる要因との関係を整理して，対になった 2 組のデータを x と y とし，x と y をグラフのそれぞれの軸にとって，データをプロットしながら作図するのは，「**散布図**」（**図 2**）のことです．**特性要因図**（**図 3**）とは，結果の特性と，それに影響を及ぼしていると思われる要因との関係を整理して，魚の骨のような図に体系的にまとめたものです（③は誤り）．

・**パレート図**では，**図 4** に示すように，棒グラフを出現頻度の項目高い順に左から並べるとともに，その累積比率を示す**パレート曲線**を併記します（④は誤り）．

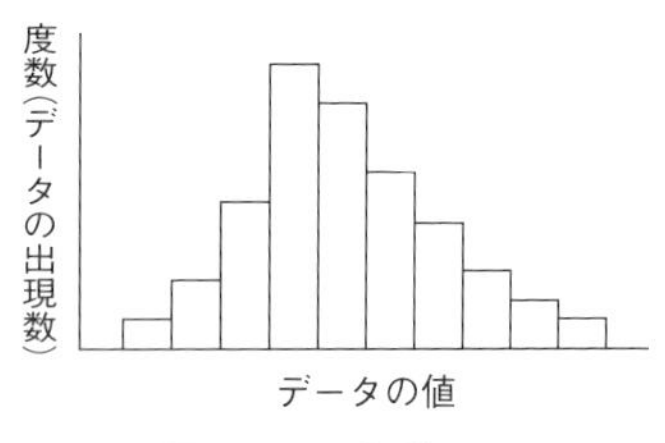

図1　ヒストグラム

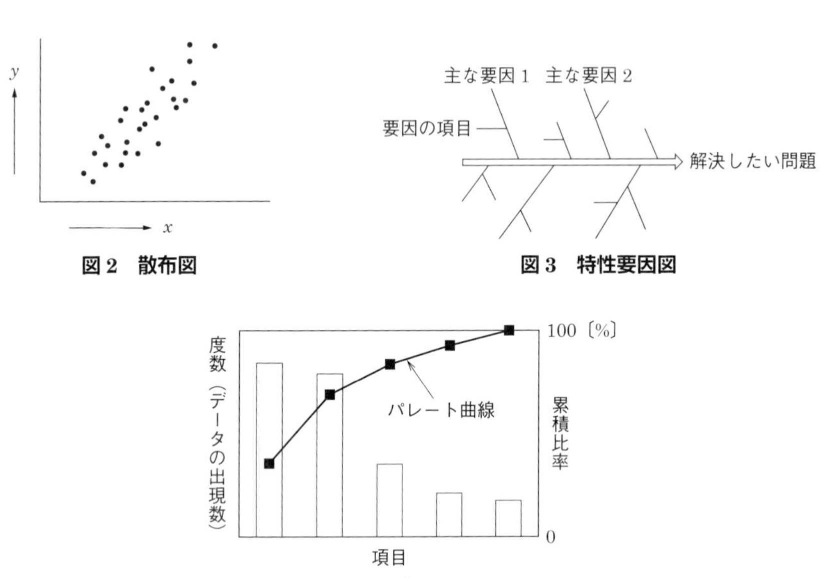

図2　散布図

図3　特性要因図

図4　パレート図

覚えよう！

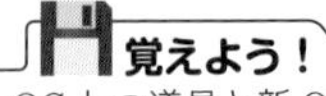

QC 七つ道具と新 QC 七つ道具の違い．

【解答　カ：②】

問 12 **電話用設備における品質基準** 【R1-2 問 3 (1) (H29-2 問 3 (2) (ii))】

次の文章は，電話用設備における品質基準の概要について述べたものである．□内の（ア）〜（エ）に最も適したものを，下記の解答群から選び，その番号を記せ．

アナログ電話用設備における品質基準としては，よく聞こえる度合いを定める通話品質，迅速かつ正確につながる度合いを定める接続品質などが事業用電気通信設備規則において規定されている．

通話品質は，主に音の大きさ（音量）によって評価され，アナログ電話端末と端末回線に接続される交換設備との間の通話品質は，送話及び受話の［（ア）］によって規定されている．

また，接続品質は，基礎トラヒックについて適合しなければならない条件の一つとして，事業用電気通信設備が選択信号を受信した後，着信側の端末設備等に着信するまでの間に一の電気通信事業者の設置する事業用電気通信設備により呼が［（イ）］となる確率が 0.15 以下であることと規定されている．

一方，アナログ電話用設備相当の機能を有するインターネットプロトコル電話用設備に対しても，事業用電気通信設備規則において品質などに関する複数の技術基準が規定されている．

このうち［（ウ）］品質として，UNI-UNI 間及び UNI-NNI 間の平均遅延時間，平均遅延時間の揺らぎなどがあり，UNI-UNI 間の平均遅延時間の値は［（エ）］〔ms〕以下と規定されている．

〈(ア)〜(ウ) の解答群〉

① 50	② 総合	③ 鳴音	④ ラウドネス定格
⑤ 70	⑥ 保留	⑦ R 値	⑧ バースト
⑨ 200	⑩ 損失	⑪ 輻輳（ふくそう）	⑫ ネットワーク
⑬ 400	⑭ 安定	⑮ エコー	⑯ 平均オピニオン評点

解説

アナログ電話用設備における品質基準の通話品質と接続品質は，事業用電気通信設備規則の第 34 条と第 35 条に本問に関連する記述があります．

電話などの通信品質のうち，音声の大きさに対する聞き取りやすさを規定した評価尺度の一つが(ア) ラウドネス定格です．人間の耳の周波数に対する依存性も考慮に入れたものになっています．送話ラウドネス定格と受話ラウドネス定格があり，二つの和を総合ラウドネス定格といいます．単位はデシベル〔dB〕です．

本問の「アナログ電話用設備相当の機能を有するインターネットプロトコル電話用設備」は，「0AB～J 番号」の割当てが許されている電話用設備のことを表しており，上記規則　第三十五条の二に以下の記述があります．

「事業用電気通信設備が選択信号を受信した後，着信側の端末設備等に着信するまでの間に一の電気通信事業者の設置する事業用電気通信設備により呼が(イ)損失となる確率が 0.15 以下であること．」

(ウ)ネットワーク品質として，UNI–UNI 間および UNI–NNI 間の平均遅延時間，平均遅延時間の揺らぎなどが規定されており，UNI–UNI 間の平均遅延時間の値は(エ)70〔ms〕以下と規定されています．

本節 問 6 の表を参照してください．

【解答　ア：④，イ：⑩，ウ：⑫，エ：⑤】

問 13　パレート図

【H30-2 問 3（2）（i）】

QC 七つ道具の一つであるパレート図について述べた次の A～C の文章は，（オ）．

A　パレート図は，項目を横軸に，度数を縦軸にとるとともに度数の多い項目から順に並べ，かつ，ロジスティック曲線を併記したものであり，不良，欠点などを原因別，状態別，位置別などで層別した結果を示すために用いられる．

B　パレート図を用いることにより，ある項目が全体のどの程度を占めているか，どの項目が最も重要なのかなどを知ることができる．

C　改善前のパレート図と改善後のパレート図の目盛を合わせて作図し，横に並べてみることにより，改善効果を評価することができる．

〈（オ）の解答群〉

①　A のみ正しい　②　B のみ正しい　③　C のみ正しい
④　A，B が正しい　⑤　A，C が正しい　⑥　B，C が正しい
⑦　A，B，C いずれも正しい
⑧　A，B，C いずれも正しくない

解説

パレート図では，要素のうち大きいものから順に左から棒グラフとして並べ，その累計比を線グラフとして併記します．本節 問 11 の図を参照してください．

・パレート図は，項目を横軸に，度数を縦軸にとるとともに度数の多い項目から順に並べ，かつ，累積比率を示す曲線（パレート曲線）を併記したものです（A は誤

り）．なおロジスティック曲線は，人口増加や生物の増殖過程を近似的に表した微分方程式であるロジスティック方程式の解として得られる曲線です．

・Bは正しい．パレート図により，対象とする項目のグループの中での特定の項目の位置づけを知ることができます．

・Cは正しい．改善前のパレート図と改善後のパレート図により，改善効果を評価することができます．

【解答　オ：⑥】

問14　**新QC七つ道具**
【H30-2 問3（2）(ii)（H27-2 問3（2）(i)，H26-1 問3（2）(ii)）】

新QC七つ道具について述べた次の文章のうち，誤っているものは，［（カ）］である．

〈（カ）の解答群〉

① 事実，意見及び発想を言語データとして捉え，それらの相互の親和性によって集めた図を作ることで，解決すべき問題・課題の所在，形態を明らかにする手法は，PDPC法といわれる．

② 複雑に絡み合った原因と結果あるいは目的と手段を整理し，図として構造化することで，解決すべき問題・課題の関係を明確化する手法は，連関図法といわれる．

③ 目的を達成するために必要な手段・方策を系統的に展開し，最適な手段などを求める手法は，系統図法といわれる．

④ 二元表の交点に着目して，問題・課題の所在や形態を探索し，問題解決・課題達成への着想を得る手法は，マトリックス図法といわれる．

⑤ プロジェクトを構成している各作業を矢線で表したうえで，作業の順序関係を考慮した図を作成し，プロジェクトを短期間かつ計画どおりに完了する方法を検討する手法は，アローダイアグラム法といわれる．

解説

・事実，意見および発想を言語データとしてとらえ，それらの相互の親和性によって集めた図を作ることで，解決すべき問題・課題の所在，形態を明らかにする手法は，一般に，**親和図法**といわれます．**PDPC**（Process Decision Program Chart）法とは，プロジェクトの計画時にさまざまな結果を予測して，事前に対策を講じる手法で，事態が流動的で予測が困難である場合や解決への情報が不足している場合に使用されます（①は誤り）．

・②，③，④，⑤は正しい．

参 考

マトリックス図法とは，マトリクス図で得られた関連を数値化して，それらのデータの傾向をわかりやすく整理する手法．新 QC 七つ道具の中で，唯一数値データを扱う手法で，多変量解析の一つである主成分分析が使用される．

【解答　カ：①】

覚えよう！

新 QC 七つ道具の種類とそれぞれの概要．

問 15　**音声品質評価方法**

【H29-2 問 3（2）(i)（H28-1 問 3（3）(ii)）】

主観的評価方法及び客観的評価方法について述べた次の文章のうち，誤っているものは，［（オ）］である．

〈（オ）の解答群〉

① 主観的評価方法の一つであるオピニオン評価法は，被験者が，耳で聞いた試験音声の品質に対し，5 段階に評価する方法である．

② オピニオン評価法では，評価点が被験者によってばらつくので，多数のデータを集めて統計的な処理を行う．集めたデータを統計的に処理した値は平均オピニオン評点（MOS 値）といわれる．

③ 客観的評価方法では，1 種類のテスト用音声を基準音声として準備する．その基準音声が評価対象システムを通過した後の劣化した音声信号と基準音声との間で，比較演算処理を行い，その結果を MOS 値と対応したスコアとして出力する．

④ 客観的評価方法には，PSQM，PESQ などがある．このうち，PSQM は，コーデックの音声品質評価のために開発された評価方法である．

⑤ PESQ は，PSQM の弱点を補強した評価方法であり，IP 電話特有のパケット損失などの影響を評価結果に反映することができる．

解説

・①，②，④，⑤は正しい．

・客観的評価方法では，最低でも男女各 2 種類の計 4 種類のテスト用音声を基準音声として準備します（③は誤り）．

本節 問 8 の解説も参照してください．

【解答　オ：③】

問 16	IP 電話品質基準	☑☑☑【H29-2 問 3 (2) (ii)】

0AB～J の電気通信番号を用いる IP 電話用設備の品質に関する技術基準について述べた次の文章のうち，誤っているものは，［（カ）］である．

〈（カ）の解答群〉

① 接続品質は，アナログ電話用設備の接続品質の規定を準用しており，呼が損失となる確率，事業用電気通信回線設備が電気通信番号の送出終了を検出してから発信側の端末設備等に対して着信側の端末設備等を呼出し中であることの通知までの時間などで規定されている．

② 総合品質は，端末設備などの相互間における通話に関する平均遅延の値及び R 値が規格値を超えるか以下かの基準と，事業用電気通信設備と端末設備との間のパケット損失率の値で規定されている．

③ ネットワーク品質は，UNI～UNI 間及び UNI～NNI 間において，パケット転送における平均遅延時間の値，平均遅延時間の揺らぎの値などで規定されている．

④ 安定品質は，アナログ電話用設備を介して提供される音声伝送役務と同等の安定性が確保されるよう必要な措置を講じなければならないと規定されている．

解説

2015 年 11 月施行の「事業用電気通信設備規則の一部改正に関する平成 27 年総務省令第 97 号」で記載されている 0AB～J IP 電話の品質要件の概要を本節 問 6 の表に示しています．本問題はこの規定内容について問うものです．

- ①は正しい（事業用電気通信設備規則 35 条の 10 より）．
- **総合品質**は，端末設備などの相互間における通話に関する平均遅延の値で規定されています．しかし，総合品質には R 値と，事業用電気通信設備と端末設備との間のパケット損失率の値は含まれていません（②は誤り）．R 値は改正前では総合品質に規定されていましたが，改正で規定から削除されました．また，事業用電気通信設備と端末設備との間のパケット損失率はネットワーク品質（同規則 35 条の 12）で規定されています．
- ③は正しい（同規則 35 条の 12 より）．
- ④は正しい（同規則 35 条の 13 より）．

【解答 カ：②】

問 17	**シューハート管理図** 【H29-2 問 3（3）(ii)（H27-2 問 3（2）(ii)）】

シューハート管理図では，測定値などをプロットした点の動きのパターンによって異常の有無を判定する．JIS Z 9020-2：2016 シューハート管理図に基づく基本的な異常パターンの検出などについて述べた次の A～C の文章は，［（ク）］．ただし，サンプルは正規分布を構成し，管理限界線は中心線から 3σ の距離にあるものとする．

A　測定値をプロットした一つ又は複数の点が上又は下の管理限界線を超えたところにある場合には，異常があると判定する．

B　測定値をプロットした点が上及び下の管理限界線内であるが，全体的に増加又は減少する連続する複数の点がある場合には，異常パターンのルールを使用して異常に該当するか判定する．

C　測定値をプロットした点が上及び下の管理限界線内であるが，中心線の片側に連続する複数の点がある場合には，異常パターンのルールを使用して異常に該当するか判定する．

〈（ク）の解答群〉

①　A のみ正しい　②　B のみ正しい　③　C のみ正しい
④　A，B が正しい　⑤　A，C が正しい　⑥　B，C が正しい
⑦　A，B，C いずれも正しい
⑧　A，B，C いずれも正しくない

解説

シューハート管理図は，生産工程が安定な状態にあるかを判別するための図です．工程内で異常が発生した場合に早期にその異常を検知することが目的になります．

JIS Z 9020-2：2016 シューハート管理図では，次の四つの異常判定ルールが規定されており，これらのルールを使用して異常に該当するか判定します．

ルール 1：一つまたは複数の点がゾーン A（中心線から $2s$～$3s$ の範囲）を超えたところ（管理限界線の外側）にある（s は打点された統計量の群内母標準偏差）．
ルール 2：中心線の片側に七つ以上の連続する点がある．
ルール 3：全体的に増加または減少する連続する七つの点がある．
ルール 4：明らかに不規則でないパターンがある．

・A は正しい（ルール 1 を使用）．
・B は正しい（ルール 3 を使用し，連続して増加または減少する点の数により異常

に該当するか判定する）.

・Cは正しい（ルール2を使用し，中心線の片側で連続する点の数により異常に該当するか判定する）.

【解答　ク：⑦】

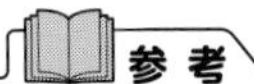

参考

シューハート管理図には計量値管理図と計数値管理図があり，一般に，標準値が与えられていない場合の管理図が管理用管理図，標準値が与えられている場合の管理図が解析用管理図に対応する．工程の状態が把握できていない場合に，それを調査するために使用するのが解析用管理図で，工程が安定状態になり品質の維持継続のために使用するのが管理用管理図である．

8-2 安全管理

出題傾向

事故を防止するための安全管理体制と事故防止手法に関する問題がよく出されています.

問1 **職場における安全活動**
【R4-1 問7 (2) (H30-2 問3 (3) (ii), H28-2 問3 (3) (ii), H25-1 問3 (2) (ii))】

職場などにおける安全活動について述べた次のA～Cの文章は, （オ）.

A 職場の小単位のグループで, 現場の作業, 設備, 環境, イラストなどを見ながら, 作業の中に潜む危険要因を摘出するとともに, その対策について話し合いをすることは, 一般に, 危険予知活動（KYK）又は危険予知訓練（KYT）といわれる.

B 職場の小単位のグループで, 作業開始前に安全のために, 短時間で仕事の範囲, 段取り, 各人ごとの作業の安全のポイントなどについて危険予知も取り入れて打ち合わせを行い, 具体的な事例で作業場の安全と作業の安全指示の最終確認を行うミーティングは, 一般に, 安全朝礼といわれる.

C 安全管理の基本的な活動として5S運動があり, 5SのSは, 一般に, 整理, 整頓, 清掃, 清潔及び躾のローマ字表記の頭文字をとったものとされている.

〈(オ) の解答群〉

① Aのみ正しい　② Bのみ正しい　③ Cのみ正しい
④ A, Bが正しい　⑤ A, Cが正しい　⑥ B, Cが正しい
⑦ A, B, Cいずれも正しい
⑧ A, B, Cいずれも正しくない

解説

・Aは正しい. **KYK**は「K：危険, Y：予知, K：活動」, **KYT**は「K：危険, Y：予知, T：トレーニング」の頭文字を取ったものです. KYT/KYKの基礎手法として, 4段階（ラウンド）を経て危険を予知する**4R法**があります. 4R法の各段階を以下に示します.

1R　現状把握（現場に潜んでいる危険を観察する）
2R　本質追求（危険なポイントを分析する）
3R　対策樹立（危険を回避するための方法を考察する）

4R　目標設定（チームの行動目標として具体化する）

・職場の小単位のグループで，作業開始前に安全のために，短時間で仕事の範囲，段取り，各人の作業の安全のポイントなどについて危険予知も取り入れて打ち合わせを行い，具体的な事例で作業場の安全と作業の安全指示の最終確認を行うミーティングは，一般に，ツールボックスミーティング（Tool Box Meeting, TBM）と呼ばれています（B は誤り）.

・C は正しい.

参考

5S 運動のうち，躾以外は 4S 運動に含まれる.

【解答　オ：⑤】

問 2　安全管理体制及び安全活動　【R3-2 問 7（1）】

次の文章は，労働安全衛生に関する法令に基づく安全管理体制及び安全活動の概要について述べたものである．[　　　]内の（ア）～（エ）に適したものを，下記の解答群から選び，その番号を記せ．ただし，[　　　]内の同じ記号は，同じ解答を示す.

労働安全衛生法において，労働災害とは，労働者の就業に係る建設物，設備，原材料，ガス，蒸気，粉じん等により，又は作業行動その他業務に起因して，労働者が負傷し，疾病にかかり，又は死亡することと定義されている．労働災害統計において，労働災害の発生の頻度を示す指標として，[（ア）]がある．[（ア）]は，100 万延べ実労働時間当たりの労働災害による死傷者数をもって表される.

事業者は，快適な職場環境の実現と労働条件の改善を通じて職場における労働者の安全と健康を確保する責務を有している.

労働安全の管理体制としては，通信業の場合，事業者は常時使用する労働者数が 300 人以上の事業場において，[（イ）]を選任し，その者に安全管理者，衛生管理者などの指揮をさせるとともに，労働者の危険又は健康障害を防止するための措置などに関する業務を統括管理させなければならない．さらに，通信業の場合，常時 100 人以上の労働者を使用する事業場において，事業者は労働者の危険の防止に関する重要事項などを調査審議させ，事業者に対し意見を述べさせるために，[（ウ）]を設けなければならない．[（ウ）]の運営方法として，重要な議事内容は記録し，3 年間保存しなければならない.

また，働きやすく，安全な職場を作るためには，創意工夫などによって常により良い職場に改善する姿勢と努力が必要である．創意工夫などを引き出すための安全活動として，事故に直結してもおかしくない一歩手前の事例を発見し，その原因を解消する［（エ）］運動がある．［（エ）］運動は，労働災害における経験則の一つであるハインリッヒの法則などに基づいており，重大な事故の発生を未然に防止するための有効な活動とされている．

〈(ア)～(エ）の解答群〉

① 監理技術者	② 安全委員会	③ 安全衛生協議会
④ 安全施工サイクル	⑤ 強度率	⑥ ZD（Zero Defect）
⑦ ヒヤリハット	⑧ 年千人率	⑨ 統括安全衛生責任者
⑩ 度数率	⑪ 一声かけ	⑫ 労働能力喪失率
⑬ 災害防止協議会	⑭ 総括安全衛生管理者	
⑮ 技術管理評議会	⑯ 労働安全コンサルタント	

解説

厚生労働省のサイト「職場の安全サイト」に，以下で一部を抜粋して引用するように本問に関連する記述があります．

「労働災害の発生状況を評価する際，被災者数以外に，度数率，強度率，年千人率という指標を用いることがあります．

(ア)**度数率**は，100 万延べ実労働時間当たりの労働災害による死傷者数をもって，労働災害の頻度を表すものです．」

「(イ)**総括安全衛生管理者**は，労働安全衛生法第 10 条第 1 項により，一定の規模の事業場ごとに選任が義務付けられているものです．通信業の場合，常時使用する労働者数が 300 人以上の事業場において選任する必要があります．」

「(ウ)**安全委員会**は，労働安全衛生法第 17 条により，一定の業種及び規模の事業場ごとに設置することが事業者に義務付けられています．通信業の場合，常時使用する労働者数が 100 人以上の事業場において選任する必要があります．

事業者は，安全委員会を毎月 1 回以上開催するようにしなければなりません（労働安全衛生規則第 23 条）．事業者は，委員会の開催の都度，遅滞なく，委員会における議事の概要を労働者に周知させなければなりません．委員会における議事で重要なものに係る記録を作成して，これを 3 年間保存しなければなりません．」

「仕事をしていて，もう少しで怪我をするところだったということがあります．このヒヤっとした，あるいはハッとしたことを取り上げ，災害防止に結びつけることが目的で始まったのが，(エ)**ヒヤリハット**活動です．仕事にかかわる危険有害要因を事前に把握する方法の 1 つとして，効果的です．」

ハインリッヒの法則は，本節 問4の解説を参照してください．

【解答 ア：⑩，イ：⑭，ウ：②，エ：⑦】

問3 労働安全衛生マネジメントシステム（OSHMS） ☑☑☑【R1-2 問3（3）（i）】

労働安全衛生マネジメントシステム（OSHMS）について述べた次の文章のうち，誤っているものは，［（キ）］である．

〈（キ）の解答群〉

① OSHMSは，一般に，事業者が労働者の協力の下にPDCAサイクルを定め，継続的な安全衛生管理を自主的に進めることにより，労働災害の防止と労働者の健康増進，さらに進んで快適な職場環境を形成し，事業場の安全衛生水準の向上を図ることを目的とした安全衛生管理の仕組みとされている．

② OSHMSでは全社的な安全衛生管理を推進するため，一般に，経営トップによる安全衛生方針の表明，次いでOSHMSの各級管理者の役割，責任及び権限を定めてOSHMSの各級管理者を指名し，OSHMSを適正に実施，運用する体制を整備することが求められている．

③ OSHMSのガイドラインとして，国内では厚生労働省から労働安全衛生マネジメントシステムに関する指針（OSHMS指針）が示されており，この指針は，国際的な基準であるILOのOSHMSに関するガイドラインに準拠している．

④ 厚生労働省のOSHMS指針では，事業者は，労働基準法に基づく指針に従って，危険性又は有害性等を調査する手順を定めるとともに，この手順に基づき，危険性又は有害性等を調査するよう規定されている．

解説

厚生労働省のサイトに，**OSHMS**（Occupational Safetyand Health Management System，**労働安全衛生マネジメントシステム**）に関する記述があります．

・①は正しい．（上記ページ「労働安全衛生マネジメントシステム」（OSHMS）とは）

・②は正しい．（上記ページ　労働安全衛生マネジメントシステムの特徴―(4) 全社的な推進体制）

・③は正しい．（上記ページ「労働安全衛生マネジメントシステム」（OSHMS）とは）

・厚生労働省のOSHMS指針では，事業者は，労働安全衛生法に基づく指針に従って，危険性または有害性などを調査する手順を定めるとともに，この手順に基づき，危険性または有害性などを調査するよう規定されています（④は誤り）.

【解答　キ：④】

問 4	安全衛生管理	☑☑☑【R1-2 問 3（3）(ii)】

安全衛生管理で用いられる用語について述べた次の文章のうち，正しいものは，（ク）である.

〈（ク）の解答群〉

① ヒヤリハット活動は，一般に，仕事をしていて，もう少しでけがをするところだったというような，ヒヤっとした，あるいはハッとしたことを取り上げ，災害防止に結びつけることが目的とされており，仕事にかかわる危険有害要因を把握する方法として有効である.

② ハインリッヒの法則は，1：29：300 の法則ともいわれ，330 件の事故を危険有害要因別に分析すると，300 件の事故の危険有害要因が共通しており，その共通する危険有害要因を分析・排除することが有効であることを指摘している.

③ 指差呼称は，対象を指で差し，声に出して確認する行動によって，意識レベルをフェーズ理論で区分しているフェーズⅠに上げ，緊張感や集中力を高める効果を狙った行為とされている.

④ 危険予知訓練は，一般に，職場や作業の状況のなかに潜む危険要因とそれが引き起こす現象をイラストシートを使って小集団で話し合い，危険のポイントや行動目標を確認するものであり，一般的な手法としてデルファイ法がある.

解説

・①は正しい.

・**ハインリッヒの法則**は，「一つの重大事故の背景には，29 の軽微な事故があり，その背景には，さらに 300 のヒヤリハット（ニアミス）がある」という経験則に基づく法則です（②は誤り）.

・指差呼称は，意識レベルをフェーズ理論で区分しているフェーズⅢに上げ，緊張感や集中力を高める効果を狙った行為とされています（③は誤り）.

・危険予知訓練の一般的な手法として **4R 法**があります（④は誤り）. 4R 法は，本節問 1 の解説を参照してください.

なおデルファイ法とは，集団の意見や知見を集約し，統一的な見解を得る手法です. 集団の各メンバーが個別に回答し，その結果をメンバー全員に公開してから再び個別に

回答を集める過程を繰り返すことで見解を集約します．

【解答　ク：①】

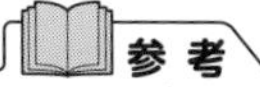

参考

フェーズ理論は，意識レベルをフェーズ0～Ⅳの5段階に分けて区別したものである．事故が起こりやすい危険な作業を行う場合は，フェーズⅢに意識レベルを維持することが望ましい，とされている．

フェーズ0は，意識がないときで脳がまったく動かない状態（無意識状態，失神状態）である．フェーズⅠは，意識がぼけていて注意や判断がうまく働かず間違いを起こす確率が極めて高い状態（疲労時や居眠り）である．フェーズⅡは，正常のレベルだがリラックスした状態であり，間違いや操作ミスを起こしやすい状態（休憩時，安静状態）である．フェーズⅢは，フェーズⅡと同じく正常状態であるが脳の活動が高まっている状態（危険作業中，作業への意欲が高い状態）である．フェーズⅣは，過緊張の状態（緊急事態に直面して慌てている，怒っている状態）で，正常な判断ができなくなる可能性が高い．

問5　安全衛生管理体制

【H30-2 問3（3）(i)（H28-2 問3（3）(i)，H25-1 問3（2）(i)）】

労働安全衛生に関する法令に基づく安全衛生管理体制の整備に関する事業者の責務について述べた次の文章のうち，正しいものは，［（キ）］である．

〈（キ）の解答群〉

① 安全管理者の選任は，業種に関わりなく常時20人以上の労働者を使用する事業場ごとに省令で定めるところにより，行わなければならない．

② 衛生管理者の選任は，業種に関わりなく常時50人以上の労働者を使用する事業場ごとに省令で定めるところにより，当該事業場の業務の区分に応じて行わなければならない．

③ 政令及び省令で定めるところにより，総括安全衛生責任者を選任し，その者に安全管理者，衛生管理者などの指揮をさせなければならない．

④ 安全委員会及び衛生委員会を設けなければならないときは，それぞれの委員会の設置に代えて，安全衛生委員会を設置することができる．この場合，安全衛生委員会を，毎月2回以上開催しなければならない．

解説

本問に関連する内容は労働安全衛生規則に示されています．

・**安全管理者**の選任は，政令で定める業種で常時50人以上の労働者を使用する事業場ごとに行わなければなりません（①は誤り）．

・②は正しい．事業場の規模と配置すべき衛生管理者の数は労働安全衛生規則の第7条の4に記載されています．

・政令および省令で定めるところにより，**総括安全衛生管理者**を選任し，その者に安全管理者，衛生管理者などの指揮をさせなければなりません．統括安全衛生責任者は，事業の仕事の一部を請負人に請け負わせている場合に元方(もとかた)安全衛生管理者の指揮や安全管理の指導などを行います（③は誤り）．

・労働安全衛生規則第 23 条で，「事業者は，安全委員会，衛生委員会又は安全衛生委員会を毎月 1 回以上開催するようにしなければならない」と規定されています（④は誤り）．

【解答　キ：②】

問 6　電気通信事故の防止　【H30-2 問 4（1）（H26-1 問 4（1））】

次の文章は，電気通信事故の防止に関する制度の概要について述べたものである．[　　　]内の（ア）～（エ）に最も適したものを，下記の解答群から選び，その番号を記せ．

設備の設置・設計，工事，維持・運用といった設備のライフサイクルを念頭に，電気通信事業法令では，法令に定める回線設置事業者や基礎的役務提供事業者など（以下，事業者という．）に対し，事故の事前防止や事故発生時に必要な取組の確保，設備管理における監督責任者の選任を義務付けることなどを，事故防止の基本的枠組みとしている．事故の事前防止や事故発生時に必要な取組において，事業者共通に義務付けが必要な事項は[（ア）]に規定されている．また，ネットワーク構成など事業者ごとの特性に応じた自主的な取組で確保すべき事項は[（イ）]の作成及び届出義務により確保することとし，加えて，事業者が実施すべき又は実施が望ましい取組は任意基準である情報通信ネットワーク安全・信頼性基準で規定されている．また，設備管理における監督責任者については，設備の工事，維持・運用に監督責務を有する電気通信主任技術者の選任が義務付けられている．

事故後の対応には事故報告制度があり，事故報告制度の報告基準は，重大事故と四半期報告事故に分けて設定されている．このうち四半期報告事故は，事故の影響利用者数が 3 万以上又は継続時間が[（ウ）]以上の事故が該当するとしている．

なお，サービスの多様化の進展を踏まえ，電気通信事業者のうち，有料かつ利用者数が 100 万以上の電気通信役務を提供する[（エ）]については，事故発生時の影響に鑑み，回線設置事業者と同様の規律が適用されている．

〈（ア）～（エ）の解答群〉

①　30 分	②　技術基準	③　移動体通信事業者
④　設備等基準	⑤　2 時間	⑥　要求仕様

⑦ ITU-T 勧告　⑧ TTC 標準　⑨ 4 時間
⑩ 環境基準　⑪ 基幹放送事業者
⑫ 回線非設置事業者　⑬ 12 時間　⑭ 管理規程
⑮ 情報セキュリティ対策　⑯ 国外設備設置事業者

解説

電気通信事業法の第 41 条，第 43 条，第 44 条に本問に関連する記載があります．

- 電気通信事業法令では，事故の事前防止や事故発生時に必要な取組において，事業者共通に義務付けが必要な事項は(ア)技術基準に規定されています．また，ネットワーク構成など事業者ごとの特性に応じた自主的な取組で確保すべき事項は(イ)管理規程の作成・届出義務により確保することとしています．
- 事故報告制度の報告基準として，四半期報告事故については，「影響利用者数 3 万人以上」または「継続時間数(ウ)2 時間以上」の事故が該当するとしています．
- 平成 25 年度には総務省主催による多様化・複雑化する電気通信事故の防止の在り方に関する検討会が開催され，電気通信事業者のうち，有料，一定規模以上など社会的影響力の大きなサービスを提供する(エ)回線非設置事業者については，事故発生時の影響に鑑み，回線設置事業者と同様の規律を適用するなど，事故防止の基本的枠組みの見直しも行うことを含んだ報告書が取りまとめられ，公表されています．

【解答　ア：②，イ：⑭，ウ：⑤，エ：⑫】

問 7　**設備工事における安全管理**

【H30-1 問 3（1）（H28-1 問 3（1），H26-1 問 3（1））】

次の文章は，設備工事などにおける安全管理の概要について述べたものである．［　　］内の（ア）～（エ）に最も適したものを，下記の解答群から選び，その番号を記せ．

工事の施工段階における管理には，一般に，工程管理，品質管理，原価管理，安全管理などがある．このうち安全管理については，基準となる法律として労働安全衛生法があり，この法律は，労働基準法と相まって，労働災害の防止のための危害防止基準の確立，［（ア）］及び自主的活動の促進の措置を講ずる等その防止に関する総合的計画的な対策を推進することにより職場における労働者の安全と健康を確保するとともに，快適な職場環境の形成を促進することを目的としている．

通信業において，工事現場などにおける安全に係る技術的事項を管理させるため，労働安全衛生法に基づき，常時，50人以上の労働者を使用する事業場などでは，資格を有する［（イ）］の選任，配置が義務付けられている．

労働安全衛生法において，労働災害とは，労働者の就業に係る建設物，設備，原材料，ガス，蒸気，粉じん等により，又は作業行動その他業務に起因して，労働者が負傷し，疾病にかかり，又は死亡することと定義されている．

労働災害統計において，労働災害の発生頻度や程度を表す場合，一般に，次の指標が用いられている．

ⓐ 度数率：労働災害の発生の頻度を示す指標であり，［（ウ）］万延べ実労働時間当たりの労働災害による死傷者数をもって表す．

ⓑ ［（エ）］：労働災害の重さの程度を示す指標であり，1,000延べ実労働時間当たりの延べ労働損失日数をもって表す．

〈（ア）～（エ）の解答群〉

① 1	② 10	③ 100	④ 500
⑤ 産業医	⑥ 年千人率	⑦ 作業の手順化	
⑧ 不休災害度数率	⑨ 強度率	⑩ 安全管理者	
⑪ 労働能力喪失率	⑫ BCPの策定		
⑬ 危機管理計画の策定	⑭ 労働安全コンサルタント		
⑮ 責任体制の明確化	⑯ 総括安全衛生責任者		

解説

・**労働安全衛生法**の目的は，「労働災害の防止のための危害防止基準の確立，(ア) 責任体制の明確化及び自主的活動の促進の措置を講ずる等」の対策を推進することです（第1条）．

・通信業において，工事現場などにおける安全に係る技術的事項などを管理させるため，労働安全衛生法に基づき，常時，50人以上の労働者を使用する事業場などでは，資格を有する(イ) **安全管理者**の選任，配置が義務付けられています（事業場の規模「50人以上」は労働安全衛生法施行令第3条に記載されている）．

・**度数率**は，労働災害の発生頻度を示す指標で，(ウ) 100万延べ実労働時間当たりの労働災害による死傷者数をもって表します．

・(エ) **強度率**は，労働災害の重さの程度を表す指標で，1 000延べ実労働時間当たりの延労働損失日数をもって表します．

【解答　ア：⑮，イ：⑩，ウ：③，エ：⑨】

8-3 工事管理

出題傾向

本分野からはほぼ毎回，出題があります．施工管理の管理機能とその関連性，設備管理，工程表の特徴，請負契約などに関する問題が出されています．

問 1　**施工管理**　【R4-1 問 7 (1)】

次の文章は，施工管理の管理機能とその関連性，工程表の特徴などについて述べたものである．［　　］内の（ア）～（エ）に最も適したものを，下記の解答群から選び，その番号を記せ．ただし，［　　］内の同じ記号は，同じ解答を示す．

施工管理において，品質管理，工程管理，原価管理及び安全管理は，四大管理機能といわれる．四大管理機能は，それぞれ独立したものではなく，相互に関連性を持っている．

例えば，工程と原価の関連性をみると，工事の施工出来高と，固定原価及び変動原価から成る工事総原価との関係において，採算のとれる状態にするためには，施工出来高を［（ア）］点以上にする必要がある．工程速度と原価の関係において，工事総原価が最小となる施工速度は［（イ）］といわれ，［（イ）］における施工出来高の上昇には限度があり，施工速度が速すぎると，工事総原価は高くなり，工事の採算性は悪化する．

四大管理機能のうち，工程管理においては，一般に，工事の施工手順や所要日数などを分かりやすく図表化した工程表が用いられる．

工程表のうち，横線式工程表の一つに，縦軸に作業内容を置き，横軸に各作業の日数をとる［（ウ）］がある．［（ウ）］は，工期に影響する作業がどれであるかを把握しにくい欠点があるが，各作業の所要日数が分かり，さらに作業の流れが左から右に移行しているので作業間の関連性が分かりやすいという利点を有している．

また，縦軸に工事の施工出来高の累計をとり，横軸に工期の時間的経過をとって，施工出来高の進捗状況をグラフ化して示したものは，曲線式工程表といわれる．工事の初期には準備などのために工事の進捗が遅く，中間期では施工量が増加し，仕上げ段階となる工事の末期では施工量が減少するのが一般的であるため，曲線式工程表における予定工程曲線は，一般に，［（エ）］字の曲線となる．

〈(ア)～(エ) の解答群〉

① M	② 採算速度	③ PERT図	④ 経済速度
⑤ S	⑥ 限界利益	⑦ 最高応答速度	⑧ 管理限界
⑨ U	⑩ 限界速度	⑪ 斜線式工程表	⑫ 損益分岐
⑬ Z	⑭ 許容臨界	⑮ バーチャート	⑯ ネットワーク式工程表

解説

工程の施工速度が遅くても，速くても，原価は上昇します．長期にわたる工事工程を効率化して短縮していくと，原価（コスト）は次第に低くなりますが，さらに施工速度を速めると逆に原価（コスト）が上昇します．一般に工程の施工速度が速くなると，品質が低下します．工程速度と原価の関係において，工事総原価が最小となる施工速度は(イ)**経済速度**と呼ばれます．品質の高いものは原価が高く，原価が低いものは品質が低くなります．

(ア)**損益分岐点**は，一般に売上高と費用が同じになる状態を示します．施工管理においては工事総原価と施工出来高とが等しくなる状態を示し，損益分岐点より施工出来高の少ない領域では損益が生じ，損益分岐点より施工出来高の多い領域では利益が生じることになります．

縦軸を作業内容や作業人員，横軸を期間（時間）として，各作業内容や作業人員の所要期間を視覚的に示した工程表を(ウ)**バーチャート（横線式工程表）**といいます（**図1**）．バーチャートは，工期に影響する作業がどれであるかを把握しにくい欠点がありますが，各作業の所要日数がわかり，さらに作業の流れが左から右に移行しているので作業間の関連性がわかりやすくなっています．

縦軸に工事出来高（累計），横軸に工期をとった工程表を，**バナナ曲線（曲線式工程表）**といいます．作業開始直後は進捗率が上がりませんが，日数が進むにつれて進捗率が高くなり，完成近くになると進捗率は小さくなるため，一般的に(エ)S字曲線となります（**図2**）．

【解答　ア：⑫，イ：④，ウ：⑮，エ：⑤】

進捗率はS字曲線の傾き．

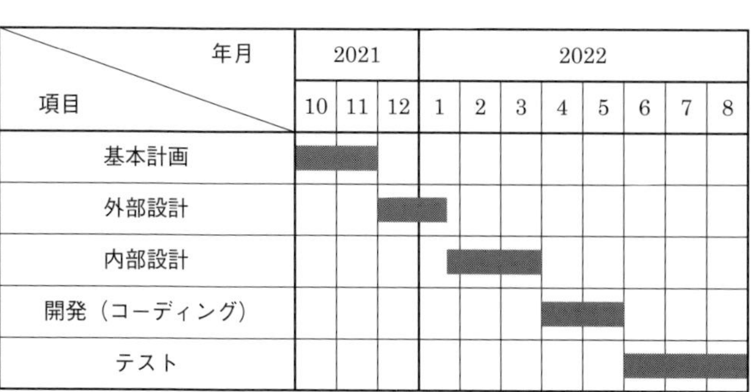

図1　バーチャートの例

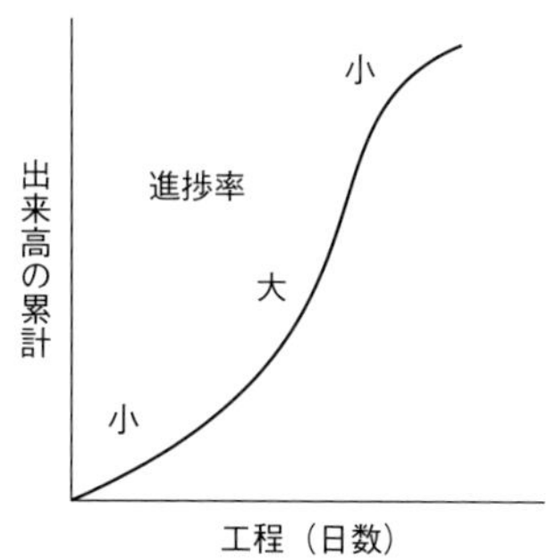

図2　S字曲線（バナナ曲線）

問2　請負契約　【R3-1 問7（1）】

次の文章は，標準請負契約約款について述べたものである．［　　　］内の（ア）～（エ）に最も適したものを，下記の解答群から選び，その番号を記せ．ただし，［　　　］内の同じ記号は，同じ解答を示す．

建設業法に基づき，中央建設業審議会が作成し，その実施を勧告している標準請負契約約款は，請負契約の片務性の是正と契約関係の明確化・適正化を目的としたものである．

標準請負契約約款のうち，公共工事標準請負契約約款においては，公共工事の発注者及び受注者は，当該約款に基づき，設計図書に従い，法令を遵守し，当該約款及び設計図書を内容とする工事の請負契約を履行しなければならない．設計図書とは，別冊の図面，仕様書，現場説明書及び現場説明に対する［（ア）］をいう．

公共工事の受注者は，請負契約の履行に当たり，［（イ）］を定めて工事現場に設置し，設計図書に定めるところにより，その氏名その他必要な事項を発注者に通知しなければならない．［（イ）］は，請負契約の履行に関し，工事現場に常駐し，その運営，取締りを行うほか，請負代金額の変更，請負代金の請求及び受領など，請負契約に基づく受注者の権限を行使することができる．

工事材料の品質については，設計図書に定めるところによる．受注者は，設計図書において監督員の検査を受けて使用すべきものと指定された工事材料については，当該検査に合格したものを使用しなければならない．この場合において，当該検査に直接要する費用は，［（ウ）］とする．

公共工事の受注者は，工事を完成したときは，その旨を発注者に通知しなければならない．発注者は，受注者から工事完成の通知を受けたときは，通知を受けた日から［（エ）］日以内に受注者の立会いの上，設計図書に定めるところにより，工事の完成を確認するための検査を完了し，当該検査の結果を受注者に通知しなければならない．

〈（ア）～（エ）の解答群〉

① 7　② 施工指示書　③ 主任技術者
④ 10　⑤ 現場代理人　⑥ 発注者の負担
⑦ 14　⑧ 現場状況写真　⑨ 専門技術者
⑩ 30　⑪ 監理技術者　⑫ 質問回答書
⑬ 発注者と受注者との折半　⑭ 設計実施要領
⑮ 発注者と受注者との協議による負担　⑯ 受注者の負担

解説

国土交通省が発行している公共工事標準請負契約約款に，本問に関連する記述があります．

・**設計図書**とは，別冊の図面，仕様書，現場説明書及び現場説明に対する(ア)質問回答書をいいます（公共工事標準請負契約約款 第一条より）

・公共工事の受注者は，(イ)**現場代理人**を定めて工事現場に設置し，設計図書に定めるところにより，その氏名その他必要な事項を発注者に通知しなければなりません．(イ)現場代理人は，請負契約の履行に関し，工事現場に常駐し，その運営，取締りを行うほか，請負契約に基づく受注者の権限を行使することができます（同約款 第十条より）．

・設計図書において監督員の検査を受けて使用すべきものと指定された工事材料について，当該検査に直接要する費用は，(ウ)受注者の負担です（同約款 第十三条より）．

・発注者は，受注者から工事完成の通知を受けたときは，通知を受けた日から(エ) 14日以内に受注者の立会いの上，工事の完成を確認するための検査を完了し，当該検査の結果を受注者に通知しなければなりません（同約款 第三十一条より）.

【解答　ア：⑫，イ：⑤，ウ：⑯，エ：⑦】

問 3　施工管理　☑☑☑【R2-2 問 3（1）（H27-2 問 4（1））】

次の文章は，電気通信工事における施工管理などについて述べたものである．［　　］内の（ア）～（エ）に最も適したものを，下記の解答群から選び，その番号を記せ．ただし，［　　］内の同じ記号は，同じ解答を示す．

電気通信工事を適正に施工するためには，建設業法をはじめ関係法令を遵守した施工体制を確保することが必要である．建設業法は，建設業を営む者の資質の向上，建設工事の［（ア）］の適正化等を図ることによって，建設工事の適正な施工を確保し，発注者を保護するとともに，建設業の健全な発達を促進し，もって公共の福祉の増進に寄与することを目的としている．

建設業法では，電気通信工事を含む建設工事の種類ごとに，建設業の許可を受けなければならないとされている．ただし，建築一式工事以外の建設工事については工事 1 件の請負代金の額が［（イ）］万円未満の場合など，政令で定める軽微な建設工事のみを請け負うことを営業とする者は，この限りでないとされている．

建設業の許可は下請契約の規模等により区分され，［（ウ）］の許可を受けた者は，建築一式工事を除いて，発注者から直接請け負った 1 件の建設工事につき 4 000 万円以上の下請契約を締結して，下請建設業者に工事を施工させることができる．この場合，［（ウ）］の許可を受けた者は，当該工事現場における建設工事の施工の技術上の管理を行うため，［（エ）］を配置しなければならない．

〈（ア）～（エ）の解答群〉

① 工事計画	② 一般建築業	③ 共同企業体	
④ 工事担任者	⑤ 監査	⑥ 監理技術者	⑦ 工事品質
⑧ 主任技術者	⑨ 請負契約	⑩ 総合建設業	⑪ 技術士
⑫ 特定建設業	⑬ 500	⑭ 1000	
⑮ 1500	⑯ 3000		

解説

建設業法は，建設業を営む者の資質の向上，建設工事の(ア) 請負契約の適正化等を図ることによって，建設工事の適正な施工を確保し，発注者を保護するとともに，建設業の健全な発達を促進し，もって公共の福祉の増進に寄与することを目的としています（建設業法第1条より）.

建設業法では第3条において，建設工事の種類ごとに，建設業の許可を受けなければならないとされています．ただし，「軽微な建設工事」のみを請け負って営業する場合には，必ずしも建設業の許可を受けなくてもよいこととされています．「軽微な建設工事」とは次の建設工事が該当します.

・建築一式工事については，工事1件の請負代金の額が1 500万円未満の工事または延べ面積が150 m^{2}未満の木造住宅工事

・建築一式工事以外の建設工事については，工事1件の請負代金の額が(イ)500万円未満の工事

建設業の許可は下請け契約の規模等により区分され，(ウ)特定建設業の許可を受けた者は，建築一式工事を除いて，発注者から直接請け負った1件の建設工事につき4 500万円以上の下請け契約を締結して，下請建設業者に工事を施工させることができます（建築一式工事の場合は7 000万円以上）．この場合，特定建設業の許可を受けた者は，当該工事現場における建設工事の施工の技術上の管理を行うため，(エ)**監理技術者**を設置しなければなりません（建設業法第26条で工事現場における建設工事の施工の技術上の管理をつかさどるものとして，主任技術者または監理技術者を設置することとされていますが，下請契約の請負代金の額が上記金額以上の場合は，主任技術者でなく，監理技術者を設置する必要があります）.

> **注意しよう！**
> 問題文では4 000万円になっていますが，建設業法改正により，令和5年度1月1日より4 000万円以上から4 500万円以上となっています．同じく，建築一式工事も6 000万円以上から7 000万円以上となりました.

【解答　ア：⑨，イ：⑬，ウ：⑫，エ：⑥】

問4　請負契約　【R1-2 問3（2）(i)】

建設工事における請負契約などの概要について述べた次の文章のうち，誤っているものは，［（オ）］である.

〈(オ) の解答群〉

① 建設工事を発注者から直接請け負った建設業者は，当該建設工事を施工するために締結した下請契約の請負代金の額の合計が4 000万円（建築一式工事の場合は6 000万円）以上となる場合は，監理技術者を置かなければならない.

② 下請契約とは，建設工事を他の者から請け負った建設業を営む者と他の建設業を営む者との間で当該建設工事の全部又は一部について締結される請負

契約であり，公共工事では一括下請負が全面的に禁止されている．

③ 請負契約は，当事者の一方は契約の相手方に対し当該契約に係る仕事を完成することを約するものであり，単に相手方の指揮命令に従い労務に服することを目的としていない．

④ 複数の建設業者が共同企業体を構成し，一つの工事を複数の工区に分割し，各構成員がそれぞれ分担する工区で責任を持って施工する分担施工方式においては，分担工事に係る下請契約の額にかかわらず，当該分担工事を施工する構成員は，監理技術者を設置しなければならない．

解説

建設業法に，本問に関連する記述があります．

- ①は正しい（建設業法施行令の一部を改正する政令より）．
- ②は正しい（建設業法 第二条「定義」，第二十二条「一括下請負の禁止」より）．
- ③は正しい（建設業法 第一節 通則（建設工事の請負契約の原則）第十八条より）．
- 複数の建設業者が共同企業体を構成し，一つの工事を複数の工区に分割し，各構成員がそれぞれ分担する工区で責任を持って施工する分担施工方式において，監理技術者を設置しなければならないのは，分担工事に係る下請契約の額が 4 500 万円（建築一式工事の場合は 7 000 万円）以上となる場合です（④は誤り）．問 3 解説の注意のとおり，法改正で金額が変更になっています．本節 問 6 の表も参照してください．

【解答 オ：④】

問 5 工程表

☑☑☑【R1-2 問 3（2）(ii)】

工程管理で用いられる工程表の特徴などについて述べた次の文章のうち，誤っているものは，［（カ）］である．

〈（カ）の解答群〉

① 工程表には横線式工程表，斜線式工程表，ネットワークによる工程表などがある．斜線式工程表の一つであるバナナ曲線は，時間の経過と出来高工程の上下変域を調べたものであり，施工難易度の管理に利用される．

② 進捗率を示したガントチャートは横線式工程表の一種であり，縦軸に作業名，横軸に各作業の進捗率を示したものであるが，各作業に必要な日数は分からず，工期に影響を与える作業がどれであるかも不明である．

③ バーチャートは横線式工程表の一種であり，縦軸に作業名，横軸に作業に

必要な予定日数と実施状況を示すことができるが，工程に影響を与える作業がどれであるかは分かりにくい．

④　アロー形ネットワーク工程表は，ある目的を達成するために必要な作業を矢線（アロー）で示し，作業と作業の相互関係や順序関係をネットワークで示したものであり，各作業の他作業への影響及び全体工期に対する影響を明確に捉えることができる．

解説

・工程表には横線式工程表，曲線式工程表，ネットワークによる工程表などがあります．**曲線式工程表**の一つであるバナナ曲線は，時間の経過と出来高工程の上下変域を調べたものであり，施工難易度の管理に利用されます（①は誤り）．曲線式工程表は，縦軸を工事出来高（累計），横軸を工期，とした工程表です．作業開始直後は進捗率は高くありませんが，工程が進むにつれて進捗率が高くなり，作業終了が近づくと進捗率は低下します．進捗の遅れや進みすぎを管理するため許容限界曲線が定められており，下方許容限界曲線を下回るときは，工程の進捗が計画より遅れており，上方許容限界曲線を上回るときは，工程が進みすぎていると判断します．

・②は正しい．**ガントチャート**（横線式工程表）は，縦軸を作業内容，横軸を各作業の達成率とします．

・③は正しい．**バーチャート**（横線式工程表）は，縦軸を作業内容や作業人員，横軸に期間（時間）とし，各作業内容や作業人員の所要期間を視覚的に示すものです．

・④は正しい．図に示すように**アロー型ネットワーク工程表**（アローダイアグラム）は，ある目的を達成するために必要な作業を矢線（アロー）で示し，作業と作業の相互関係や順序関係をネットワークで示したものです．各作業に要する工数も示します．

バナナ曲線とバーチャートについては本節 問1の解説も参照してください．

【解答　カ：①】

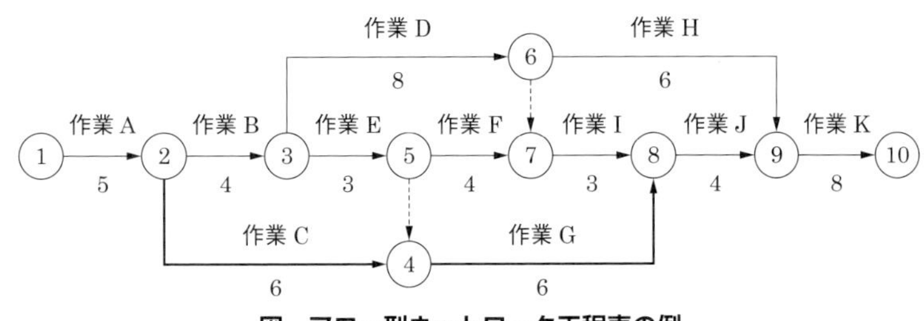

図　アロー型ネットワーク工程表の例

問 6	施工管理	☑☑☑【H31-1 問 3（1）（H29-1 問 3（1），H26-2 問 3（1））】

次の文章は，電気通信設備工事などにおける工事現場での施工管理について述べたものである．[　　　]内の（ア）～（エ）に最も適したものを，下記の解答群から選び，その番号を記せ．ただし，[　　　]内の同じ記号は，同じ解答を示す．

建設工事では，一般に，一品受注生産であるためあらかじめ品質を確認できないこと，施工体制に係る全ての下請負人を含めた多数の者による様々な工程を総合的にマネジメントする必要があることなどから，元請となる建設業者の施工管理能力が特に重要となる．

そこで，電気通信設備工事などの建設工事の適正な施工を確保するため，工事現場における建設工事の施工の技術上の管理をつかさどる者として，[（ア）]又は監理技術者（以下，監理技術者等と記す.）の設置を，建設業法では求めている．

また，同法では，監理技術者等は，建設工事を適正に実施するため，施工計画の作成，工程管理，品質管理その他の技術上の管理及び施工に従事する者の[（イ）]の職務を誠実に行わなければならないとされている．

監理技術者等の設置については，工事内容や規模などによって条件が付けられている．発注者から直接請け負った建設工事で，かつ[（ウ）]以上となる場合には，[（ア）]ではなく，監理技術者を置かなければならない．また，[（エ）]工作物に関する重要な建設工事の場合には，工事現場ごとに専任の監理技術者等を置かなければならない．ここで専任とは，他の工事現場に係る職務を兼務せず，常時継続的に当該工事現場に係る職務にのみ従事していることをいう．

〈（ア）～（エ）の解答群〉

① 工期の短い　② 安全確保の教育　③ 屋外に設置する
④ 主任技術者　⑤ 高所作業を伴う
⑥ 電気通信主任技術者　⑦ 現場代理人
⑧ 技術上の指導監督　⑨ 下請業者数が一定の数
⑩ 工事担任者　⑪ 工期が一定の期間
⑫ 監理技術者講習の実施　⑬ 雇用契約の締結
⑭ 公共性のある　⑮ 受注した請負代金が一定の額
⑯ 下請契約の請負代金の合計が一定の額

解説

・建設業法では，工事現場における建設工事の施工の技術上の管理をつかさどる者として，(ア) 主任技術者または監理技術者（以下，監理技術者等と記す）の設置を求めています（建築業法第26条より）．また，同法では，監理技術者等は，施工計画の作成，工程管理，品質管理その他の技術上の管理および施工に従事する者の(イ)技術上の指導監督の職務を誠実に行わなければならないとされています（同法第26条の四より）．

・監理技術者等の設置については，工事内容や規模などによって条件が付けられています．発注者から直接請け負った工事で，かつ，(ウ)下請契約の請負代金の合計額が一定の額以上となる場合には監理技術者を設置しなければなりません（同法第26条2より）．また，(エ)公共性のある工作物に関する重要な建設工事の場合には，工事現場ごとに専任の監理技術者等を置かなければなりません（同法第26条3より）．

建設業法施行令（令和4年改正）では，監理技術者の配置，専任の技術者の配置が必要な建設工事等の金額要件が表のとおり規定されています．

表　監理技術者等の配置に関する金額要件

	下請契約（建築一式工事以外）	建築一式工事
主任技術者ではなく監理技術者の配置が必要となる工事	4 500万円	7 000万円
主任技術者又は監理技術者を専任で配置することが必要となる重要な建設工事	4 000万円	8 000万円

注：公共性のある施設の工事については，金額によらず主任技術者または監理技術者を専任で配置する．

【解答　ア：④，イ：⑧，ウ：⑯，エ：⑭】

問7　設備管理（設計図書）　【H31-1 問3（2）（i）】

設備管理における設計図書などについて述べた次の文章のうち，正しいものは，（オ）である．

〈（オ）の解答群〉

① 工事請負契約における仕様書や設計図，それらに対する現場説明書及び現場説明に対する質問回答書などは，一般に，設計図書といわれ，請負工事の完成時における受注者から発注者への提出図書に含まれる．

② 設計図書で要求された品質を満たすために，受注者が請負工事における工法の精度の目標，品質管理及び体制などについて具体的に示すことは，一般に，品質計画といわれる．

③ 設計者は設計内容を設計図書にまとめるに当たり，設計の意図が正しく伝

わるように作成した基本設計書，基本設計図などの実施設計図書に基づいて，これらを具体的に決定した工事費概算書を作成する．

④ 設計図書としての仕様書には，その工事特有の事項や基準などを明記した標準仕様書と，工事に関連する一般事項，施工方法などの共通的事項や技術的基準を示した特記仕様書がある．

解説

国土交通省の公共建築工事標準仕様書（建築工事編）に，本問に関連した記述があります．

・工事請負契約における仕様書や設計図，それらに対する現場説明書及び現場説明に対する質問回答書などは，一般に，**設計図書**といわれ，請負工事の完成時における受注者から発注者への提出図書に含まれません（①は誤り）．設計図書は，建物が完成した後，工事途中で生じた変更工事の内容を反映して，竣工図書という名称で保管されます．

・②は正しい（上記資料 1.1.2 用語の定義より．「「品質計画」とは，設計図書で要求された品質を満たすために，受注者等が工事における使用予定の材料，仕上げの程度，性能，精度等の目標，品質管理及び体制について具体的に示すことをいう．」）．

・設計者は設計内容を設計図書にまとめるに当たり，設計の意図が正しく伝わるように作成した基本設計書，基本設計図などの**基本設計図書**に基づいて，これらを具体的に決定した工事費概算書を作成します（③は誤り）．

・設計図書としての仕様書には，その工事特有の事項や基準などを明記した**特記仕様書**と，工事に関連する一般事項，施工方法などの共通的事項や技術的基準を示した**共通仕様書**があります（④は誤り）．

国土交通省の公共建築設計業務委託共通仕様書の 1.2 用語の定義に，特記仕様書と共通仕様書の用語の定義についての記載があります．

【解答　オ：②】

問 8　設備管理（調達）　☑☑☑【H31-1 問 3（2）(ii)】

設備管理などにおける調達について述べた次の文章のうち，誤っているものは，（カ）である．

〈（カ）の解答群〉

① 製品を調達する場合，一般に，最終的には自社製品として顧客へ納入するために必要十分な要求事項を記載した仕様書を調達先に提示する必要があ

る．

② QCD（Quality, Cost, Delivery）を満足する製品を調達するには，必要とする製品を調達先が供給する能力を有するか否かを取引開始前に見極めることが大切となる．

③ 調達先において人員削減に伴う無理な生産による利益率向上などの施策が行われた場合に品質が低下するおそれがあるため，仕様以外の5M（Man, Machine, Material, Method, Measurement）の変化に関する情報共有の仕組みを構築することが望ましい．

④ 調達品は，物流（出荷，輸送，保管）の状態によって品質が低下するおそれもあることから，調達先からの納入品が，要求事項を満足していることを確認するために，一般に，ダブルビン法による製品監査を実施する．

解説

・①，②は正しい．

・③は正しい．品質管理に重要な要素には，**3M**と，それに2項目を足した**5M**があります．3Mは，Man（人），Machine（設備機械），Material（材料）を示します．3MにMethod（方法），Measurement（計測）加えたものが5Mです．

・調達先からの納入品が，要求事項を満足していることを確認するために，一般に，受入検査による製品監査を実施します（④は誤り）．ダブルビン法は，同容量の在庫が入った二つのビン（容器）を用意しておき，一方のビンが空になって他方の在庫を使用しはじめたときに，空になったビンの容量を発注する方法です．

【解答 カ：④】

問9 設備管理 【H30-2 問3（1）（H27-2 問3（1））】

次の文章は，生産活動における設備管理などについて述べたものである．[　　　]内の（ア）～（エ）に最も適したものを，下記の解答群から選び，その番号を記せ．ただし，[　　　]内の同じ記号は，同じ解答を示す．

生産管理に関してJISで規定されている用語において，管理とは，経営目的に沿って，人，物，金，情報など様々な資源を最適に計画し，運用し，統制する手続き及びその活動とされている．また，生産管理とは，有形や無形の財・サービスの生産に関する管理活動とされており，狭義には，生産工程における生産統制を意味し，[（ア）]ともいえる．

生産活動とは，生産要素をインプットし，生産活動の成果であるアウトプットの最大化を目指すものである．インプットする生産要素は，生産活動を行うために必要な資源であり，人，設備機械及び［（イ）］の3Mに加え，これらを取得するための資金，方法などによって構成されている．生産活動におけるこれら生産要素の管理方法には，定員管理，設備管理及び資材・在庫管理がある．一方，アウトプットは，［（ア）］，労務管理などの各種の管理手法を用いた生産活動の結果として現れるものであり，成果であるアウトプットの6項目は，それぞれの頭文字をとって，一般に，PQCDSMと表記されており，その一つであるSは［（ウ）］を指している．

設備管理は，生産活動の目的である製品の品質などを生産設備の視点から捉えて生産を維持するだけではなく，生産設備の機能を最大限に発揮させて利益の最大化を図ることを目的としている．設備管理は，設備の導入から運用，廃棄に至るまで，設備を効率的に活用するための管理であり，大別して［（エ）］と設備保全に分けることができる．

〈(ア)～(エ) の解答群〉

① 標準化	② 躾（しつけ）	③ 事後保全	④ 納期管理
⑤ 材料	⑥ 予防保全	⑦ マニュアル	⑧ 作業者意欲
⑨ 単純化	⑩ 安全	⑪ 原価管理	⑫ 品質管理
⑬ 工程管理	⑭ 生産計画	⑮ 動作	⑯ 設備計画

解説

・**生産管理**とは，有形や無形の財・サービスの生産に関する管理活動とされており，狭義には，生産工程における生産統制を意味し，(ア)工程管理ともいえます（JIS Z 8141：2001 生産管理用語 1215 より）．

・生産活動においてインプットする**生産要素**は，生産活動を行うために必要な資源であり，人，設備機械および(イ)材料の3Mに加え，これらを獲得するための資金，方法などによって構成されています．3Mについては本節 問8の解説も参照してください．

・成果であるアウトプットの6項目は，それぞれの頭文字をとって，一般に，**PQCDSM**と表記されており，その一つであるSは(ウ)安全を指しています．他の頭文字の意味を以下に示します．

P：Productivity（生産性），Q：Quality（品質），C：Cost（原価），D：Delivery（納期），S：Safety（安全），M：Morale（士気）またはMotivation（動機付け）

・**設備管理**は，(エ)**設備計画**と**設備保全**に大別することができます．設備管理は，JIS Z 8141：2001において「設備の計画，設計，製作，調達から運用，保全をへて廃却・再利用に至るまで，設備を効率的に活用するための管理」と定義されています．

【解答　ア：⑬，イ：⑤，ウ：⑩，エ：⑯】

問10　**施工管理**　☑☑☑【H30-1 問3（2）（i）（H27-1 問3（2）（i））】

工事の施工段階における施工管理について述べた次の文章のうち，誤っているものは，［（オ）］である．

〈（オ）の解答群〉

① 施工管理の目標は，一般に，施工をするための生産手段を合理的に組み合わせて，速く・良く・安く・安全に施工することとされている．

② 施工管理の手順は，一般に，Plan，Do，Check 及び Act を反復進行するものとされている．

③ 施工管理の管理機能の一つである工程管理とは，一般に，決められた工期内に，定められた品質を確保し経済的で，かつ安全に工事が施工できるように，工程を計画し管理することとされている．

④ 工程管理で利用される工程表のうち横線式工程表は，バーチャートともいわれ，縦軸に施工数量又は進捗百分率を，横軸に日数をとり，部分工事ごとの工程を曲線又は斜線で表すものとされている．

解説

・①，②，③は正しい．

・横線式工程表は，**バーチャート**ともいわれ，縦軸に作業項目を，横軸に日数をとり，作業ごとの工程を棒状で表すものとされています（④は誤り）．バーチャートについては，本節 問1と問5の解説も参照してください．

【解答　オ：④】

問11　**現場代理人及び監理技術者**　☑☑☑【H30-1 問3（2）（ii）】

現場代理人及び監理技術者について述べた次のA～Cの文章は，［（カ）］．

A　現場代理人は，工事現場の取締りのほか，工事の施工及び契約関係事務に関する一切の事項を処理するため工事現場に置かれる請負者の代理人であり，監理技術者はこれを兼務することができる．

B　公共性のある工作物に関する重要な工事に監理技術者等が設置される場合の

専任とは，監理技術者等が常時継続的に当該工事現場に係る職務にのみ従事していることをいう．ただし，専任を要しない期間が設計図書等の書面により明確となっていれば，一部の期間については契約工期中であっても工事現場への専任は要しない．

C　公共工事における専任の監理技術者は，資格者証の交付を受けている者であって，監理技術者講習を過去5年以内に受講したもののうちから選任される．

〈(カ) の解答群〉

① Aのみ正しい	② Bのみ正しい	③ Cのみ正しい
④ A，Bが正しい	⑤ A，Cが正しい	⑥ B，Cが正しい
⑦ A，B，Cいずれも正しい		
⑧ A，B，Cいずれも正しくない		

解説

国土交通省の監理技術者制度運用マニュアルに本問に関連した記述があります．

・Aは正しい（監理技術者制度運用マニュアル　二一三「監理技術者等の職務」より）．

・Bは正しい（同マニュアル　三「監理技術者等の工事現場における専任」より）．

・Cは正しい（同マニュアル　四「監理技術者資格者証及び監理技術者講習修了証の携帯等」より）．

【解答　カ：⑦】

問12　工事管理の概要　☑☑☑【H29-2 問3（1）（H24-1 問3（1））】

次の文章は，工事管理の概要について述べたものである．[　　　]内の（ア）～（エ）に最も適したものを，下記の解答群から選び，その番号を記せ．ただし，[　　　]内の同じ記号は，同じ解答を示す．

工事管理には様々な管理の種類があり，その代表的なものとして，工程管理，品質管理，原価管理及び[　(ア)　]管理がある．

工程管理では，一般に，計画工程と対比させて出来高の進捗状況を実施工程として管理する方法が用いられる．縦軸に工事出来高の累計を，横軸に工期（日数）をとったグラフを用いると，実施工程の示す線形は，一般に，[　(イ)　]となる．

品質管理では，一般に，管理の対象となる品質データにはばらつきが存在することから，[　(ウ)　]的な手法によって規格を満足しているかを推測する方法が用いられる．

原価管理では，一般に，一定の質の材料，一定の設備・労働力など，設定された一定の条件のもとで，可能な最低の原価をもって，最高の結果を確保するという概念が用いられる．

（ア）管理では，労働災害を未然に防止するための活動が行われる．

これら四つの管理は，それぞれ独立しているものではない．例えば，品質と工程，品質と原価の間には，一般に，それぞれ（エ）関係があるため，これらをどう調整するかが，工事管理の重要なポイントである．

〈(ア)～(エ) の解答群〉

① 事業継続	② 衛生	③ 比例する	④ S字曲線
⑤ 労務	⑥ 主観	⑦ 平行直線	⑧ 互換できる
⑨ 実務	⑩ 経済	⑪ 統計	⑫ U字曲線
⑬ 安全	⑭ 放物線	⑮ 相反する	⑯ 相互補完の

解説

工事管理は**施工管理**ともいい，工程管理，品質管理，原価管理および(ア) **安全管理**が含まれます．これら四つの管理は独立しているものではなく，例えば，品質と工程，品質と原価の間には，一般に，(エ) 相反する関係があります．

- **出来高**とは，「計画のうち，終わった分」のことです．縦軸に工事出来高の累計を，横軸に工期（日数）をとったグラフを用いると，実施工程の示す線形は，一般に，(イ) **S字曲線**となります．S字曲線については本節 問1，問5の解説も参照してください．
- **品質管理**では，シューハート管理図（8-1節 問17参照）などの管理図の使用や抜取検査が行われていますが，一般に，管理の対象となる品質データにはばらつきが存在することから，(ウ) **統計的な手法**によって規格を満足しているかを推測する方法が用いられます．

【解答　ア：⑬，イ：④，ウ：⑪，エ：⑮】

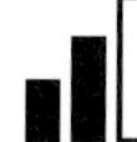

8-4 保全

出題傾向

設備保全と予防保全に関する問題がよく出されています．特にFMEAとFTAに関する問題は多く出されています．

問1　信頼性の事前評価

【R4-1 問7（3）（R1-2 問4（2）(ii)，H28-1 問4（2）(ii)）】

信頼性の事前評価について述べた次の文章のうち，誤っているものは，［（カ）］である．

〈（カ）の解答群〉

① 製品の開発を進めていく際に，進捗の節目ごとに関係者が集まって設計の妥当性，製品の信頼性などへの不具合を検出，修正するために行われる設計審査会は，一般に，デザインレビューといわれる．

② FMEAは，現象から原因に向かって故障波及状況や影響度などを解析するトップダウン型の一つの手法として用いられている．

③ FTAは，一般に，故障の発生頻度が高い，発生時の被害が大きいなどの重要な故障モードに対して実施すると効果的である．

④ 故障の因果関係をツリー状に展開する故障解析手法の一つにETAがあり，これは基本的な故障要因を想定し，その影響がどのような事象として発展するのかを事前に分析しておくという考え方に基づいた手法である．

解説

・①は正しい．通常は，製品開発のプロセスの中に，企画段階，構想設計段階，詳細設計段階，試作評価段階などのフェーズを設け，これらの区切りで，企画・設計・試作の妥当性を検証するためにデザインレビューを行います．

・現象から原因に向かってボトムアップの手法により故障波及状況や影響度などを解析する手法として，**FMEA**（Failure Mode and Effects Analysis，故障モードと影響の解析）があります（②は誤り）．

> **POINT**
> ツリーの上位の原因から下位の事象への流れに沿って解析するFTAとETAがトップダウンの手法で，下位の事象から上位の原因に向かって解析するFMEAがボトムアップの手法．

・③は正しい．**FTA**（Fault Tree Analysis，故障の木解析）は，システムに起こり得る望ましくない事象について，上位のレベルから順次下位にツリー状に展開して，発生経路と故障・事故の因果関係を解析するトップダウンの手法です．

・④は正しい．**ETA**（Event Tree Analysis，事象の木解析）とは基本的な故障要因を想定し，それに続いて起こる事象や影響を分析することにより，結果に至る過程とその発生確率を明らかにする手法です．

【解答　カ：②】

問 2　**設備保全**　☑☑☑【R3-2 問 7（3）（H31-1 問 3（3）（i））】

設備保全の概要などについて述べた次の A～C の文章は，（カ）．

A　設備保全には，故障の防止や故障の修理などを行う維持活動と，設備寿命の延命や保全時間の短縮などを行う改善活動がある．

B　設備保全の目的である生産性を高めるための生産保全は，一般に，設備の一生涯を通して，ライフサイクルコストと設備の劣化損失との両方を引き下げ，企業の収益性を高めるために行われる．

C　設備保全などの業務に求められる品質管理，安全管理などの成果は，五つの項目の英字表記の頭文字をとって，一般に，QCDSM として評価され，このうち M は可動性（Mobility）を指している．

〈（カ）の解答群〉

① A のみ正しい　② B のみ正しい　③ C のみ正しい
④ A，B が正しい　⑤ A，C が正しい　⑥ B，C が正しい
⑦ A，B，C いずれも正しい
⑧ A，B，C いずれも正しくない

解説

「JIS Z 8141：2001 生産管理用語」に本問に関連した記述があります．

・A，B は正しい．

・設備保全などの業務に求められる成果は，一般に QCDSM として評価され，このうち M は士気（Morale）を指しています（C は誤り）．他の頭文字の Q は品質（Quality），C は費用（Cost），D は納期（Delivery），S は安全（Safety），を指しています．

【解答　カ：④】

問 3　**予防保全**　☑☑☑【R3-1 問 7（3）（H28-2 問 4（2）（ii））】

予防保全などについて述べた次の A～C の文章は，（カ）．

A　使用中の装置の故障を未然に防止し，使用可能な状態を維持するために行う計画的な保全は，予防保全といわれ，予防保全を行わないと，大きな休止損失を招き，品質と安全性の面で問題を生ずることがある．

B　装置の故障の兆候を監視して必要なときに措置を行う状態監視保全は，予防保全の一形態であり，統計的・数理的に故障が予測できない場合に有効である．

C　故障率がDFR（Decreasing Failure Rate）型の部品の保全においては，定期的に部品を取り替える予防保全を行うことが有効であり，使用に先立ちスクリーニング，エージングなどを行うことは有効ではない．

〈（カ）の解答群〉

① Aのみ正しい　② Bのみ正しい　③ Cのみ正しい
④ A，Bが正しい　⑤ A，Cが正しい　⑥ B，Cが正しい
⑦ A，B，Cいずれも正しい
⑧ A，B，Cいずれも正しくない

解説

・保全とは，システムを安全又は安定した状態に保つことで，故障した場合に部品を交換し修理する**事後保全**と，耐用期間を定め，一定期間が過ぎたときに故障していなくても部品を交換する**予防保全**に分類されます．事後保全だけで，予防保全を行わないと，故障内容によっては，大きな休止損失を招くことや，品質と安全性の面で問題を生じることがあります（Aは正しい）．

・Bは正しい．なお，**状態監視保全**は**予知保全**とも呼ばれます．

・故障率が**DFR型**の部品の保全においては，定期的に部品を取り替える予防保全を行うより，使用に先立ちスクリーニング，エージングを行うほうが有効です（Cは誤り）．スクリーニングやエージングよりも定期的に部品を取り替える予防保全が有効な期間は**IFR型**の期間です．DFR，IFRについては本節 問4，8-5節 問5の解説を参照してください．

【解答　カ：④】

問4	**予防保全**	☑☑☑ 【R2-2 問4（1）（H31-1 問3（3）(ii)）】

次の文章は，予防保全などによる設備の維持運用管理について述べたものである．＿＿内の（ア）～（エ）に最も適したものを，下記の解答群から選び，その番号を記せ．ただし，＿＿内の同じ記号は，同じ解答を示す．

保全の目的は，一般に，信頼性・安全性の維持，回復及び改善と，（ア）の最小化である．

（ア）は，設備の取得コストだけではなく，取得から廃棄までの過程を通して必要とされる運転費，保全費，人件費などを含めたトータルコストのことをいう．

保全は，設備の使用中に発生する故障を未然に防止するための予防保全と故障後に設備の機能を修復する事後保全に大別される．

JIS Z 8115：2019 ディペンダビリティ（総合信頼性）用語において，予防保全は状態基準保全と時間計画保全に分類され，また，アイテムが予定の累積動作時間に達したときに行う予防保全は，（イ）と定義されている．

設備の時間に対する故障の割合の変化を示すバスタブ曲線において，一定期間経過後に構成要素の劣化などにより，故障率が時間とともに増加していく期間は（ウ）期といわれる．

故障の発生確率及び故障の重大さに基づき，それぞれの保全活動及びその活動に関わる頻度を決定するための系統的方法は（エ）といわれ，（エ）は，信頼性工学の手法を用いて安全と信頼性を保ちつつ，合理的な保全方式を選択する方法である．（エ）の検討は，設備システムのいかなる保全実施単位においても行われ，改善に効果のある設計又は手順の変更をするのに反映することもある．

〈(ア)～(エ) の解答群〉

① 初期故障	② 一般管理費	③ 予知保全
④ 故障の木解析	⑤ 摩擦故障	⑥ WACC
⑦ 原価償却費	⑧ 機能維持保全	⑨ LCC
⑩ 自主保全	⑪ 自然故障	⑫ 経時保全
⑬ 偶発故障	⑭ 保全予防	
⑮ 改良保全	⑯ 信頼性重視保全	

解説

保全の目的は，一般に，信頼性・安全性の維持，回復および改善と，(ア) **LCC** の最小化です．LCC（Life Cycle Costing，ライフサイクルコスト）は，設備の取得コストだけではなく，取得から廃棄までの過程を通して必要とされる運転費，保全費，人件費などを含めたトータルコストのことをいいます．

「JIS Z 8115：2019 ディペンダビリティ（総合信頼性）用語」において，予防保全は，アイテムの劣化の影響を緩和し，かつ，故障の発生確率を低減するために行う保全で，状態基準保全と時間計画保全に分類され（同規格 192-06-05），また，アイテムが予定の累積動作時間に達したときに行う予防保全は，(イ) **経時保全**と定義されています

（同規格 1992J-06-105）．事後保全は，フォールト検出後，アイテムを要求どおりの実行状態に修復させるために行う保全です（同規格 192-06-06）．

バスタブ曲線（8-5 節 問 5 の解説を参照）は，DFR 型（Decreasing Failure Rate，故障率減少型）を表す初期故障期間，CFR 型（Constant Failure Rate，故障率一定型）を表す偶発故障期間，IFR 型（Increasing Failure Rate，故障率増加型）を表す摩耗故障期間の三つの期間によって構成されています．(ウ)摩耗故障期間は，偶発故障期間の経過後に現れ，時間の経過とともに故障率が上昇します．

故障の発生確率および故障の重大さに基づき，それぞれの保全活動およびその活動に関わる頻度を決定するための系統的方法は(エ)**信頼性重視保全**といわれ，信頼性工学の手法を用いて安全と信頼性を保ちつつ，合理的な保全方式を選択する方法です（同規格 192-06-08）．

【解答　ア：⑨，イ：⑫，ウ：⑤，エ：⑯】

問 5　設備保全　☑☑☑【H31-1 問 3（3）(i)（H27-2 問 3（1））】

設備保全の概要について述べた次の A～C の文章は，［（キ）］．

A　設備保全には，一般に，故障を防止したり故障を修理したりする維持活動や寿命を延ばしたり保全時間を短縮したりする改善活動がある．

B　設備保全の目的である生産性を高めるための生産保全は，一般に，設備の一生涯を通して，ライフサイクルコストと設備の劣化損失との両方を引き下げ，企業の収益性を高めるために行われる．

C　設備保全及び設備計画から成る設備管理は，生産活動の成果であるアウトプットを最大化するために行われる．アウトプットは，それぞれの英字表記の頭文字をとって，一般に，PQCDSM として評価され，P は完全性（Perfection），M は可動性（Mobility）を指している．

〈（キ）の解答群〉

① A のみ正しい　② B のみ正しい　③ C のみ正しい
④ A，B が正しい　⑤ A，C が正しい　⑥ B，C が正しい
⑦ A，B，C いずれも正しい
⑧ A，B，C いずれも正しくない

解説

・A，B は正しい．

・PQCDSM の P は生産性（Productivity），M は士気（Morale）を指しています（C は誤り）．8-3 節 問 9 の解説も参照してください．

【解答　キ：④】

問 6	**設備保全** 【H31-1 問 3 (3) (ii) (H28-2 問 4 (2) (ii), H25-2 問 3 (3) (ii))】

設備保全の特徴について述べた次の文章のうち，誤っているものは，（ク）である．

〈(ク) の解答群〉

① 事後保全は，設備に故障が発見された段階で，その故障を取り除く方式の保全活動であり，一般に，故障の影響の小さい設備に適用される．

② 改良保全は，故障が起こりにくい設備への改善，又は性能向上を目的とした方式の保全活動であり，具体例としては，設備の構成要素・部品の材質や仕様の改善，構造の設計変更などが挙げられる．

③ 保全予防は，設備の劣化傾向を設備診断技術などによって管理し，故障に至る前の最適な時期に最善の対策を行う方式の保全活動であり，具体例としては，常に設備の劣化状況をモニタリングしてあらかじめ定めた基準値に至った場合に部品を交換すること，修理を施すことなどが挙げられる．

④ 予防保全は，故障に至る前に寿命を推定して，故障を未然に防止する方式の保全活動であり，予防保全の一つである定期保全は，従来の故障記録や保全記録の評価から周期を決め，周期ごとに行う方式の保全活動である．

解説

「JIS Z 8141：2001 生産管理用語」の (f) 設備管理に，本問に関連する記述があります．

・①は正しい (JIS Z 8141：2001 (f) 設備管理 6209「事後保全」より)．

・②は正しい (同規格 6211「改良保全」より)．

・設備の劣化傾向を設備診断技術などによって管理し，故障に至る前の最適な時期に最善の対策を行う方式の保全活動は，**予知保全**といいます (③は誤り)．(同規格 6212「保全予防」，6214「予知保全」より)．**保全予防**は，「設備，系，ユニット，アッセンブリ，部品などについて，計画・設計段階から過去の保全実績又は情報を用いて不良や故障に関する事項を予知・予測し，これらを排除するための対策を織り込む活動．」です．

・④は正しい (同規格 6210「予防保全」より)．

図に保全方式の分類を示します．

【解答 ク：③】

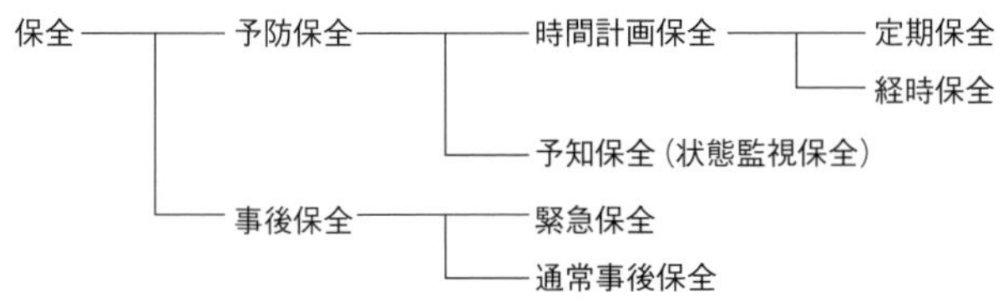

図　保全方式の分類

問7	**システム設計技術**	☑☑☑ 【H30-1 問3（3）（H25-2 問3（3）（i））】

故障に対応するためのシステム設計技術について述べた次の文章のうち，正しいものは，［（キ）］である．

〈（キ）の解答群〉

① 故障発生を少なくして平均動作可能時間を長くするための信頼性設計技術には，使用部品数の低減，システムの直列化，先端技術を用いた新規開発品の積極的な採用，フォールトトレランスの導入などがある．

② システムや装置を構成する部品の特性値の経時変化による故障には劣化故障があり，劣化故障を設計段階から予測するための具体的な手法として，モンテカルロ法などが用いられる．

③ FMEAは，システムや装置の故障原因として考えられる故障モードなどがシステム全体に及ぼす影響を予測し，システムに潜在する弱点を摘出するトップダウン的手法である．

④ FTAは，あらかじめ対象システムにとって望ましくない単一の事象を規定し，それを生起させ得る原因事象を洗い出してツリー状に展開する手法である．FTAは，一般に，シンプルなシステムや顕在化した不具合事象を解析するのに適している．

解説

・システムの直列化は，一つの機器の故障がシステム全体の故障につながるため，信頼性設計には適切ではありません．正しくはシステムの並列化です．また，先端技術を用いた新規開発品の信頼性が高いとは限りません．安定性の点で実績の高い製品のほうが適切です（①は誤り）．

・**劣化故障**の予測の具体的な手法として，モンテカルロ法，最悪値設計法，パラメータ設計法などがあります（②は正しい）．

・**FMEA**は，システムや装置に起こり得る故障モードを予測し，その原因と影響を解析することによって設計・計画上の問題点を抽出し，トラブルを未然に防止する手法です．各装置の故障原因からシステム全体に及ぼす影響を予測するため，**トップダウン的手法**ではなく**ボトムアップ的手法**といえます（③は誤り）．

・**FTA** は，対象システムにとって望ましくないすべての事象を規定します．また，「複雑なシステム」の解析にも適用できます（④は誤り）．

FMEA，FTA については本節 問 1 の解説も参照してください．

【解答　キ：②】

8-5 信頼性

出題傾向

信頼性試験や信頼性の評価指標に関する問題がよく出されています．特にバスタブ曲線における各期間の用語は多くの問題で扱われています．

問 1　信頼性試験　☑☑☑【R2-2 問 4（2）(i)（H26-1 問 4（2）(ii)）】

信頼性試験について述べた次の A～C の文章は，［（オ）］.

A　実使用状態でアイテムの動作，環境，保全，観測の条件などを記録して行う試験は，一般に，フィールド試験（現地試験）といわれる．

B　規定のストレス及びそれらの持続的，反復的負荷がアイテムの性質に及ぼす影響を調査するため，ある期間にわたって行う試験は，一般に，限界試験といわれる．

C　アイテムに対して等時間間隔でストレス水準を順次段階的に増加して行う試験は，一般に，ステップストレス試験といわれる．

〈（オ）の解答群〉

① Aのみ正しい　② Bのみ正しい　③ Cのみ正しい
④ A，Bが正しい　⑤ A，Cが正しい　⑥ B，Cが正しい
⑦ A，B，Cいずれも正しい
⑧ A，B，Cいずれも正しくない

解説

「JIS Z 8115：2000：ディペンダビリティ（信頼性）用語」の「(j) 試験・検査」に，本問に関連する記述があります．

- A は正しい（JIS Z 8115：2000（j）試験・検査 T15 より）．
- 規定のストレスおよびそれらの持続的，反復的負荷がアイテムの性質に及ぼす影響を調査するため，ある期間にわたって行う試験は，一般に，**耐久性試験**といわれます（B は誤り）．
- C は正しい（同規格 T23 より）．

【解答　オ：⑤】

問 2	信頼性の評価指標	☑☑☑【R2-2 問 4 (2) (ii)】

信頼性の評価指標などについて述べた次の文章のうち，正しいものは，［（カ）］である．

〈（カ）の解答群〉

① アイテムの信頼度 $R(t)$ は時間 t の関数であり，$R(0)=0$，$R(\infty)=1$ となる性質を持っている．

② アイテムがダウン状態にある時間の期待値は，MDT といわれる．

③ 修理系のアイテムにおいて，修復時間の期待値は，MTTF といわれる．

④ 修理系のアイテムにおいて，最初の故障が発生するまでの動作時間の期待値は，MTTR といわれる．

解説

修理系は，修理しながら使用するシステムを示します．

- 信頼度 $R(t)$ は，t〔時間〕経過後に故障せずに動作しているアイテム数の割合で，$R(t)=e^{-\lambda t}$（λ：故障率）と表されます．0〔時間〕では，すべてのアイテムが動作前で故障していないため $R(0)=e^{-0}=1$，無限期間（∞）経過までにすべてのアイテムが故障になると考えられるため，$R(\infty)=e^{-\infty}=0$，となります（①は誤り）．
- ②は正しい．コンピュータが，保守や故障修理，補給待ちなどのために実働しなかった時間の平均値を **MDT**（Mean Down Time，平均動作不能時間）といいます．なお，全時間から MDT を引いた平均動作可能時間を **MUT**（Mean Up Time）といいます．
- 修理系のアイテムにおいて，修復時間の期待値（平均値）は，**MTTR**（Mean Time To Repair，平均復旧時間）といわれます（③は誤り）．なお修理系のアイテムの故障間の動作時間の平均値は，**MTBF**（Mean Time Between Failure，平均故障間隔）といいます．
- 非修理系のアイテムにおいて，最初の故障が発生するまでの動作時間の期待値（平均値）は **MTTF**（Mean Time To Failure，平均故障時間）といいます（④は誤り）．非修理系システムとは故障しても修理ができない使い捨て品や再生不可能なアイテムを示します．

MTTF は非修理系のアイテムで使用する用語．

【解答　力：②】

問3　アベイラビリティ　✓✓✓【R1-2 問4 (2) (i) (H28-2 問4 (2))】

アベイラビリティについて述べた次のA～Cの文章は，［（オ）］.

A　与えられた時点でシステムが動作可能である確率は，一般に，瞬間アベイラビリティなどといわれる.

B　MTBFをMTBFとMTTRの和で除したものは，一般に，運用アベイラビリティといわれる.

C　MUT（平均アップ時間）をMUTとMDT（平均ダウン時間）の和で除したものは，一般に，固有アベイラビリティといわれる.

〈(オ) の解答群〉

① Aのみ正しい　② Bのみ正しい　③ Cのみ正しい
④ A，Bが正しい　⑤ A，Cが正しい　⑥ B，Cが正しい
⑦ A，B，Cいずれも正しい
⑧ A，B，Cいずれも正しくない

解説

・与えられた時点でシステムが動作可能である確率は，一般に，**瞬間アベイラビリティ**または時点アベイラビリティといわれます（Aは正しい）.

・システムが運用される総時間での動作時間の割合を示すものとして，次のアベイラビリティが定義されています．文Bは**固有アベイラビリティ**，文Cは**運用アベイラビリティ**の説明になっています（B，Cは誤り）.

$$\text{運用アベイラビリティ} = \frac{MUT}{MUT + MDT}$$

$$\text{固有アベイラビリティ} = \frac{MTBF}{MTBF + MTTR}$$

MUT，MDT，MTBF，MTTRについては本節　問2の解説を参照してください.

【解答　オ：①】

問4	信頼性試験	【H31-1 問4 (2) (i)】

信頼性試験について述べた次の文章のうち，誤っているものは，［（オ）］である．

〈(オ) の解答群〉

① 実使用状態でアイテムの動作，環境，保全，観測の条件などを記録して行う試験は，一般に，フィールド試験（現地試験）といわれる．

② 規定のストレス及びそれらの持続的，反復的負荷がアイテムの性質に及ぼす影響を調査するため，ある期間にわたって行う試験は，一般に，限界試験といわれる．

③ アイテムに対して等時間間隔でストレス水準を順次段階的に増加して行う試験は，一般に，ステップストレス試験といわれる．

④ 加速試験における加速手段として，ストレスを厳しくして劣化を加速させる方法，負荷の間欠動作の繰り返し度数の増加や連続動作による時間的加速を図る方法などがある．

解説

JIS Z 8115：2000「ディペンダビリティ（信頼性）用語」に，本問に関連する記述があります．

・①は正しい．

・②は誤り．規定のストレス及びそれらの持続的，反復的負荷がアイテムの性質に及ぼす影響を調査するため，ある期間にわたって行う試験は，一般に，**耐久性試験**といわれます．**限界試験**とは「使用できる限界を確かめるために行う試験」のことです．

・③は正しい．

・④は正しい．**加速試験**は「アイテムのストレスへの反応に対する観測時間の短縮，又は与えられた期間内のその反応増大のため，基準条件の規定値を超えるストレス水準で行う試験」と定義されており，設問の加速手段を含んでいます．

【解答　オ：②】

問 5	信頼性試験	☑☑☑ 【H31-1 問 4 (2) (ii) (H24-2 問 4 (2) (ii))】

非修理系の故障率のパターンについて述べた次の文章のうち，誤っているものは，（カ）である．

〈（カ）の解答群〉

① システムの初期運用段階に現れ，故障しやすい欠陥を持った部品が故障を起こすため最初は故障率が高く，時間の経過とともに故障率が低下する故障率のパターンは，DFR 型といわれる．

② 部品の摩耗など，システムの老朽化の兆候が現れる段階の故障率のパターンは，IFR 型といわれ，故障を未然に防ぐための有効な手段としては，デバギングがある．

③ 経過時間にかかわらず故障率がほぼ一定の値となる故障率のパターンは，CFR 型といわれる．

④ 非修理系におけるシステムの故障率の推移をモデル化したものは，一般に，バスタブ曲線といわれる．

解説

DFR（Decreasing Failure Rate Distribution）型，**CFR**（Constant Failure Rate Distribution）型，**IFR**（Increasing Failure Rate Distribution）型はバスタブ曲線（**図**）の段階を意味します．バスタブ曲線は，**非修理系**（使い捨て）のアイテムの故障率がたどる典型的な故障分布です．

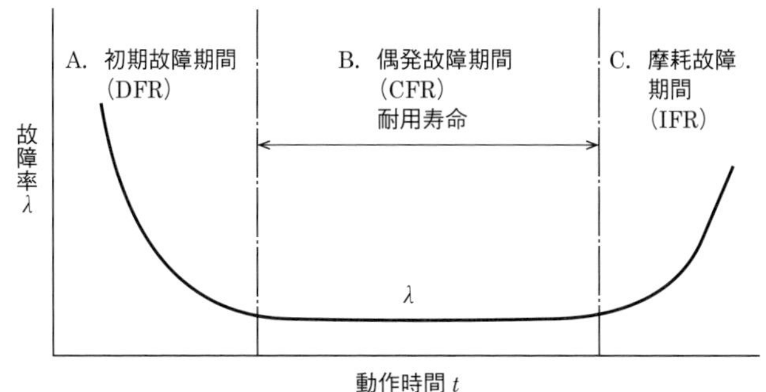

図　バスタブ曲線

・**デバギング**で検出されるエラーは偶発故障期間（CFR型）までに検出されており，IFR型（摩耗故障期間）ではアイテムの劣化が故障要因であるため，デバギングではなく**予防保全**が有効です（②は誤り）．
・DFR型（初期故障期間）に関する①の説明は正しい．
・CFR型（偶発故障期間）に関する③の説明は正しい．
・バスタブ曲線に関する④の説明は正しい．

【解答　カ：②】

問6　**試験・検査に関する用語**
【H30-2 問4（2）(ii)（H26-1 問4（2）(ii)）】

試験・検査に関する用語について述べた次の文章のうち，誤っているものは，（カ）である．

〈（カ）の解答群〉
① 適合試験とは，アイテムの特性又は性質が規定の要求事項に合致するかどうかを判定するための試験をいう．
② フィールド試験とは，試験時に動作，環境，保全及び測定の条件を記録するフィールドで行う適合試験又は決定試験をいう．
③ 加速試験とは，規定のストレス及びそれらの持続的又は反復的印加がアイテムの性質へ及ぼす影響を調査するため，ある期間にわたって行う試験をいう．
④ スクリーニング試験とは，不具合アイテム又は初期故障を起こしそうなアイテムの除去又は検出を意図する試験又は試験の組合せをいう．

解説

「JIS Z 8115：2000 ディペンダビリティ（信頼性）用語」に記載されている用語に本問に関連する記述があります．
・①は正しい（JIS Z 8115：2000 j）試験・検査 T10 より）．
・②は正しい（同規格：T15 より）．
・規定のストレスおよびそれらの持続的，反復的負荷がアイテムの性質に及ぼす影響を調査するため，ある期間にわたって行う試験を耐久性試験といいます．加速試験とは「アイテムのストレスへの反応に対する観測時間の短縮，又は与えられた期間内のその反応増大のため，基準条件の規定値を超えるストレス水準で行う試験」のことです（③は誤り）．
・④は正しい（同規格 T37 より）．

【解答　カ：③】

問7 **故障曲線，バスタブ曲線**

【H30-1 問4（2）(i)（H25-2 問4（2）(i)，H24-1 問4（2）(i)）】

故障曲線の特徴などについて述べた次の文章のうち，正しいものは，（オ）である．

〈（オ）の解答群〉

① アイテムの使用期間中における故障率の時間的変化を示したものは，一般に，故障曲線又は障害曲線といわれ，アイテムの拡張性を評価するために有効である．

② 故障曲線の代表的なものにバスタブ曲線がある．バスタブ曲線は，修理系アイテムに限定した故障曲線として用いられる．

③ バスタブ曲線の初期故障期間における故障率低減のための方策の一つにディレーティングがある．これは，アイテムを使用開始前又は使用開始後の初期に動作させることにより欠点を検出・除去し，是正することである．

④ バスタブ曲線の摩耗故障期間は，アイテムの老朽化による故障が多く発生する期間である．そのため，この期間においては予防保全によるアイテムの取替えが効果的である．

⑤ バスタブ曲線の偶発故障期間は，故障率がほぼ一定とみなせる期間であり，アイテムの通常の使用期間に相当する．この期間の長さは，一般に，故障寿命といわれる．

解説

本節 問5の解説の図を参照してください．

- **故障曲線**（故障率曲線ともいう）はアイテムの信頼性を評価するために有効です（①は誤り）．
- バスタブ曲線は，非修理系アイテムの故障曲線です（②は誤り）．
- アイテムを使用開始前または使用開始後の初期に動作させることにより欠点を検出・除去し，是正する作業は**デバギング**です（③は誤り）．ディレーティング（derating）は，余裕を持って部品の定格値以下で動作させることをいいます．
- ④は正しい．
- **偶発故障期間**は，アイテムの通常の使用期間に相当する期間で，この期間の長さは耐用寿命といいます（⑤は誤り）．

【解答　オ：④】

問 8	信頼性の評価指標 【H30-1 問 4 (2) (ii) (H25-2 問 4 (2) (ii), H24-1 問 4 (2) (ii))】

信頼性の評価指標などについて述べた次の文章のうち，正しいものは，[(カ)]である．

〈(カ) の解答群〉

① アイテムの信頼度 $R(t)$ は時間 t の関数であり，$R(0)=0$，$R(\infty)=1$ となる性質を持っている．

② 修理系のアイテムにおいて，修復時間の期待値は，MTBF といわれる．

③ アイテムがダウン状態にある時間の期待値は，MDT といわれる．

④ 修理系のアイテムにおいて，最初の故障が発生するまでの動作時間の期待値は，MTTF といわれる．

解説

類似した問題である本節 問 2 の解説を参照してください．

・$R(0)=1$，$R(\infty)=0$ です（①は誤り）．

・MTBF は，修理系のアイテムの故障間の動作時間の平均値です．なお，修理系のアイテムにおける修復時間の期待値は MTTR といいます（②は誤り）．

・③は正しい．

・MTTF は非修理系の尺度です（④は誤り）．

【解答　カ：③】

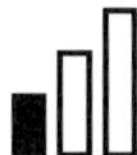

8-6 信頼性設計

出題傾向

信頼性設計手法や信頼性設計に関する用語に関する問題が出されています.

問1 コンピュータシステムの設計 【R4-1 問8 (3)】

コンピュータシステムの信頼性設計手法などについて述べた次の文章のうち，<u>誤っているもの</u>は，［（カ）］である.

〈(カ) の解答群〉

① システムが故障したとき，あらかじめ定められた一つの安全な状態をとるようにする設計の考え方は，フェールセーフといわれる.

② システムの一部に故障が発生しても，機能及び性能を落とさずにシステムの運転を継続しようとする設計の考え方は，フェールソフトといわれる.

③ 利用者が誤操作をしようとしてもできないようにしたり，誤操作をしても致命的な事態や損害を生じさせないようにする設計の考え方は，フールプルーフといわれる.

④ フォールトアボイダンスの例としては，信頼性の高い既存のモジュールやプログラムロジックの再利用などがある.

「JIS Z 8115：2000 ディペンダビリティ（信頼性）用語の（h）設計」にある本問に関連する用語の説明を表に示します.

表　信頼性に関する用語

用語	説明
フェールセーフ	アイテムが故障したとき，あらかじめ定められた一つの安全な状態をとるような設計上の性質.
フェールソフト	フォールトが存在しても，機能または性能を縮退しながらアイテムが要求機能を遂行し続ける，設計上の性質.
フールプルーフ	人為的に不適切な行為または過失などが起こっても，アイテムの信頼性および安全性を保持する性質.
フォールトアボイダンス	製造，設計などにおいて，アイテムおよび構成要素にフォールトが発生しないようにする方法または技術.
フォールトトレランス	放置しておけば故障に至るようなフォールトや誤りが存在しても，要求機能の遂行を可能にするアイテムの属性.

【解答　力：②】

解説

・①，③，④は正しい．

・**フェールソフト**はシステムの一部に故障が発生しても，機能および性能を縮退しながらシステムの運転を継続しようとする設計の考え方です（②は誤り）．

【解答　カ：②】

覚えよう！
フォールトトレランス，フェールソフト，フェールセーフ，フールプルーフ，フォールトアボイダンスの意味と違いについて．

問2	信頼性設計の用語 【H30-2 問4（2）(i)（H27-2 問4（2）(i)）】

設計に関する用語について述べた次の文章のうち，正しいものは，［（オ）］である．

〈（オ）の解答群〉

① 温予備とは，待機手段が作動状態にあるけれども，システムには機能的に接続されていない待機冗長の形式のことをいう．

② 冷予備とは，待機手段が作動状態になくて，システムにも機能的に接続されていない常用冗長の形式のことをいう．

③ 多様性冗長とは，異なる手段によって，同一の機能を実現する冗長のことをいう．

④ m/n 冗長とは，m 個の同じ機能の構成要素中，少なくとも n 個が正常に動作していれば，アイテムが正常に動作するように構成してある常用冗長のことをいう．

⑤ 部分冗長とは，可能な手段のうちの一つだけが要求機能を果たすのに必要である常用冗長の形式のことをいう．

解説

・**温予備**とは，待機手段が作動状態にあり，システムには機能的に接続されていて，動作に必要なエネルギーの一部の供給を受けている待機冗長の形式です（①は誤り）．

・**冷予備**とは，待機手段が作動状態になく，システムにも機能的に接続されていない待機冗長の形式です（②は誤り）．

・③は正しい．**多様性冗長**とは，異なる手段によって，冗長機能を実現するものです．

・***m/n* 冗長**とは，n 個の同じ機能の構成要素中，少なくとも m 個が正常に動作していれば，アイテムが正常に動作するように構成してある常用冗長のことをいいます

（④は誤り）．

・**部分冗長**とは，可能な手段のうちの二つ以上が要求機能を果たすのに必要である常用冗長の形式です．（⑤は誤り）．

「m/n」とは「n 個のうち m 個」という意味．

本節 問 3 の解説の表も参照してください．

【解答　オ：③】

問 3　冗長構成　【H30-1 問 4（1）（H24-1 問 4（1））】

次の文章は，システムの信頼性を向上させるための技術の一つとして用いられる冗長構成について述べたものである．［　　］内の（ア）～（エ）に最も適したものを，下記の解答群から選び，その番号を記せ．

冗長性の付加方法には，ハードウェアによる方法とソフトウェアによる方法がある．

ハードウェアによる冗長構成は，常用冗長と待機冗長に大別され，常用冗長は，さらに並列冗長と［（ア）］に分けられる．また，待機冗長は待機の状態によって区別され，待機構成要素があらかじめ動作に必要なエネルギーの一部の供給を受けており，切換えのとき，全エネルギーの供給を受け，動作状態となるものは，［（イ）］といわれる．

ソフトウェアによる冗長構成には，［（ウ）］などを行う時間冗長，情報コードに誤り検出符号などを付加する情報冗長などがある．また，ソフトウェアによる冗長性の付加は，サブシステムが故障したとき，あらかじめ定められた安全な状態となるようなフェールセーフといわれる設計上の手法を用いて，作業の［（エ）］するための手段として利用される場合もある．

〈（ア）～（エ）の解答群〉

① 即時処理	② 切換冗長	③ 多様性冗長	
④ 手順を省略	⑤ 熱予備	⑥ スリープ	
⑦ 多数決冗長	⑧ パラレル処理	⑨ 再送	
⑩ 冷予備	⑪ 安全性を確保	⑫ 労働時間を短縮	
⑬ 温予備	⑭ 予約	⑮ 効率性を向上	⑯ システム予備

解説

冗長構成の種類と概要を**表**に示します.

表　冗長構成

分類	名称	概要
常用冗長	並列冗長	同一機能を持った設備を並列に動作させ，一方が故障しても必要な能力を確保できるようにした冗長構成
	多数決冗長	n 個の構成要素中，m 個（$m>n/2$）が正常に動作していれば，系が正常に動作するようにした冗長構成
待機冗長	冷予備（コールドスタンバイ）	主系が故障すると，停止状態にある待機系システムを立ち上げて切り換える方式
	温予備（ウォームスタンバイ）	あらかじめ待機系の一部にエネルギーを供給しておいて，主系の故障時に待機系全体を立ち上げて切り換える方式
	熱予備（ホットスタンバイ）	あらかじめ待機系全体に動作に必要な全エネルギーを供給しておいて，主系の故障時に即座に切り換える方式

・表より，**常用冗長**は**並列冗長**と(ア) **多数決冗長**に分類されます．また，あらかじめ動作に必要な一部のエネルギーの供給を受けている**待機冗長**は(イ) 温予備です．

・ソフトウェアを使用した通信処理での冗長構成として，通信データ誤り時に(ウ) 再送を行う**時間冗長**，および情報コードに誤り検出符号を付加して，受信側でデータの誤り検出と訂正を行う**情報冗長**があります．

・**フェールセーフ**とは，故障や操作ミスが発生しても被害を最小限にとどめ，安全なように制御することです．これは作業の(エ) 安全性を確保するために利用されます．

覚えよう！

冗長構成としてどのような種類があるか，またそれらの意味．

【解答　ア：⑦，イ：⑬，ウ：⑨，エ：⑪】

8-7 信頼性評価

出題傾向

信頼性評価の指標（MTBF，MTTR，信頼度，故障率，固有アベイラビリティなど）を計算する問題が毎回，出されています．

問1　並列システムの信頼性

【R4-1 問7（6）（H30-1 問4（3）(i)，H27-1 問4（3）(i)）】

次の文章は，システムの信頼性について述べたものである．次の問いの［　　　］内の（ケ）に最も適したものを，下記の解答群から選び，その番号を記せ．ただし，$\log_{10}2 = 0.301$ とする．

図に示すように，信頼度0.8である装置Aが n 台並列に接続されている $\dfrac{1}{n}$ 冗長システムにおいて，システム全体の信頼度を0.9999以上にするためには，装置Aの台数である n を少なくとも［（ケ）］以上とする必要がある．

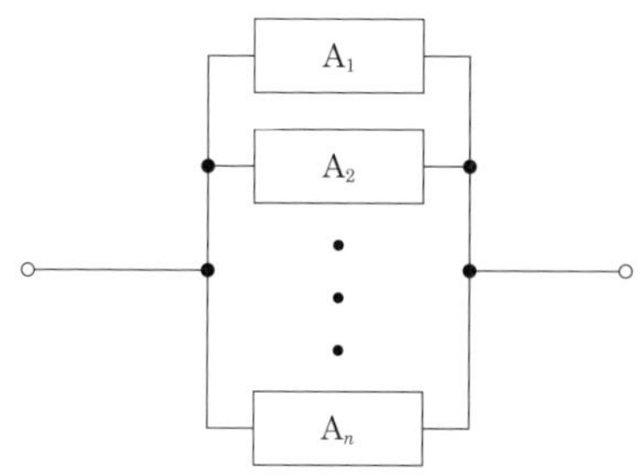

〈（ケ）の解答群〉

①　5　　②　6　　③　8　　④　31　　⑤　42

解説

次の関係より求めます．

- **信頼度＝1－故障率**
- **システム全体の故障率＝各装置の故障率の積**（並列接続の場合）

装置Aを N 台並列接続しているシステムの信頼度を R，故障率を F，装置Aの信頼度を R_A，故障率を F_A とすると，$F = 1 - R$，$F = (F_A)^N$ となり，

$$\log_{10}F = N\log_{10}F_A \quad (1)$$

並列接続後の信頼度 R を 0.9999 より大きくするためには，

$$F = 1 - R \leqq 1 - 0.9999 = 0.0001 \quad (2)$$

$F_A = 1 - R_A = 1 - 0.8 = 0.2$，これと，式（2）を式（1）に代入し，

$$\log_{10}F = N\log_{10}F_A \leqq 0.0001$$

$$N\log_{10}F_A = N\log_{10}0.2 = N(\log_{10}2 - \log_{10}10) = N(0.301 - 1)$$

$$= -0.699N \leqq \log_{10}10^{-4} = -4$$

これより，

$$N \geqq \frac{4}{0.699} \fallingdotseq 5.72$$

よって，装置 A を 6 台以上並列接続する必要があります．

【解答　ケ：②】

問 2	装置の信頼性（MTBF）	✓✓✓【R4-1 問 7（7）（H28-2 問 4（3）（i））】

次の文章は，装置の信頼性について述べたものである．［　　　］内の（コ）に最も適したものを，下記の解答群から選び，その番号を記せ．ただし，装置は偶発故障期間にあるものとする．

装置 A の総動作時間を 2 000 時間，総動作不能時間を 500 時間，故障回数を 5 回としたとき，装置 A の MTBF は，［　（コ）　］時間である．

〈（コ）の解答群〉

① 100　② 300　③ 400　④ 500

解説

MTBF は，故障回復から次の故障までの平均時間間隔で，**図**に示す動作中の時間（$T_2 - T_1$）の平均値になります．

故障回数が 5 回の場合，動作中の状態の回数も 5 回，総動作時間が 2 000 時間であるため，

$MTBF$ = 動作中の時間の平均値 = 2 000 ÷ 5 = 400〔時間〕

POINT
MTBF の計算では総動作時間と故障回数が使用される．

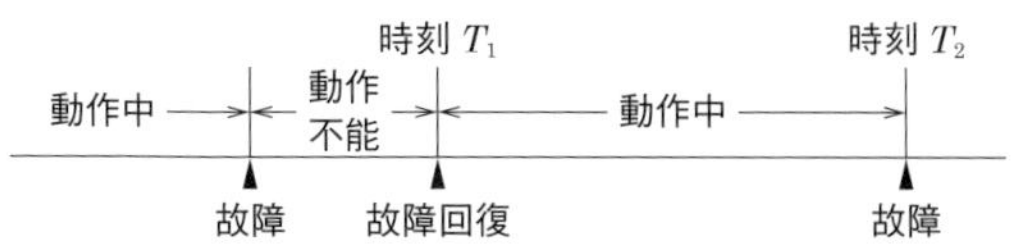

図 MTBF の計算で考慮するパラメータ

【解答 コ：③】

問3 故障率分布
【R3-2 問7（5）（H29-2 問4（2）(i)，H27-1 問4（2）(i)）】

故障率分布の一般的な特徴などについて述べた次の文章のうち，正しいものは，（ク）である．

〈（ク）の解答群〉

① ある部品の故障率がCFR型を示す期間内にあるとき，この部品の寿命分布は，正規分布に従う．
② ある部品の故障率がCFR型を示す期間内にあるとき，この部品の時間当たりの故障の起こる割合は一定で，その故障発生の時期の予測が可能である．
③ ある部品の故障率がDFR型を示す期間内にあるとき，この部品はある特定期間に故障が集中する傾向があり，故障が集中的に起こる直前に事前取替を行うことで未然に故障を防止できる．
④ ある部品の故障率がDFR型を示す期間内にあるとき，この部品の使用に先立ち，バーンインなどによりスクリーニングを行い，初期において故障率が高いものを除くことで故障率の低い良品を選ぶことができる．

解説

・CFR型（偶発故障期間）では，故障率は時間の経過に対し一定であるため，部品の寿命分布（故障するまでの時間の分布）は指数分布となります（①は誤り）．

・ある部品の故障率がCFR型を示す期間内にあるとき，この部品が時間当たりの故障の起こる割合はランダムで，その故障発生の時期を予測することはできません（②は誤り）．

ランダムに発生する事象があった場合に，ある事象が発生するまでの時間間隔の分布が指数分布で，ある事象が一定時間内に発生する数の分布が正規分布．

・ある部品の故障率がIFR型（摩耗故障期間）を示す期間にあるとき，この部品はある時間帯で集中的に故障する傾向があり，故障が集中的に起こる直前に事前取替を行うことで未然に故障を防止できます（③は誤り）.

・DFR 型（初期故障期間）についての④の説明は正しい.

システム運用期間における DFR 型，CFR 型，IFR 型の期間の説明は，8-4 節 問 4，8-5 節 問 5 の解説を参考にしてください.

【解答　ク：④】

問 4　修理系装置の信頼性　【R3-2 問 7（6）（H29-1 問 4（3））】

次の文章は，修理系装置の信頼性について述べたものである．［　　］内の（ケ），（コ）に最も適したものを，下記の解答群から選び，その番号を記せ．ただし，装置は偶発故障期間にあるものとする．また，指数関数の値は，e を自然対数の底として，$e^{0.1}=1.11$，$e^{0.2}=1.22$，$e^{0.5}=1.65$，$e^{1}=2.72$，$e^{4}=54.60$，$e^{5}=148.41$ とし，答えは，四捨五入により整数とする．

装置のある期間の稼働状況を調査したところ，20 回の故障があり，そのたびに修理を行った．また，この期間の動作時間の合計は 4 000 時間，故障による休止時間の合計は 500 時間であった．

(i)　この装置の稼働開始後 100 時間経過時点における信頼度は，［（ケ）］〔%〕である．

(ii)　この装置の固有アベイラビリティは，［（コ）］〔%〕である．

〈（ケ），（コ）の解答群〉

① 2　② 11　③ 13　④ 61

⑤ 74　⑥ 87　⑦ 89　⑧ 149

解説

故障率は，故障回数を総動作時間で割った値となるため，

装置の故障率 $=20\div 4\,000=5\times 10^{-3}$

(i)　故障率が一定で，故障の発生間隔が指数分布に従う場合，システムの動作開始後 t 時間の時点における信頼度 $R=e^{-\lambda t}$（λ：故障率）と表されるため，装置の稼働開始後 100 時間経過時点における信頼度は，$\lambda t=5\times 10^{-3}\times 100=0.5$ で，信頼度 $R=e^{-\lambda t}=e^{-0.5}=1\div e^{0.5}=1\div 1.65\approx 0.61=\underset{\sim}{61}$〔%〕

(ii)　MTBF は故障率の逆数であるため，200〔時間〕となります．

装置の MTTR（平均修復時間）は，装置休止時間の合計 ÷ 故障回数であるため，MTTR $=500\div 20=25$〔時間〕となります．

$$固有アベイラビリティ=\frac{MTBF}{MTBF+MTTR}=200\div(200+25)\fallingdotseq 0.889\fallingdotseq \underset{\sim}{89}〔\%〕$$

【解答　ケ：④，コ：⑦】

問 5	**装置の信頼性（MTTR）** 【R3-1 問 7（6）(i)（H31-1 問 4（3）(i)，H25-2 問 4（3）(i)）】

装置 A の故障率が 1〔%/時間〕であるとき，固有アベイラビリティが 98%であるためには，MTTR は，［（ケ）］時間でなければならない．ただし，答えは四捨五入により整数値とする．

〈（ケ）の解答群〉

① 1　② 2　③ 3　④ 99　⑤ 101

解説

MTBF は，故障回復から次の故障までの平均時間間隔で，故障率は MTBF の逆数 $1/MTBF$ となります．**固有アベイラビリティ**は以下の式で表されます（8-5 節 問 3 の解説を参照）．

$$\frac{MTBF}{MTBF+MTTR}$$

上記より $MTBF=1/$故障率なので

$$MTBF=\frac{1}{1\times 10^{-2}}=100〔時間〕$$

$$固有アベイラビリティ=\frac{MTBF}{MTBF+MTTR}=\frac{100}{100+MTTR}=0.98$$

$$0.98\times(100+MTTR)=100$$

$$0.98\times MTTR=100-98=2$$

$$MTTR=2\div 0.98\approx \underset{\sim}{2}〔時間〕$$

【解答　ケ：②】

問6	装置の信頼性（MTBF）	✓✓✓【R3-1 問7（6）(ii)（H25-2 問4（3）(ii)）】

装置Aの故障率が1〔%/時間〕，装置B及びCのMTBFがそれぞれ800〔時間〕及び400〔時間〕であるとき，装置A，B及びCがそれぞれ1台ずつ直列に接続されたシステムのMTBFは［（コ）］〔時間〕である．ただし，答えは四捨五入により整数値とする．

〈（コ）の解答群〉
① 1　② 73　③ 75　④ 211　⑤ 1 300

解説

次の関係より求めます

・信頼度＝1－故障率

・システム全体の故障率＝各装置の信頼度の積　（直列接続の場合）

図のように装置A，B，Cが直列に接続されているシステムで，装置A，B，Cの故障率をそれぞれF_A，F_B，F_Cとすると，システム全体の故障率Fは，式(1)のように表されます．

$$1-F=(1-F_A)\times(1-F_B)\times(1-F_C) \tag{1}$$

装置A，B，Cの故障率は十分小さいとすると，式(1)は式(2)のように近似されます．

$$1-F\fallingdotseq 1-(F_A+F_B+F_C) \tag{2}$$

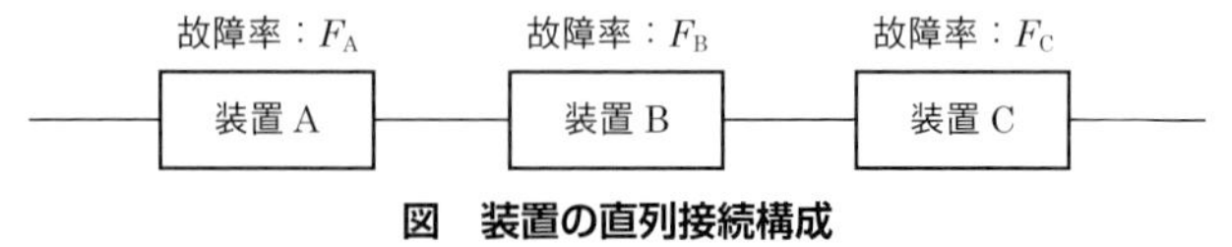

図　装置の直列接続構成

装置Bの故障率＝1÷800×100〔%/時間〕＝0.125〔%/時間〕

装置Cの故障率＝1÷400×100〔%/時間〕＝0.25〔%/時間〕

システム全体の故障率$F=F_A+F_B+F_C=1.0+0.125+0.25=1.375$〔%/時間〕

$$MTBF=\frac{1}{\text{故障率}}=\frac{1}{1.375\times10^{-2}}=\frac{100}{1.375}\approx 73\text{〔時間〕}$$

POINT

故障率が十分に小さい装置が直列接続されているシステムの場合，システム全体の故障率は，各装置の故障率の和で近似できる．

【解答　コ：②】

問 7　修理系の信頼性評価　☑☑☑【R2-2 問 4（3）（H28-1 問 4（3））】

次の文章は，修理系における装置の信頼性について述べたものである．□内の（キ），（ク）に最も適したものを，下記の解答群から選び，その番号を記せ．ただし，装置は偶発故障期間にあるものとし，答えは，有効数字 2 桁とする．

装置の動作時間などを調査したところ，総動作時間が 500〔時間〕，総故障数が 10 件，平均修復時間が 12.5〔時間〕という結果が得られた．

（i）装置の *MTBF* は，□(キ)□時間である．

（ii）装置の固有アベイラビリティは，□(ク)□〔%〕である．

〈(キ)，(ク) の解答群〉

① 10　② 20　③ 40　④ 50

⑤ 80　⑥ 100　⑦ 450　⑧ 500

解説

（i）装置の $MTBF = \dfrac{総動作時間}{総故障回数} = \dfrac{500}{10} = \underset{\sim\sim}{50}$〔時間〕

（ii）固有アベイラビリティ $= \dfrac{MTBF}{MTBF + MTTR}$

$$= \frac{50}{50 + 12.5} = 0.8 \;（\underset{\sim\sim}{80}〔\%〕）$$

【解答　キ：④，ク：⑤】

問 8　故障率，信頼度　☑☑☑
【R1-2 問 4（3）（H29-2 問 4（3），H26-2 問 4（3））】

次の文章は，基板の信頼性について述べたものである．□内の（キ），（ク）に最も適したものを，下記の解答群から選び，その番号を記せ．ただし，基板は偶発故障期間にあり，メモリ素子個々の故障率は同一値とし，$\log_e 0.99 = -0.01$，$e^{-0.1} = 0.9$ とする．

10 000 個のメモリ素子を組み込んだ基板の使用開始後 50 時間における信頼度が 0.99 であるとき，メモリ素子 1 個当たりの故障率は，□(キ)□〔FIT〕である．また，この基板の使用開始後 500 時間以内に故障する確率は，□(ク)□〔%〕である．

〈(キ)，(ク) の解答群〉

① 2×10^{-8}　② 1.98×10^{-6}　③ 2×10^{-4}　④ 5

⑤ 10　⑥ 20　⑦ 50　⑧ 80

⑨ 90　⑩ 1.98×10^{3}　⑪ 2×10^{5}

解説

電子部品の故障率は極めて小さいため，10^{-9}〔件/時間〕を1単位とする**FIT**（Failure In Time）が故障率の単位に使用されています．基板がバスタブ曲線の偶発故障期間（CFR型）にある場合，故障率は一定であるため，故障の発生は指数分布に従います．この場合，基板の信頼度R，故障率λ，使用時間tの関係は次の式で表されます．

$R=e^{-\lambda t}$

$R=0.99$，$t=50$時間を代入すると

$\log_e R=\log_e 0.99=-0.01=-\lambda t$

$\lambda=\dfrac{0.01}{50}=2\times10^{-4}$〔件/時間〕

メモリ素子の数は10 000個であるため

メモリ素子1個当たりの故障率$=\dfrac{\lambda}{10\,000}=\dfrac{2\times10^{-4}}{10\,000}=2\times10^{-8}$〔件/時間〕

$=\underset{\sim}{20}$〔FIT〕

基板が500時間以内に故障する確率（$1-R$）は，

$\lambda t=(2\times10^{-4})\times500=0.1$ より

$1-R=1-e^{-\lambda t}=1-e^{-0.1}=1-0.99=0.1=\underset{\sim}{10}$〔%〕

⚠ 注意しよう！

システムの「故障率」と，「故障率一定の偶発故障期間（CFR）において時間tまでに発生する故障の確率」の違いを理解しよう．前者は「単位時間内に発生する故障の確率（λ）」で，後者は「$1-R=1-e^{-\lambda t}$」となる．

【解答　キ：⑥，ク：⑤】

問9　装置の信頼性（MTTR）

【H31-1 問4（3）(i)（H24-1 問4（3）(i)】

装置Aの故障率が0.2〔%/時間〕であるとき，固有アベイラビリティが98.0〔%〕であるためにはMTTRは，[　(キ)　]時間でなければならない．ただし，答えは，四捨五入により小数第2位までとする．

〈(キ) の解答群〉

① 1.00　② 3.92　③ 10.00　④ 10.20　⑤ 12.42

解説

$$MTBF = \frac{1}{2 \times 10^{-3}} = 500〔時間〕$$

$$固有アベイラビリティ = \frac{MTBF}{MTBF + MTTR} = \frac{500}{500 + MTTR} = 0.98$$

$$MTTR = (500 \times (1 - 0.98)) \div 0.98 \approx \underline{10.2}〔時間〕$$

本節 問5の解説も参照してください．

【解答　キ：④】

問10　信頼度　【H31-1 問4（3）(ii)（H24-1 問4（3）(ii)）】

信頼度70〔%〕である装置Bを複数台並列に接続し，信頼度を99〔%〕以上とするためには，装置Bを少なくとも［（ク）］台構成とする必要がある．ただし，必要に応じ以下の値を用いること．

$\log_{10}0.3 = -0.523$，$\log_{10}0.7 = -0.155$

〈（ク）の解答群〉

① 4　② 5　③ 6　④ 7　⑤ 8

解説

一つの装置の信頼度をRとし，それをn個並列に接続したときの信頼度R_nは，下記のように表される．

$$R_n = 1 - (1 - R)^n$$

本問では$R_n = 0.99$，$R = 0.7$なので，これを上の式に代入すると

$$0.99 = 1 - (1 - 0.7)^n = 1 - (0.3)^n$$

$$0.01 = (0.3)^n$$

両辺に10を底としたlogを取ると，

$$\log_{10}0.01 = \log_{10}0.3^n$$

$$-2 = n \log_{10}0.3$$

$$n = \frac{-2}{\log_{10}0.3} \approx 3.83$$

4>3.824>3から解答は，4になる（3台だと信頼度は99.9%に達しないため）．

【解答　ク：①】

問 11	非修理系システムの故障率と信頼度 ☑☑☑ 【H30-2 問 4（3）（H24-2 問 4（3））】

次の文章は，ある非修理系システムの故障率などについて述べたものである．このシステムが故障するまでの運用時間の分布が表に示すとおりのとき，□内の（キ），（ク）に最も適したものを，下記のそれぞれの解答群から選び，その番号を記せ．ただし，システムは偶発故障期間にあり，$\log_e 0.9 = -0.1$ とし，e は自然対数の底とする．

（運用時間の単位：時間）

故障番号	1	2	3	4	5	6	7	8	9	10
運用時間	30	31	20	33	18	31	30	16	17	24

(i) このシステムの 1 時間当たりの故障率は，（キ）である．

〈(キ）の解答群〉
① 0.04　② 0.05　③ 0.2　④ 0.3　⑤ 0.4

(ii) このシステムの稼働開始後（ク）時間の信頼度は，0.9 である．

〈(ク）の解答群〉
① 0.036　② 0.94　③ 2.5　④ 14.4　⑤ 27

解説

(i) 各故障にいたるまでの運用時間の総和は，250 時間となります．この間に発生した故障数は 10 件であるため，1 時間当たりの平均故障件数（故障率）λ は

$$\lambda = \frac{\text{故障件数}}{\text{運用時間の総和}}〔件/時間〕= \frac{10}{250}〔件/時間〕= \underline{0.04}$$

(ii) 次に，信頼度 $R = e^{-\lambda t} \Rightarrow \log_e R = \log_e 0.9 = -\lambda t$ から，$\log_e 0.9 = -0.1$，$\lambda = 0.04$ を代入すると

$$t = \frac{0.1}{0.04} = \underline{2.5}〔時間〕$$

【解答　キ：①，ク：③】

問 12	信頼度，故障率 ☑☑☑ 【H30-1 問 4（3）（H27-1 問 4（3））】

次の文章は，システムの信頼性について述べたものである．□内の（キ），（ク）に最も適したものを，下記のそれぞれの解答群から選び，その番号を記せ．ただし，システムを構成する装置は偶発故障期間にあり，$\log_{10} 3 = 0.477$ と

する．

(i) 図に示すように，信頼度 0.7 である装置Aが，n 台並列に接続されている $1/n$ 冗長システムにおいて，システム全体の信頼度を 0.999 以上にするためには，装置Aの台数である n を少なくとも［（キ）］以上とする必要がある．

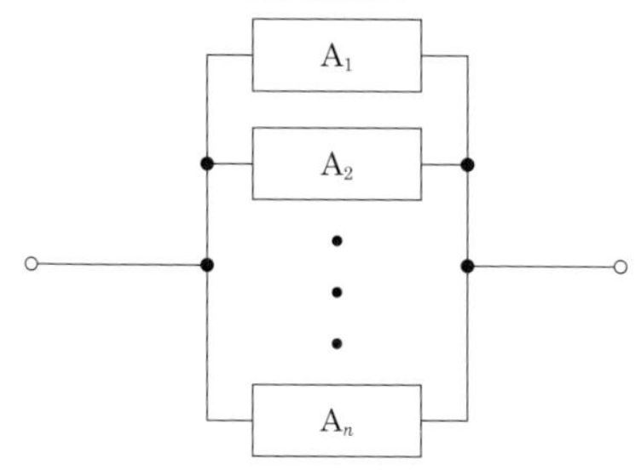

〈（キ）の解答群〉

① 6　② 8　③ 20　④ 36　⑤ 300

(ii) あるシステムのアベイラビリティ及び MTTR について，ある運用期間内において調査したところ，アベイラビリティが 99.6%，MTTR が 2 時間であった．このシステムの調査期間内の故障率は，［（ク）］〔件/時間〕である．ただし，答えは四捨五入し有効数字 3 桁とする．

〈（ク）の解答群〉

① 2.01×10^{-3}　② 4.00×10^{-3}　③ 3.34×10^{-1}
④ 4.96×10^{-1}　⑤ 5.02×10^{-1}　⑥ 6.66×10^{-1}

解説

(i) $(1-(1-0.7)^n)\geqq0.999$ を解きます．本節 問 1 の解説を参照してください．

(ii) 固有アベイラビリティ，MTBF，故障率の関係より求めます．

$$\text{固有アベイラビリティ}=\frac{MTBF}{MTBF+MTTR}=\frac{MTBF}{MTBF+2}=0.996$$

（$MTTR=2$〔時間〕より）

$$0.996(MTBF+2)=MTBF,\ (1-0.996)\times MTBF=0.996\times2$$

$$\text{故障率}=\frac{1}{MTBF}=\frac{1-0.996}{1.992}\fallingdotseq0.00201=\underline{2.01\times10^{-3}}$$

【解答　キ：①，ク：①】

問 13	基板の信頼性	☑☑☑【H29-2 問 4（3）（H26-2 問 4（3））】

次の文章は，10 000 個のメモリ素子を組み込んだ基板 A の信頼性について述べたものである．内の（キ），（ク）に最も適したものを，下記の解答群から選び，その番号を記せ．ただし，基板 A は偶発故障期間にあるものとし，$\log_e 0.99 = -0.01$，$e^{-0.025} = 0.975$ とする．

基板 A の使用開始後 200 時間における信頼度が 0.99 であるとき，メモリ素子 1 個の故障率は，（キ）〔FIT〕である．また，基板 A の使用開始後 500 時間以内に故障する確率は，（ク）〔%〕である．ただし，メモリ素子個々の故障率は同一値とする．

〈（キ），（ク）の解答群〉

①	5×10^{-9}	②	4.95×10^{-7}	③	5×10^{-5}	④	1
⑤	1.5	⑥	2	⑦	2.5	⑧	3
⑨	5	⑩	10	⑪	39.6	⑫	97.5

解説

本節 問 8 の解説より，基板の信頼度 R，故障率 λ，使用時間 t の関係は次の式で表されます．

$$R = e^{-\lambda t}$$

$R = 0.99$，$t = 200$ 時間を代入すると，

$$\log_e R = \log_e 0.99 = -0.01 = -\lambda t$$

$$\lambda = \frac{0.01}{200} = 0.5 \times 10^{-4} \text{〔件/時間〕}$$

メモリ素子の数は 10 000 個であるため，

$$\text{メモリ素子の信頼性} = \frac{\lambda}{10000} = \frac{0.5 \times 10^{-4}}{10000} = 0.5 \times 10^{-8} = 5 \times 10^{-9} \text{〔件/時間〕}$$

$$= \underset{\sim}{5} \text{〔FIT〕}$$

基板が 500 時間以内に故障する確率（$1-R$）は，

$\lambda t = \lambda \times 500 = 0.5 \times 10^{-4} \times 500 = 0.025$ より，

$$1 - R = 1 - e^{-\lambda t} = 1 - e^{-0.025} = 1 - 0.975 = 0.025 = \underset{\sim}{2.5} \text{〔%〕}$$

【解答　キ：⑨，ク：⑦】

8-8 情報通信ネットワークの安全性・信頼性基準

出題傾向

情報通信ネットワークの災害対策とソフトウェアの信頼性向上に関する問題が出されています.

問 1 ソフトウェアの信頼性確保

✓✓✓ 【R4-1 問 8 (1)】

次の文章は，情報通信ネットワーク安全・信頼性基準（昭和 62 年郵政省告示第 73 号）及びその附則について述べたものである. [　　] 内の（ア）～（エ）に最も適したものを，下記の解答群から選び，その番号を記せ. ただし，[　　] 内の同じ記号は，同じ解答を示す.

情報通信ネットワーク安全・信頼性基準は，通信の安定的な提供，通信の疎通の確保，通信の不正使用の防止などを目的として，情報通信ネットワーク全体から見た対策項目について網羅的に整理，検討を行い，ハードウェア及びソフトウェアに備えるべき機能やシステムの維持・運用等を総合的に取り入れた，安全・信頼性に関する推薦基準（ガイドライン）である. この基準には，情報通信ネットワークの設計，施工，維持及び運用の管理の基準である管理基準の項目の一つとして，ソフトウェアの信頼性確保がある. 以下の表は，電気通信回線設備事業用ネットワークにおいて，平常時の取組として実施すべきソフトウェアの信頼性確保の対策について抜粋したものである.

項目	対策（抜粋）
ソフトウェアの信頼性確保	ソフトウェアの要求仕様は，サービス内容及び [（ア）] を踏まえて策定すること.
	ソフトウェアの不具合による動作不良等を防止するための [（イ）] を事前に確認すること.
	ソフトウェアの試験は， [（ウ）] 環境で試験を実施すること.
	定期的にソフトウェアのリスク分析を行うとともに，更新の必要性を確認すること.

ソフトウェアの信頼性確保	交換機の制御等に用いられる重要なソフトウェアについては，機器等の製造・販売を行う者等関係者との契約書等において，サービスの提供の継続に重要と考えられる［（エ）］等の情報を確認できることを明示すること．
	ソフトウェアに［（エ）］が設定されている場合は，電気通信事業者が自ら又は機器等の製造・販売を行う者等関係者との契約等を通じて，確実に管理すること．

〈(ア)～(エ) の解答群〉

① 試験項目・手順	② 国内に設置した	③ 使用目的
④ 暗号化	⑤ 監視項目・方法	⑥ 復旧方法・手順
⑦ 技術動向	⑧ 有効期限	⑨ 開発環境と同じ
⑩ 商用環境に近い	⑪ 暗証番号	⑫ 開発言語
⑬ サービス提供地域	⑭ 品質管理体制	
⑮ セキュリティ対策を施した	⑯ 通信需要予測	

解説

総務省が発行している情報通信ネットワーク安全・信頼性基準（昭和 62 年郵政省告示第 73 号）の「別表第 1 設備等基準」に，本問に関連する記述があります．この中の「(7) ソフトウェアの信頼性確保」にある対策で，以下のように規定されています．

- ソフトウェアの要求仕様は，サービス内容および(ア) 通信需要予測を踏まえて策定すること（上記基準 (7) ソフトウェアの信頼性確保 アより）．
- ソフトウェアの不具合による動作不良等を防止するための(イ) 監視項目・方法を事前に確認すること（同 ウより）．
- ソフトウェアの試験は，(ウ) 商用環境に近い環境で試験を実施すること（同 エより）．
- 交換機の制御等に用いられる重要なソフトウェアについては，機器等の製造・販売を行う者等関係者との契約書等において，サービスの提供の継続に重要と考えられる(エ) 有効期限等の情報を確認できることを明示すること（同 キより）．
- ソフトウェアに(エ) 有効期限が設定されている場合は，電気通信事業者が自らまたは機器等の製造・販売を行う者等関係者との契約等を通じて，確実に管理すること（同 クより）．

【解答　ア：⑯，イ：⑤，ウ：⑩，エ：⑧】

問 2	災害対策への取組	☑☑☑【R3-1 問 7（2）（R2-2 問 3（3）(i)）】

防災に関する法令に基づく災害対策への取組などについて述べた次の文章のうち，誤っているものは，［（オ）］である．

〈(オ）の解答群〉

① 指定公共機関は，防災基本計画（内閣府に設置される中央防災会議が作成する防災に関する基本的な計画）に基づき，その業務に関し，防災業務計画を作成し，毎年防災業務計画に検討を加え，必要があると認めるときは，これを修正しなければならない．

② 指定公共機関は，防災業務計画を作成し，又は修正したときは，速やかに当該指定公共機関を所管する大臣に報告し，承認を受けなければならない．

③ 災害予防責任者は，防災基本計画に基づき，その所掌業務について，災害に関する情報を迅速に伝達するため必要な組織を整備し，絶えずその改善に努めなければならない．

④ 指定公共機関として指定された電気通信事業者は，災害が発生した場合の通信確保のために，主要な伝送路の多ルート化，中継交換機の分散設置などの災害対策を防災業務計画に定めている．

解説

災害対策基本法に本問に関連する記述があります．なお，以下の引用では省略したところがあります．

・①は正しい（同法 第三章防災計画第三十九条（指定公共機関の防災業務計画）より）．

・指定公共機関は，防災業務計画を作成し，又は修正したときは，速やかに当該指定公共機関を所管する大臣を経由して内閣総理大臣に報告し，承認を受けなければならない（②は誤り）（同法 第三章防災計画第三十九条（指定公共機関の防災業務計画）2より）．

・③は正しい（同法 第四章災害予防第四十七条（防災に関する組織の整備義務）より）．

・④は正しい．災害対策基本法に対応する記述はない．

指定公共機関に指定されている電気通信事業者であるNTTグループの防災業務計画の「第2章 災害予防・4節 電気通信設備等に対する防災計画・2. 電気通信システムの高信頼化」に以下のような記述があります．

(2) 主要な中継交換機を分散設置すること．

(6) 重要加入者については，当該加入者との協議により加入者系伝送路の信頼性を確保するため，2 ルート化を推進すること．

【解答　オ：②】

問 3　**ソフトウェアの信頼性向上対策**　☑☑☑【R3-1 問 8（1)】

次の文章は，情報通信ネットワーク安全・信頼性基準（昭和 62 年郵政省告示第 73 号）及びその附則について述べたものである．［　　］内の（ア)～(エ）に最も適したものを，下記の解答群から選び，その番号を記せ．ただし，［　　］内の同じ記号は，同じ解答を示す．

情報通信ネットワーク安全・信頼性基準は，通信の安定的な提供，通信の疎通の確保，通信の不正使用の防止などを目的として，情報通信ネットワーク全体から見た対策項目について網羅的に整理，検討を行い，ハードウェア及びソフトウェアに備えるべき機能やシステムの維持・運用等を総合的に取り入れた，安全・信頼性に関する推薦基準（ガイドライン）である．この基準には，情報通信ネットワークを構成する設備及び設備を設置する環境の基準である設備等基準の項目の一つとして，ソフトウェアの信頼性向上対策がある．以下の表は，電気通信回線設備事業用ネットワークにおいて実施すべき，又は実施が望ましいとされる，ソフトウェアの信頼性向上対策の一部を抜粋したものである．

項目	対策（抜粋）
ソフトウェアの信頼性向上対策	システムデータ等の重要データの［（ア）］ができること．
	ソフトウェアには，異常の発生を速やかに検知し，［（イ）］する機能を設けること．
	［（ウ）］の切替えを行うソフトウェアは十分な信頼性を確保すること．
	定期的にソフトウェアを点検し，リスク分析を実施すること．
	交換機の制御等に用いられる重要なソフトウェアについては，［（ア）］できるよう［（エ）］のものを保管すること．
	交換機の制御等に用いられる重要なソフトウェアについては，ソフトウェア不具合等により電気通信役務の提供が停止することがないよう，当該ソフトウェアの導入・更新時は十分な検証を行い，その信頼性を確保すること．

〈(ア)～(エ) の解答群〉

① 試験導入時 ② 参照 ③ 現用及び予備機器
④ 応急復旧 ⑤ 復元 ⑥ 検査 ⑦ アカウント
⑧ 正規購入 ⑨ 通報 ⑩ マルチベンダ
⑪ 電気通信事業者 ⑫ 公開 ⑬ 変更
⑭ 複数世代 ⑮ 商用及び検証環境 ⑯ 縮退

解説

総務省が発行している情報通信ネットワーク安全・信頼性基準（昭和62年郵政省告示第73号）の「別表第1設備等基準」に本問に関連する記述があります．この中の「(9) ソフトウェアの信頼性向上対策」で，以下のように規定されています．

・システムデータ等の重要データの(ア)復元ができること（上記基準 (9) ソフトウェアの信頼性向上対策 ウより）．

・ソフトウェアには，異常の発生を速やかに検知し，(イ)通報する機能を設けること（同 エより）．

・(ウ)現用及び予備機器の切替えを行うソフトウェアは十分な信頼性を確保すること（同 キより）．

・交換機の制御等に用いられる重要なソフトウェアについては，(ア)復元できるよう(エ)複数世代のものを保管すること（同 コより）．

【解答 ア：⑤，イ：⑨，ウ：③，エ：⑭】

問4 災害対策基本法に規定されている指定公共機関 ☑☑☑ 【R2-2 問3 (3) (i)】

災害対策基本法に規定されている指定公共機関について述べた次の文章のうち，正しいものは，［(キ)］である．

〈(キ) の解答群〉

① 災害対策基本法において，独立行政法人，日本銀行，日本赤十字社，日本放送協会その他の公共的機関及び電気，ガス，輸送，通信その他の公益的事業を営む法人で，総務大臣が指定するものは，指定公共機関といわれる．

② 指定公共機関は，総務省に置かれる中央防災会議において作成された防災基本計画に基づき，その業務に関し，防災業務計画を作成し，3年ごとに防災業務計画に検討を加え，必要があると認めるときは，これを修正しなければならない．

③ 指定公共機関は，防災業務計画を修正したときは速やかに当該指定公共機

関の本社所在地を管轄する都道府県知事を経由して総務大臣に報告し，及び関係市区町村長に通知するとともに，その要旨を公表しなければならない．

④ 指定公共機関において，災害予防責任者は，法令又は防災計画の定めるところにより，その所掌事務又は業務について，災害を予測し，予報し，又は災害に関する情報を迅速に伝達するため必要な組織を整備するとともに，絶えずその改善に努めなければならない．

解説

災害対策基本法に本問に関連する記述があります．なお，以下の引用では省略したところがあります．

- 同法の第一章総則第二条（定義）五指定公共機関において，「独立行政法人，日本銀行，日本赤十字社，日本放送協会その他の公共的機関及び電気，ガス，輸送，通信その他の公益的事業を営む法人で，内閣総理大臣が指定するものをいう．」という記述があります（①は誤り）．
- 同法の第三章防災計画第三十九条（指定公共機関の防災業務計画）において，「指定公共機関は，防災基本計画に基づき，その業務に関し，防災業務計画を作成し，及び毎年防災業務計画に検討を加え，必要があると認めるときは，これを修正しなければならない．」という記述があります（②は誤り）．
- 同法の第三章防災計画第三十九条（指定公共機関の防災業務計画）2において，「指定公共機関は，前項の規定により防災業務計画を作成し，又は修正したときは，速やかに当該指定公共機関を所管する大臣を経由して内閣総理大臣に報告し，及び関係都道府県知事に通知するとともに，その要旨を公表しなければならない．」という記述があります（③は誤り）．
- ④は正しい（同法 第四章災害予防第四十七条（防災に関する組織の整備義務）より）．

【解答　キ：④】

問 5　情報通信ネットワーク安全・信頼性基準
【H31-1 問 4（1）（H28-2 問 4（1））】

情報通信ネットワーク安全・信頼性基準（昭和 62 年郵政省告示第 73 号）及びその附則について述べたものである．＿＿＿内の（ア）～（エ）に最も適したものを，下記の解答群から選び，その番号を記せ．

情報通信ネットワーク安全・信頼性基準は，事業者が実施すべき又は実施するこ

とが望ましい事項をまとめた推薦基準である．同基準内の項目ごとの対策について，実施指針欄には分類された情報通信ネットワークごとに実施すべき度合いが示されており，情報通信ネットワークの一つに，他の電気通信事業者の電気通信回線設備を用いて一定規模以上の利用者に対して有料サービスを提供する事業者の電気通信事業の用に供する［（ア）］ネットワークがある．

情報通信ネットワーク安全・信頼性基準は，情報通信ネットワークを構成する設備及び設備を設置する環境の基準である設備等基準と，情報通信ネットワークの設計，施工，維持及び運用の段階での［（イ）］基準とに区分されている．このうち，設備等基準は，設備基準と環境基準により構成されており，設備基準のうち，屋内設備と電源設備に関する項目には，共通の項目として地震対策，雷害対策，火災対策，高信頼度及び故障等の検知・通報がある．以下の表は，その屋内設備の項目と対策の一部について抜粋したものである．

項目	対策
地震対策	通常想定される規模の地震による転倒及び移動を防止する措置を講ずること．
雷害対策	雷害が発生するおそれのある場所に設置する重要な屋内設備には，雷害による障害の発生を防止する措置を講ずること．
火災対策	重要な屋内設備には，［（ウ）］の措置を講ずること．
高信頼度	重要な屋内設備の機器には，［（エ）］又はこれに準ずる措置を講ずること．また，重要な屋内設備の機器は，速やかに予備機器等への切換えができるものであること．
故障等の検知，通報	重要な屋内設備には，故障等の発生を速やかに検知し，通報する機能を設けること．

〈(ア)～(エ) の解答群〉

① 一般　② 火災通報　③ 品質
④ 特定回線非設置事業用　⑤ 防水　⑥ 遠隔監視
⑦ ウイルス対策　⑧ その他の電気通信事業用
⑨ 管理　⑩ 自動消火　⑪ 自営情報通信
⑫ 不燃化又は難燃化　⑬ 技術　⑭ 冗長構成
⑮ 分散配置　⑯ 電気通信回線設備事業用

解説

・情報通信ネットワーク安全・信頼性基準では，平成 27 年の電気通信事業法の改正に伴う見直しにより，情報通信ネットワークの分類として(ア)特定回線非設置事業用ネットワークが新たに定義され，108 項目 340 対策からなります．情報通信ネットワークは，特定回線非設置事業用ネットワークのほかに，従来からある，電気通信回線設備事業用ネットワーク，その他の電気通信事業用ネットワーク，自営情報通信ネットワーク，ユーザネットワークに分類されています．

・情報通信ネットワーク安全・信頼性基準は，**設備等基準**と(イ)**管理基準**に区分されています．

・設備等基準は，**設備基準**と**環境基準**により構成されており，設備基準のうち，屋内設備と電源設備に関する項目には，共通の項目として地震対策，雷害対策，火災対策，高信頼度及び故障等の検知・通報があり，このうち，**火災対策**では，「重要な屋内設備には，(ウ)不燃化又は難燃化の措置を講ずること」．**高信頼度**では，「重要な屋内設備の機器等には，(エ)冗長構成又はこれに準じる措置を講ずること」と記載されています．

【解答　ア：④，イ：⑨，ウ：⑫，エ：⑭】

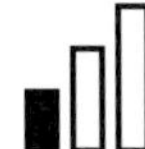

8-9 アウトソーシング

出題傾向

アウトソーシングの概要に関する問題が出されています.

問1 **アウトソーシング**

【R1-2 問4（1）（H28-1 問4（1），H25-2 問4（1））】

次の文章は，アウトソーシングなどの概要について述べたものである．[　　　]内の（ア）～（エ）に最も適したものを，下記の解答群から選び，その番号を記せ．ただし，[　　　]内の同じ記号は，同じ解答を示す．

組織が部品やユニットの製造などを外部の組織に委託することについて，狭い意味で[（ア）]という言葉が用いられており，また，JIS Z 8141：2001 生産管理用語において，[（ア）]とは，自社（発注者側）の指定する設計・仕様・納期によって，外部の企業に，部品加工又は組立を委託する方法とされている．さらに，設計や人事，経理などの業務を外部の組織に委託することも含め，これらを総称して，一般に，アウトソーシングという言葉が用いられている．

アウトソーシングの委託側企業は，一般に，自社の強みとなる[（イ）]を特定し，経営資源を[（イ）]に集中させ，業務効率を高めるために部門機能の一部又は全てを外部の企業に委託する．例えば，業務プロセスの効率化や最適化を目的に，企業が社内の業務処理の一部を専門の事業者にアウトソーシングすることは，英語表記の頭文字をとって，一般に，[（ウ）]といわれる．この[（ウ）]の代表的なモデルとしては，コールセンタやヘルプデスクサービスが挙げられる．

情報通信ネットワーク安全・信頼性基準（昭和62年郵政省告示第73号）及び附則における管理基準では，工事・設備更改における体制において，工事及び設備更改を委託する場合は，委託契約により工事及び責任の範囲を明確にすること，また，平常時の取組における工事の方法において，委託事業者等を含めた関連部門間で[（エ）]を作成するとともに，その内容の検証を行うこととしている．

〈（ア）～（エ）の解答群〉

① 内作	② ITO	③ ベンチマーク
④ 工事手順書	⑤ OEM	⑥ 外注
⑦ 施工計画書	⑧ シェアドサービス	
⑨ PMO	⑩ 調達	⑪ コアコンピタンス

⑫ 工事監督指示書	⑬ 業務移管	⑭ BPO
⑮ 共通仕様書	⑯ トレーサビリティ	

解説

組織が部品やユニットの製造を外部に委託することを狭い意味で「(ア)外注」といいます．**アウトソーシング**とは，外部の資源を効率的に活用することです．アウトソーシングの委託側企業は，一般に，自社の強みとなる「(イ)コアコンピタンス」を特定し，それに経営資源を集中させます．

業務プロセスの効率化や最適化を目的に，企業が社内の業務処理の一部を専門の事業者にアウトソーシングすることは，英語表記の頭文字をとって，一般に，(ウ)**BPO**（Business Process Outsourcing）といわれます．BPOでは，委託側は，自社業務の一部または全部を外部に任せることにより，自社のコア業務に専念することができます．

情報通信ネットワーク安全・信頼性基準（昭和62年郵政省告示第73号）および附則における管理基準では，工事及び設備更改を委託する場合は，平常時の取組における工事の方法において，「委託事業者等を含めた関連部門間で(エ)**工事手順書**を作成するとともに，その内容の検証を行うこと」としています．

【解答　ア：⑥，イ：⑪，ウ：⑭，エ：④】

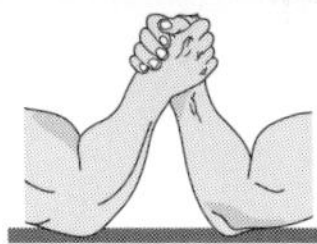

腕試し問題にチャレンジ！

問1 下記は，JIS Q 20000-1：2012「情報技術―サービスマネジメント第1部：要求事項」の用語に関する説明である．

・達成した結果を記述した，または実施した活動の証拠を提供する文書を（ア）という．

・あらかじめ合意された時点または期間にわたって，要求された機能を実行するサービス又はサービスコンポーネントの能力を（イ）という．

・サービスに対する計画外の中断，サービスの品質の低下，または顧客へのサービスにまだ影響していない事象を（ウ）という．

① 継続的改善　② 記録　③ 可用性　④ 是正処置　⑤ インシデント
⑥ 文書　⑦ 予防処置　⑧ 完全性　⑨ 機密性　⑩ リスク

問2 新QC七つ道具のうち，「原因と結果」，「目的と手段」などが絡み合った要因間の因果関係を矢印でつないで表して論理的に分析し，問題を解明する手法は（ア）という．また，プロジェクトの計画時にさまざまな結果を予測して，事前に対策を講じる手法を（イ）という．

① 系統図法　② 親和図法　③ マトリックス図法
④ PDPC法　⑤ 連関図法　⑥ アローダイアグラム法
⑦ マトリックスデータ解析法

問3 表は，あるプロジェクトにおける作業名と所要期間および各作業の前に完了しておかなければならない先行作業を示したものである．このプロジェクトの着手から終了までの所要期間は（ア）である．

作業名	A	B	C	D	E	F
所要期間（日）	3	2	3	3	4	2
先行作業	なし	A	A	B及びC	B	D

① 9日　② 10日　③ 11日　④ 13日　⑤ 14日

問4 JIS Z 8101-2：1999の統計的品質管理用語についての問題である．

・製品またはサービスのサンプルを用いる検査を（ア）という．

・観測値・測定結果の大きさがそろっていないこと．または不ぞろいの程度を（イ）という．（イ）の大きさを表すには，標準偏差などを用いる．

・等しい条件下で生産され，または生産されたと思われる品物の集まりを（ウ）という.

・バッチ，ロット，製品やサービスが合格基準を満足するという判定を［(エ)］という.

① 間接検査　② 全数検査　③ 抜取検査　④ 単位体　⑤ ロット
⑥ かたより　⑦ 精度　⑧ ばらつき　⑨ 検査　⑩ 合格

問 5 次の表は，事業用電気通信設備規則で規定されている 0AB ～ J 番号を用いる IP 電話の品質要件のうち，ネットワーク品質の値を記載したものである.［(ア)］～［(ウ)］に該当する数値を下記の解答群から選び，その番号を記せ.

UNI-UNI 間	平均遅延時間	［(ア)］〔ms〕以下
	平均遅延時間の揺らぎ	20〔ms〕以下
	パケット損失率	［(イ)］〔%〕未満
UNI-NNI 間	平均遅延時間	50〔ms〕以下
	平均遅延時間の揺らぎ	［(ウ)］〔ms〕以下
	パケット損失率	0.25〔%〕未満

① 100　② 70　③ 50　④ 20　⑤ 10　⑥ 5　⑥ 1.0　⑦ 0.5

問 6 IP 電話の音声品質劣化の防止および音声品質評価について述べた次の二つの記述は，［(ア)］.

A　音声品質の客観評価方法で，PESQ をベースとして，品質劣化要因としてパケット損失や伝送遅延の影響を追加して改良した方式が PSQM である.

B　IP 電話では，廃棄されたパケットのデータを，直前に受信したパケットの情報を加工して補完することにより，パケット廃棄時の音声品質の劣化を防止している.

① A のみ正しい　② B のみ正しい　③ A と B が正しい
④ A も B も正しくない

問 7 労働安全衛生法で定める安全衛生管理体についての問題である.

・常時［(ア)］以上の労働者を使用する事業場では，厚生労働省令で定める資格を有する者のうちから，厚生労働省令で定めるところにより，［(イ)］を選任し，安全に係る技術的事項を管理させなければならない.

・［(ウ)］は，労働災害の発生頻度を示す指標で，［(エ)］万延べ実労働時間当たりの労働災害による死傷者数をもって表す.［(オ)］は，労働災害の重さの程度を表す指標で，[（カ）]延（のべ）実労働時間当たりの延労働損失日数をもって表す．

① 20人　② 50人　③ 安全管理者　④ 衛生管理者
⑤ 度数率　⑥ 強度率　⑦ 100　⑧ 1 000

問8　5S運動には含まれるが，4S運動には含まれない[（ア）]には，「職場のルールや規律を守ること」，「決めたことを必ず守るように徹底すること」などの意味がある．

① 整理　② 整頓　③ 躾（しつけ）　④ 清掃　⑤ 清潔

問9　電気通信事業法令で定める事故報告制度の報告基準では，重大事故のうち，[（ア）]の場合には，その影響を受けた利用者の数が[（イ）]以上，かつ，継続時間が1時間以上の事故が該当すると規定されている．

① 緊急通報を取り扱う音声伝送役務　② 緊急通報を取り扱わない音声伝送役務
③ インターネット関連サービス　④ 1万　⑤ 3万　⑥ 5万

問10　JIS Z 8141：2001「生産管理用語」で定義されている用語のうち，[（ア）]は，所定の品質の資材を必要とするときに必要量だけ適正な価格で調達し，要求元へタイムリーに供給するための管理活動のことである．また，[（イ）]は，注文または出庫要求に対して在庫台帳の在庫残高からその量を割り当て引き落とす行為のことである．

① 資材管理　② 外注管理　③ 外注依存度　④ 在庫管理　⑤ 在庫引当

問11　[（ア）]は，システムに起こり得る望ましくない事象について，論理記号を用いて上位のレベルから順次下位に[（イ）]に展開して発生経路と故障・事故の因果関係を解析する[（ウ）]の手法である．

① FMEA　② FTA　③ ツリー状
④ メッシュ状　⑤ ボトムアップ　⑥ トップダウン

問12　JIS Z 8115で定義されている信頼性に関する用語で，放置しておけば故障に至るようなフォールトや誤りが存在しても，要求機能の遂行を可能にするアイテムの属性は[（ア）]，フォールトが存在しても，機能または性能を縮退しながらアイテムが要求機能を遂行し続ける，設計上の性質は[（イ）]，アイテムが故障したとき，あらかじめ定められた一つの安全な状態をとるような設計上の性質は[（ウ）]のことである．

① フェールソフト　② フェールセーフ　③ フォールトトレランス

8章 設備管理

問 13　バスタブ曲線で表される故障率の推移で，[（ア）]期間では，使用に先立ちスクリーニング，エージングを行うことが有効である．[（イ）]期間では，故障率は，ほぼ一定の値をとる．そのため，信頼度の分布は一般に[（ウ）]となる．[（エ）]期間では，アイテムの老朽化による故障が多く発生する期間であるため，予防保全によるアイテムの取替えが効果的である．

① DFR　② CFR　③ IFR　④ 正規分布　⑤ 指数分布

問 14　アベイラビリティに関する次の式に当てはまる番号を選べ．

$$\text{固有アベイラビリティ} = \frac{\text{MTBF}}{\text{MTBF} + \boxed{(ア)}} \qquad \text{運用アベイラビリティ} = \frac{\boxed{(イ)}}{\text{MUT} + \boxed{(ウ)}}$$

① MTTR　② MTTF　③ MUT　④ MDT　⑤ MTBM　⑥ MMT

問 15　冗長構成のうち，[（ア）]は，m/n 冗長のうち，$m > n/2$（m が n の半分以上）となるようにした冗長構成のことで，[（イ）]は，主系が故障すると，停止状態にある待機系システムを立ち上げて切り替える待機冗長方式のことである．

① m/n 冗長　② 多数決冗長　③ 熱予備　④ 温予備　⑤ 冷予備

問 16　ある運用期間内のシステム A の固有アベイラビリティが 99.6〔%〕，MTTR が 2〔時間〕であった．システム A の当該運用期間内の故障率は[（ア）]である．

① 2.01×10^{-3}　② 3.34×10^{-3}　③ 4.02×10^{-3}　④ 5.02×10^{-2}

問 17　装置 A の稼働開始後 400〔時間〕経過時点の信頼度を 99.9〔%〕以上に維持するためには，装置 A の平均故障率を[（ア）]〔%/時間〕以下にしなければならない．なお，指数関数の値は，$e^{-0.001} = 0.999$，e は自然対数の底とする．

① 2.5×10^{-6}　② 2.5×10^{-5}　③ 2.5×10^{-4}　④ 2.5×10^{-3}　⑤ 1.0×10^{-1}

問 18　信頼度 0.7 である装置 E を複数台並列に接続し，信頼度 0.999 以上とするためには，装置 E の台数を少なくとも[（ア）]台以上とする必要がある．ただし，必要に応じて，$\log_{10}0.3 = -0.523$，$\log_{10}0.7 = -0.155$ の値を用いること．

① 4　② 6　③ 8　④ 10　⑤ 15

問 19　システムは CFR 期間（偶発故障期間）にあり，故障率 λ は一定とする．システムの修復時間とその保全件数が次表のとおりである場合，システムの MTTR は，[（ア）]〔時間〕である．

1件当たりの修復時間〔時間〕	2	4	6	8	10	12
保全件数〔件〕	8	3	4	2	2	1

① 3　② 5　③ 7　⑨ 9

また，このシステムの修復に着手して20時間経過時点における保全度は［(イ)］〔%〕である．なお，指数関数の値は，$e^{-0.25}=0.779$，$e^{-1}=0.368$，$e^{-4}=0.018$とし，eは自然対数の底とする．

⑤ 96.5　⑥ 97.3　⑦ 98.2　⑧ 99.6

問20　総務省が定めている「情報通信ネットワーク安全性・信頼性基準」は，［(ア)］と［(イ)］に区分されている．このうち，［(ア)］は［(ウ)］と環境基準により構成されている．［(イ)］には，情報セキュリティ管理や情報通信ネットワークの［(エ)］，事故発生時などの取組等が記載されている．

① 設備基準　② 設備等基準　③ 管理基準　④ 電源設備　⑤ 管理体制

腕試し問題解答・解説

【問 1】 達成した結果を記述した，または実施した活動の証拠を提供する文書を(ア)記録といいます．あらかじめ合意された時点または期間にわたって，要求された機能を実行するサービスまたはサービスコンポーネントの能力を(イ)可用性といいます．サービスに対する計画外の中断，サービスの品質の低下，または顧客へのサービスにまだ影響していない事象を(ウ)インシデントといいます．

解答 ア：②，イ：③，ウ：⑤

【問 2】 新 QC 七つ道具のうち，「原因と結果」，「目的と手段」などが絡み合った要因間の因果関係を矢印でつないで表して論理的に分析し，問題を解明する手法は(ア)連関図法といいます．また，プロジェクトの計画時にさまざまな結果を予測して，事前に対策を講じる手法を(イ)PDPC 法といいます．

解答 ア：⑤，イ：④

【問 3】 設問の表より作成したアローダイアグラムを下図に示します．

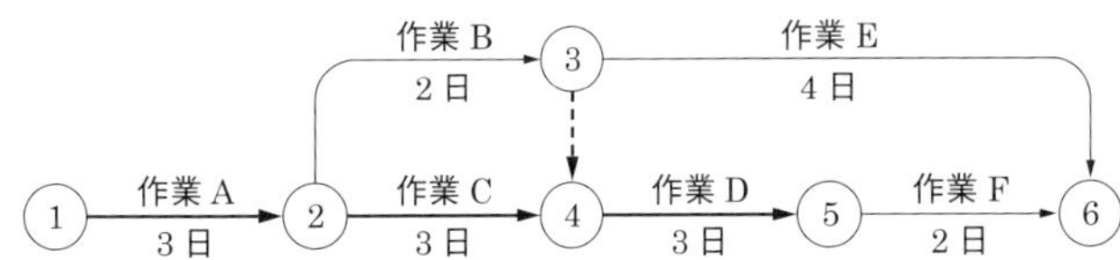

この図で，プロジェクトの開始（①）からプロジェクト完了（⑥）までにとりうる経路のうち日数の合計が最も多い経路①→②→④→⑤→⑥がクリティカルパスとなり，プロジェクト完了までの所要期間は(ア)11 日となります．

解答 ア：③

【問 4】 「JIS Z 8101-2：1999 統計的品質管理用語」で定義されている統計的品質管理にかかわる用語の説明です．

・製品またはサービスのサンプルを用いる検査を(ア)抜取検査といいます．
・観測値・測定結果の大きさがそろっていないこと．または不ぞろいの程度を(イ)ばらつきといいます．ばらつきの大きさを表すには，標準偏差などを用います．
・等しい条件下で生産され，または生産されたと思われる品物の集まりを(ウ)ロットといいます．
・バッチ，ロット，製品やサービスが合格基準を満足するという判定を(エ)合格といいます．

解答 ア：③，イ：⑧，ウ：⑤，エ：⑩

【問 5】 0AB～J 番号を用いる IP 電話において，通信事業者が単独で満たすべきネットワーク品質は次のように規定されています．

・UNI－UNI 間では，パケット転送の平均遅延時間は(ア)70〔ms〕以下，平均遅延時間の揺らぎは 20〔ms〕以下，パケット損失率は(イ)0.5〔%〕未満.

・UNI－NNI 間では，パケット転送の平均遅延時間は 50〔ms〕以下，平均遅延時間の揺らぎは(ウ)10〔ms〕秒以下，パケット損失率は 0.25〔%〕未満.［参考：8-1 節　問 12，問 16］

解答　ア：②，イ：⑦，ウ：⑤

【問 6】 PESQ，PSQM はともに音声品質の客観評価方法で，PESQ は，PSQM をベースとして，品質劣化要因としてパケット損失や伝送遅延の影響を追加して改良した方式です（A は誤り）.

IP 電話網では，音声をリアルタイムに伝送する必要があるため，音声パケット廃棄時の音声品質の劣化を防止する方法としては，一般に，伝送遅延が大きく増加する音声パケットの再送制御は行わず，廃棄されたパケットの代わりに，直前のパケット情報を加工したデータで補完します．この方式を PLC（Packet Loss Concealment，パケット損失補償）といいます（B は正しい）.

解答　ア：②

【問 7】

・常時(ア)50 人以上の労働者を使用する事業場では，厚生労働省令で定める資格を有する者のうちから，厚生労働省令で定めるところにより，(イ)安全管理者を選任し，安全に係る技術的事項を管理させなければなりません.

・(ウ)度数率は，労働災害の発生頻度を示す指標で，(エ)100 万延べ実労働時間当たりの労働災害による死傷者数をもって表します．(オ)強度率は，労働災害の重さの程度を表す指標で，(カ)1 000 延べ実労働時間当たりの延労働損失日数をもって表します.

［参考：8-2 節　問 5，問 7］　**解答**　ア：②，イ：③，ウ：⑤，エ：⑦，オ：⑥，カ：⑧

【問 8】 4S 運動の S は，整理，整頓，清掃，清潔の四つの日本語のローマ字の頭文字をとったもので，これに(ア)躾(しつけ)を加えたものを 5S 運動としています．躾には，「職場のルールや規律を守ること」，「決めたことを必ず守るように徹底すること」などの意味があります．［参考：8-2 節　問 1］

解答　ア：③

【問 9】 電気通信事業法令で定める事故報告制度の報告基準では，重大事故のうち，(ア)緊急通報を取り扱う音声伝送役務の場合には，その影響を受けた利用者の数が(イ)3 万以上，かつ，継続時間が 1 時間以上の事故が該当すると規定されています．［参考：8-2 節　問 6］

解答　ア：①，イ：⑤

【問 10】 (ア)資材管理は，所定の品質の資材を必要とするときに必要量だけ適正な価格で調達し，要求元へタイムリーに供給するための管理活動のことです．また，(イ)在庫引当は，注文または出庫要求に対して在庫台帳の在庫残高からその量を割り当て引き落とす行為のことです．

解答 ア：①，イ：⑤

【問 11】 $_{(ア)}$FTA は，システムに起こり得る望ましくない事象について，論理記号を用いて上位のレベルから順次下位に$_{(イ)}$ツリー状に展開して発生経路と故障・事故の因果関係を解析する$_{(ウ)}$トップダウンの手法です．［参考：8-4 節　問 1］

解答 ア：②，イ：③，ウ：⑥

【問 12】 放置しておけば故障に至るようなフォールトや誤りが存在しても，要求機能の遂行を可能にするアイテムの属性は$_{(ア)}$フォールトトレランス，フォールトが存在しても，機能または性能を縮退しながらアイテムが要求機能を遂行し続ける，設計上の性質は$_{(イ)}$フェールソフト，アイテムが故障したとき，あらかじめ定められた一つの安全な状態をとるような設計上の性質は$_{(ウ)}$フェールセーフのことです．

解答 ア：③，イ：①，ウ：②

【問 13】 バスタブ曲線で表される故障率の推移で，$_{(ア)}$DFR 期間（初期故障期間）では，使用に先立ちスクリーニング，エージングを行うことが有効です．$_{(イ)}$CFR 期間（偶発故障期間）では，故障率は，ほぼ一定の値をとります．そのため，信頼度の分布は一般に$_{(ウ)}$指数分布となります．$_{(エ)}$IFR 期間（摩耗故障期間）では，アイテムの老朽化による故障が多く発生する期間であるため，予防保全によるアイテムの取替えが効果的です．［参考：8-4 節　問 3，問 4］

解答 ア：①，イ：②，ウ：⑤，エ：③

【問 14】 固有アベイラビリティ$=\dfrac{MTBF}{MTBF+MTTR}$　　運用アベイラビリティ$=\dfrac{MUT}{MUT+MDT}$

$_{(ア)}$MTTR（平均修復時間）：故障から修理して稼働開始するまでの時間の平均

$_{(イ)}$MUT（平均動作可能時間）：全時間から MDT を引いた時間

$_{(ウ)}$MDT（平均動作不能時間）：アイテムが，保守や故障修理，補給待ちなどのために実働しなかった時間の平均［参考：8-5 節　問 3］

解答 ア：①．イ：③，ウ：④

【問 15】 冗長構成のうち，$_{(ア)}$多数決冗長は，m/n 冗長のうち，$m>n/2$（m が n の半分以上）となるようにした冗長構成のことで，$_{(イ)}$冷予備は，主系が故障すると，停止状態にある待機系システムを立ち上げて切り替える待機冗長方式のことです．［参考：8-6 節　問 3］

解答 ア：②，イ：⑤

【問 16】 次の二つの式より故障率を求めます．

・固有アベイラビリティ $A=\dfrac{MTBF\text{（平均故障間隔）}}{MTBF+MTTR\text{（平均修復間隔）}}$

・故障率$=\dfrac{1}{MTBF}$

$A(MTBF+MTTR)=MTBF$，$(1-A)MTBF=A\times MTTR$

故障率$=\dfrac{1}{MTBF}=\dfrac{1-A}{A\times MTTR}=\dfrac{1-0.996}{0.996\times 2}\fallingdotseq 2.01\times 10^{-3}$〔件/時間〕

（$A=0.996$，$MTTR=2$〔時間〕を代入）

［参考：8-5 節　問 3］

解答　ア：①

【問 17】 稼働開始後の経過時間 $t=400$〔時間〕で，装置 A の信頼度 $R\geqq 99.9$〔%〕$=0.999$ を満たすには

$$R=e^{-\lambda t}\geqq 0.999=e^{-0.001}$$

これより

$$\lambda t=\lambda\times 400\leqq 0.001,\ \lambda\leqq\frac{0.001}{400}=2.5\times 10^{-6}=2.5\times 10^{-4}\text{〔%/時間〕}$$

［参考：8-7 節　問 5］

解答　ア：③

【問 18】 装置 E を N 台並列接続しているシステム（図）の信頼度を R，故障率を F，装置 E の信頼度を R_E，故障率を F_E とすると，$F=(F_E)^N$ となり

$$\log_{10}F=N\log_{10}F_E \quad (1)$$

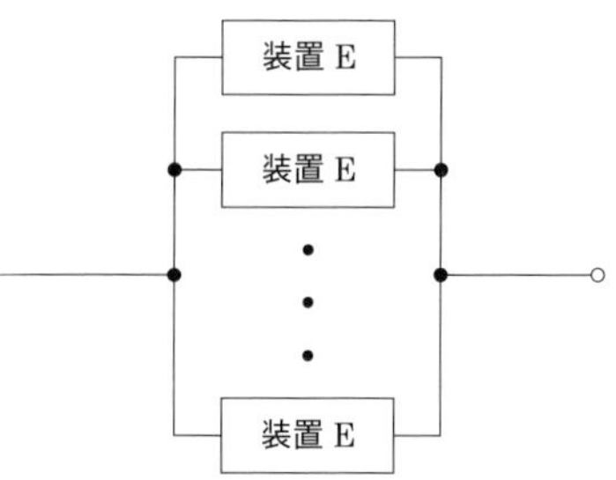

並列接続後の信頼度 R を 99.9〔%〕より大きくするためには

$$F=1-R\leqq(100-99.9)\text{〔%〕}=0.001 \quad (2)$$

これより

$$\log_{10}F\leqq\log_{10}0.001=\log_{10}10^{-3}=-3,\ F_E=1-R_E=100\text{〔%〕}-70\text{〔%〕}=0.3$$

これと，式（2）を式（1）に代入し

$$\log_{10}F=N\log_{10}F_E=N\log_{10}0.3=-0.523N\leqq -3$$

これより

$$N\geqq\frac{3}{0.523}=5.74$$

よって，装置 E を 6 台以上並列接続する必要があります．［参考：8-7 節　問 1］

解答　ア：②

【問 19】

(i) MTTR の計算

保全件数の合計＝8＋3＋4＋2＋2＋1＝20〔件〕

20 件の修理にかかった総時間は

総修理時間＝2×8＋4×3＋6×4＋8×2＋10×2＋12×1＝16＋12＋24＋16＋20＋12

＝100〔時間〕

$$\text{平均修復時間}\ MTTR=\frac{\text{総修理時間}}{\text{保全件数（修理件数）}}=\frac{100}{20}=5\ \text{〔時間〕}$$

(ii) 保全度の計算

$$\text{修復率}=\text{単位時間当たりの修理件数}=\frac{1}{MTTR}$$

保全度 $M=1-e^{-\mu t}$（μ：修復率，t：経過時間）

$$\text{修復率}\ \mu=\frac{1}{MTTR}=\frac{1}{5}=0.2$$

保全度 $M=1-e^{-\mu t}=1-e^{-4}=1-0.018=0.982=98.2$〔%〕（$\mu t=0.2\times20=4$）

［参考：8-7 節　問 12］

解答　ア：②，イ：⑦

【問 20】　総務省が定めている「情報通信ネットワーク安全性・信頼性基準」は，(ア)設備等基準と(イ)管理基準に区分されています．このうち，設備等基準は(ウ)設備基準と環境基準により構成されています．管理基準には，情報セキュリティ管理や情報通信ネットワークの(エ)管理体制，事故発生時などの取組等が記載されています．電源設備が記載されているのは，設備等基準の「第 1．設備基準」です．（総務省公開の情報通信ネットワーク安全・信頼性基準より）

解答　ア：②．イ：③，ウ：①，エ：⑤

令和4年度第2回試験問題にチャレンジ！

問1　次の問いに答えよ.　(小計15点)

(1)　次の文章は，デジタル信号の変調方式について述べたものである．[　　]内の(ア)〜(ウ)に最も適したものを，下記の解答群から選び，その番号を記せ．ただし，[　　]内の同じ記号は，同じ解答を示す．　(2点×3＝6点)

デジタル信号を伝送する方式には，デジタル信号を0，1の符号のまま伝送する[　(ア)　]伝送方式と，搬送波をデジタル信号で変調して一定の帯域幅の中で伝送する搬送波伝送方式がある．

搬送波伝送方式では，限られた帯域幅でできるだけ高速・大容量の伝送ができることが要求され，多値変調方式である[　(イ)　]，マルチキャリア変調方式である[　(ウ)　]などが用いられる．

[　(イ)　]は，互いに独立に生成された二つの[　(ア)　]信号で位相が直交する二つの搬送波をそれぞれ振幅変調し，その出力を合成して伝送路へ送出することによって，ビット伝送速度を向上させる変調方式である．

マルチキャリア変調方式では，デジタル信号を分割して複数の搬送波に割り当てて変調を行っており，複数の搬送波を直交関係に配置する[　(ウ)　]は，搬送波の周波数間隔を狭くすることができ，周波数利用効率の高い変調方式である．

〈(ア)〜(ウ)の解答群〉

①　ASK	②　QAM	③　TDM	④　エコーキャンセラ
⑤　FDM	⑥　ピンポン	⑦　CDM	⑧　コヒーレント
⑨　PCM	⑩　OFDM	⑪　FSK	⑫　ベースバンド

(2)　次の問いの[　　]内の(エ)に最も適したものを，下記の解答群から選び，その番号を記せ．　(3点)

光ファイバの種類などについて述べた次の文章のうち，正しいものは，[　(エ)　]である．

〈(エ) の解答群〉

① マルチモード (MM) 光ファイバには，コアとクラッドとの間で屈折率が階段状に変化するグレーデッドインデックス (GI) 型とコアの屈折率分布が緩やかに変化するステップインデックス (SI) 型がある．

② シングルモード (SM) 光ファイバでは，伝送帯域を制限する主な要因となる波長分散の値が波長により異なり，1.65 μm 付近でゼロになる．

③ ノンゼロ分散シフト光ファイバは，SM 光ファイバの分散特性に着目した光ファイバの一つであり，屈折率分布を調整して分散シフト光ファイバのゼロ分散波長を短波長側又は長波長側にずらすことでファラデー効果を抑制している．

④ SM 光ファイバでは，光ファイバのコア形状に僅かなゆがみがあると偏波モード分散 (PMD) が生じ，高速かつ長距離伝送の場合には PMD が伝送品質に影響を及ぼすことがある．

(3) 次の問いの［　　　］内の (オ) に最も適したものを，下記の解答群から選び，その番号を記せ． (3 点)

伝送路符号に求められる性質や特徴について述べた次の文章のうち，<u>誤っているもの</u>は，［ (オ) ］である．

〈(オ) の解答群〉

① デジタル伝送路において，伝送しようとする情報がどのような符号系列のものであっても，情報の符号列に依存することなく確実にその信号を伝送できる必要があり，このことは，一般に，BSI (Bit Sequence Independence) といわれる．

② 再生中継器において，受信した信号を識別・再生するためのタイミング情報の抽出には，一般に，受信パルス列からタイミング信号を得る自己タイミング方式が用いられるため，ゼロ符号の連続などによるタイミング情報の消失を避ける必要がある．

③ 平衡対ケーブルや同軸ケーブルを伝送媒体とする伝送方式では，伝送路に挿入される中継器に給電電流分離用フィルタ，トランスなどが用いられることがあり，これらは低域遮断特性を持つため，遮断される低域成分の少ない伝送路符号を用いることが望ましい．

④ 平衡対ケーブルを伝送媒体とする伝送方式では，一般的に使用される周波数帯において，低周波成分ほど減衰量が大きいため，伝送路符号の低周波成分は少ないことが望ましい．

(4)　次の問いの　　　　内の（カ）に最も適したものを，下記の解答群から選び，その番号を記せ．　(3点)

CATVにおけるアクセス技術などについて述べた次の文章のうち，正しいものは，［（カ）］である．

〈(カ) の解答群〉

① HFC方式では，CATVのサービスエリアを小エリア（セル）に分割してセルの中心に光ノードを配置し，ヘッドエンド装置から光ノードまでの間の伝送路を光ファイバケーブルで，光ノードから宅内までの間の伝送路を平衡対ケーブルで接続する構成を採る．

② HFC方式において，ヘッドエンド装置から光ノードまでの間の光ファイバケーブルの伝送距離を制限する主な要因として，ユーザ宅内から混入する流合雑音がある．

③ RFoG（RF over Glass）方式は，ヘッドエンド装置から宅内までの伝送路が全て光ファイバケーブルで構成されるFTTHで用いられ，下りだけでなく上りでもRF信号を用いることができる．

④ HFC方式を利用したインターネット接続で用いられている規格であるDOCSIS3.1では，後方互換性が確保されていないため，DOCSIS2.0対応のケーブルモデムはDOCSIS3.1対応のセンターモデムと対向して通信することができない．

問２　次の問いに答えよ．　(小計15点)

(1)　次の文章は，電気通信番号の概要について述べたものである．　　　　内の（ア）〜（ウ）に最も適したものを，下記の解答群から選び，その番号を記せ．

(2点×3＝6点)

電気通信番号（電話番号）は，端末設備の識別，任意の端末への接続のためなどに用いられており，端末などに電気通信番号を指定する規則は，一般に，電気通信番号計画といわれる．

国際公衆電気通信番号計画はITU-T勧告E.164で規定されており，国際電話番号は，一般に，国番号，国内宛先コード及び加入者番号から構成される最大［（ア）］桁の番号である．

日本国内の電気通信番号計画は法令などにより定められており，固定電話における

0AB～Jの電話番号は，一般に，先頭の数字が［（イ）］といわれる0から始まり，市外局番，市内局番及び加入者番号で構成されている．

また，070，080又は090で始まる電話番号は携帯電話などに用いられており，050で始まる電話番号はIP電話に用いられている．さらに020で始まる電話番号はIoTの普及に伴い，一層の需要増が見込まれる［（ウ）］などのための専用番号として用いられている．

〈(ア)～(ウ)の解答群〉

① 10	② 16	③ 外線発信番号	④ 国内プレフィックス
⑤ 11	⑥ M2M	⑦ 衛星電話	⑧ 国際プレフィックス
⑨ 15	⑩ B2B	⑪ 事業者識別番号	⑫ C2C

(2)　次の問いの［　　］内の（エ）に最も適したものを，下記の解答群から選び，その番号を記せ．（3点）

IMSにおけるSIPベースのIP電話網と既存の公衆交換電話網（PSTN）の相互接続について述べた次の文章のうち，誤っているものは，［（エ）］である．

〈(エ)の解答群〉

① No.7共通線信号方式を用いたISUP信号などの制御信号をIP電話網上で転送するためのプロトコルスタックは，SIGTRANといわれる．

② IP電話網の音声ペイロードを持つIPパケットとPSTNの音声信号の変換を行う機能は，MGW（Media Gateway）といわれる．

③ ISUP信号などからMGWの動作に必要な情報を得て，MGWを設定・制御する機能は，SGW（Signaling Gateway）といわれる．

④ IP電話網からPSTNへ発信する場合において，着信先の電話番号などからPSTNとの適切な相互接続点の選択を行う機能は，BGCF（Breakout Gateway Control Function）といわれる．

(3)　次の問いの［　　］内の（オ）に最も適したものを，下記の解答群から選び，その番号を記せ．（3点）

SIPの特徴について述べた次の文章のうち，誤っているものは，［（オ）］である．

〈(オ) の解答群〉

① SIPでは，一般に，クライアントがサーバにリクエストを送り，サーバがクライアントにレスポンスを返す形態が用いられている．

② SIPにおいて，プロトコル上で使用されるメッセージには，バイナリベースの表現形式が用いられている．

③ SIPは，セッションを確立する相手の宛先，SIPメッセージの到達先などを指定するアドレスとして，一般に，URI（Uniform Resource Identifier）が用いられている．

④ SIPには音声や画像などのメディアデータを転送する機能がないため，SIPはRTPなどの他のプロトコルと組み合わせて用いられる．

(4) 次の問いの［　　］内の（カ）に最も適したものを，下記の解答群から選び，その番号を記せ． (3点)

ある回線群について，1時間にわたって接続呼数を観測したところ，90呼の接続があり，呼の平均保留時間は10分であった．この回線群が即時式完全線群の出回線であり，観測時間中に入回線に加えられた呼量が20〔アーラン〕であったとき，この回線群の呼損率は［（カ）］である．

〈(カ) の解答群〉

① 0.15　② 0.25　③ 0.55　④ 0.75　⑤ 1.5

問３ 次の問いに答えよ． (小計15点)

(1) 次の文章は，アレーアンテナの構成，特徴などについて述べたものである．［　　］内の（ア）～（ウ）に最も適したものを，下記の解答群から選び，その番号を記せ．ただし，［　　］内の同じ記号は，同じ解答を示す． (2点×3＝6点)

アンテナ素子を複数配列し，その全部又は一部を給電回路に接続して励振するアンテナは，一般に，アレーアンテナといわれ，配列素子の種類，配列，励振方法などを工夫することにより，単一素子のアンテナでは実現が難しい［（ア）］特性を実現することができる．また，アレーアンテナの特徴としてビーム走査機能があり，各アンテナ素子に接続された移相器により各アンテナ素子での受信信号が同相になるように合成することで最大振幅となる受信信号を取り出すことができる．

目的に応じて［（ア）］特性の制御を適応的に行うアレーアンテナは，［（イ）］アンテナといわれ，相関の低い信号強度変動を有する複数の伝送路がある環境下において複数の信号を適切に切り替える又は合成することができる［（ウ）］や，移動通信の5Gでの大規模MIMO（Massive MIMO）によるビームフォーミング技術に利用されている．

〈(ア)～(ウ) の解答群〉

① マイクロストリップ　② 遅延　③ 等方性　④ 雑音
⑤ アダプティブ　⑥ 指向　⑦ パラボラ　⑧ 偏波
⑨ チャネルボンディング技術　⑩ ハイブリッド技術
⑪ デジタルコヒーレント技術　⑫ ダイバーシチ技術

(2) 次の問いの［　　］内の（エ）に最も適したものを，下記の解答群から選び，その番号を記せ．(3点)

アクセス系無線通信における高速化技術について述べた次の文章のうち，誤っているものは，［（エ）］である．

〈(エ) の解答群〉

① デジタル変調方式において1シンボルの情報量は多値数によって変化し，QPSKでは，多値数が4であることから1シンボルで伝送できる情報量は4ビットである．
② 複数の送信アンテナを用いて複数のストリームを同時に送信するMIMOの送信手法は，空間多重といわれる．
③ 無線伝搬環境の変動に対応して変調方式や誤り訂正符号化方式を選択する技術は，適応変調符号化といわれる．
④ 複数の周波数帯域を束ねることによって通信速度を高速化する技術は，キャリアアグリゲーションといわれる．

(3) 次の問いの［　　］内の（オ）に最も適したものを，下記の解答群から選び，その番号を記せ．(3点)

移動通信で用いられる無線回線制御方式について述べた次の文章のうち，正しいものは，［（オ）］である．

〈(オ) の解答群〉

① 各移動端末が共通に利用できる無線チャネルを複数用意しておき，呼が発生するたびにその移動端末に特定の無線チャネルを割り当てるチャネルアサイン方式は，一般に，プリアサイン方式といわれる．

② 移動端末がどこに存在していても，ネットワーク側から着信のための呼出しを行えるようにするための位置登録では，現在位置は移動端末に登録される．

③ セル構造を有する移動通信方式において，移動端末が通信中にセル間を移動する場合にセルを切替制御する技術は，一般に，ローミングといわれる．

④ 複数の移動端末から同時に発信が行われた場合，無線区間で信号の衝突が発生する場合がある．この信号の衝突をできるだけ回避して無線通信チャネルを設定する技術にランダムアクセス制御がある．

(4) 次の問いの［　　］内の (カ) に最も適したものを，下記の解答群から選び，その番号を記せ． (3 点)

移動通信における LTE について述べた次の文章のうち，誤っているものは，［ (カ) ］である．

〈(カ) の解答群〉

① LTE の無線アクセス方式における下りリンクには，無線リソースを各ユーザの回線状況やトラヒック状況に応じて柔軟に共有することができる OFDMA が用いられている．

② LTE の無線アクセス方式における上りリンクには，端末の電力効率に優れた CDMA が用いられている．

③ 基地局は端末に対して無線リソースを周波数軸と時間軸で細分化したリソースブロック単位で割り当てており，端末の受信品質を確認し，受信品質の良い端末にリソースブロックを優先的に割り当てるスケジューリングを行っている．

④ 基地局である eNodeB は EPC といわれるコアネットワークと直接接続されており，制御系は EPC の MME (Mobility Management Entity) に，ユーザデータ伝送系は EPC の S-GW (Serving Gateway) にそれぞれ接続される．

問 4　次の問いに答えよ．　(小計 15 点)

(1)　次の文章は，通信用電源における整流装置について述べたものである．［　　］内の（ア）～（ウ）に最も適したものを，下記の解答群から選び，その番号を記せ．ただし，［　　］内の同じ記号は，同じ解答を示す．　(2 点×3＝6 点)

整流装置には，高速スイッチング動作が可能な MOSFET と，オン動作時の順方向電圧降下が小さく大電流動作が可能な高耐圧型のバイポーラトランジスタのそれぞれの特性を併せ持つスイッチング素子である［（ア）］を用いたものがある．

この整流装置では，ダイオードブリッジなどで整流した直流電圧に対して［（ア）］を高周波数で［（イ）］制御することにより，電圧変換及び定電圧制御を行っている．

この整流装置は，サイリスタ整流装置と比較して，装置の小型軽量化や大容量化が図られている，電力変換時の電力損失が少なく高効率である，平常時の出力電圧が脈動成分である［（ウ）］をほとんど含まず安定しているなどの特徴を有している．

〈(ア)～(ウ) の解答群〉

① PAM	② 電圧サグ	③ SIT	④ TRIAC
⑤ GTO	⑥ PID	⑦ リプル電圧	⑧ 電圧ディップ
⑨ PFM	⑩ IGBT	⑪ PWM	⑫ サージ電圧

(2)　次の問いの［　　］内の（エ）に最も適したものを，下記の解答群から選び，その番号を記せ．　(3 点)

通信ビルにおける給電方式である集中給電方式と分散給電方式の機器配置，特徴などについて述べた次の文章のうち，誤っているものは，［（エ）］である．

〈(エ) の解答群〉

① 直流供給方式の集中給電方式では，受電装置や非常用発電装置に加えて大容量の整流装置や蓄電池を電力室に配置して，電力室から各通信機械室へ所要の直流電力を供給する．

② 交流供給方式の分散給電方式では，受電装置や非常用発電装置を電力室に配置し，UPS を各通信機械室に配置して，電力室から各通信機械室へ適切な電圧の交流電力を供給し，各通信機械室で UPS を用いて所要の交流電力に変換して各負荷装置に供給する．

③ UPS をユニットの積上げで構成した交流供給方式の分散給電方式において，

所要電力の増大に対して，装置架で供給可能な電力に余裕があり，かつ，ユニット搭載用の空きスペースがある場合には，一般に，装置架へのユニット増設により対応できる．

④　直流供給方式の分散給電方式において整流装置の故障が発生した場合，直流供給方式の集中給電方式において整流装置の故障が発生した場合と比較して，一般に，故障による影響は広い範囲に及ぶ．

(3)　次の問いの［　　　］内の（オ）に最も適したものを，下記の解答群から選び，その番号を記せ．　(3 点)

通信ビルにおける受電設備などについて述べた次の文章のうち，誤っているものは，［　(オ)　］である．

〈(オ) の解答群〉

①　受電電圧には，交流 600〔V〕以下の低圧，交流 600〔V〕を超え 7 000〔V〕以下の高圧及び 7 000〔V〕を超える特別高圧の区分がある．

②　高圧で受電する通信ビルでは，自ビル内の事故が他需要家に影響を与えること及び他需要家の事故の影響を受けることを防止するために，自ビル内に施設される保護装置と電気事業者の配電用変電所内に施設される保護装置との間で保護協調を保つ必要がある．

③　高圧受電装置の保護継電器には，短絡事故発生時に生ずる過大電流や過大電圧を検出するための過電流継電器や過電圧継電器，地絡事故発生時に生ずる零相地絡電流を検出するための地絡継電器などがある．

④　遮断器は，消弧媒質の違いにより，空気遮断器，油遮断器，ガス遮断器などに分類され，ガス遮断器では，消弧媒質としてアルゴンガスやフレオンガスが用いられる．

(4)　次の問いの［　　　］内の（カ）に最も適したものを，下記の解答群から選び，その番号を記せ．　(3 点)

シール鉛蓄電池などの二次電池の特性，特徴などについて述べた次の文章のうち，正しいものは，［　(カ)　］である．

〈(カ) の解答群〉

①　シール鉛蓄電池から放電によって取り出せる容量は，放電電流〔A〕と放電時

間〔h〕の積で表され，この値は，放電電流の大きさによって変化することはなく，一定である．

② 完全放電したシール鉛蓄電池を定電流定電圧充電方式で充電する場合，最初はあらかじめ決められた蓄電池電圧になるまで一定電流で充電し，その後は充電電流が徐々に減少していくのを確認しながら一定電圧で充電する．

③ シール鉛蓄電池は，充電方式にかかわらず，満充電後に継続して充電しても，過充電による蓄電池の性能の劣化は生じない．

④ ニッケル系二次電池では，浅い充放電を繰り返しても，蓄電池電圧が低下したり蓄電池容量が減少したりするメモリ効果はほとんど現れない．

問 5 次の問いに答えよ． （小計 15 点）

(1) 次の文章は，コンピュータの CPU の処理効率を高めるための仕組みについて述べたものである． 内の (ア)〜(ウ) に最も適したものを，下記の解答群から選び，その番号を記せ．ただし， 内の同じ記号は，同じ解答を示す．

（2 点×3＝6 点）

CPU 側からのデータの読み書き速度を速くする目的で，CPU 内に置く高速の記憶装置はキャッシュメモリといわれる．使用頻度の高いデータをキャッシュメモリに蓄積しておくことにより，メインメモリへのアクセスを減らし処理を高速化することができる．キャッシュメモリとメインメモリにデータを書き込む方式のうち，先にキャッシュメモリだけに書き込んでおいて，後でまとめてキャッシュメモリからメインメモリにデータをコピーする方式は， (ア) といわれる．

メインメモリへのアクセスを高速化する手法に (イ) がある． (イ) では，メインメモリを独立にアクセス可能な単位であるバンクに分割して，必要なバンクのアクセスを開始したら，それに続くバンクも並行してアクセスすることによって処理を高速化する．

また，一つの命令を，命令の取り出し，命令の解読，有効アドレスの計算，データの読み出し，命令の実行などの幾つかの細かい基本動作に分割して，それぞれを別の回路で実行することにより複数の命令を並行して進め，処理時間全体を短縮する方式は， (ウ) といわれる．

〈(ア)〜(ウ) の解答群〉

① メモリインタリーブ	② メモリスワップ	③ LRU
④ ビットインタリーブ	⑤ DMA 制御方式	⑥ FIFO

⑦　パイプライン処理	⑧　ライトスルー	⑨　MIMD
⑩　HPC クラスタ	⑪　ライトバック	⑫　ページング

(2)　次の問いの［　　　］内の（エ）に最も適したものを，下記の解答群から選び，その番号を記せ.　(3 点)

複数のディスク装置をまとめて一つのドライブとして管理する技術である RAID の特徴などについて述べた次の文章のうち，正しいものは，［（エ）］である.

〈(エ) の解答群〉

①　RAID0 では，ミラーリングといわれる手法を用いて，2 台のディスク装置でペアを組んでデータを 2 重化しており，1 台のディスク装置が故障した場合，残りの 1 台のディスク装置でデータのリード/ライト処理を継続することができる.

②　RAID1 では，ストライピングといわれる手法を用いて，ホストコンピュータからのデータアクセスを並列に処理できるよう，データを複数のディスク装置に分散して配置する.

③　RAID5 では，誤り制御用のパリティを複数のディスク装置に分散して配置しており，1 台のディスク装置が故障した場合であっても，データを失わずリード/ライト処理を継続できる.

④　RAID6 では，誤り制御用のパリティを 2 重に生成して複数のディスク装置に分散して配置する．RAID6 を構成するには最低 3 台のディスク装置が必要になる.

(3)　次の問いの［　　　］内の（オ）に最も適したものを，下記の解答群から選び，その番号を記せ.　(3 点)

大量のデータを蓄積しその関連性を分析する多次元データウェアハウスについて述べた次の A～C の文章は，［（オ）］.

A　多次元データモデルとして，事実テーブル（Fact Table）を中心に，その周辺に次元テーブル（Dimension Table）を配置したモデルは，スタースキーマといわれる.

B　集計データの分析レベルを詳細化することは，ドリルダウンといわれる．例えば，月単位の集計の分析を週単位にする場合などが挙げられる.

C　分析の手法として，集計の項目に縦軸と横軸を指定して必要な 2 次元の面で切り出す操作はダイシングといわれ，必要な分析の軸の組合せを変えて分析の面を変える操作はスライシングといわれる.

〈(オ) の解答群〉

① Aのみ正しい ② Bのみ正しい ③ Cのみ正しい
④ A, Bが正しい ⑤ A, Cが正しい ⑥ B, Cが正しい
⑦ A, B, Cいずれも正しい ⑧ A, B, Cいずれも正しくない

(4) 次の問いの[ ]内の (カ) に最も適したものを, 下記の解答群から選び, その番号を記せ. (3点)

SDN (Software Defined Networking) について述べた次の文章のうち, 誤っているものは, [(カ)]である.

〈(カ) の解答群〉

① SDNに関する標準化活動を行っているONF (Open Networking Foundation) において, SDNは, ネットワーク制御機能とデータ転送機能が分離し, プログラムによりネットワークの制御が実現できるネットワークとされている.
② SDNのアーキテクチャにおいて, アプリケーションレイヤと制御レイヤとの間のAPIは, 一般に, ノースバウンドAPIといわれる.
③ ONFにおいて, OpenFlowはSDNにおける基盤要素の一つとされており, OpenFlowプロトコルは, 一般に, OpenFlowコントローラとアプリケーションサーバ間の通信機能を提供する標準プロトコルとされている.
④ OpenFlowスイッチは, 一般に, OpenFlowコントローラから受け取った経路情報に基づいて, 自身のフローテーブル内にデータ転送処理ルールを追加, 修正及び削除することが可能である.

問6 次の問いに答えよ. (小計15点)

(1) 次の文章は, IP網におけるルーティングプロトコルの概要について述べたものである. [ ]内の (ア)～(ウ) に最も適したものを, 下記の解答群から選び, その番号を記せ. ただし, [ ]内の同じ記号は, 同じ解答を示す. (2点×3=6点)

ルーティングプロトコルは, 自律システム (AS) 内部の経路制御を行う際に利用されるIGPと, AS間の経路制御を行う際に利用される[(ア)]に分けることができる.

IGPに分類されるOSPFでは, ルータは, OSPFパケットを利用してルータ自身が保持しているリンク情報を交換することにより, データベース (LSDB) を作成する.

AS内のルータは同じLSDBを基に最適な経路を選択する．経路選択に用いる指標であるメトリックとしては，［（イ）］を用いている．

［（ア）］に分類されるBGPを実行するルータ（BGPスピーカ）は，経路情報として，通過してきたASの番号などの［（ウ）］といわれる情報と，ASが持つIPアドレス（NLRI）を交換することにより，AS間の経路制御を行う．BGPでは，一般に，通過するASの数が最も少ない経路が最適経路として選択される．

〈（ア）～（ウ）の解答群〉

① ホップ数	② IGMP	③ ポート番号	④ Helloパケット
⑤ DHCP	⑥ コスト値	⑦ 遅延時間	⑧ MTUサイズ
⑨ EGP	⑩ パス属性	⑪ VRRP	⑫ MACアドレス

(2)　次の問いの［　　］内の（エ）に最も適したものを，下記の解答群から選び，その番号を記せ．（3点）

ルータの機能などについて述べた次の文章のうち，正しいものは，［（エ）］である．

〈（エ）の解答群〉

① 外部ネットワークと通信する場合，ポート番号を用いてローカルネットワーク内の複数のプライベートIPアドレスを一つのグローバルIPアドレスに変換する機能は，一般に，ステルスモードといわれる．

② ルータのフィルタリング機能を用いると，IPパケットのネットワークアドレス単位やポート番号単位でのIPパケットの制御が可能であり，特定のIPパケットだけを転送するように制限することができる．

③ ルータのキューに蓄積されたデータ量の平均値を監視し，平均値が指定された閾値（しきい）を超えた場合に，ランダムに選択したパケットを廃棄することで輻輳（ふくそう）を回避する技術は，一般に，シェーピングといわれる．

④ ルータが優先度の異なる送信キューにキューイングされたパケットを優先度に従ってキューから取り出すことは，一般に，ポリシングといわれる．

(3)　次の問いの［　　］内の（オ）に最も適したものを，下記の解答群から選び，その番号を記せ．（3点）

TCP/IPのプロトコル階層モデルなどの特徴について述べた次の文章のうち，<u>誤っているもの</u>は，［（オ）］である．

〈(オ) の解答群〉

① TCP/IPのプロトコル階層モデルはインターネットプロトコルスタックとして4階層で構成されており，一般に，最下位の層はネットワークインタフェース層といわれ，データリンクを利用して通信するための機能を担っている．

② TCP及びUDPは，トランスポート層のプロトコルであり，ポート番号を用いてアプリケーション層のアプリケーションプログラムが扱うサービスの種類などを識別している．

③ TCPは，再送制御機能及びウインドウ制御機能を有し，UDPは，輻輳を回避する制御機能，コネクションの確立や切断などを行う管理機能を有する．

④ TCPは，受信側のバッファの空き状況に応じて受信可能なデータのサイズを受信側から送信側に対して通知し，送信するデータ量を制御するフロー制御機能を有する．

(4) 次の問いの［ ］内の (カ) に最も適したものを，下記の解答群から選び，その番号を記せ． (3点)

IPv6の特徴について述べた次の文章のうち，誤っているものは，［ (カ) ］である．

〈(カ) の解答群〉

① IPv6のアドレスサイズは128〔bit〕であり，そのアドレス表記は8〔bit〕ずつ16個のブロックに分けて各ブロックを16進数で表し，ブロック間をコロン記号で区切る．

② IPv6では，ノードの一つのインタフェースに対して複数のIPv6アドレスを割り当てることができる．

③ IPv6拡張ヘッダとしてパケットデータの暗号化に利用する暗号化ペイロードヘッダやパケットデータの完全性を保証するための認証ヘッダを組み込むことで，セキュリティ機能を備えることができる．

④ IPv6パケットの基本ヘッダのヘッダ長は40〔オクテット〕に固定されており，拡張ヘッダは，必要に応じて機能ごとにペイロード部の先頭に配置される．

問7 次の問いに答えよ． (小計26点)

(1) 次の文章は，JISに規定されているリスクマネジメントの指針，用語及びリスクアセスメント技法について述べたものである．［ ］内の (ア)～(エ) に最も適したものを，下記の解答群から選び，その番号を記せ．ただし，［ ］内の同じ

記号は，同じ解答を示す．　(2 点×4＝8 点)

リスクマネジメントプロセスには，方針，手順及び方策を，コミュニケーション及び協議，状況の確定，並びにリスクのアセスメント，対応，モニタリング，［（ア）］，記録作成及び報告の活動に体系的に適用することが含まれる．ここで，［（ア）］とは，確定された目的を達成するため，対象となる事柄の適切性，妥当性及び有効性を決定するために実行される活動をいう．

リスクアセスメントは，リスクマネジメントプロセスの中核要素を構成するものであり，リスク特定，リスク分析及び［（イ）］を網羅するプロセス全体を指す．

［（イ）］は，リスクやリスクの大きさが受容可能か又は許容可能かを決定するために，リスク分析の結果をリスク基準と比較するプロセスである．

リスクアセスメントは，［（ウ）］の知識及び見解を生かし，体系的，反復的，協力的に行われることが望ましい．［（ウ）］とは，ある決定事項若しくは活動に影響を与え得るか，その影響を受け得るか又はその影響を受けると認識している，個人又は組織をいう．

リスクアセスメント技法の一つとして，主要な中断リスクが組織の運営にどのように影響するかを分析し，運用管理するために必要な能力を特定及び定量化する［（エ）］がある．

［（エ）］は，目的の継続的達成を確保するためのプロセス及び関連資源（人，機器，情報技術）の致命度並びに復旧期限の決定に用いられる．

〈(ア)～(エ) の解答群〉

① リスク分散	② 経営層	③ リスク回避	④ ステークホルダ
⑤ 文書管理	⑥ 監査人	⑦ デルファイ法	⑧ 教育・訓練
⑨ リスク評価	⑩ リスク対応	⑪ エキスパート	⑫ レビュー
⑬ 根本原因分析（RCA）		⑭ リスクマトリックス	
⑮ 事業影響度分析（BIA）		⑯ クラスタリング	

(2)　次の問いの［　　］内の（オ）に最も適したものを，下記の解答群から選び，その番号を記せ．　(3 点)

労働安全衛生に関する法令に基づく安全衛生管理体制の整備に関する事業者の責務について述べた次の文章のうち，正しいものは，［（オ）］である．

〈(オ) の解答群〉

① 事業者は，業種に関わりなく労働者数が常時 20 人以上の規模の事業場ごとに安全管理者を選任しなければならない.

② 事業者は，労働者数が常時 50 人以上の規模の事業場ごとに当該事業場の業務の区分に応じて衛生管理者を選任しなければならない.

③ 事業者は，業種に関わりなく労働者数が常時 75 人以上の規模の事業場ごとに総括安全衛生管理者を選任し，安全管理者，衛生管理者などの指揮をさせなければならない.

④ 事業者は，安全委員会及び衛生委員会を設けなければならないときは，それぞれの委員会の設置に代えて，安全衛生委員会を設置することができる．安全衛生委員会は，毎月 2 回以上開催しなければならない.

(3) 次の問いの［　　　］内の（カ）に最も適したものを，下記の解答群から選び，その番号を記せ.　(3 点)

JIS Q 9000：2015 品質マネジメントシステム―基本及び用語に規定されている用語及び定義について述べた次の文章のうち，誤っているものは，［（カ）］である.

〈(カ) の解答群〉

① 品質とは，対象に本来備わっている特性の集まりが，要求事項を満たす程度をいう.

② 要求事項とは，明示されている，通常暗黙のうちに了解されている又は義務として要求されている，ニーズ又は期待をいう.

③ 品質保証とは，品質要求事項を満たす能力を高めることに焦点を合わせた品質マネジメントの一部をいう.

④ プロジェクトマネジメントとは，プロジェクトの目標を達成するために，プロジェクトの全側面を計画し，組織し，監視し，管理し，報告すること，及びプロジェクトに参画する人々全員への動機付けを行うことをいう.

(4) 次の問いの［　　　］内の（キ）に最も適したものを，下記の解答群から選び，その番号を記せ.　(3 点)

工程管理で用いられる工程表の特徴などについて述べた次の文章のうち，誤っているものは，［（キ）］である.

〈(キ) の解答群〉

① 曲線式工程表の一つであるバナナ曲線は，縦軸に出来高工程，横軸に時間の経過をとって，累計出来高の許容区域を表したものであり，一般に，施工難易度の管理に使用される．

② 縦軸に出来高を置き，横軸に日数をとって各作業の工程（進捗度合い）を示した工程表は，グラフ式工程表などといわれ，各作業の計画工程と実施工程が視覚的に対比できるが，どの作業が全体工期に影響を及ぼすかは把握しにくい．

③ バーチャートは，縦軸に作業名，横軸に作業に必要な予定日数と実施状況を示すことができるが，工程に影響を与える作業がどれであるかは分かりにくい．

④ アロー形ネットワーク工程表は，ある目的を達成するために必要な作業を矢線（アロー）で示し，作業と作業の相互関係や順序関係をネットワークで示したものであり，各作業について他作業への影響及びクリティカルパスの所要日数に対する影響を明確に捉えることができる．

(5) 次の問いの［　　］内の（ク）に最も適したものを，下記の解答群から選び，その番号を記せ． (3 点)

JIS Z 8115：2019 ディペンダビリティ（総合信頼性）用語に規定されている信頼性試験の用語について述べた次の文章のうち，誤っているものは，［（ク）］である．

〈(ク) の解答群〉

① 適合試験とは，アイテムの特性又は性質が規定の要求事項に適合するかどうかを判定する手順をいう．

② 加速試験とは，規定のストレスの持続的又は反復的印加が，アイテムの性質へ及ぼす影響を調査するために行う手順をいう．

③ スクリーニング試験とは，不適合アイテム又は初期故障を起こしそうなアイテムの検出及び除去を意図する試験をいう．

④ シミュレーション試験とは，意図する使用で予期される環境及び運用上のストレスを課す試験をいう．

(6) 次の文章は，装置の信頼性について述べたものである．［　　］内の（ケ）に最も適したものを，下記の解答群から選び，その番号を記せ．ただし，装置は偶発故障期間にあるものとする． (3 点)

装置 A の故障率が 0.1〔%/時間〕であるとき，固有アベイラビリティが 98.0〔%〕

であるためには*MTTR*は，[(ケ)]〔時間〕でなければならない．ただし，答えは，四捨五入により小数第1位までとする．

〈(ケ) の解答群〉
① 2.0　② 20.0　③ 20.4　④ 204.1　⑤ 980.0

(7) 次の文章は，装置の信頼性について述べたものである．[ ]内の（コ）に最も適したものを，下記の解答群から選び，その番号を記せ．ただし，装置は偶発故障期間にあるものとし，指数関数の値は，eを自然対数の底として，$e^{-1.0}=0.37$，$e^{-0.10}=0.90$，$e^{-0.08}=0.92$，$e^{-0.04}=0.96$を用い，答えは，四捨五入により小数第1位までとする．（3点）

装置B_1及びB_2の*MTBF*をそれぞれ2 000時間及び2 500時間としたとき，装置B_1及びB_2をそれぞれ一つ用いた並列冗長システムの200時間における信頼度は，[(コ)]〔%〕である．

〈(コ) の解答群〉
① 60.3　② 82.8　③ 92.0　④ 99.2　⑤ 99.8

問8 次の問いに答えよ．（小計14点）

(1) 次の文章は，ソフトウェア開発プロセスについて述べたものである．[ ]内の（ア）～（エ）に最も適したものを，下記の解答群から選び，その番号を記せ．ただし，[ ]内の同じ記号は，同じ解答を示す．（2点×4＝8点）

ウォーターフォールモデルでは，一般に，開発の各工程は上流から下流に向けて順序どおり進められる．要求定義の工程からプログラミングに至るまでは段階的に設計仕様の詳細化が進められ，プログラミング以降では，一般に，単体テスト，[(ア)]テスト，システムテスト，運用テストの順に品質を検証し段階的に統合化が進められる．

ウォーターフォールモデルの課題として，ソフトウェアの動作確認までに長期間を要し，問題の発見が遅れることがある．システム全体を一括で作るのではなく，分割された小さい単位でウォーターフォールモデルの一連の工程を繰り返し，開発範囲や機能を拡張しながら開発を進めていく[(イ)]モデルでは，繰り返しの都度，開発上の問題点を改善して次のサイクルに反映することができる．

また，計画に従うことよりも変化への対応を重視し，新しい機能を短期間で継続的に

リリースしていくソフトウェア開発のアプローチとして［（ウ）］がある．［（ウ）］の開発手法の一つであるスクラムでは，アウトプットを作り上げるために必要なタスクが全てそろった開発期間である［（エ）］を単位として，［（エ）］を反復して開発が進められる．

〈(ア)～(エ) の解答群〉

① 回帰　② RAD　③ リードタイム　④ アクティビティ
⑤ スプリント　⑥ 移行　⑦ DevOps　⑧ アジャイル開発
⑨ 机上　⑩ 結合　⑪ V 字型開発　⑫ スパイラル
⑬ プロトタイピング　⑭ ユーザーエクスペリエンス
⑮ ワークパッケージ　⑯ シミュレーション

(2) 次の問いの［　］内の（オ）に最も適したものを，下記の解答群から選び，その番号を記せ．（3 点）

JIS X 0161：2008 ソフトウェア技術―ソフトウェアライフサイクルプロセス―保守に規定されているソフトウェア保守の種類について述べた次の文章のうち，誤っているものは，［（オ）］である．

〈(オ) の解答群〉

① 改良保守とは，新しい要求を満たすための既存のソフトウェア製品への修正をいう．
② 適応保守とは，引渡し後，変化した又は変化している環境において，ソフトウェア製品を使用できるように保ち続けるために実施するソフトウェア製品の修正をいう．
③ 予防保守とは，引渡し前のソフトウェア製品の潜在的な障害を検出し訂正するための修正をいう．
④ 是正保守とは，ソフトウェア製品の引渡し後に発見された問題を訂正するために行う受身の修正をいう．

(3) 次の問いの［　］内の（カ）に最も適したものを，下記の解答群から選び，その番号を記せ．（3 点）

ソフトウェアのライセンスについて述べた次の A～C の文章は，［（カ）］．

A　使用開始時は一部の機能や使用期限などが制限されており，対価を支払うことで制限が解除されるソフトウェアは，一般に，シェアウェアといわれる．

B　コンピュータプログラムは，著作物として著作権法で保護されており，コンピュータプログラムの著作権は，基礎となるアイデアやアルゴリズムを考案した者に帰属し，実際にコーディングを行った者には帰属しない．

C　著作権者がソフトウェアの使用権をユーザに許諾するための契約は使用許諾契約といわれ，パッケージソフトウェアのシュリンクラップ契約では，購入者がコンピュータにソフトウェアをインストールした時点で使用許諾契約に同意したとみなす．

〈(カ) の解答群〉

① Aのみ正しい	② Bのみ正しい	③ Cのみ正しい
④ A，Bが正しい	⑤ A，Cが正しい	⑥ B，Cが正しい
⑦ A，B，Cいずれも正しい		⑧ A，B，Cいずれも正しくない

問9　次の問いに答えよ．　(小計20点)

(1)　次の文章は，ログ管理について述べたものである．[　　　　]内の (ア)～(エ) に最も適したものを，下記の解答群から選び，その番号を記せ．　(2点×4＝8点)

ログは，OS，サーバアプリケーション，通信機器など情報システムを構成している装置が出力する動作状況などに関する記録である．情報システムの重要度や取り扱うログ情報の機密性を考慮して，ログ管理に関する方針を組織として定め，管理を行う必要がある．

どの装置でどのようなログを取得するかは，一般に，ログの利用目的で決める．不正アクセスや不正利用を調査するために取得するログには，利用者のIDや[　(ア)　]，プログラムの動作記録，ファイアウォールの通信記録などがある．

不正アクセスなどの原因究明は，一般に，複数の装置のログを突き合わせることによって行われる．装置間での時刻のずれをなくしスムーズな調査ができるようにするため[　(イ)　]サーバを利用して組織内の情報システムの時刻を合わせておく必要がある．

ログの保存では，ログの保存場所をそれぞれの装置とするのか，[　(ウ)　]サーバを構築し，ログを一元管理するかなどを決める．また，ログの保存期間がどの程度必要であるかをあらかじめ決めておく．ログの保存には膨大な記憶容量を必要とするため，[　(エ)　]を行うことも考慮する．

〈(ア)～(エ) の解答群〉

①	SNMP	②	SNS	③	NTP	④	アクセス権限
⑤	操作記録	⑥	DHCP	⑦	公開鍵	⑧	暗号化
⑨	HTTP	⑩	DNS	⑪	秘密鍵	⑫	プロキシ
⑬	ログローテーション			⑭	バックドアの設置		
⑮	アクセス制御			⑯	syslog		

(2)　次の問いの［　　　］内の（オ）に最も適したものを，下記の解答群から選び，その番号を記せ．（3 点）

個人情報の保護に関する法律やこれに関係する法令及びガイドラインに基づいた個人情報の管理などについて述べた次の A～C の文章は，［（オ）］．

A　個人に関する情報のうち，ホームページ，SNS などで公にされている情報は，それが生存する特定の個人を識別することができるものであっても，個人情報には該当しない．

B　個人情報取扱事業者は，個人情報を取り扱うに当たっては，その利用の目的をできる限り特定しなければならない．

C　個人情報取扱事業者は，個人データの取扱いの全部又は一部を委託する場合は，その委託先の名称を，本人に通知し，又は公表しなければならない．

〈(オ) の解答群〉

①	A のみ正しい	②	B のみ正しい	③	C のみ正しい
④	A，B が正しい	⑤	A，C が正しい	⑥	B，C が正しい
⑦	A，B，C いずれも正しい			⑧	A，B，C いずれも正しくない

(3)　次の問いの［　　　］内の（カ）に最も適したものを，下記の解答群から選び，その番号を記せ．（3 点）

サイバーセキュリティ対策技術について述べた次の文章のうち，<u>誤っているもの</u>は，［（カ）］である．

〈(カ) の解答群〉

①　ボットなどによる自動操作を防止するために，ひずんだり重なったりして判別しにくい文字の画像を表示し，その画像から読み取った文字を入力させるな

どの方法を用いて，システムに対する操作が人間によって行われたかどうかを判定する仕組みは，CAPTCHA といわれる．

② WAF（Web Application Firewall）は，HTTP などを用いた通信の内容を分析し，SQL インジェクション，クロスサイトスクリプティングなどの攻撃を検知・防御するために用いられる．

③ IDS（Intrusion Detection System）は，通信を監視して不正アクセスを検知する機能を持ち，その検知の方法には，シグネチャ検知とアノマリ検知がある．

④ コンピュータウイルス対策ソフトにおけるウイルス検知方法の一つであるパターンマッチング法は，プログラムの実際の動作を観察して，ウイルスに特有の挙動を検出する方法であり，未知のウイルスを検知できる可能性がある．

(4) 次の問いの［　　］内の（キ）に最も適したものを，下記の解答群から選び，その番号を記せ．（3 点）

暗号方式について述べた次の文章のうち，誤っているものは，［（キ）］である．

〈（キ）の解答群〉

① 公開鍵暗号方式は，一般に，共通鍵暗号方式と比較して，処理が複雑であり暗号化・復号に時間がかかるため大量のデータの変換には適していない．

② 離散対数問題の数学的困難性を利用した公開鍵暗号方式に ElGamal 暗号がある．

③ 共通鍵暗号方式で用いられている暗号には，RSA 暗号，楕(だ)円曲線暗号などがある．

④ 疑似乱数生成器の出力と平文とのビットごとの排他的論理和演算によりストリーム暗号を構成できる．

(5) 次の問いの［　　］内の（ク）に最も適したものを，下記の解答群から選び，その番号を記せ．（3 点）

VPN に用いられるプロトコルについて述べた次の文章のうち，正しいものは，［（ク）］である．

〈（ク）の解答群〉

① L2TP は，レイヤ 2 で動作するトンネリングプロトコルであり，リモートアクセス VPN だけでなく，LAN 間接続 VPN にも適用可能であるが，暗号化の機能

は有していない.

② IPsecには，送信するIPパケットのペイロード部分だけを認証・暗号化して通信するトンネルモードと，IPパケットのヘッダ部まで含めて全てを認証・暗号化するトランスポートモードがある.

③ IPsecは，AH（Authentication Header）により通信データの暗号化，ESP（Encapsulating Security Payload）により認証と改ざん防止を実現している.

④ IPsecは，クライアントとサーバ間で用いられるFTP，TELNETなどのプロトコルには適用できない.

令和 4 年度第 2 回試験問題解答・解説

解説末尾の［　］内は，過去の同一問題あるいは類似の問題を示しています．

【問 1（1）】 解答　ア：⑫，イ：②，ウ：⑩

解説

デジタル信号を伝送する方式には，デジタル信号を 0，1 の符号のまま伝送する(ア) **ベースバンド伝送方式**と，搬送波をデジタル信号で変調して一定の帯域幅の中で伝送する搬送波伝送方式があります．

搬送波伝送方式には，多値変調方式である(イ) **QAM**（Quadrature Amplitude Modulation，直交振幅変調/直角位相振幅変調），マルチキャリア変調方式である(ウ) **OFDM**（Orthogonal Frequency Division Multiplexing，直交波周波数分割多重）があります．マルチキャリア変調方式は，デジタル信号を分割して複数の搬送波に割り当てて変調を行うものです．

QAM は，互いに独立に生成された二つのベースバンド信号で位相が直交する二つの搬送波をそれぞれ振幅変調し，その出力を合成して伝送路へ送出することで，伝送速度を向上させる変調方式です．QAM には，一つの搬送波に 4 段階の振幅変調を行って一度に 16 値（4 ビット）を送信できる 16QAM，8 段階の振幅変調で 64 値（6 ビット）を送信できる 64QAM，16 段階の振幅変調で 256 値（8 ビット）を送信できる 256QAM などがあります．

OFDM は，複数の搬送波（サブキャリア）を直交関係に配置し，それらを同時に送受信することで多重化を行います．サブキャリアの周波数間隔を狭くすることで，周波数利用効率を高めた変調方式です．サブキャリア内では QAM などの方式で信号を変調します．

【問 1（2）】 解答　④

解説

・マルチモード（MM）光ファイバにおいて，コアとクラッドとの間で屈折率が階段状に変化するのは**ステップインデックス（SI）型**，屈折率分布が緩やかに変化するのは**グレーデッドインデックス（GI）型**です（①は誤り）．

・シングルモード（SM）光ファイバで波長分散の値が最小になるのは 1.3 μm 付近です（②は誤り）．

・**ノンゼロ分散シフト光ファイバ**は，屈折率分布を調整して分散シフト光ファイバのゼロ分散波長を短波長側または長波長側にずらすことで自己位相変調や相互位相変調な

どの非線形光学現象を抑制しています（③は誤り）．ファラデー効果は磁気光学効果の一種で，磁場（磁界）の方向に直線偏光を透過させたとき，偏光面が回転する現象です．

・④は正しい．SM 光ファイバは一つのモードだけを伝搬させるものですが，実際には直交する二つの偏光モードが伝搬しています．**PMD**（Polarization Mode Dispersion）は，光ファイバのコア形状のゆがみにより，直交する二つの偏光モードの伝搬速度に差が生じて信号の波形劣化を引き起こす現象です．

【問１（3）】 解答　④

解説

・①，②，③は正しい．

・平衡対ケーブルを伝送媒体として電気信号を用いた伝送方式では，一般的に使用される周波数帯において，高周波成分ほど減衰量が大きいため，伝送路符号の高周波成分は少ないことが望ましいです（④は誤り）．また，選択肢③で述べられているように，伝送路に挿入される中継器には，低域遮断特性をもつ給電電流分離用フィルタ，トランスなどがあるため，伝送路符号には遮断される低域成分（直流成分）が少ないことも必要とされます．

［H29-1　問１（2）(ii)］

【問１（4）】 解答　③

解説

・**HFC** 方式では，光ノードから宅内までの間の伝送路を同軸ケーブルで接続します（①は誤り）．

・ユーザ宅内から混入する流合雑音による影響を受けるのは伝送品質です（②は誤り）．

・③は正しい．

・**DOCSIS 3.1** では下位互換性について規定されており，DOCSIS 3.0/DOCSIS 2.0/DOCSIS 1.1 のケーブルモデムとシームレスに相互接続できることが必須要件となっています（④は誤り）．

1-5 節（「アクセス回線」）問１（「CATV におけるアクセス技術」）の解説も参照してください．

［R3-2　問１（1）］

【問２（1）】 解答　ア：⑨，イ：④，ウ：⑥

解説

国際電話番号は，一般に，国番号，国内宛先コードおよび加入者番号から構成される最大「(ア) 15」桁の番号です.

日本国内の番号計画では，電話番号の先頭“0”を「(イ) 国内プレフィックス」といいます.

020 で始まる電話番号は発信者課金の無線呼出し（ポケットベル）以外に，IoT 時代において需要がさらに見込まれる(ウ) **M2M** 等専用番号として用いられています.

3-1 節（「電話網」）問 6（「電話網の番号計画」）の解説も参照してください.

［H30-1　問 1（1）］

【問 2（2）】 **解答**　③

解説

IMS では，既存の回線交換の電話網（Public Switched Telephone Network, PSTN）や，公衆移動通信網（Public Land Mobile Network, PLMN）との相互接続についても規定しています．図に，この相互接続のためのゲートウェイ機能のアーキテクチャの概略を示します.

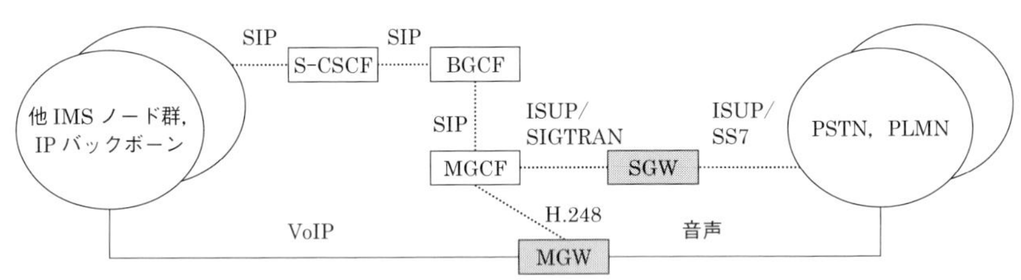

S-CSCF（Serving Call Session Control Function）

図　IMS と既存通信網との接続の概略

・①，②，④は正しい.

・**MGW** を設定・制御する機能は，**MGCF**（Media Gateway Controller Function）といわれます（③は誤り）．**SGW** は ISUP と No. 7 共通線信号方式との制御信号の変換を行います.

IMS については，2-4 節（「IP マルチメディア」）の問 1（「IMS／CSCF」），SIP については，2-3 節（「IP 電話」）問 2，問 4，問 6，問 10, ISUP については，3-1 節（「電話網」）問 5（「共通線信号方式」）の解説を参照してください.

【問 2（3）】 **解答**　②

解説

・①，③，④は正しい.

・SIPで使用されるメッセージには，テキストベースの表現形式が用いられます（②は誤り）．

2-3節（「IP電話」）問10（「SIPの特徴」）の解説も参照してください．

［H29-2　問1（3）（i）］

【問2（4）】 解答　②

解説

呼量（アーラン）は「平均保留時間〔h〕×1時間当たりの呼数」となるので，本問で接続された呼量は，1/6×90＝15〔アーラン〕となります．加えられた呼量が20〔アーラン〕なので，呼損率は加えられた呼量に対する接続されなかった呼量の割合なので，以下のように求められます．

$$(20-15)/20=0.25$$

本問で使われている用語については，8-1節（「品質管理」）問1（「トラヒック」），問4（「トラヒック」）の解説も参照してください．

［R3-2　問2（4）］

【問3（1）】 解答　ア：⑥，イ：⑤，ウ：⑫

解説

アレーアンテナは，アンテナ素子を複数配列し，その全部または一部を給電回路に接続して励振するものです．単一素子のアンテナでは実現が難しい（ア）指向特性を実現することができます．アレーアンテナの特徴であるビーム走査機能は，各アンテナ素子に接続された移相器により各アンテナ素子での受信信号が同相になるように合成することで最大振幅となる受信信号を取り出すものです．

（イ）**アダプティブアンテナ**は，指向特性の制御を適応的に行うアレーアンテナです．アレーアンテナを構成する素子の振幅および位相を「アダプティブアルゴリズム」を用いて決定します．（ウ）**ダイバーシチ技術**や，移動通信の5Gでの大規模MIMO（Massive MIMO）によるビームフォーミング技術に利用されています．**ダイバーシチ**技術は，相関の低い信号強度変動を有する複数の伝送路がある環境下において複数の信号を適切に切り替える，または合成するものです．

【問3（2）】 解答　①

解説

・**QPSK**（Quadrature Phase Shift Keying）は，搬送波の位相を不連続に変化させて信号を表現するPSK（位相偏移変調）の一つで，位相が90度ずつ離れた四つの搬送波を用います．多値数が4であることから1シンボルで伝送できる情報量は2ビット（00，01，10，11）です（①は誤り）．
・②，③，④は正しい．

【問 3（3）】 解答 ④

解説

4-2 節（「移動通信」の問 7（「無線回線制御方式」）の解説を参照してください．
［R3-1 問 3（3）］

【問 3（4）】 解答 ②

解説

・①，③，④は正しい．
・上りリンクは下りリンクと異なり，移動端末の低消費電力化が必要となります．LTE の無線アクセス方式における上りリンクには FDM（Frequency Division Multiplexing，周波数分割多重）を応用した **SC-FDMA**（シングルキャリア FDMA）を用いています（②は誤り）．

【問 4（1）】 解答 ア：⑩，イ：⑪，ウ：⑦

解説

オン動作時の順方向電圧降下が小さく大電流動作が可能な高耐圧型のバイポーラトランジスタのそれぞれの特性を併せもつスイッチング素子は(ア) **IGBT**（Insulated Gate Bipolar Transistor）です．IGBT を高周波数で(イ) **PWM**（Pulse Width Modulation）制御することにより，電圧変換および定電圧制御を行うことができます．PWM は，一定電圧の入力から，パルス列のオンとオフの一定周期を作り，オンの時間幅を変化させる電力制御方式です．IGBT を用いた整流装置平常時の出力電圧は，脈動成分である(ウ)リプル電圧をほとんど含まず安定しています．サージ電圧は外的な要因により瞬間的に大電圧が加わる現象で，電圧ディップ（サグ）は瞬間的に所定の電圧以下に電圧が下がる現象です．

【問 4（2）】 解答 ④

解説

・①，②，③は正しい．
・一般に分散化は，故障の影響範囲を局所化することで信頼性を向上させることを狙いとしています．整流装置の故障が発生した場合，分散給電方式は集中給電方式より故障時の影響範囲は小さくなります（④は誤り）．

【問４（3）】 解答　④

解説

・①，②，③は正しい．

・ガス遮断器では，一般的に六フッ化硫黄（SF_6）が用いられます（④は誤り）
　6-3節（「受電設備」）問6（「受電設備の概要」）の解説も参照してください．

【問４（4）】 解答　②

解説

・鉛蓄電池では，放電電流が大きいほど利用できる容量は小さく，放電電流が小さいほど利用できる容量は大きくなります（①は誤り）．

・②は正しい．

・鉛バッテリーは，過充電を繰り返すと蓄電池寿命が短縮することがあります（③は誤り）．

・**メモリ効果**は，電池の放電時に十分に放電しきらず，再充電を繰り返した後に完全放電する場合に，途中で放電を中止した付近で電圧低下が起こる現象です．ニッケル・水素電池やニッケル・カドミウム蓄電池（ニカド電池）で，メモリ効果が現れます（④は誤り）．

【問５（1）】 解答　ア：⑪，イ：①，ウ：⑦

解説

キャッシュメモリとメインメモリにデータを書き込む方式に，**ライトスルー**と**ライトバック**があります．ライトスルー（write through）は，キャッシュメモリとメインメモリにデータを同時に書き込む方式です．(ア)ライトバック（write back）は，先にキャッシュメモリだけに書き込んでおいて，後でキャッシュメモリからメインメモリにデータをコピーする方式です．

インタリーブとは，データ入出力や通信において信号やデータを連続的に処理する場合に，処理する時間や空間を分けて不連続にして，重ね合わせてデータを処理する手法です．転送速度の向上や誤り訂正を目的とします．例えば複数の記憶装置にデータを送る場合に，データを一定量ごとに分割して各装置に同時に送ることにより書き込み速度を向上させる手法があります．多くの場合，インターリーブと表記されます．

メインメモリのバンク間でそのような手法を用いることを特に(イ)**メモリインタリーブ**（memory interleaving）といいます．**図１**に示すように，複数のメモリ・バンクに，アドレスを交互に割り当てておき，バンク#nへアクセス要求を出した後，このメモリ転送が終了する前に，次のバンク#$n+1$へもアクセス要求を発行することで，データ転送速度を向上させることができます．

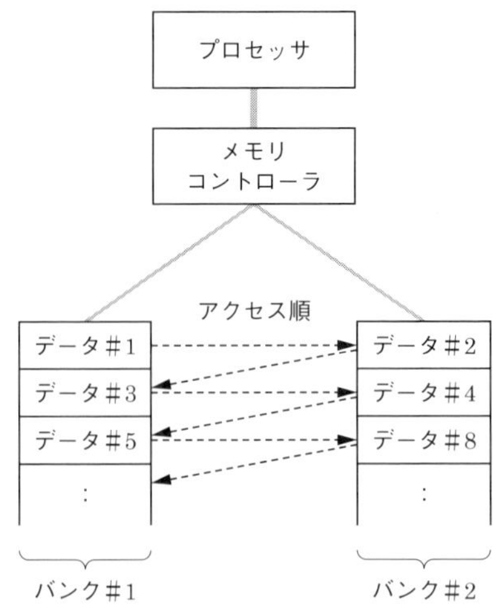

図1　メモリインタリーブ

CPUにおいて，一つの命令を複数のより細かい基本動作に分割し，それぞれを別の回路で実行することにより，複数の命令を並行して進める方式を，(ウ)パイプライン処理といいます．これによりプロセッサの高速化がはかれます．コンピュータの高速化の技術である**MIMD**（Multiple Instruction/Multiple Data）は，複数のプロセッサ（プロセッサコア）が異なるデータを並行して処理する方式です．一つのプロセッサにおいて，命令を解釈・実行する回路を複数備え，依存関係にない複数の命令を同時に実行できるようにするスーパースカラという技術もあります．

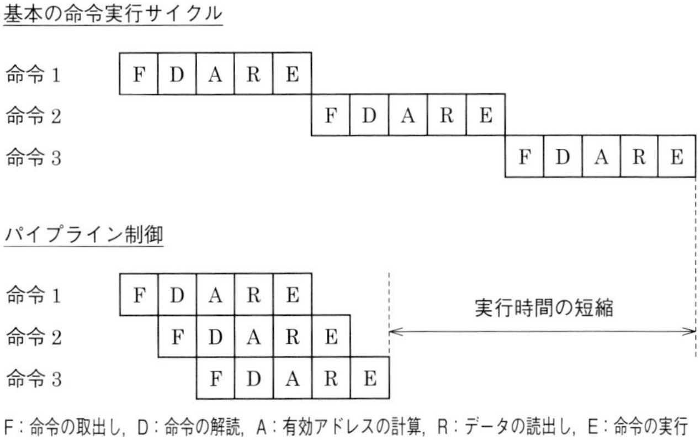

基本の命令実行サイクル

命令1　F D A R E
命令2　　　　　　F D A R E
命令3　　　　　　　　　　　F D A R E

パイプライン制御

命令1　F D A R E
命令2　　F D A R E
命令3　　　F D A R E

実行時間の短縮

F：命令の取出し，D：命令の解読，A：有効アドレスの計算，R：データの読出し，E：命令の実行

図2　CPUの命令の実行

【問５（2）】 解答 ③

解説

・RAID 0 はストライピングを用います（①は誤り）.
・RAID 1 はミラーリングを用います（②は誤り）.
・③は正しい.
・RAID 6 を構成するには，データを分散して保存するために２台以上，パリティデータの保存に２台，最低４台のディスク装置が必要になります（③は誤り）．なお RAID 0, RAID 1 では最低２台，RAID 5 は最低３台のディスク装置が必要です

RAID の説明については，7-1 節（「ハードウェア技術」）問２（「RAID」）の解説を参照してください.

［R3-2　問５（2）］

【問５（3）】 解答 ④

解説

データウェアハウスは，さまざまなシステムからデータを集めて整理するデータの「倉庫」といえるものです．データを管理するためにはデータの保存や編集など，さまざまな機能をもつ**データベース**を用います．それに対しデータウェアハウスは，基本的なデータ構造は同様ですが，データの分析に特化しています．各システムのデータを時系列的に収集し，項目別に整理することで分析を行います.

多次元データウェアハウスは，データとして複数の項目をもつものです．たとえばある会社の売上を対象とする場合は，支店，商品，売上高，年月の項目をもつデータが対象となります．これは**図**に示すように横軸に年月，縦軸に商品，奥軸に支店をとった３次元データとして表現できます．さらに得意先の項目を加えれば４次元になります.

多次元データウェアハウスの基本操作には，**スライシング**，**ダイシング**，**ドリリング**があります．**スライシング**とは，多次元データベースをある断面で切り取って２次元の表にする操作です．図では，B 地区の部分でスライシングして（B）の表にしています.

ダイシングは，任意の縦軸と横軸を指定して２次元の表にする操作です．図の（C）は，（A）を横から見た状態で，縦軸を商品，横軸を支店にしたものです．（D）は，上から見た状態，すなわち，縦軸を支店，横軸を年月としたものです.

ドリリングとは，より詳細な分析を行うことを示します．多次元データベースでは，詳細に展開する操作をドリルダウンといい，逆に集計する操作をドリルアップといいます．上図の（D）で A 地区を指定してドリルダウンを行うと，（E）のように A 地区の店舗別の表ができます．（E）を縦軸でドリルアップすると（D）のような集計表になります.

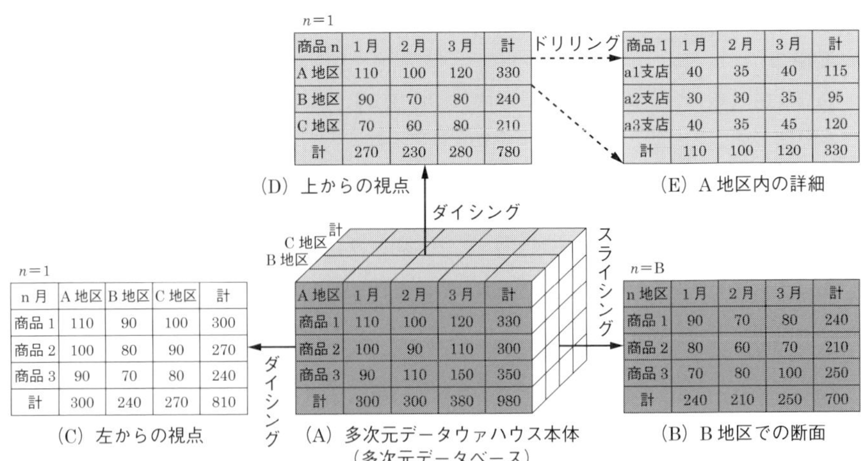

図　多次元データウェアハウス（データベース）とその操作

・A は正しい．
・B は正しい．
・集計の項目に縦軸と横軸を指定して必要な 2 次元の面で切り出す操作がスライシング（slicing），必要な分析の軸の組合せを変えて分析の面を変える操作がダイシング（dicing）です（C は誤り）．

【問 5（4）】 解答　③

解説

・①，②，④は正しい．
・OpenFlow プロトコルは，一般に，OpenFlow コントローラと OpenFlow スイッチ間の通信に用いられるプロトコルです（③は誤り）．

［R3-1　問 5（4）］

【問６（1）】 解答　ア：⑨，イ：⑥，ウ：⑩

解説

ルーティングプロトコルは，**自律システム**（Autonomous System, AS）内部の経路制御用の**IGP**（Interior Gateway Protocol）と，AS間の経路制御用の(ア)**EGP**（Exterior Gateway Protocol）に分けることができます．ASは，単一の管理主体が保有・運用するネットワークの単位で，インターネットはこれらを相互に連結した構造となっています．

IGPの代表的なプロトコルとして**RIP**（Routing Information Protocol）と**OPSF**（Open Shortest Path First），EGPの代表的なプロトコルとしてEGPと**BGP**（Border Gateway Protocol）があります．

経路選択に用いる指標であるメトリックとして，RIPではホップ数（中継機器を通過する回数），OPSFでは(イ)コスト値（回線の帯域幅）を用いています．通信速度の異なる回線が混在するネットワークでは，ホップ数が多くても広帯域（高速）な回線が優先的に選択されることにより，高速かつ効率的な通信が可能となります．OPSFではルータ間のリンク状態を集約したLSDB（Link State Database）を構築してネットワークの構造を把握します．

BGPでは，経路情報として，(ウ)パス属性と，AS内のネットワークのIPアドレス（プレフィックス）を示すNLRI（Network Layer Reachability Information，ネットワーク層到達性情報）を交換することにより，AS間の経路制御を行います．パス属性は通過してきたASの番号や経路．ASの管理者がパス情報を設定することでトラヒックの流量や向きを制御することができます．

［H27-1　問１（1）］

【問６（2）】 解答　②

解説

・ポート番号を用いてローカルネットワーク内の複数のプライベートIPアドレスを一つのグローバルIPアドレスに変換する機能は，**NAPT**（Network Address Port Translation）といわれます（①は誤り）．１対１の関係でプライベートIPアドレスとグローバルIPアドレスを変換する機能は，**NAT**（Network Address Translation）といわれます．**ステルスモード**は，無線LAN（Wi-Fi）ルータやアクセスポイントにおいて，自身のSSID（ESSID）を周囲に知らせるビーコン信号の発信を停止することを示します．

・②は正しい．

・通信量によりランダムに選択したパケットを廃棄することで輻輳を回避する技術は，**WRED**（Weighted Random Early Detection）といわれます（③は誤り）．シェーピングは，規定の通信容量を超えるデータをルータ内部に保存し，容量に空きができたときに送信する方式で，通信量を一定の水準に抑える方式です．

・ルータが優先度に従ってキューからパケット取り出すことは優先制御といわれます（④は誤り）．ポリシングは，規定の通信容量を超えるデータを破棄する方式です．

〔R3-2　問 6（4)）〕

【問 6（3)】 **解答**　③

解説

・①，②，④は正しい．

・輻輳を回避する制御機能，コネクションの確立や切断などを行う管理機能を有するのは TCP であり，UDP はこれらの機能をもちません（③は誤り）．

2–2 節（「IP ネットワークのプロトコル」）問 8（「TCP/IP」）の解説も参照してください．

〔H30-1　問 1（3)(i)，R3-1　問 6（3)〕

【問 6（4)】 **解答**　①

解説

・IPv6 のアドレスサイズは 128〔bit〕であり，そのアドレス表記は 16〔bit〕ずつ 8 個のブロックに分けて各ブロックを 16 進数で表し，ブロック間をコロン記号（：）で区切ります（①は誤り）．例）2001:1234:789A:CDEF:AA00:66BB:A5DE:1111

・②，③，④は正しい．

2–1 節（「IP ネットワークの方式」）問 6（「IPv6」）の解説も参照してください．

〔R3-1　問 6（2)，R1-2　問 1（3)(i)〕

【問 7（1)】 **解答**　ア：⑫，イ：⑨，ウ：④，エ：⑮

解説

確定された目的を達成するため，対象となる事柄の適切性，妥当性および有効性を決定するために実行される活動を(ア) **レビュー**といいます．

リスクやリスクの大きさが受容可能か，または許容可能かを決定するために，リスク分析の結果をリスク基準と比較するプロセスを(イ) **リスク評価**といいます．

ある決定事項もしくは活動に影響を与え得るか，その影響を受け得るか，またはその影響を受けると認識している個人または組織を(ウ) **ステークホルダ**（stakeholder）といいます．ステークホルダは一般に，ある活動において直接・間接的な利害関係を有する者を示します．

目的の継続的達成を確保するためのプロセスおよび関連資源の致命度ならびに復旧期

限の決定には$_{(エ)}$事業影響度分析（Business Impact Analysis, BIA）が用いられます．

【問 7（2）】 解答 ②

解説

・安全管理者の選任は，政令で定める業種で常時 50 人以上の労働者を使用する事業場ごとに行わなければなりません（①は誤り）．

・②は正しい．

・労働安全衛生法第 10 条で次のように規定されています．「事業者は，政令で定める規模の事業場ごとに，厚生労働省令で定めるところにより，総括安全衛生管理者を選任し，（略）次の業務を統括管理させなければならない．」．厚生労働省令では，業種により総括安全衛生管理者を選任しなければならない事業場の規模が複数規定されており，電気業や通信業では 300 人以上となっています．（③は誤り）．

・事業者は，安全委員会，衛生委員会または安全衛生委員会を毎月 1 回以上開催するようにしなければなりません（④は誤り）

8-2 節（「安全管理」）問 5（「安全衛生管理体制」）の解説も参照してください．

［H30-2　問 3（3）(i)］

【問 7（3）】 解答 ③

解説

・①，②，④は正しい．

・JIS Q 9000：2015 の 3.3.6 で以下のように規定されています（③は誤り）．

「品質保証（quality assurance）：品質要求事項（3.6.5）が満たされるという確信を与えることに焦点を合わせた品質マネジメントの一部．」

【問 7（4）】 解答 ①

解説

・バナナ曲線は（施工難易度の管理ではなく）進捗度合いの管理に用いられます（①は誤り）．

・②，③，④は正しい．

8-3 節（「工事管理」）問 5（「工程表」）の解説も参照してください．

［R1-2　問 3（2）(ii)］

【問 7 (5)】 解答 ②

解説

・①，③，④は正しい.

・JIS Z 8115：2019 に以下の規定があります.

「192-09-08　加速試験：ストレスに対する反応が生じるのに必要な期間を短縮させるために，所定の動作条件下で生じるストレス水準，又はストレス印加率を超えて実施する試験.」

「192-09-07　耐久試験：規定のストレスの持続的又は反復的印加が，アイテムの性質へ及ぼす影響を調査するために行う手順.」

②の選択肢は，加速試験と耐久試験の説明が入れ替わっています（②は誤り）.

【問 7 (6)】 解答 ③

解説

故障率が 1〔%/時間〕のとき

$$MTBF = \frac{1}{1 \times 10^{-3}} = 1000〔時間〕$$

$$固有アベイラビリティ = \frac{MTBF}{MTBF + MTTR} = \frac{1000}{1000 + MTTR} = 0.98$$

これを解いて，$MTTR \approx 20.4$〔時間〕

解の基となる式については，8-7 節（「信頼性評価」）問 5（「装置の信頼性（MTTR）」）の解説を参照してください.

［R3-1　問 7（6）（i）］

【問 7 (7)】 解答 ④

解説

故障率 $\lambda = 1/MTBF$ で，信頼度 $R(t)$ は，$e^{-\lambda t}$ と表されます．装置 B_1 の信頼度を R_1，装置 B_2 の信頼度を R_2 とするとシステム全体の信頼度 R は $1-(1-R_1)(1-R_2)$ となります.

200 時間における信頼度 R_1 と R_2 は以下のようになります.

$$R_1 = e^{-\left(\frac{1}{2000}\right)200} = e^{-0.1} = 0.90$$

$$R_2 = e^{-\left(\frac{1}{2500}\right)200} = e^{-0.08} = 0.92$$

200 時間におけるシステム全体の信頼度 R は以下のようになります.

$$R = 1-(1-R_1)(1-R_2) = R_1 + R_2 - R_1R_2 = 0.992\ (99.2\%)$$

信頼度については 8-5 節（「信頼性」）問 2（「信頼性の評価基準」）の解説を参照して

ください．並列冗長システムの信頼性の求め方は，8-7節（「信頼性評価」）問10（「信頼度」）の解説を参照してください．

［R4-1　問7（6），H30-1　問4（3）（i）］

【問8（1）】 **解答**　ア：⑩，イ：⑫，ウ：⑧，エ：⑤

解説

ウォーターフォールモデルでのソフトウェアの試験は，単体テスト，(ア)結合テスト，システムテスト，運用テストの順に進められます．

(イ)**スパイラルモデル**は，分割された小さい単位でウォーターフォールモデルの一連の工程を繰り返し，開発範囲や機能を拡張しながら開発を進めます．繰り返しごとに，開発上の問題点を改善して，次のサイクルに反映することができます．

新しい機能を短期間で継続的にリリースしていくソフトウェア開発のアプローチを(ウ)**アジャイル開発**といいます．その開発手法の一つである**スクラム**は，少人数チームが一丸となって仕事に取り組むことで迅速な開発を行うための方法論です．

スクラムでは開発作業の単位を(エ)**スプリント**（sprint）と呼び，アウトプットを作り上げるために必要なタスクがすべてそろった開発期間（1週間から1ヶ月程度）です．スプリントの作業の最後に成果の確認（レビュー）と開発作業の振り返り（レトロスペクティブ）を行います．スクラムは事前に要件や設計などを確定せずに，段階的に完成度を高めていく適応型，反復型の開発プロセスです．スプリントの繰り返しの中で，機能の追加や品質の向上，不具合の解消，必要に応じて要件や設計の修正を進めていきます．

ウォーターフォールモデルについては，7-3節（「ソフトウェア管理」）問2（「ソフトウェア開発モデル」）の解説も参照してください．

［R3-2　問8（2）］

【問8（2）】 **解答**　③

解説

・①，②，④は正しい．

・JIS X 0161に以下の規定があります（③は誤り）．

「3.8　予防保守（preventive maintenance）：引渡し後のソフトウェア製品の潜在的な障害が運用障害になる前に発見し，是正を行うための修正．」

【問8（3）】 **解答**　①

解説

・Aは正しい．

・コンピュータプログラムの基礎となるアイデアやアルゴリズムは，著作権では保護されません（著作権法第10条3項）（Bは誤り）．著作権は表現を保護するものです．アルゴリズムや規約は，特許法によって保護されます．

・**シュリンクラップ契約**は，プログラムが記録されたメディア（CDやDVDなど）を入れた箱などの封を破いてメディアを取り出した時点で，購入者が使用許諾契約に同意したものとみなす契約方式です（Cは誤り）．シュリンクラップ（shrink wrap）はメディアが入った箱などに密着して全体を覆う透明なフィルムです．

なお，コンピュータへのインストール時に画面上に契約条件が表示され，購入者が「同意する」ことを示したボタンをクリックするなどして利用の意思を示すことで契約が締結されたとみなされる方式は，**クリックラップ契約**といわれます．

7-3節（「ソフトウェア開発・管理」）問4（「ソフトウェアのライセンス」）の解説も参照してください．

［R3-1　問8（3）］

【問9（1）】 **解答**　ア：⑤，イ：③，ウ：⑯，エ：⑬

解説

不正アクセスや不正利用を調査するために取得するログには，利用者のIDや(ア)操作記録，プログラムの動作記録，ファイアウォールの通信記録などがあります．複数の装置のログの記録順を正しく把握するためには，これらの装置がもつ時計機能の時刻を合わせておく必要があり，これには(イ)**NTP**サーバを利用します．**NTP**（Network Time Protocol）は，IPネットワークにおいて現在時刻の情報を送受信するプロトコルです．時刻情報を配信するサーバと時刻合わせを行うクライアント間，およびサーバ間の通信方法を定めています．

ログの保存場所には，それぞれの装置や，一元管理するための(ウ)**syslog**サーバがあります．syslogは，IPネットワークにおいてリモートのホスト（サーバ）へログを伝送するプロトコル，あるいはそのプロトコルを用いてネットワークを通じてログを収集・記録を行うソフトウェアです．

ログは日々増大し，保存には膨大な記憶容量を必要とします．記録するログデータの量を抑えるために(エ)**ログローテーション**が必要になる場合があります．ログローテーションは，記録後に一定の期間を過ぎたログを削除したり，ログデータの総量が一定の容量を超えたら古いログを削除したりすることで，新しいログを記録できるようにするしくみです．

5-5節（セキュリティ設備）問1（「ログ取得方法」）の解説も参照してください．

［R1-2　問5（1），H29-1　問5（1）］

【問 9（2）】 解答　②

解説

・個人情報の保護に関する法律（平成十五年法律第五十七号）（個人情報保護法）の第二条に個人情報に関する規定があります．この規定には，公表・非公表の区別についての記載がありません．「公にされている情報は，個人情報には該当しない」は正しくありません（A は誤り）．

・B は正しい．個人情報保護法の第十五条に規定されています．

・個人情報保護法の第二十五条（委託先の監督）に以下の規定があります．

「個人情報取扱事業者は，個人データの取扱いの全部又は一部を委託する場合は，その取扱いを委託された個人データの安全管理が図られるよう，委託を受けた者に対する必要かつ適切な監督を行わなければならない．」

「委託先の名称を，本人に通知し，又は公表しなければならない．」という規定はありません（C は誤り）．

［H27-2　問 5（2）］

【問 9（3）】 解答　④

解説

・①は正しい．**CAPTCHA**（Completely Automated Public Turing test to tell Computers and Humans Apart）は，Web ページの入力フォームなどにおいて，操作や入力が人間によって行われたかどうかを判定する仕組みです．

・②は正しい．

・③は正しい．**シグネチャ検知**（不正検出）は，マルウェアがもつ特徴的なコードをパターン（シグネチャコード）としてデータベース化し，それと検査対象のファイルを比較することでマルウェアの検出を試みる手法です．誤検知の可能性は低いですが，未知の手法による攻撃を検出できないことがあります．**アノマリ検知**（異常検出）は，たとえばあらかじめ設定してあるデータ転送値の上限下限を超えた場合など，通常とは大きく異なる動作を検知する手法です．誤認識してしまうこともありますが，未知の手法による攻撃にもある程度対応できる長所があります．

・パターンマッチング法は，前項のシグネチャ検知に相当します（④は誤り）．なお，プログラムの実際の動作を観察してウイルスに特有の挙動を検出する方法は，前項のアノマリ検知に相当します．

【問 9（4）】 解答　③

解説

・①，②，④は正しい．

・RSA暗号，楕円曲線暗号は，公開鍵暗号方式の暗号です（③は誤り）．なお代表的な共通鍵暗号方式には，ブロック暗号であるDES（Data Encryption Standard）やAES（Advanced Encryption Standard），ストリーム暗号であるRC4（Rivest's Cipher 4）などがあります．

暗号については，5-3節（「暗号方式」）問2，問3，問4も参照してください．

［H29-2　問5（4）］

【問9（5）】 解答　①

解説

令和2年度の第2回にほぼ同一の問題が出題されています．5-2節（「セキュリティプロトコル」）問2（「VPNプロトコル」）の解説を参照してください．

［R2-2　問5（4）］

索 引

● ア 行 ●

● カ 行 ●

● サ 行 ●

● タ　行 ●

● ナ 行 ●

● ハ 行 ●

● マ 行 ●

● ヤ 行 ●

● ラ・ワ 行 ●

● 数　字 ●

● 英　字 ●

〈編集協力〉
久保田　稔（データアクセス株式会社）
1980 年　東京大学大学院工学系情報工学専門課程　修士課程修了
同　年　日本電信電話公社入社，NTT 研究所（～ 2004 年）
2004 年　千葉工業大学教授（～ 2020 年）
現　在　データアクセス株式会社取締役，千葉工業大学非常勤教員，博士（工学）

電気通信主任技術者試験
これなら受かる　伝送交換設備及び設備管理（改訂 3 版）

2014 年 9 月 25 日　　第 1 版第 1 刷発行
2018 年 3 月 25 日　　改訂 2 版第 1 刷発行
2023 年 4 月 30 日　　改訂 3 版第 1 刷発行

編　集　オーム社
発行者　村上和夫
発行所　株式会社 オーム社
郵便番号　101-8460
東京都千代田区神田錦町 3-1
電話　03(3233)0641(代表)
URL https://www.ohmsha.co.jp/

印刷・製本　三美印刷
ISBN978-4-274-23033-2　Printed in Japan

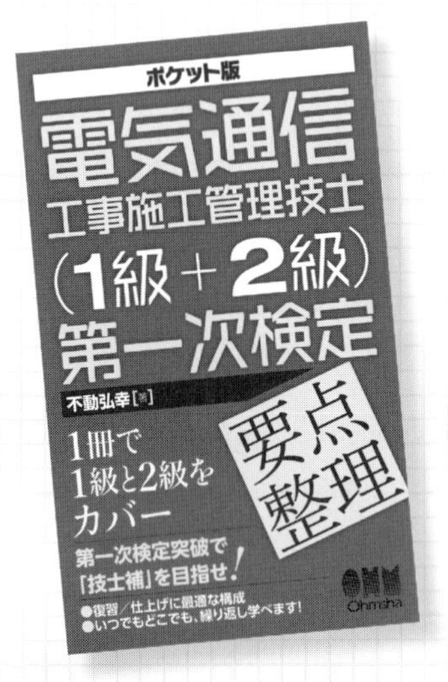

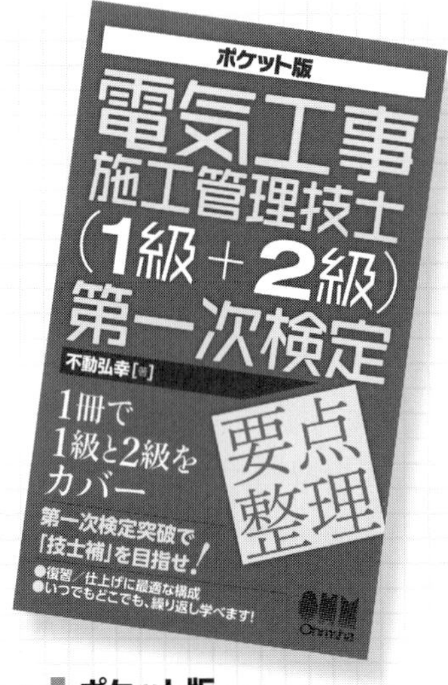